KB091975

전면개정
3판

측량정보학

Surveying and Geoinformatics

이영진 지음

청문각

《측량정보학》은 종래의 '측량학(Surveying and Mapping)'을 바탕으로 공간과학이 합쳐진 '측량정보학(Surveying and Geoinformatics)'에 관한 원론을 다루고 있으며, 영어권에서 사용하고 있는 'Geomatics'와 동등한 개념이다.

<측량정보학 전면개정 3판>에서는 기존의 측량학 체계를 연계하면서 선택적으로 수업할 수 있도록 구성하고 4차 산업혁명과 관련된 드론측량 등의 장을 신설하거나 변경하는 등의 구성체계를 개편하였다. 또한 본문 분량을 대폭 축소하면서 핵심내용을 중심으로 재조정하였고 예제를 추가하고 새로운 업무를 보충하면서 '위치기준2025'와 '국토관측위성' 등 미래기술 방향을 크게 보강하였다.

140년이 넘는 역사 속에서 측량·공간정보 분야는 1878년에 창설된 국제측량사연맹(FIG)을 중심으로 국제사진측량 및 원격탐사학회(ISPRS), 국제측지학회(IAG) 등과 함께 변화와 발전을 거듭해 왔으며, 2011년에는 새로운 유엔 조직으로서 글로벌 공간정보관리 포럼(UN-GGIM)이 서울에서 창립되었다. 이는 내비게이션이나 스마트폰의 보급으로 인해 위치를 기본으로 하는 지도 등의 정보서비스가 일반화되었고, 모든 정보의 80%가 위치기반이라는 특별한 이유에서 출발하고 있다.

우리나라에서도 1910년대 당시의 최고 과학기술인 측량기술을 이용하여 조선토지조사사업을 완료하여 지적도와 지형도 등 데이터베이스를 구축하였다. 국토지리정보원에서는 새로운 위치기준으로서 세계측지계(KGD2002)를 도입하였고 '국가기준점 망조정'을 통해 2008년 말에 국가기준점 성과를 전면 재고시하여 위치기준을 개편한 바 있다.

이후 정부에서는 측량·지도·지적·수로조사 업무를 통합하고 '공간정보의 구축 및 관리 등에 관한 법률', '국가공간정보 기본법'과 '공간정보산업진흥법'을 제정하였고, 2011년에는 '지적재조사 특별법'을 제정하여 1910년대 토지조사사업의 재조사에 착수하게 되었다.

우리나라 법률에서 "측량이란 공간상에 존재하는 일정한 점들의 위치를 측정하고 그 특성을 조사하여 도면 및 수치로 표현하거나 도면상의 위치를 현지에 재현하는 것을 말하며, 측량용 사진의 촬영, 지도의 제작 및 각종 건설사업에서 요구하는 도면작성 등을 포함한다"라고 정의하고 있다. 여기에는 측위기술, 관측기술, 시각화 및 관리기술, 그리고 계측감시기술(monitoring technology)을 포함하고 있으므로 최신 측량시스템을 이해할 필요가 있다.

<측량정보학 전면개정 3판>에서는 기초적인 측량기술과 4차 산업혁명 시대의 드론측량 등 신기술과 측량·건설기술 법령의 개정 내용을 반영하여 스마트건설과 스마트시티에 대비할 수 있도록 하였다. 또한 이 책은 공무원시험이나 기사시험 필수과목인 '측량학'을 대비하고 사회적 여건 변화에 따라 개정된 토목기사, 철도토목기사, 측량 및 지형공간정보기사, 지적기사, 해양기사 등의 측량관련 시험과목과 출제기준에 대응할 수 있게 하였다.

측량학에 대한 기본원리와 지식을 제공할 수 있도록 먼저, 1장 측량의 기초, 2장 오차론, 3장 수준측량, 4장 거리측정, 5장 토털스테이션·각측정, 6장 TS기준점측량, 7장 TS지형측량, 8장 위성측위시스템(GPS) 등으로 구성하였고, 토털스테이션과 위성측위를 기반으로 디지털 측량시대에 대비할 수 있도록 하였다.

이어서, 9장 국가좌표계, 10장 시공측량·계측, 11장 곡선설치법, 12장 노선·조사측량, 13장 지적측량·LIS, 14장 지리정보시스템(GIS), 15장 드론(멀티콥터)측량·계측, 16장 항공사진측량, 17장 지형 데이터베이스 등으로 구성하였고, 여기에는 시공계측과 토공사, 드론계측, 수치주제도 등의 신산업과 최신의 응용분야를 반영하였다.

전면적으로 개편한 이 책은 '측량학' 교과목을 처음으로 배우는 학생의 수업교재로 집필하였으나, 각종 자격시험이나 전문기술자(토목, 측량·지적, 건축, 도시, 농림)와 공무원의 재학습을 위한 참고서로도 유용할 것으로 생각된다. 전반적인 학습에서는 본문에서 인용한 각종 '측량작업규정과 법령'과 참고문헌 내용을 참고할 것을 권한다.

<측량정보학 전면개정 3판>이 있기까지 오랜 기간 출간을 맡아 주신 청문각(교문사) 여러분께 감사드린다.

2020년 1월
이 영 진

차 례

《측량정보학 전면개정 3판》에서는 본래 실습을 포함하여 두 학기의 강의를 염두에 두고 집필하였으나 수업의 형식이나 대상에 따라 재구성해서 사용할 수 있도록 종전에 있던 편 구분을 없앴다. 이는 국가기술자격시험과목 출제기준 또는 공무원시험과목 출제기준에 따라 적절히 취사선택이 가능할 것으로 생각되며, 토공량 산정과 도면작성은 별도의 장으로 분리해서 다룰 수도 있다.

전체적인 목차의 구성체계는 아래와 같으며, 구분은 '국가좌표계(9장)'가 기준이 된다.

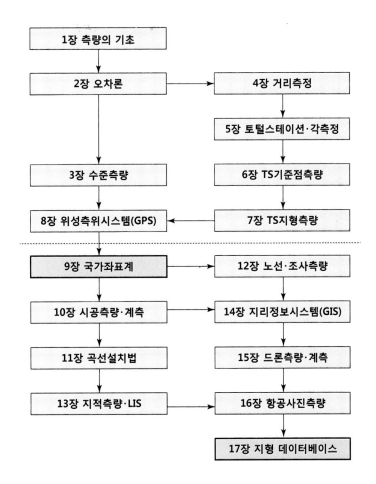

　　전면개정 3판에서는 드론측량과 시공검사측량의 도입에 따라 전체적으로 6개의 장 제목을 변경하거나 신설하여 4차 산업혁명시대의 핵심적인 역할에 대비할 수 있게 하였다. 예로서, 스마트 건설에서는 데이터 획득(reality capture), 3차원 모델링(BIM/GIS), 디지털 트윈(digital twin) 시공과 시설물 안전관리를 필요로 한다.

　　특별히 스마트 측량의 역할을 이해하기 위해서는 "스마트 시티와 스마트 건설"[1]에 대한 국토교통부 홈페이지 자료가 도움이 될 것이다.

1　SKT, 드론 띄워 측량하고 굴삭기가 1센티미터까지 계산해 공사, 보도자료(2019.11.21.).

측량의 기초

1.1 개설

1.1.1 측량의 정의

측량(surveying)은 지구공간의 자연지형 또는 인공지물의 상호관계 위치를 측정하고 그 특성을 조사하여 이를 수치나 도면으로 나타내며, 이를 현지에 측설(layout)하는 과학기술을 말한다. 다시 말해서, 물리적인 지구와 환경에 대한 정보를 수집하고 수집된 데이터를 분석·처리하여 그 결과를 제공하는 일련의 기법을 포괄하는 분야이다.

측량의 핵심이 되는 기술은 사물(지물과 이동체)의 위치를 구하는 측위(positioning)의 기술이며, 지구의 형상과 크기 그리고 중력장을 연구하는 학문인 측지학(geodesy)[1]을 기초로 하고 있다. 측지학에서는 지구 전체를 하나의 고정된 좌표계로 가정하여 지구형상을 정의하고, 이 좌표계에 따라 지구공간에 점의 위치가 정해진다.

지구의 형상을 고려하여 지점의 위치를 3차원 직교공간의 좌표(또는 경도, 위도, 높이)

1　1862년에 창설된 국제측지학회(International Association of Geodesy, IAG)가 있다. F. R. Helmert(1880)는 측지학을 전통적으로 지구표면에 대한 측정과 지도화에 관한 과학(Geodesy is the science of the measurement and mapping of the Earth's surface.)으로 정의하였다. Geodesy는 geo = earth와 desy = divide에 어원을 두고 있다.

로 나타내는 측위법을 측지측량(geodetic surveying)이라고 한다. 측지측량은 지구의 곡률을 고려한 정밀한 측량이어서 측량지역이 넓은 곳에 사용되며, 한 국가의 측지망(geodetic network)을 구성하는 국가기준점(삼각점, 수준점, 중력점)을 설정하기 위한 측량이다.

한편, 국가기본도의 제작, 토지소유 경계의 결정, 건설공사 등에서와 같이 지구의 극히 일부분의 측위인 경우에는 평지로 보거나 또는 투영평면으로 고려할 수 있다. 이러한 개념으로 지표의 수평위치와 높이(기준면으로부터의 고저차)로 나타내는 측위법을 평면측량(plane surveying)이라고 한다.

평면측량에서는 예전부터 평면에서의 수평위치의 측량과 높이위치의 측량이라는 독립적인 기술체계가 구축되어 있었으나, 최근의 측량기술에서는 인공위성 기술과 디지털 기술의 사용으로 인해 평면측량과 측지측량의 구분이 무의미하게 되었다.

토목공사에서도 대형화에 따라 평면측량으로 필요한 정확도를 확보하기 어려워 측정값을 기준면(평균해수면)이나 지도평면으로의 투영보정 계산이 필요하게 되므로 이를 측지측량으로 취급할 수 있다. 높이의 경우는 기준점으로부터의 고저차를 측정하게 되는 1차원의 문제이므로 평면측량의 한 영역으로 고려하는 것이 일반적인 방법이다.

지형도[2] 작성을 위한 대표적인 기술인 토털스테이션(Total Station), 항공사진측량(photogrammetry), GPS/GNSS(Global Positioning System/Global Navigation Satellite Systems)에 의한 위성측위(satellite positioning)의 기술은 기본적으로 지점 간의 상대적인 3차원 위치를 구하는 기술이다.

우리나라의 '공간정보의 구축 및 관리에 관한 법률(이하 측량법령[3]이라 한다)'에서는 "측량이란 공간상에 존재하는 일정한 점들의 위치를 측정하고 그 특성을 조사하여 도면 및 수치로 표현하거나 도면상의 위치를 현지에 재현하는 것을 말하며, 측량용 사진의 촬영, 지도의 제작 및 각종 건설사업에서 요구하는 도면작성 등을 포함한다."라고 정의하고 있다.

이 법률적인 정의는 공간위치를 측정하는 측위기술(positioning technology), 지표특성을 조사하는 관측기술(observation technology), 지도 등으로 표현하고 관리하는 시각화기술(visualization and management technology), 그리고 현지설정을 위한 계측감시기술(moni-

---

2 지도(map)는 종이에 인쇄된 지도뿐만 아니라 디지털 형식인 수치지도를 포함하는 데이터베이스이다.

3 '공간정보의 구축 및 관리에 관한 법률(법률 제12738호, 2014. 6. 4. 개정)'은 종전의 '측량·수로조사 및 지적에 관한 법률(법률 제9774호, 2009. 6. 9. 제정)'의 명칭을 변경한 것이며, 종전의 측량법, 지적법, 수로업무법의 3법을 통합한 것으로, 약칭으로 '측수지법' 또는 '공간정보 관리법'이 사용되고 있다. 이 책에서는 '측량법령'을 약칭으로 사용한다.

toring technology)이 모두 측량범위에 포함된다는 것을 의미하고 있다.

1.1.2 공간과학

공간정보과학(geoinformatics)은 위치를 기반으로 하는 공간데이터[4]를 획득, 저장, 관리하고 그 공간정보의 처리, 시각화, 서비스를 지원하는 과학기술로서 컴퓨터과학의 응용분야이다. 이 공간정보과학에서는 공간정보기반(Spatial Data Infrastructure, SDI)의 구축과 지도 등 데이터베이스의 활용을 위한 도구인 지리정보시스템(Geographic Information System, GIS)을 포함하고 있다. 또한 'Geomatics'라는 단어[5]는 1969년에 프랑스 측지학자 Dubuisson에 의해 'geodesy + mathematics'의 개념을 조합하여 고안되었으며, 1980년대 캐나다에서 처음 사용되기 시작하여, 영연방 국가를 중심으로 정부기관, 학과, 협회, 학회의 명칭으로 널리 사용되고 있다.

Geomatics는 측지학을 기반으로 하고 있으며 '측량 및 지도제작'의 토대 위에서 정보기술을 활용한다는 '측량 및 공간정보과학'의 개념이 강하다. 다시 말해서 토지의 경계를 대상으로 한 지적측량으로부터 시작하여 지도제작 기술과 엔지니어링 공사측량의 발전, 그리고 정보화에 따른 지리정보시스템과 토지정보관리(land information management)를 포함하고 있다.

따라서 Geomatics는 '측량정보학' 또는 '측량 및 공간정보과학'이라고 말할 수 있고 이 책에서 사용한 제목도 이러한 개념과 범위에서 같은 것으로 생각하면 된다. 최근에 사용되고 있는 지구공간과학(geospatial science)은 인공위성에 의한 원격탐사를 기반으로 하는 전 지구 모니터링의 '지구관측(Earth Observation)'의 개념이 강하다. 따라서 지도제작 기술(mapping technology) 발전에 지구관측 모니터링 기술의 발전이 접목된 것이다.

현대사회에서 위치(또는 장소)를 기반으로 하는 모든 공간데이터가 통합 관리되고 있는 추세이다. 이를 고려한다면 공간과학(spatial science)에서는 측지학, 위성측위, 항공사진측량, 원격탐사, 지리정보시스템, 토지정보시스템, 지적관리, 수로조사 등 측량정보학 분야를

---

4 구조화된 데이터의 집합을 정보(information)라고 하여 혼용하고 있으며, 정보의 집합을 지식(knowledge)이라고 한다. 공간데이터는 위치 또는 장소(place)와 관련된 3차원 데이터로서 2차원인 지리정보를 포함하고 있으며, 데이터 범위에 따라 지구공간정보(global data), 국가공간정보(national spatial data), 도시공간정보(local spatial data)로 구분한다.

5 우리나라에서는 제1회 Geomatics Forum에서 geomatics(= geodesy + geoinformatics 또는 surveying + GIS)로 처음 소개하였다(이영진, 2001). 중국(대만)에서도 geomatics engineering을 '測量 및 空間情報工學'으로 명명하고 있다.

기본으로 하고, 각종 사물센서(IoT)에 의한 공간데이터의 모니터링 등 각종 사회환경정보와 센서스 통계정보를 포함하는 보다 넓은 의미로서 위치기반의 모든 활용분야를 다루게 될 것이다.

1.2 측량의 구분

1.2.1 측량의 종류

측량은 일반적으로 기준점측량, 지형측량, 응용측량(공공측량), 시공측량, 지적측량으로 구분하며, 지도제작과 도면작성, 지형공간정보시스템, 원격탐사 등을 포함한다.

(1) 기준점측량

기준점측량(control surveying)은 세부측량 등 다른 측량에서 기준이 될 좌표의 기지점을 신설하는 측량으로서 여러 측량 중에서도 가장 중요하고 높은 정확도를 필요로 한다. 평면측량으로서 공공기준점측량과 지적기준점측량, 측지측량으로서 국가기준점측량으로 구분할 수 있으며, 관측기기에 따라 토털스테이션(Total Station, TS)법, 수준측량법, 위성측위시스템(GPS/GNSS)법으로 나눌 수 있다.

① TS기준점측량

측점 간에 거리측정과 각측정에 의해 측점의 수평위치(평면좌표)를 구하고 수준측량에 의해 표고를 구하는 방법이다. 수평위치와 표고를 독립적으로 구하는 방법은 전통적인 측량방법이며 단순히 "기준점측량"이라고 하면 이를 말하는 것이 보통이다.

수평기준점측량 방법으로는 수평각을 측정하고, 강철테이프 또는 광파측거기 등으로 수평거리를 측정하여 최소제곱법 등에 의해 좌표(최확값)를 결정하는데, 최근에는 토털스테이션에 의해 각과 거리를 재고 트래버스 방식으로 위치를 구하는 것이 일반적이다. 트래버스 방식은 도시지역에서 측점 간에 시준선이 확보될 수 없는 경우가 많고 측각과 측거를 동시에 수행하는 토털스테이션의 보급에 따라 지방자치단체 등에서 시행하는 공공측량이나 토목공사 등을 위한 측량에서 표준적인 방법이 되어 있다.

수직기준점측량으로는 레벨에 의해 수준차를 결정하는 수준측량법, TS에 의해 수직각과 거리를 재서 표고를 구하는 삼각수준측량법이 사용된다.

② GPS기준점측량

수 km를 넘는 국가기준점의 위치를 정하는 경우에는 지구곡률을 고려한 측지측량 방법을 사용해야 한다. 이 경우에는 거리측정과 수직각측정에서 대기굴절 오차가 크므로 주의가 필요하며 다양한 조정계산이 뒤따라야 한다. 그러나 최근에는 인공위성에서 발사된 전파를 이용한 위성측위 기술의 발전에 따라 대부분의 국가기준점측량과 공공기준점측량/지적기준점측량에서 GPS측량기를 이용하고 있다.

(2) 지형측량

세부측량(detail surveying)은 기준점(control point)을 기초로 하여 국지적인 자연지형과 지물의 위치를 정하는 지형측량을 말한다. 세부측량에서는 정확도가 약간 떨어지더라도 능률과 경제성을 위주로 한다. 주요한 지형측량 방법으로는 TS방식, GPS방식, 지상레이저스캐너 방식 그리고 항공사진측량 방식이 있다. 위성원격탐사(satellite remote sensing) 방식은 이하 중소축척 지도(특히, 주제도)에 사용되는 방식이다.

① TS지형측량

지상법으로서 토털스테이션을 이용한 세부측량 방법을 말하며, 종래의 도해법인 평판측량 방식을 대체한 수치법이다. 대축척의 지형도, 지적도 작성을 위한 측량은 물론이고 다양한 측설시공 및 계측시스템에도 활용된다. 단순히 "세부측량"이라고 하면 이를 말하는 것이 보통이다. 최근에는 지상레이저스캐너 측량과 드론레이저측량이 도입되고 있다.

② GPS세부측량

지상법으로서 GPS를 이용한 세부측량 방법을 말하며, 기준점측량에만 사용하던 GPS기술의 발전에 따라 실시간 이동측량(RTK)에 적용할 수 있게 되었다. 다만 위성신호를 획득하기 위해 상공시계가 확보되어야 하므로 적용에 한계가 있고 TS방식을 병용해야 하는 경우가 많다.

③ 항공사진측량

항공사진측량은 복수의 항공사진으로부터 입체시가 되는 원리를 이용하여 지표면을 재현한 광학모델을 구성하고 이로부터 지점 간의 상대적인 공간위치를 정하는 방법이다. 재현시킨 모델을 기준점의 위치에 합치시키면 임의 지점의 지상좌표를 구할 수 있으므로 지형도 작성을 위한 표준방법이 되고 있다.

현재 무인항공기(UAV)인 드론(drone)을 이용한 촬영과 매핑기술이 지형도 작성뿐만 아니라 시공측량에 도입되고 있다.

(3) 시공측량/공공측량/지적측량

응용측량(surveying applications)은 특정한 조사목적을 갖고 있으며, 도로·철도 등 노선의 계획, 설계, 공사를 위한 노선측량(route surveying), 하천의 조사, 계획, 공사를 위한 하천측량(river surveying), 산림조사를 위한 임야측량(forest surveying), 상하수도·가스·전력·통신선 등의 부설을 위해 시행하는 관로측량, 공공용지의 취득과 관리를 위한 용지측량, 지적의 조사와 확정을 위한 지적측량(cadastral surveying) 등 다양한 종류가 있다.

이들 측량은 앞서 설명한 기준점측량과 지형측량 기법의 응용이며 수심측량 등 독자적인 측량기법을 수반하는 경우도 있다. 「공공측량 작업규정」에서 응용측량은 노선측량, 하천측량, 용지측량, 지하시설물측량 등으로 구분하고 작업방법과 절차를 정하고 있으며, 지적측량은 「지적측량시행규칙」에서 따로 작업방법과 절차를 정하고 있다.

(4) 지형공간정보시스템

지리정보시스템(Geographic Information System, GIS)은 지도로 대표되는 공간데이터와 관련되는 다양한 정보를 모두 동일한 좌표계로 관리하여 이를 목적에 따라 효율적으로 이용할 수 있도록 지원하는 컴퓨터시스템을 말한다. 다시 말해서 지도를 컴퓨터에 의해 활용하는 도구(tool)가 GIS이다.

이 책에서는 지형공간정보시스템(geoSpatial Information System, SIS)의 기본으로서 지리정보시스템, 드론측량 및 항공사진측량, 지형데이터베이스와 원격탐사(주제도)를 학습한다.

1.2.2 측량성과

측량을 통하여 얻은 최종 결과를 '측량성과'라고 한다. 측량성과로 대표적인 것은 기본측량 및 공공측량에서 얻은 측량성과인 '지도', 지적측량에서 얻은 측량성과로서 '지적공부', 수로측량에서 얻은 측량성과인 '수로도지'가 있다. 또한 측량성과에는 항공사진과 위성영상, 건설사업에서 작성된 각종의 도면 그리고 국토조사 성과를 포함하며, 이들은 모두 공간 데이터베이스[6]에 해당된다.

① 기본측량, 공공측량 및 일반측량에서 얻은 측량성과로서 '지도'란 측량 결과에 따라 공간상의 위치와 지형 및 지명 등 여러 공간정보를 일정한 축척에 따라 기호나 문자 등으로 표시한 것을 말하며, 정보처리시스템을 이용하여 분석, 편집 및 입력·출력할 수 있도록 제작된 수치지형도[항공기나 인공위성 등을 통하여 얻은 영상정보를 이용하여 제작하는 정사영상지도(正射映像地圖)를 포함한다]와 이를 이용하여 특정한 주제에 관하여 제작된 지하시설물도·토지이용현황도 등의 수치주제도(數値主題圖)를 포함한다.

② 건설공사의 설계, 시공, 검사에서 얻은 측량성과로서 '도면'이란 각종 건설사업에서 요구하는 계획도, 설계도, 준공도, 종·횡단면도 등을 말하며 토공량 등 적산 결과와 기성 규격관리를 포함한다.

③ 지적측량에서 얻은 측량성과로서 '지적공부'란 토지대장, 임야대장, 공유지연명부, 대지권등록부, 지적도, 임야도 및 경계점좌표등록부 등 지적측량 등을 통하여 조사된 토지의 표시와 해당 토지의 소유자 등을 기록한 대장 및 도면(정보처리시스템을 통하여 기록·저장된 것을 포함한다)을 말한다.

④ 수로측량의 성과로서 '수로도지(水路圖誌)'란 항해용으로 사용되는 해도, 해양영토 관리와 해양경계 획정 등에 필요한 정보를 수록한 영해기점도, 해저지형도 등 해양 및 수로조사 결과인 지도를 말한다.

1.2.3 측량법령의 체계

우리나라의 법률에 의한 측량분류는 기본측량, 공공측량, 지적측량, 수로측량, 일반측량, 기타의 측량으로 나누고 있다. 1900년대 초기에 측량기술과 제도가 도입되었으며, 그 동안 법령체계는 많은 변천이 있어 왔다(표 1-1 참조).

---

6 '국가공간정보 기본법(법률 제12736호, 2014. 6. 3. 개정)'은 종전의 '국가공간정보에 관한 법률(법률 제9440호, 2009. 2. 6. 제정)'의 명칭을 변경한 것이며, 이 법률에 따른 '지도'가 공간 데이터베이스에 해당하므로 서로 같은 의미로 사용할 수 있다. 법제처에서 '공간정보법'을 약칭으로 사용한다.

표 1-1 측량관련 법령의 연혁

공포일자	법령	비고
1907.05.16	대구시가 토지측량규정 대구시가지 토지측량에 관한 타합사항 대구시가지 토지측량에 대한 군수로부터의 통달	대한제국
1907.12.00.	측량규정, 양지과 수업규정(1907.12.)	대한제국
1910.08.23	토지조사법(융희4년. 8.23 법률 제7호)	대한제국
1910.09.15	토지측량표 규칙(1910.9.15)	구소삼각점 관리
1912.08.13	토지조사령(1912.8.13 제령 제2호)	토지조사사업
1914.04.25	토지대장규칙(1914.4.25 조선총독부령 제45호)	토지대장관리
1915.01.15	토지측량표규칙(개정 1915.1.15 조선총독부령 제1호)	보통삼각점 관리
1918.05.01	조선임야조사령(1918.5.1 제령 제5호)	임야조사사업
1918.07.17	토지대장규칙(개정 1918.7.17 조선총독부령 제75호)	
1920.08.23	임야대장규칙(1920.8.23 조선총독부령 제113호)	임야대장관리
1921.03.18	토지측량규정(1921.3.18 조선총독부훈령 제10호)	토지이동
1935.06.12	임야측량규정(1935.6.12 조선총독부훈령 제27호)	임야이동
1936.02.06	조선토지측량표령(1936.2.6 제령 제1호)	
1950.12.01	지적법(제정 1950.12.1 법률 제165호)	조선임야대장규칙 폐지
1954.11.12	지적측량규정(1954.11.12 대통령령 제951호)	토지측량규정 폐지 임야측량규정 폐지
1960.12.31	지적측량사규정(1960.12.31 국무원령 제176호)	
1961.12.23	수로업무법(제정 1961.12.23 법률 제862호)	
1961.12.31	측량법(제정 1961.12.31 법률 제938호)	조선토지측량표령 폐지
1969.08.04	지도도식 규칙(제정 1969.8.4 건설부령 제93호)	
1975.12.31	지적법(전부개정 1975.12.31 법률 제2801호)	지적측량규정 폐지 지적측량사규정 폐지
1992.02.22	수치지도 작성작업 규칙(제정 1992.2.22 건설부령 제500호)	
2009.02.06	공간정보산업진흥법(제정 2009.2.6 법률 제9438호)	
2009.02.06 2010.01.07	국가공간정보에관한법률(제정 2009.2.6 법률 제9440호)* 국가공간정보센터운영규정(제정 2010.1.7 대통령령 21984호)	NGIS법 폐지 부동산정보관리전담기구
2009.06.09 2009.12.14	측량·수로조사및지적에관한법률(제정 2009.6.9 법률 제9774호)** 지적측량시행규칙(제정 2009.12.14 국토해양부령 제192호)	측량3법 통합
2011.09.16	지적재조사에관한 특별법(제정 2011.9.16 법률 제11062호)	

1. 출처: 국토지리정보원, "측량기준점 통합활용에 관한 연구", 2008년 12월, 참고하여 작성함.
2. *명칭 변경: 공간정보의 구축 및 관리 등에 관한 법률(개정 2014.6.3. 법률 제12738호)
3. **명칭 변경: 국가공간정보 기본법(개정 2014.6.3. 법률 제12736호)

① 기본측량

모든 측량의 기초가 되는 공간정보를 제공하기 위하여 국토교통부장관이 실시하는 측량을 말한다(국토지리정보원장에게 위임). 모든 측량의 기초가 되는 측량으로는 삼각점·수준점·천측점·자기점·중력점 등에 관한 국가기준점측량, 그리고 지도 및 연안해역도 제작과 측량용 사진의 촬영 등 국가기본도 측량과 기본공간정보를 포함한다.

② 공공측량

기본측량 또는 다른 공공측량의 측량성과를 기초로 하여 실시하는 측량을 말하며, 공공측량의 계획기관이 공공측량을 실시하려 할 때는 측량에 관한 작업규정을 작성하여 사전에 승인을 받아야 한다. 여기에는 건설공사에서 설계를 위한 조사측량이 포함된다. "공공측량"이란 다음의 측량을 말한다.

가. 국가, 지방자치단체, 그 밖에 대통령령으로 정하는 정부출연연구기관, 공공기관, 지방공사 및 지방공단, 도시가스사업자와 기간통신사업자 등의 기관이 관계 법령에 따른 사업 등을 시행하기 위하여 기본측량을 기초로 실시하는 측량

나. 이 외에도 공공의 이해 또는 안전과 밀접한 관련이 있는 측량으로서 대통령령으로 정하는 다음의 측량

1. 측량실시지역의 면적이 1제곱킬로미터 이상인 기준점측량, 지형측량 및 평면측량
2. 측량노선의 길이가 10킬로미터 이상인 기준점측량
3. 국토교통부장관이 발행하는 지도의 축척과 같은 축척의 지도 제작
4. 촬영지역의 면적이 1제곱킬로미터 이상인 측량용 사진의 촬영
5. 지하시설물 측량
6. 인공위성 등에서 취득한 영상정보에 좌표를 부여하기 위한 2차원 또는 3차원의 좌표측량
7. 그 밖에 공공의 이해에 특히 관계가 있다고 인정되는 사설철도 부설, 간척 및 매립사업 등에 수반되는 측량

③ 지적측량

토지를 지적공부에 등록하거나 지적공부에 등록된 경계점을 지상에 복원하기 위하여 토지의 등록단위인 "필지"의 경계 또는 좌표와 면적을 정하는 측량을 말한다.

④ 수로측량

해양의 수심·지구자기·중력·지형·지질의 측량과 해안선 및 이에 딸린 토지의 측량을

말한다.

⑤ 일반측량

기본측량, 공공측량, 지적측량 및 수로측량 외의 측량을 말한다.

⑥ 시공검사측량

각종 건설사업에서 요구하는 도면작성과 건설공사에서 시공측설에 필요한 시공검사측량을 말한다. 「건설기술진흥법」과 연계된다.

⑦ 기타의 측량

공공측량이나 일반측량에서 제외된 "국지적 측량 또는 고도의 정확도를 필요로 하지 않는 측량"이 해당된다.

1.3 측량조직

1.3.1 기관 및 기구

우리나라에서 측량, 지도, 지적, 수로, GIS와 관련된 대표기관으로는 국토교통부 국토지리정보원, 국토교통부 국토정보정책관/기술안전정책관, 해양수산부 국립해양조사원 등이 있다.

국토지리정보원에서는 측량, 지도제작, 국토조사 업무를 총괄하고 있으며, 조직으로는 기획정책과, 국토측량과 및 우주측지관측센터, 공간영상과, 지리정보과, 국토조사과, 운영지원과, 그리고 국토위성센터가 있다. 국립해양조사원은 수로조사와 해양관측업무를 총괄하고 있고, 조직으로는 해양과, 측량과, 해도과, 해양조사연구실, 운영지원과 그리고 산하에 해양조사사무소(남해, 동해, 서해)가 있다.

또한 국토정보정책관에서는 측량 및 공간정보 관련법령의 운영을 담당하고 있고 국토정보정책과, 공간정보제도과, 공간정보진흥과, 국가공간정보센터가 있다. 그리고 공공기관으로는 지적측량 수행법인인 한국국토정보공사, 공간정보진흥을 위한 공간정보산업진흥원, 측량기술자와 측량업체로 구성된 대한측량협회(공간정보산업협회), 측량성과심사기관인 공간정보품질관리원이 있다.

표 1-2 국내 측량관련 조직 및 기구

조직(국내)	웹사이트	비고
국토교통부 국토지리정보원(NGII)	http://www.ngii.go.kr/	
해양수산부 국립해양조사원(KHOA)	http://www.khoa.go.kr/	
국토교통부 국토정보정책관	http://www.mltm.go.kr/	
국토교통부 기술안전정책관	http://www.mltm.go.kr/	
한국국토정보공사(LX)	http://www.lx.or.kr/	
공간정보산업진흥원	http://www.spacen.or.kr/	
(사)대한측량협회(공간정보산업협회)	http://www.kasm.or.kr/	
(재)공간정보품질관리원	—	
(사)대한토목학회	http://www.ksce.or.kr/	
한국시설안전공단	http://www.kistec.or.kr/	
한국건설기술연구원	http://www.kict.re.kr/	
국가건설기준센터	http://www.kcsc.re.kr/	
국가공간정보포털	http://www.nsdi.go.kr	
사이버국가고시센터	http://www.gosi.go.kr/	공무원시험
한국산업인력공단(Q-net)	http://www.q-net.or.kr/	기사시험

표 1-3 국외 측량관련 조직 및 기구

조직(국외)	웹사이트	설립연도
유엔 글로벌공간정보관리포럼(UN-GGIM)	http://ggim.un.org/	2011
국제측량사연맹(FIG)	http://www.fig.net/	1878
국제측지학회(IAG)	http://www.iag-aig.org/	1862
국제사진측량 및 원격탐사학회(ISPRS)	http://www.isprs.org/	1910
국제지도학회(ICA)	http://icaci.org/	1959
국제표준화기구 지리정보/측량분과(ISO/TC 211)	http://www.isotc211.org/	(1994)
개방형 공간정보표준협의회(OGC)	http://www.opengeospatial.org/	1994
국제수로기구(IHO)	http://www.iho.int/	1921
글로벌 공간정보기반학회(GSDI)	http://gsdi.org/	1996

이 외에도 다양한 건설분야 대한토목학회, 대한건설협회 등 다양한 학회/협회가 있고 공공측량 또는 시공측량과 관련된 수많은 지방자치단체 또는 공공기관과의 협력체계를 구축하고 있다.

표 1-2와 표 1-3에서는 국내외 측량관련 조직을 각각 보여주고 있다.

측량관련 국제조직으로 1878년에 설립된 국제측량사연맹(International Federation of

Surveyors, FIG)은 140년의 역사를 갖고 있으며, 이 외에도 1862년에 설립된 국제측지학회(IAG), 1910년에 설립된 국제사진측량 및 원격탐사학회(International Society of Photogrammetry and Remote Sensing, ISPRS) 등 다양한 기구가 있다.

최근 2011년 10월에는 유엔 글로벌공간정보관리포럼(UN-GGIM) 창립총회를 대한민국 서울에서 개최하는 등 국제협력이 확대되고 있다.

1.3.2 측량사 직무

(1) 측량사의 직무

토지측량(land surveying)은 업무와 기술자에서 지적측량(cadastral surveying)분야와 엔지니어링측량(engineering surveying)분야로 나뉜다.

엔지니어링측량사는 「측량 및 지형공간정보기술자 자격소지자」로서 지적측량을 제외한 모든 측량업무를 수행하며 대부분 측량업체와 엔지니어링회사 또는 건설업체 직원으로 근무한다.

지적측량사는 「지적기술자 자격소지자」로서 측량법에서 정한 지적측량과 지적공부 관리업무를 수행하며 대부분 한국국토정보공사 직원 또는 지적직 공무원으로 근무한다.

현재, 측량사는 모두 국가기술자격법[7]에 따라 토목분야로 분류되고 있으며, 관련 교육과정을 이수하고 해당 국가기술자격시험을 통과해야 하는 것을 원칙으로 한다.

디지털 시대 이전에는 측량사의 기술적인 업무범위를 엄격히 구분할 수 있었으나 토털스테이션이 도입된 2000년대 이후에는 소프트웨어의 장착으로 인해 구분이 어려워지고 있다. 측량사 업무도 엔지니어링 업무의 일부로 수행하거나 병행하는 경우가 많아지고 있으며, 특히 대형시설물의 시공측설의 경우에는 시공장비의 실시간 운용기술자로 참여하고 있다.

국가표준직업분류에 따르면 측량사는 "건축 및 토목기술자"인 공학전문가에 포함된다. 국가기술자격법에 의한 자격종류에는 측량 및 지형공간정보(기술사, 기사, 산업기사), 지적(기술사, 기사, 산업기사) 외에 측량기능사, 지적기능사, 항공사진기능사, 항공사진도화기능사, 지도제작기능사가 있다.

또한 국가표준산업분류에 따르면 측량은 '측량, 지질조사 및 지도제작'분야, 그리고 '토

---

7 측량 및 지형공간정보기사와 지적기사는 국가기술자격법(2012. 1. 1. 시행)에서 건설(토목)분야에 포함되어 있으며, 시설물 시공분야의 경우에는 토목기사와 업무가 중첩되는 부분이 있다.

표 1-4 일반적인 계산단위의 한계

구분	단위	비고
건설공사(일반)	0.01 m	
건설공사(지형)	0.1 m	
측지기준점측량(일반)	0.001 m	
측지기준점측량(기선, 광파)	0.0001 m	
수로측량	1.0 m	
지적측량(좌표)	0.001 m	
지적측량(면적)	0.01 m^2	
지상기준점측량(평면좌표)	0.01 m	
각(0.001 m 좌표기준)	1″	
각(500 m 이상인 거리)	0.1″	

목엔지니어링'분야, '건설(시공)'분야에 해당되며 관련 정보시스템이나 기기생산 및 서비스업종이 해당된다. 따라서 측량분야에는 위성측위, 영상처리, 위치 및 공간정보서비스를 포함하고 있으며 컴퓨터공학 및 건설공학과 밀접하게 연관되어 있다.

(2) 측량사의 업무

건물, 교량 등을 설계하는 기술자가 재하하중을 5%의 오차로 알기 어려워 2배 이상의 안전율을 고려하는 것이 통례이고, 시공의 경우에도 오차가 없다고 가정하고 있다. 그러나 지형측량을 제외한 모든 측량에서는 매우 작은 오차한계가 주어지며 안전율이 적용되지 않기 때문에 매우 정확한 성과가 요구된다.

측량작업은 목적에 따라 차이가 있으나 크게 외업과 내업으로 구분되고 있다. 일반적으로 측량작업에서는 숙련된 기술과 정확한 계산능력이 요구된다. 측량계획단계에서 측량기술자는 흔히 최고의 정확도만을 구하려고 하지만 실시목적과 정확도를 고려하여 방식·기기·작업공정 등을 적절히 선택해야 한다.

측정된 데이터에는 각종의 오차가 내포되어 있으므로 계산을 하는 경우에는 정확도의 한계와 유효숫자의 개념이 필요하며, 점검되지 않은 결과는 신뢰할 수 없으므로 중요한 결과에 대해서는 여러 방법으로 검사·확인해야 한다.

측량사의 업무범위를 국가기술자격 시험과목으로 본다면, 측량학, 응용측량, 측지학 및 GNSS, 지리정보시스템, 사진측량 및 원격탐사, 지적기초측량 및 지적세부측량, 수로측량 등이며, 항공사진, 도화, 지도제작, 도면작성, 건설용역(감리)과 적산을 포함하고 있다.

연습문제

1.1 측량이란 무엇인가?

1.2 법령에서 정한 측량의 내용과 성과를 상세히 설명하라.

1.3 우리나라 측량의 역사에 대하여 설명하라.

1.4 측량사의 직무범위와 관련 국제기구 조직을 설명하라.

1.5 Google, Naver, Daum 포털사이트를 방문하고 "지도"의 기능과 특징을 설명하라.

1.6 포털사이트(예: 네이버)와 핸드폰 통신사(예: SKT 티맵)의 내비게이션을 비교하라.

참고문헌

1. 국립지리원, 측지기술발전연구보고서, 1975.
2. 백은기 외, 측량학(2판), 청문각, 1993.
3. 안철호, 측량학, 문운당, 1963.
4. 이석찬, 표준측량학, 선진문화사, 1975.
5. 이영진, 정밀측량·계측, 청문각, 2018.
6. 이영진, Geomatics: 배경과 역할, 제1회 Geomatics Forum, 대한측량협회, 2001.
7. 이영진, 조규전, 김원익, 한국측지좌표계의 재정립에 관한 연구, 한국측지학회지, 14(2), 1996.
8. 朝鮮總督府 臨時土地調査局, 朝鮮土地調査事業報告書, 1918.
9. 中村英夫·淸水英範, 測量學, 技報堂, 2000.
10. Kavanagh, B., Surveying: principles and applications(8th ed.), Pearson, 2009.
11. Schofield, W. and M. Breach, Engineering Surveying(6th ed.), CRC, 2007.
12. Torge, W., Geodesy(3rd ed.), 2001.
13. Uren, J. and W. F. Price, Surveying for Engineers(5th ed.), Macmillan, 2010.
14. 법제처 국가법령정보센터, http://www.law.go.kr/main.html
15. 국토교통부 국토지리정보원, http://www.ngii.go.kr/index.do

02 오차론

2.1 개설

2.1.1 측정과 신뢰도

일반적으로 측정값(measurement)에는 여러 오차가 내포되어 있으므로 계산값에는 이러한 오차가 전파된다. 측량에서 나타나는 오차의 이론과 이에 근거를 둔 최소제곱법은 회귀분석(regression analysis)으로서 다른 분야에서도 널리 이용되고 있다.

측정을 그 성질에 따라 분류하면 독립측정과 조건측정 두 가지로 나뉜다. 측정값이 구속이나 제약을 받지 않고 독립적으로 얻어지는 것을 독립측정이라 하고, 삼각형의 내각의 각각에 대한 측정값의 조건식이 존재하는 경우를 조건측정이라고 한다. 이들 두 측정은 구하고자 하는 거리나 각 등을 직접 기기로 재는 직접측정과 계산식에 대입시켜 측정값을 계산해내는 간접측정으로 구분한다.

여기서 사용되는 계산식을 수학모델(mathmatical model)이라고 하며, 측량문제에 있어서는 기하학적인 특성이나 물리적인 특성을 설명하는 함수모델(functional model)과 측정값을 얼마만큼 정확히 얻었는지를 나타내는 통계모델(stochastic model)로 구분된다.

예를 들면, 삼각형에서 각각의 내각을 직접 측정하여 평면삼각형을 구성하게 되며, 이때 하나의 조건, 즉 합이 180°라는 조건측정이 이루어져 하나의 잉여측정(redundant measurement)을 구성한다. 그러나 각각의 측정이 동일한 조건하에서 시행하기가 어렵기 때문에 각각의 측정값에 대한 신뢰도(reliability)를 나타낼 통계모델이 필요하게 된다.

2.1.2 오차의 종류와 최소화

어떤 양을 측정할 때 아무리 주의를 해도 사용하는 기기나 정확성에는 한계가 있으므로 참값(true value) l_0를 얻을 수 없다. 이때 참값과 측정값 l과의 차를 오차(error)라 한다.

$$\varepsilon = l - l_0 \tag{2.1}$$

이 오차는 원인에 따라 다음 세 가지로 분류된다.

- 과대오차(gross error)
- 정오차(systematic error)
- 우연오차(random or accidental error)

과대오차는 측정자가 주의하지 않아서 발생하는 것으로, 눈금을 잘못 읽거나 야장기입의 잘못, 계산의 잘못 등이 원인이다. 반복측정이나 의심스러운 측정값을 버림으로써 오차를 줄일 수 있으며, 과대오차는 오차이론에서 오차로 취급될 수 있으나 측량문제에서는 소거된 것으로 가정하는 것이 보통이다.

정오차는 원인이 명확하여 일정한 조건에서는 보통 일정한 질과 양의 오차가 발생하는 것을 말한다. 이론상으로는 원인과 특성으로부터 보정식을 구하면 이러한 정오차는 제거될 수 있다. 정오차에는 기계의 특성과 눈금으로부터 나타나는 기계적인 오차, 온도, 기압, 습도 등으로부터 나타나는 물리적인 오차, 관측하는 개개인에 따라 나타나는 개인적인 오차가 있다. 그러므로 측정기계의 검정과 조정을 실시하고 측정 시의 조건과 상태를 잘 기록해 두어야 하고, 외업에서는 정오차가 소거되거나 보정될 수 있도록 작업해야 한다.

우연오차는 그 원인이 분명치 않은 것으로 정오차와 과대오차를 소거시키고 남는 오차이며, 부호와 크기가 불규칙하게 나타난다. 따라서 다수의 측정에 의해 평가할 수 있는 우연오차는 정규분포를 이루므로 최소제곱법의 이론에 의해 참값을 추정할 수 있다. 이와 같이 추정된 값을 최확값(most probable value)이라 하고 추정값과 측정값과의 차이를 잔차(residuals)라고 한다. 이 잔차의 제곱의 합이 최소가 되도록 측정값을 조정하는 데에는 최소제곱법을 적용한다.

"측량에서는 먼저 과대오차를 제거한 다음에 정오차를 보정하여 여기서 남는 우연오차를 최소제곱법에 따라 조정(분배)을 실시한다."는 것이 오차처리의 원칙이다. 이때 참값의 추정값인 최확값을 구하게 된다.

2.1.3 정확과 정밀

정확도(accuracy)는 측정값이 참값에 얼마나 가까운지를 나타내는 것이고, 정밀도(precision)는 측정값들이 얼마만큼 퍼져 있는가를 나타낸다. 정확하다고 해서 꼭 정밀한 것은 아니며, 반대로 정밀하다고 해서 정확한 것은 아니다. 정확도는 정오차를 포함해서 크기를 나타내고 정밀도는 주로 우연오차의 크기를 나타낸다.

그림 2-1은 사격에서 목표판의 탄흔을 나타내고 있다.

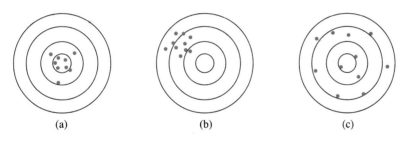

(a)   (b)   (c)

그림 2-1 사격표지판의 탄흔

그림 2-1에서 (a)는 정확하면서 정밀한 반면에, (b)는 정확하지는 않지만 정밀하다고 말할 수 있다. 그러나 (c)는 정확하나 정밀하지는 않다. 다시 말하면 퍼짐에 관계되는 σ가 정밀도에 관계하는 척도인 반면에 정확도에는 편이(bias) Δ가 함께 적용된다. 즉,

$$M^2 = \sigma^2 + \Delta^2 \tag{2.2}$$

이때 정밀도를 나타내는 σ는 표준오차(standard error)에 의해, 정확도를 나타내는 M은 평균제곱근오차(Root Mean Square Error, RMSE)에 의해 구할 수 있다.

만일 Δ가 0이라면 정밀도와 정확도는 같은 의미로 사용될 수 있으며, 이를 혼용하여 정도라고도 한다. 측량에서는 흔히 정오차가 소거된 정밀도가 오차표현법으로 사용되고 있다.

만일 그림 2-1(c)가 (a), (b)보다 더 먼 거리에서 사격한 경우라면 더 정밀할 수 있으므로 상대정밀도(relative precision) 또는 상대오차(relative error) R로 표현한다.

$$R = \frac{M}{l} \tag{2.3}$$

여기서 l은 측정값, M은 정오차와 우연오차를 포함하는 오차이다. 상대정밀도는 1/1,000, 1/10,000 등으로 나타내며 분모가 클수록 측정이 잘된 것이다.

2.2 우연오차

2.2.1 정규분포

우연오차는 정규분포(normal distribution)를 이루고 다음의 법칙을 따른다고 가정한다.

- 크기가 작은 오차는 큰 오차보다 자주 발생한다.
- 일정한 크기를 갖는 부호가 서로 다른 오차가 같은 빈도로 나타난다.
- 매우 큰 오차는 발생하지 않는다.
- 오차들은 확률법칙을 따른다.

즉, 측정횟수를 무한히 증가시켰을 때의 오차(엄밀한 의미에서 오차를 알 수 없으므로 잔차를 사용함) ε과 확률밀도함수 y는 다음 정규곡선식으로 주어진다

$$y = \frac{h}{\sqrt{\pi}} e^{-h^2 \varepsilon^2} \tag{2.4}$$

이 식 (2.4)는 다음 사항을 나타내고 있다.

- $\varepsilon \to \pm\infty$ 에 따라 $y \to 0$
- $\varepsilon \to 0$에 따라 $y \to h/\sqrt{\pi}$
- ε의 모든 확률에 대한 합(면적)은 1이다.

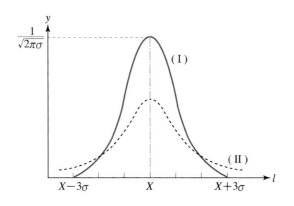

그림 2-2 정규확률밀도곡선

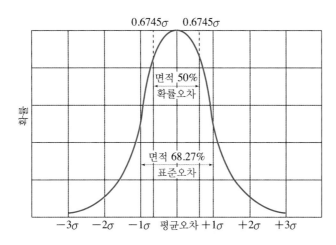

그림 2-3 정규확률곡선

- h가 커짐에 따라 y_{max}도 커진다.
- 정밀한 측정일수록 ε이 0일 확률이 높아진다. 즉, 그림 2-2에서 (I)이 (II)보다 정밀 도면에서 높다.

식 (2.4)를 모표준편차 $\sigma = 1/\sqrt{2}\,h$, $t = \varepsilon/\sigma$으로 놓으면, 표준정규분포라고 하는 $X = 0$, $\sigma^2 = 1$, 즉 $N(0, 1)$인 확률밀도함수가 된다. 이를 적분한 값에 대한 차이를 구하면 일정 구간에서 오차가 발생할 확률을 구할 수 있으며, 보통 표로 주어진다. 한 예로서 그림 2-3에서

$$P\{-\sigma < \varepsilon < \sigma\} = 0.6827\,(68.27\%) \tag{2.5}$$

$$P\{-1.96\sigma < \varepsilon < 1.96\sigma\} = 0.9500\,(95\%) \tag{2.6}$$

$$P\{-2.58\sigma < \varepsilon < 2.58\sigma\} = 0.9900\,(99\%) \tag{2.7}$$

2.2.2 오차의 표현

(1) 표준편차

측량에서 정밀도를 나타내기 위해 h 대신에 h와 관계가 있는 다음의 값들이 종종 이용되고 있으며, 표준편차가 가장 널리 이용된다. $(x_i - \overline{x})$는 잔차(residual)이다.

① 표준편차(standard deviation)
평균값은 추정값을 사용하므로,

$$\overline{x} = \frac{\sum x_i}{n} \tag{2.8}$$

표준편차는 그림 2-3에서 68.27%로 발생할 오차이며, 자유도(degree of freedom) $(n-1)$을 사용한다.

$$\sigma = \sqrt{\frac{\sum (x_i - \overline{x})^2}{n-1}} \tag{2.9}$$

② 확률오차(probable error)
확률오차 γ는 γ보다 절댓값이 큰 오차가 일어날 확률과 γ보다 절댓값이 작은 오차가 일어날 확률이 같은 오차를 말한다. 즉, 그림 2-3에서 50% 오차(50% error)를 의미한다.

$$\gamma = 0.6745\sigma \tag{2.10}$$

③ 평균오차(mean error)
오차의 절댓값에 대한 평균값을 말한다. 즉,

$$e = \sqrt{\frac{2}{\pi}}\,\sigma = 0.7979\sigma \tag{2.11}$$

(2) 교차와의 관계

측량작업에서 동일량을 2회 1조의 측정을 실시하는 경우에는 교차(difference)를 사용하며, 수준측량이나 거리측정에서 구간별로 왕복 또는 2회 측정을 하는 경우가 해당된다. 왕복 측정값의 차는

$$|d| = |l_1 - l_2| = |\varepsilon_1 - \varepsilon_2| \tag{2.12}$$

로서 우연오차에 관계되며 관측의 수준을 나타내기 위하여 교차 $|d|$ 가 사용된다. 식 (2.23)의 우연오차 전파법칙을 참조하면,

$$\frac{\sum d_i^2}{s} = \sigma^2 + \sigma^2 = 2\sigma^2$$

이 되므로 표준편차 σ는 s를 반복수($s = 1$이 1조의 왕복 측정을 의미)라 할 때 다음과 같다.

$$\sigma = \frac{1}{\sqrt{2}} \sqrt{\frac{\sum d_i^2}{s}} \tag{2.13}$$

이러한 σ값들은 모두 측정값의 폐기(rejection) 여부를 검토하여 최대허용오차(maximum allowable error)와의 관계를 비교할 때 사용된다.

2.2.3 측정값의 폐기

폐기할 측정값은 큰 정오차를 포함하고 있거나 과대오차가 포함되어 있으므로 가려내야 한다. 특히 과대오차가 있다면 사용하기가 곤란하기 때문이다.

① 통계적인 검정법을 사용하는 방법

측정값들이 같은 모집단에 속한다고 가정하고 유의수준(1%, 5%, 10% 등) 이하의 확률밖에 없는 측정값은 버린다.

$$t = 1.96\sigma (5\% \text{ 이하})$$
$$t = 2.58\sigma (1\% \text{ 이하}) \tag{2.14}$$

② 표준편차의 배수를 사용하는 방법

표준편차의 3배를 넘을 확률은 0.27%이므로 평균값으로부터 $\pm 3\sigma$ 이상 떨어진 측정값을 폐기할 때 흔히 사용하는 방법이다.

$$t = 3\sigma \tag{2.15}$$

③ 오차의 최대 허용한계를 지정하는 방법

빈번하게 실시되는 측량에서는 사용기기와 측량방법에 따라 이론상 또는 경험상으로 어느 정도로 오차가 나타나는지를 미리 알고 목표하는 정확도를 정해 두는 방법이다. 우리나라의 작업규정에 허용한계가 정해져 있는 것은 바로 이 방법이다.

예제 2.1

기선을 6회 측정하여 다음 결과를 얻었다.

511 m, 509 m, 514 m, 510 m, 512 m, 525 m

$t = 2\sigma$ 를 사용하여 폐기 여부를 판정하고, 이 결과에 따라 최확값과 1회 측정에 대한 표준편차를 구하라.

풀이 우선 6회로 x_0와 σ를 구하고 $x_0 \pm 2\sigma$를 사용하여 검토하면 525 m가 폐기되어야 한다. 그리고 남는 5개의 측정값에 대해서 다시 구하면,

$$\bar{x} = \frac{2556}{5} = 511.2 \text{ m} \qquad \sigma = \sqrt{\frac{14.80}{5-1}} = \pm 1.9 \text{ m}$$

2.2.4 표준오차와 중량

측량에서는 표준오차(Standard Error, SE)가 흔히 이용된다. 표준편차와 같은 의미로 사용되기도 하지만 평균값에 대한 표준편차를 의미하는 것이 보통이며 다음과 같이 구한다.

$$\sigma_m = SE = \frac{\sigma}{\sqrt{n}} = \sqrt{\frac{\sum (x_i - \bar{x})^2}{n(n-1)}} \tag{2.16}$$

이 표준오차는 보통 측정값이나 계산값의 정밀도를 나타내게 된다. 즉, 거리가 126.352±0.002 m라고 표기한다면 ±0.002 m는 최확값에 대한 표준오차를 의미한다. 1회 측정에 대

한 표준편차는 앞에서 설명한 폐기한계(rejection criteria)를 정하는데 기준이 되며 측량에서 다른 이용분야는 거의 없다.

중량(weight)은 측정값에 대한 신뢰도를 표시하는 데 쓰이며 다음 세 방법이 사용된다.

- 측정자의 기술, 기계의 성능, 관측 당시의 기상조건 등을 종합적으로 판단하는 주관적인 방법
- 측정의 반복횟수로 정하는 방법
- 표준오차를 이용하는 방법

표준오차는 측정횟수의 제곱근에 반비례함을 식 (2.16)으로부터 알 수 있으며, 중량 p는 분산이 클수록 신뢰도가 낮으므로 분산에 반비례한다.

$$p \propto \frac{1}{\sigma_m{}^2} \tag{2.17}$$

이와 같은 중량은 각과 거리를 동시에 측정할 경우의 최소제곱법에서 매우 중요하다.

2.3 오차의 전파

2.3.1 정오차의 전파

측량에서는 구간을 나누어 측정하거나, 각과 거리를 측정하여 이들의 함수로 만들어진 좌표를 이용한다. 이 경우에 각각의 측정값에는 오차가 포함되어 있기 때문에 계산된 좌표에 측정오차가 누적되므로 이를 고려해야 한다.

정오차는 측정횟수에 비례하여 점점 누적되어 나타나는 반면에 우연오차는 확률법칙에 따라 전파된다. 정오차의 전파는 최확값과 직접 관계되는 보정량(corrections)의 문제로 취급할 수 있으며 측정단위(자릿수)를 정하거나 보정식에서 측정요소를 채택할 때 사용된다. 우연오차의 전파는 측량계획에서 계산결과에 대한 오차 크기를 정하는 등의 예비분석(설계)이나 조정결과의 분석에 사용되고 있다.

오차전파(error propagation)는 구하려고 하는 값이 어떠한 함수로 구성되어 있는가 또는

각 측정값이 어느 정도의 정확도를 갖느냐에 따라 다르다. 다음과 같은 모델을 고려해보자.

$$y = f(x_1, x_2, x_3, \cdots, x_n) \tag{2.18}$$

여기서 측정값을 $x_{10}, x_{20}, x_{30}, \cdots$ 라 하고 측정값에 포함된 정오차를 $\Delta x_1, \Delta x_2, \cdots, \Delta x_n$ 이라 하면

$$x_1 = x_{10} + \Delta x_1, \, x_2 = x_{20} + \Delta x_2, \cdots, x_n = x_{n0} + \Delta x_n \tag{2.19}$$

이므로 Taylor 급수전개에 의해 선형화하면 다음의 정오차 전파식이 된다.

$$\Delta y = f(x_1, x_2, \cdots x_n) - f_0(x_{10}, x_{20}, \cdots x_{n0})$$
$$\Delta y = \left(\frac{\partial y}{\partial x_1}\right)\Delta x_1 + \left(\frac{\partial y}{\partial x_2}\right)\Delta x_2 + \cdots + \left(\frac{\partial y}{\partial x_n}\right)\Delta x_n \tag{2.20}$$

또한 다음의 상대오차(relative error)는 정오차의 전파효과를 나타낸다.

$$\frac{f(x_1, x_2, \cdots x_n) - f(x_{10}, x_{20}, \cdots x_{n0})}{f(x_{10}, x_{20}, \cdots x_{n0})} \fallingdotseq \frac{\Delta y}{y} \tag{2.21}$$

예제 2.2

다음은 광파측거기에서 측정거리에 영향을 미치는 파장, 기온, 기압, 수증기압에 대한 보정식(correction formula)이다. 그 영향을 검토하고 측정한계를 분석하라.

$$\Delta D \fallingdotseq (+1.0\Delta t - 0.44\Delta p + 0.0053\Delta e)D \times 10^{-6}$$

풀이 대기중의 온도 1℃ 차이에서 1 ppm(1×10^{-6})의 오차가 발생하지만 온도 10℃ 차이에서는 10 ppm이므로 낮은 정확도의 측량에서는 상온으로 가정하여 온도 측정을 생략하게 된다. 또한 기압과 수증기압은 그 영향이 약 10배 차이가 있음을 알 수 있고 1 ppm의 측량에서는 2.5 mmHg까지 측정해야 하므로 적절한 기압계를 선택해야 한다. ∎

2.3.2 우연오차의 전파

기선을 분할측정한 경우와 같이 측정값들이 조합되어 있는 경우, 계산결과의 표준오차는 개개의 표준오차에 대한 제곱합의 제곱근으로 나타낸다. 즉,

$$x = x_1 + x_2 + x_3 + \cdots + x_n$$

$$\sigma_x = \sqrt{{\sigma_1}^2 + {\sigma_2}^2 + \cdots + {\sigma_n}^2} \tag{2.22}$$

$x_1,\, x_2,\, \cdots \, x_n$ 이 서로 독립되어 있고 $y = f(x_1,\, x_2,\, \cdots \, x_n)$ 을 구성한다면 Taylor 급수로 부터 고차항을 소거하면, 통계량인 분산(variance)에 대한 우연오차 전파식이 된다.

$${\sigma_f}^2 = \left(\frac{\partial f}{\partial x_1}\right)^2 {\sigma_1}^2 + \left(\frac{\partial f}{\partial x_2}\right)^2 {\sigma_2}^2 + \cdots + \left(\frac{\partial f}{\partial x_n}\right) {\sigma_n}^2 \tag{2.23}$$

여기서 σ_i는 표준편차, 표준오차 또는 다른 표현법에 의한 오차일 수 있다. 적용 예로서 다음 식들을 우연오차의 전파식이라고 한다.

① $f = abc$ 라면

$${\sigma_f}^2 = (bc\,\sigma_a)^2 + (ac\,\sigma_b)^2 + (ab\,\sigma_c)^2$$

$$\therefore \ \sigma_f = \pm\, abc \left\{ \left(\frac{\sigma_a}{a}\right)^2 + \left(\frac{\sigma_b}{b}\right)^2 + \left(\frac{\sigma_c}{c}\right)^2 \right\}^{1/2} \tag{2.24}$$

② $f = a + b$ 라면

$${\sigma_f}^2 = {\sigma_a}^2 + {\sigma_b}^2$$

$$\therefore \ \sigma_f = \pm\, \left({\sigma_a}^2 + {\sigma_b}^2\right)^{\frac{1}{2}} \tag{2.25}$$

③ $f = a^n$ 이라면

$$\sigma_f = n a^{n-1} \sigma_a \tag{2.26}$$

예제 2.3

우연오차의 전파법칙을 이용하여 다음을 구하라.

(a) 직사각형인 토지의 면적을 구하기 위하여 측정한 결과 $a = 20.00 \pm 0.02 \text{ m}$, $b = 10.00 \pm 0.01 \text{ m}$ 일 때 면적 A와 오차는 얼마인가?

(b) 차이를 측정할 때 두 읽음값이 각각 $a = 1.500 \pm 0.01 \text{ m}$, $b = 1.000 \pm 0.01 \text{ m}$ 일 때 차이 값과 오차는 얼마인가?

풀이 (a) 식 (2.24)로부터

$$A = (20 \times 10) \pm \left\{ (20 \times 0.01)^2 + (10 \times 0.02)^2 \right\}^{1/2}$$
$$= 200.0 \pm 0.28 \text{ m}^2$$

(b) 식 (2.25)로부터 $\Delta = a - b$

$$\Delta = (1.500 - 1.000) \pm \left\{ (0.01)^2 + (0.01)^2 \right\}^{1/2}$$
$$= 0.500 \pm 0.014 \text{ m}$$

2.4 측정값의 조정

2.4.1 최소제곱법의 원리

측정값의 조정이란 오차의 분배 또는 최확값의 계산과 같은 개념이다. 최소제곱법은 오차론과 확률이론에 따라 측정값을 합리적으로 조정하여 최확값을 구하고 최확값에 대한 오차(정확도 또는 정밀도)를 검토하는 것이 목적이다. 최소제곱법에서는 참값에 대한 추정값으로서 최확값을 도입하고 있다. 최확값이란 최확값과 측정값과의 차, 즉 잔차의 제곱에 대한 합이 최소가 되는 값이다.

측정값 x_i의 최확값은 $\overline{x}$이므로 오차 ε_i 대신에 잔차(residual) v_i,

$$v_i = \overline{x} - x_i \tag{2.27}$$

를 이용하여 다음 최소제곱법의 원리에 의해 최확값을 구하면 좋다.

$$F' = \sum_{i=1}^{n} \frac{v_i^2}{\sigma_i^2} = \frac{v_1^2}{\sigma_1^2} + \frac{v_2^2}{\sigma_2^2} + \cdots + \frac{v_n^2}{\sigma_n^2} = \text{최소} \tag{2.28}$$

또 $1/\sigma_i^2$은 중량 p_i이므로

$$F = \sum_{i=1}^{n} p_i v_i^2 = p_1 v_1^2 + p_2 v_2^2 + \cdots + p_n v_n^2 = \text{최소} \tag{2.29}$$

가 된다. 중량이 같은 경우에는 다음이 성립한다.

$$F = \sum_{i=1}^{n} v_i^2 = v_1^2 + v_2^2 + v_3^2 + \cdots + v_n^2 = \text{최소} \tag{2.30}$$

예제 2.4

동일한 정확도로 삼각형 ABC의 내각을 측정하였다. 최소제곱법의 원리를 적용하여 각각의 최확값을 구하라.

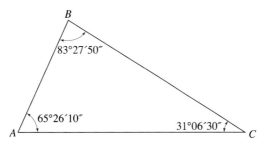

풀이 $\angle A = x_1$, $\angle B = x_2$, $\angle C = x_3$를 최확값, 각각의 관측값을 l_1, l_2, l_3라고 하면,

$$v_1 = x_1 - l_1, \quad v_2 = x_2 - l_2, \quad v_3 = x_3 - l_3$$

여기서 삼각형의 내각합이 180°인 조건을 사용하여

$$x_1 + x_2 + x_3 - 180° = 0$$
$$(l_1 + v_1) + (l_2 + v_2) + (l_3 + v_3) - 180° = 0$$

이때 $l_1 + l_2 + l_3 - 180° = 30''$이므로 $v_1 + v_2 + v_3 = -30''$가 된다.

v_1을 소거하면

$$v_1 = -v_2 - v_3 - 30''$$
$$v_2 = v_2$$
$$v_3 = v_3$$

이므로 최소제곱법의 원리 $\sum v_i^2 = \min$을 적용한다.

$$F = (-v_2 - v_3 - 30'')^2 + v_2{}^2 + v_3{}^2 = \min$$

이 식은 v_2와 v_3의 함수이므로 각각에 대해 편미분하여 정리하면

$$2v_2 + v_3 + 30'' = 0$$
$$v_2 + 2v_3 + 30'' = 0$$

이 두 식으로부터 v_2, v_3를 구하면

$$v_2 = v_3 = -\frac{30''}{3} = -10'' \qquad\qquad \therefore v_1 = -10''$$

그러므로 최확값은

$$\angle A = x_1 = l_1 - 10'' = 65°26'00''$$

$$\angle B = x_2 = l_2 - 10'' = 83°27'40''$$

$$\angle C = x_3 = l_3 - 10'' = 31°06'20''$$

2.4.2 평균 및 중량평균

(1) 평균과 정확도

최소제곱법의 원리에 의해 평균과 중량평균(weighted mean)을 구해 보자. 평균은 하나의 양을 같은 기계와 신뢰도로 독립적으로 반복 측정한 경우에 적용되는 독립 직접측정값의 조정에 해당된다. 즉, 측정값에 대한 산술평균을 최확값으로 이용할 수 있다.

$$\therefore \bar{x} = \frac{\sum x}{n} = \frac{x_1 + x_2 + \cdots + x_n}{n} \tag{2.31}$$

평균(최솟값)에 대한 표준오차(SE)는 식 (2.31)에 오차전파법칙을 적용하면 1관측에 대한 표준오차가 σ일 때 다음과 같이 된다.

$$\sigma_{\bar{x}}^2 = \sigma^2 \left(\frac{1}{n^2} + \frac{1}{n^2} + \cdots + \frac{1}{n^2} \right)^2 = \frac{\sigma^2}{n}$$

$$\therefore \sigma_{\bar{x}} = \frac{\sigma}{\sqrt{n}} = \pm \sqrt{\frac{\sum v^2}{n(n-1)}} \tag{2.32}$$

예제 2.5

예제 2.1에서 유효한 테이프 거리측정 5회를 이용하여 최확값 x 및 최확값에 대한 표준오차 σ_x를 구하라. 5회 측정값은 511, 509, 514, 510, 512임

풀이 $\bar{x} = \dfrac{2556}{5} = 511.2 \text{ m}$ $\sigma_{\bar{x}} = \sqrt{\dfrac{14.80}{5(5-1)}} = \pm 0.9 \text{ m}$

$$\therefore \bar{x} = 511.2 \text{ m} \pm 0.9 \text{ m}$$

(2) 중량평균과 정확도

중량평균은 하나의 양을 여러 번 측정하는 경우에 있어, 기계의 변경, 측정방법의 변경,

측정자의 교대 등 측정마다 신뢰도가 다를 경우 적용된다. 중량 p_i로서 X를 독립측정할 경우 X의 최확값을 $\bar{x}$로 하면 잔차방정식은 다음과 같이 된다.

$$p_1 v_1 = p_1 \bar{x} - p_1 x_1$$

$$p_2 v_2 = p_2 \bar{x} - p_2 x_2$$

$$\vdots$$

$$p_n v_n = p_n \bar{x} - p_n x_n$$

각각의 제곱의 합이 최소가 되도록 미분한 값을 0으로 놓으면

$$\bar{x} = \frac{\sum p_i x_i}{\sum p_i} = \frac{p_1 x_1 + p_2 x_2 + \cdots + p_n x_n}{p_1 + p_2 + p_3 + \cdots + p_n} \tag{2.33}$$

중량 p_i인 측정값의 표준편차는 다음 식과 같이 된다.

$$\sigma_{l_i} = \frac{\sigma}{\sqrt{p_i}} \tag{2.34}$$

최확값 $\bar{x}$에 대한 표준오차는 식 (2.34)에 우연오차 전파법칙을 적용하면

$$\sigma_{\bar{x}}^2 = \left(\frac{p_1}{\sum p} \sigma_{x_1} \right)^2 + \left(\frac{p_1}{\sum p} \sigma_{x_2} \right)^2 + \cdots + \left(\frac{p_1}{\sum p} \sigma_{x_n} \right)^2$$

$$= \left(\frac{p_1}{\sum p} \frac{\sigma}{\sqrt{p_1}} \right)^2 + \left(\frac{p_2}{\sum p} \frac{\sigma}{\sqrt{p_2}} \right)^2 + \cdots + \left(\frac{\sum p_n}{\sum p} \frac{\sigma}{\sqrt{p_n}} \right)^2$$

$$= \frac{\sigma^2}{\sum p^2} (p_1 + p_2 + \cdots + p_n) = \frac{\sigma^2}{\sum p}$$

$$\therefore \sigma_{\bar{x}} = \frac{\sigma}{\sqrt{\sum p}} \tag{2.35}$$

여기서 중량 1인 측정에 관한 표준편차 σ는

$$\therefore \sigma = \sqrt{\frac{\sum p v^2}{n-1}} \tag{2.36}$$

이 식을 식 (2.35)에 대입하면 측정값의 최확값에 대한 표준오차가 된다.

$$\sigma_{\bar{x}} = \sqrt{\frac{\sum p v^2}{(\sum p)(n-1)}} \tag{2.37}$$

예제 2.6

(1) 동일한 각을 두 사람 A, B가 같은 기계를 사용하여 8회 측정한 결과가 다음과 같다. 1회 측정에 대한 표준편차와 평균에 대한 표준오차를 구하라.

(2) 위에서 두 사람 A, B가 측정한 평균각에 대해 최확값과 이에 대한 표준오차를 구하라.

풀이 (1) 아래 표에서

A	v	v^2	B	v	v^2
86°34′10″	10″	100″	86°34′05″	7″	49″
33′50″	−10″	100″	34′00″	2″	4″
33′40″	−20″	400″	33′55″	−3″	9″
34′00″	0	0	33′50″	−8″	64″
33′50″	−10″	100″	34′00″	2″	4″
34′10″	10″	100″	33′55″	−3″	9″
34′00″	0	0	34′15″	17″	289″
34′20″	20″	400″	33′44″	−14″	196″
평균=86°34′00″	0	1200″=$\sum v^2$	평균=86°33′58″	0	624″=$\sum v^2$

$$\sigma_A = \pm \sqrt{\frac{1200}{7}} = \pm 13.1'', \quad \sigma_B = \pm \sqrt{\frac{624}{7}} = \pm 9.4''$$

$$\sigma_{\overline{A}} = \pm \frac{13.1}{\sqrt{8}} = \pm 4.6'', \quad \sigma_{\overline{B}} = \pm 3.3''$$

(2) $x_A = 86°33′00'' \pm 4''.6 \quad x_B = 86°33′58'' \pm 3''.3$ 이므로

중량의 비 $p_1 : p_2 = \dfrac{1}{4.6^2} : \dfrac{1}{3.3^2} = 1 : 2$

$$\therefore \overline{x} = 86°30′ + \frac{60 \times 1 + 58 \times 2}{1 + 2} = 86°33′58''.7$$

표준오차는

$$\sigma_{\overline{x}} = \sqrt{\frac{2.67}{3(2-1)}} = 0''.9$$

$$\therefore \overline{x} = 86°33′58.7'' \pm 0''.9$$

연습문제

2.1 다음은 EDM을 검사하기 위하여 검사선에서 28회 측정한 결과이다. 물음에 답하라.

968.149 m	968.133 m	968.151 m	968.153 m	968.148 m
.144	.145	.161	.154	.140
.152	.153	.154	.138	.142
.165	.156	.136	.155	.151
.148	.148	.146	.151	.143
	.147	.144	.159	

(a) 최확값

(b) 1회 측정에 대한 표준편차

(c) 최확값에 대한 표준오차

(d) 평균오차

(e) 확률오차

(f) 최확값에 대한 상대정밀도

2.2 삼각형의 두 변 a, b와 사이각 C를 측정한 결과이다. 변 c와 면적 A를 계산하고 오차를 추정하라.

$a(\mathrm{m})$	$b(\mathrm{m})$	C
24.981	16.002	60°00′10″
.984	.006	25″
.985	.007	29″
.986	.009	30″
.989	.011	36″

2.3 전체길이를 세 구간으로 나누어 측정한 결과가 다음과 같다. 전체거리에 대한 최확값과 최확값에 대한 표준오차를 구하라.

$l_1 = 63.5264\,\mathrm{m} \pm 0.0044\,\mathrm{m}$, $l_2 = 54.3213\,\mathrm{m} \pm 0.0050\,\mathrm{m}$, $l_3 = 32.1362\,\mathrm{m} \pm 0.0038\,\mathrm{m}$

2.4 직사각형인 지역의 두 변의 길이가 각각 15 m±2.3 mm, 25 m±3.6 mm인 경우의 면적과 그에 대한 표준오차를 구하라.

2.5 A, B 두 사람이 동일한 방법으로 동일한 각을 측정하였다. 이 각의 최확값과 최확값에 대한 표준오차를 구하라.

A(5회)	B(7회)
5°10′20″, 30″, 10″, 30″, 10″	5°10′30″, 00″, 40″, 40″, 50″, 00″, 30″

2.6 다음 그림에서와 같이 $AB = 100.000\,\mathrm{m}$, $BC = 100.000\,\mathrm{m}$, $CD = 100.080\,\mathrm{m}$, $AC = 200.040\,\mathrm{m}$, $BD = 200.000\,\mathrm{m}$를 측정하였다. 각각의 측정이 서로 독립되고 같은 정밀도일 때, 최확값과 AD 간의 거리는? 최소제곱법의 원리를 사용하여 계산하라.

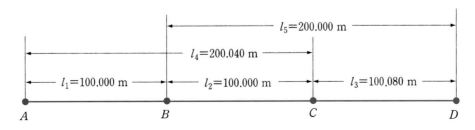

2.7 그림에서 측정한 각이 다음과 같다. 최소제곱법의 원리를 적용하여 조정각을 구하라.

$x_1 = 48.88°$

$x_2 = 42.10°$

$x_3 = 44.52°$

$x_4 = 43.80°$

$x_5 = 46.00°$

$x_6 = 44.70°$

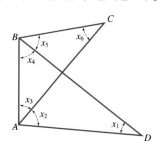

2.8 그림에서 조건방정식에 의해 최확값을 구하라.

측정값   (1) $A = 40°13′28.7″$ (중량 1)

          (2) $B = 34°46′15.4″$ (중량 1)

          (3) $A + B = 74°59′43.0″$ (중량 2)

          (4) $A + B + C = 132°31′07.2″$ (중량 1)

          (5) $B + C = 92°17′42.2″$ (중량 3)

(참고) (1)+(2)=(3), (4)=(1)+(5)의 두 조건식으로부터

$$v_1 + v_2 - v_3 + 1″.1 = 0, \quad v_4 - v_5 - v_1 - 3″.7 = 0$$

이 식의 각각에 상관계수(미정계수) $-2k_1$, $-2k_2$를 곱하고, $\sum pv^2$에 더하면

$$F = v_1{}^2 + v_2{}^2 + 2v_3{}^2 + v_4{}^2 + 3v_5{}^2 - 2k_1(v_1 + v_2 - v_3 + 1.1) - 2k_2(v_4 - v_5 - v_1 - 3.7) = \min$$

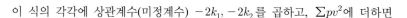

참고문헌

1. 백은기 외, 측량학(2판), 청문각, 1993.

2. 이영진, 정밀측량·계측, 청문각, 2018.

3. 森忠 次, 測量學 1, 2, 丸善, 1979.

4. 中村英夫·清水英範, 測量學, 技報堂, 2000.

5. Kavanagh, B. F., Surveying: principles and applications(8th ed.), Pearson, 2009.

6. Davis, R. E. dates, Surveying: theory and practice, Mcgraw-hill, 1981.

7. Mikhail, E. M. and G. Gracie, Analysis and Adjustment of Survey Measurements, VNR, 1981.

03 수준측량

3.1 개설

3.1.1 수준측량의 정의

수준측량은 지구상의 여러 점 사이의 고저차를 측정하여 그 점들의 표고를 결정하거나 또는 필요한 표고를 현장에 측설하는 것이다. 여기서 표고는 어떤 기준면으로부터 그 점까지의 연직거리를 의미한다. 일반적으로 기준면은 평균해면을 사용하며 그 값을 0.000 m로 한다.

그림 3-1은 수준측량의 개념을 나타낸 것이다. 그림 3-1에서 A, B 점에 세운 표척의 읽음값이 각각 3.850 m, 2.635 m라면, 두 점의 고저차는 3.850 − 2.635 = 1.215 m가 된다.

그러나 고저차는 수준선에 의하여 결정되는 데 반하여 관측자의 시준선은 수평선이 되기 때문에 관측자가 표척을 읽은 값에는 그림 3-2에서와 같이 시준거리 d에 대하여 c만큼의 오차가 포함되어 있는 것이다. 그러나 이 오차는 시준거리 100 m에 대하여 0.0008 m 정도로 아주 작은 것이다.

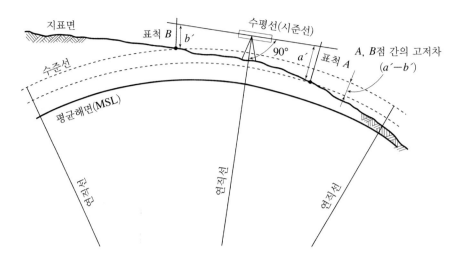

그림 3-1 수준측량의 개념 및 용어

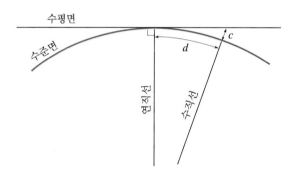

그림 3-2 수평면과 수준면의 관계

3.1.2 수준측량 기준면

① 수준면(level surface): 정지된 해수면이나 해수면 위에서 중력 방향에 수직한 곡면을 수준면이라 한다. 이는 지오이드와 유사한 불규칙한 곡면을 말한다.

② 수준선(level line): 수준면에 평행한 곡선을 수준선이라 한다.

③ 수평면(horizontal plane): 수준면의 한 점에 접한 평면을 수평면이라 한다.

④ 수평선(horizontal line): 수준면의 접선을 수평선이라 한다.

⑤ 평균해면(Mean Sea Level, MSL): 해수의 파도를 정지시키고 간만에 의한 수위변동을 평균한 해수면(수준면)을 수평해면이라 한다. 보통 이 면을 기준면으로 사용하고 있다.

⑥ 기준면(datum level): 높이의 기준이 되는 수준면을 기준면이라 한다. 그러나 하나의

측선에 대하여 미소한 수평선을 연결하면 수준선이 되므로 보통 수평거리라고 하면 수준면상의 거리와 같은 의미로 사용하고 있다.

⑦ 표고(elevation): 기준면에서 어떤 점까지의 연직거리를 표고라 한다.

⑧ 수준원점: 기준면은 가상의 면이므로 실제로 높이의 기준으로 사용하려면 한 지점에 고정시켜야만 한다. 이 고정점을 수준원점이라 한다.

⑨ 수준점(Bench Mark, BM): 수준원점을 출발하여 국도 및 중요한 도로를 따라 일정한 간격으로 수준표석을 매설하여 놓은 고정점을 수준점이라 한다. 수준점은 각종 측량에 있어서 높이의 기준으로 사용되며, 그 점의 위치 및 표고 등을 기재한 것을 성과표라 한다.

⑩ 수준망(leveling net): 각 수준점 사이는 반드시 왕복측량하여 측정오차가 허용오차 이내가 되도록 해야 하며, 이와 같이 수준점 간을 정밀하게 측량을 하여도 수준점 수가 많으면 오차가 누적되므로 원출발점에 돌아가거나 다른 수준점에 연결시킨다. 그렇게 되면 수준노선은 망의 형상을 이루게 되는데 이를 수준망이라 한다.

3.1.3 수준측량의 분류

수준측량은 그 방법과 목적에 따라 다음과 같이 분류한다.

(1) 측량방법에 의한 분류

① 직접수준측량: 레벨과 표척을 사용하여 두 점 사이의 고저차를 측정하는 방법을 직접수준측량(spirit levelling)이라 한다.

② 간접수준측량: 레벨을 사용하지 않고서 고저차를 구하는 방법이며 두 점 사이의 수직각과 수평거리 또는 경사거리를 측정하여 삼각법에 의하여 고저차를 구하는 방법(삼각수준측량), 공중사진상에서 입체시에 의하여 두 점 사이의 시차로서 고저차를 구하는 방법(항공사진측량), 두 점 사이의 기압차로서 고저차를 구하는 방법(기압수준측량) 등이 있다.

(2) 측량목적에 의한 분류

① 고차수준측량: 서로 떨어진 두 점 사이의 고저차만을 측정하기 위한 수준측량이다.

수준점 사이를 왕복측량하는 경우가 해당된다.

② 종단수준측량: 하천, 도로, 철도 등의 건설공사의 계획과 시공에 필요한 종단면도를 작성하기 위하여 중심노선의 측점에 대한 종단방향의 표고를 구하기 위한 수준측량이다.

③ 횡단수준측량: 하천, 도로, 철도 등의 건설공사의 계획과 시공에 필요한 횡단면도를 작성하기 위하여 중심노선의 측점에 대한 횡단방향의 표고를 구하기 위한 수준측량이다.

④ 도하(해)수준측량: 하천이나 계곡 등의 양쪽에 있는 두 점 사이의 고저차를 직접 또는 간접으로 구하는 수준측량이다.

3.2 직접수준측량 기재

3.2.1 레벨과 표척

레벨은 망원경의 시준선을 수평으로 하여 연직으로 세운 표척의 눈금을 정확히 읽도록 된 기계로서, 일반적으로 망원경(telescope), 기포관(level tube), 정준장치(leveling head)로 구성되어 있다.

레벨은 구조에 따라 틸팅레벨, 자동레벨, 그리고 디지털레벨로 구분되며, 틸팅레벨은 기포관을 이용하여 수평시준선을 이루도록 구조를 갖추고 있으며 자동레벨에는 컴펜세이터가 있고 디지털레벨은 디지털로 눈금을 표시(바코드 읽음)하는 레벨이다. 표 3-1은 법령에서 정한 레벨의 성능기준을 보여주고 있다.

표척(staff or leveling rod)은 수준측량에 있어서 시준선의 높이를 측정하는 데 사용하는 기구이다. 표척은 그림 3-3과 같이 여러 가지 종류가 있으나, 일반적으로 토목·건축의 측량에는 주로 최소눈금 5 mm, 길이 5 m인 것이 사용된다. 최근에는 알루미늄이나 유리섬유로 만든 것이 주로 사용되며 정밀수준측량에는 인바(invar)로 만든 인바표척이 사용된다.

그림 3-4는 침하를 방지하기 위한 표척대를 보여주고 있으며, 그림 3-5는 디지털레벨에 사용되는 바코드 표척이다.

표 3-1 측량기기(레벨) 성능기준

측량기기			성능 기준				비고
레벨	기포관	등급	기포관감도		최소눈금	정밀도	1킬로미터 왕복수준 측량의 표준편차
			주기포관	원형			
		1급	10초	5분	0.1 mm	± 0.6 mm	
		2급	20초	10분	1.0 mm	± 1.0 mm	
		3급	40초	10분	−	± 3.0 mm	
	자동	등급	기포관감도 (원형)	Compensator 정도	최소눈금	정밀도	1킬로미터 왕복수준 측량의 표준편차
		1급	8분	0.4초	0.1 mm	± 0.6 mm	
		2급	10분	0.8초	1.0 mm	± 1.0 mm	
		3급	10분	1.6초	−	± 3.0 mm	
	전자	등급	기포관감도 (원형)	Compensator 정도	최소눈금	정밀도	1킬로미터 왕복수준 측량의 표준편차
		1급	8분	0.4초	0.1 mm	± 0.6 mm	
		2급	10분	0.8초	1.0 mm	± 1.0 mm	

※ 측량법령령 시행규칙 제102조 관련 [별표 9] 참조.

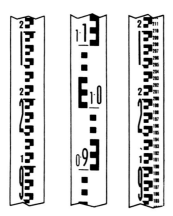

그림 3-3 표척과 눈금

그림 3-4 표척대

그림 3-5 바코드 표척(디지털레벨용)

3.2.2 레벨의 구조

(1) 망원경(telescope)

최근의 레벨에 사용되는 망원경은 그림 3-6과 같이 내부합초식으로 되어 있다. 물체에서 발사된 광선은 대물렌즈에 입사하여 초점(십자선 B의 평면)에 도립실상을 맺도록 슬라이드 D에 붙어 있는 합초렌즈 L을 앞뒤로 이동시켜 조절한다. 그렇게 되면 B에 맺힌 도립실상은 접안렌즈통 G에 끼워져 있는 접안렌즈 C에 의하여 확대된 허상을 얻게 되는 것이다.

망원경의 시준선은 십자선의 교점과 대물렌즈의 광심을 연결하는 선이며, 망원경에서는 시준선과 광축이 항상 일치해야 한다. 여기서 광축이란 대물렌즈와 접안렌즈의 광심을 연결한 선을 말한다.

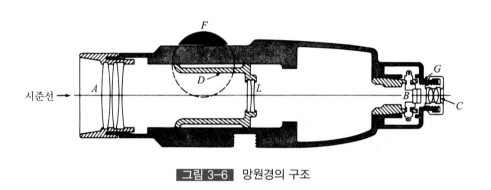

그림 3-6 망원경의 구조

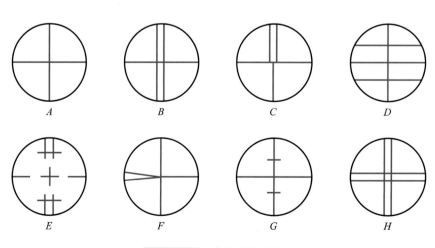

그림 3-7 여러 가지 십자선

목표를 망원경 내에 위치하도록 하는 것이 십자선(cross hair)의 교점(중심)이다. 대물경 A와 이 점을 연결한 선을 시준선(collimation line)이라고 하며 측량에서 대단히 중요하다. 근래에는 대부분 유리판에 $1 \sim 3\ \mu$ 정도의 선을 새겨 사용하고 있다. 십자선은 보통 초점(focus)에 위치한다(그림 3-6 참조).

그림 3-7과 같은 여러 가지의 십자선이 사용되며 십자선이 명확하지 않으면 접안렌즈 C를 조절해서 초준하면 된다.

(2) 기포관

기포관은 기준방향인 중력방향의 연직축(vertical axis)과 이에 직각인 수평축(horizontal axis)을 알기 위한 것이며, 액체의 표면이 중력방향과 직각방향에 정지하는 성질을 이용하고 있다. 여기에는 관형 기포관(bubble tube)과 원형 기포관(circular tube)이 있다.

기포의 위치를 표시하기 위해 유리관에 눈금(보통 2 mm 간격)을 새겨 놓았으며, 양단의 위치를 관측하여 기포가 중앙에 있는지의 여부를 판단할 수 있다. 이 눈금을 이용하면 레벨이 갖고 있는 정밀도를 나타낼 수 있는데 그 기준은 기포관의 곡률에 관계되는 감도(sensitivity)에 의해 나타낸다.

곡률반경이 클수록 감도가 좋아지지만 상대적으로 제작에 어려움이 따른다. 감도는 보통 한 눈금(2 mm)에 낀 중심각으로 표현된다. 즉, 감도를 θ''이라 하면 그림 3-8에서,

$$\theta'' = 206265\frac{d}{n \cdot S} \tag{3.1}$$

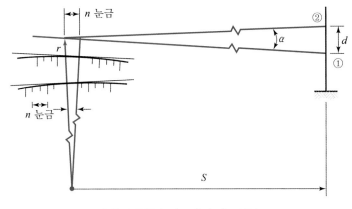

그림 3-8 기포관의 감도결정

단, n은 기포의 이동눈금수, S는 기계와 표척 간의 거리, d는 표척 읽음값의 차이$(l_2 - l_1)$
이다.

기포관은 기계의 정밀도에 적당한 것을 사용해야 하며, 감도가 너무 민감하면$(\theta''$이 작
음) 기포를 중앙으로 이동하는 데 너무 많은 시간이 걸리며 측정이 좋다고 할 수만은 없기
때문이다.

(3) 정준장치

정밀한 측량기계로써 관측하는 경우에 기계의 연직축을 연직(중력)방향에 일치시키기
위한 장치를 말한다. 정준나사를 회전시켜 기포관의 기포를 중앙으로 이동시킬 수 있다.

3.2.3 레벨의 종류

(1) 틸팅레벨(tilting level)

틸팅레벨(미동레벨)은 그림 3-9와 같이 망원경 및 기포관을 연직축에 관계없이 기울일
수 있는 구조로 되어 있다. 따라서 정준나사로 원형 기포관의 기포를 중앙에 오도록 한

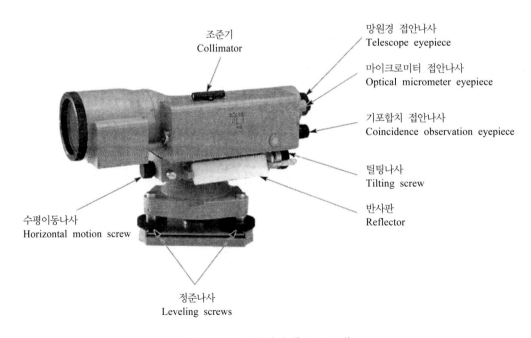

조준기
Collimator

망원경 접안나사
Telescope eyepiece

마이크로미터 접안나사
Optical micrometer eyepiece

기포합치 접안나사
Coincidence observation eyepiece

틸팅나사
Tilting screw

반사판
Reflector

수평이동나사
Horizontal motion screw

정준나사
Leveling screws

그림 3-9 틸팅레벨(Sokkia 사)

다음 미동나사로 시준선을 정확하게 수평이 되도록 조절할 수 있는데, 이것은 그림 3-9의 기포합치 접안나사에 의해 기포상이 합치되어 있는지의 여부를 프리즘을 통하여 망원경의 시야 내에서 볼 수 있게 되어 있다.

이는 기포가 중앙에 있는가를 눈금에 의하여 판단하는 것보다 비교적 정확하게 판단할 수 있으며, 시준과 동시에 기포의 합치 여부를 검사할 수 있어서 작업이 능률적이다. 기포합치식은 기포가 이동하면 상이 합쳐지지 않는 부분은 2배로 나타나므로 같은 감도의 눈금식 기포관보다 2배 이상의 정확도를 기대할 수 있다.

(2) 자동레벨(self-leveling level)

자동레벨은 정준을 기포관에 의해서 하는 것이 아니라 원형 기포관으로 대략 정준을 하면 망원경에 수평에 관계없이 컴펜세이터(compensator)에 의해서 자동적으로 시준선이 수평이 되도록 만든 레벨이다(그림 3-10(a)). 컴펜세이터는 제작회사나 기종에 따라 형식이 약간씩 차이가 있으나 그 원리는 그림 3-10(b)와 같다.

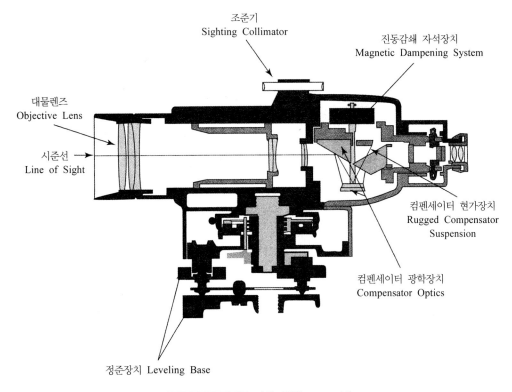

조준기
Sighting Collimator

진동감쇄 자석장치
Magnetic Dampening System

대물렌즈
Objective Lens

시준선
Line of Sight

컴펜세이터 현가장치
Rugged Compensator Suspension

컴펜세이터 광학장치
Compensator Optics

정준장치 Leveling Base

그림 3-10(a) 자동레벨(Sokkia 사)

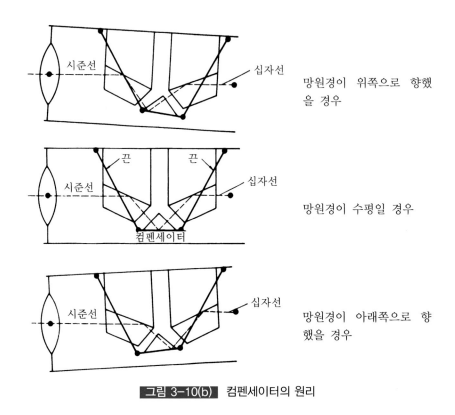

시준선
십자선
망원경이 위쪽으로 향했을 경우

끈 끈
시준선
십자선
망원경이 수평일 경우
컴펜세이터

시준선
십자선
망원경이 아래쪽으로 향했을 경우

그림 3-10(b) 컴펜세이터의 원리

보통 레벨은 표척눈금의 끝수를 목측으로 읽지만, 정밀한 측정을 위한 측지용 레벨(geodetic level)에서는 마이크로미터(micrometer)에 의해 작은 눈금까지 읽을 수 있게 되어 있다.

(3) 디지털 레벨(digital level)

디지털 레벨은 원하는 지역에 레이저 빔을 전송하여 바코드가 새겨진 표척을 자동으로 읽어 표시창에 수치를 나타내도록 하는 직접수준측량용 레벨이다. 눈금오독을 줄일 수 있고 전자야장을 활용할 수 있는 장점이 있으나 가격이 높다.

그러나 레이저 레벨은 바코드 표척을 읽어내므로 정확한 결과를 원하는 정밀수준측량에서 오측을 방지할 수 있는 특징이 있으며, 토공측량, 도로측량, 시설물측량 등 일반적으로 건설공사 측량에 손쉽게 이용할 수 있는 레벨이다.

3.3 직접수준측량

3.3.1 레벨 세우기

레벨을 세울 때 갖추어야 할 조건은 망원경의 시준선이 수평을 유지하도록 하는 것이므로 각측정 기기에 비해 간단하다.

① 레벨을 세우는 위치: 작업의 진행방향을 고려하여 적절한 위치의 견고한 지반에 선정한다. 기계의 높이가 너무 높거나 낮으면 표척을 읽을 수 없으므로 시준 가능의 여부를 잘 판단해야 한다.

② 삼각의 취급: 삼각 중 두 개를 땅에 고정시켜 두고 나머지 한 개를 전후·좌우로 움직여 기포관의 기포가 대략 중앙에 오도록 한다. 너무 기울어지게 세우면 정준나사의 능력으로 수평을 만들기 어렵고 자중에 의해 기울어지는 오차가 발생하기 쉽다.

③ 레벨의 정준: 필히 삼각의 조임나사를 단단히 죈 후에 정준나사를 조작한다. 그림 3-11과 같이 정준나사, A, B를 화살표(왼손 엄지방향) 방향으로 이동시키면 기포가 CC'선까지 이동된다. 다시 정준나사 C를 화살표 방향으로 돌리면 기포가 CC'선상에서 C의 방향으로 이동되어 기포관의 중심(실제에는 O선 내)에 있게 된다. 한 번에 기포가 중심에 오지 않으므로 반복하고, 망원경을 AB선상에서 180° 회전시킬 때 기포가 중심에 있는가를 확인하면 점검이 된다. 표척의 눈금을 읽는 순간에는 레벨의 기포가 정확히 합치되지 않으면 안 된다.

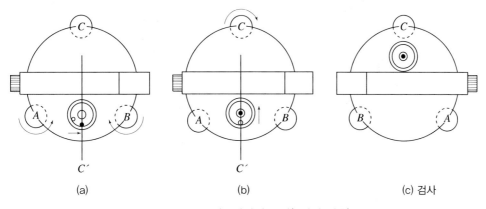

(a)　　　　　　　　(b)　　　　　　　　(c) 검사

그림 3-11 정준나사의 조작(3개인 경우)

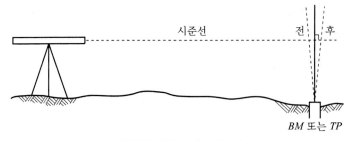

시준선　　　　전 후

BM 또는 TP

그림 3-12 표척 세우기

④ 표척 세우기: 레벨을 정확히 설치하여도 표척을 똑바로 세우지 않으면 좋은 정확도를 얻을 수 없다. 표척은 나무말뚝이나 구조물 또는 지반 위에 연직으로 세워야 한다. 전면이 레벨을 향하도록 하고 양손으로 표척의 측면을 받친다. 표척이 좌우로 경사된 경우에는 기계 관측자가 망원경의 십자종선으로 연직을 확인하여 표척수를 시정시킬 수 있으며, 전후로 경사된 경우에는 표척을 전후로 약간씩 흔들어 주어 기계수가 최소눈금을 읽으면 좋다(그림 3-12).

3.3.2 직접수준측량의 원리

(1) 직접수준측량의 용어

① 후시(Back Sight, BS)[1]: 표고를 이미 알고 있는 점에 표척을 세워서 이를 시준하여 얻은 표척의 읽음값을 말한다.

② 기계고(Height of Instrument, HI): 기준면에서 시준선까지의 높이를 말하며 시준고라고도 한다. 기계고는 표척을 세운 점의 표고와 후시와의 합이다.

③ 전시(Fore Sight, FS): 표고를 구하고자 하는 점에 표척을 세워서 이를 시준하여 얻은 표척의 읽음값을 말한다.

④ 이기점(Turning Point, TP): 시준거리가 너무 멀거나 고저차가 심하여 기계를 옮겨 세울 때 표척을 세우는 점을 말한다. 이기점에서는 전시와 후시를 함께 취해야 되며, 이 점에 대한 관측 오차는 이후의 측량 전체에 영향을 미치므로 견고한 지반(지점)을 택해야 하고 전시와 후시에도 신중해야 한다.

⑤ 중간점(Intermediate Point, IP): 지점의 지반고만을 구하기 위하여 전시만 취하는 점

1　후시는 기준시(reference sight)를 의미한다.

을 말한다. 중간점에 대한 시준값을 중간시(Intermediate Sight, IS)라 한다.

⑥ 임시수준점(Temporary Bench Mark, TBM): 수준점(BM)은 국가가 매설하여 표고를 결정해 놓은 영구적인 점이지만 임시수준점(TBM)은 어떤 토목공사나 건축공사를 위하여 반영구적으로 만들어 놓고 그 점의 표고를 정해 놓은 가수준점을 말한다.

(2) 직접수준측량의 원리

그림 3-13에서 A, B점 간의 고저차 ΔH는

$$\Delta H = BS - FS \tag{3.2}$$

이다. 이때 A점의 표고가 H_A이면 B점의 표고 H_B는 다음 식으로 표시된다.

$$H_B = H_A + \Delta H = H_A + BS - FS \tag{3.3}$$

그러나 두 점 간에 거리가 멀거나 고저차가 심하여 한 번에 고저차를 구하기 곤란할 때에는 그림 3-13(b)와 같이 여러 구간으로 나누어 기계를 세워야 한다. 이때 각 구간에서의

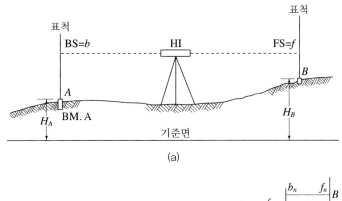

(a)

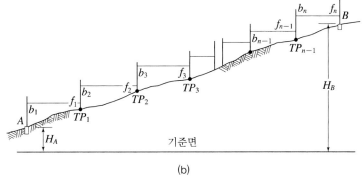

(b)

그림 3-13 직접수준측량의 원리

후시를 $b_1, b_2, b_3, \cdots b_n$, 전시를 $f_1, f_2, f_3 \cdots f_n$ 이라 하면 두 점 간의 고저차 ΔH는 각 구간별 고저차의 합으로 표시된다.

$$\Delta H = (b_1 - f_1) + (b_2 - f_2) + (b_3 - f_3) + \cdots + (b_n - f_n)$$
$$= (b_1 + b_2 + b_3 + \cdots + b_n) - (f_1 + f_2 + f_3 + \cdots + f_n)$$
$$\Delta H = \sum_{i=1}^{n} b_i - \sum_{i=1}^{n} f_i = \sum BS - \sum FS \tag{3.4}$$

즉, 두 점 간의 고저차는 (후시의 합)에서 (전시의 합)을 뺀 값이 되며 어느 점의 표고는 다음과 같이 표시할 수 있다.

$$미지점의\ 표고 = 기지점의\ 표고 + \sum BS - \sum FS \tag{3.5}$$

3.3.3 고차수준측량

(1) 측량방법

그림 3-14에서 보는 바와 같이 A, B점 간에 수준측량을 하려면 다음 과정에 따른다.

① 관측자는 적당한 위치 S_1에 기계를 세우고, 표척수는 A점에 표척을 세운다.
② 관측자는 망원경을 회전하여 A점의 표척을 시준하여 후시(2.868 m)를 읽는다.
③ 관측자의 신호에 의하여 표척수는 적당한 이 기점 TP_1에 선정하여 표척을 세운다.
④ 관측자는 야장기입을 한 후 다시 망원경을 회전하여 TP_1에 세운 표척을 시준하여 전시(0.982 m)를 읽는다.

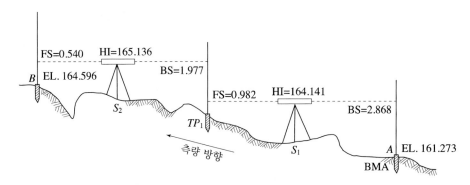

그림 3-14 수준측량의 작업원리

⑤ 관측자는 레벨을 적당한 위치 S_2로 옮겨 세운 후에 다시 TP_1에 세운 표척을 시준하여 후시(1.977 m)를 읽는다.

⑥ 관측자의 신호에 의하여 표척수는 B점으로 이동하여 표척을 세운다.

⑦ 관측자는 B점에 세운 표척을 시준하여 전시(0.540 m)를 읽는다.

⑧ 필요에 따라 전시, 후시 읽음에서 스타디아에 의해 거리를 측정한다.

⑨ A, B점 간의 표고 계산은 다음과 같다.

S_1 구간의 계산

A점의 표고(GH)	161.273
A점의 후시(BS)	+ 2.868
S_1의 기계고(HI)	164.141
TP_1의 전시(FS)	− 0.982
TP_1의 표고(GH)	163.159

S_2 구간의 계산

TP_1의 표고(GH)	163.159
TP_1의 후시(BS)	+ 1.977
S_2의 기계고(HI)	165.136
B점의 전시(FS)	− 0.540
B점의 표고(GH)	164.596

(2) 야장기입법

수준측량을 한 결과는 야장에 알아보기 쉽게 기입해야 한다. 그 기입방법은 세 가지 종류가 있으며 이 중에서도 '승강식 야장기입법'이 공공측량의 수준측량에 가장 많이 이용되며, 고차식 야장기입법은 점검계산의 한계성 때문에 가장 낮은 등급에 이용할 수 있다.

그림 3-15와 같이 수준측량을 했을 경우에 각각의 야장기입법에 대한 예는 다음과 같다.

① 고차식: 두 점의 고저차만을 구하는 것이 주목적이고, 중간점이 없을 때 편리한 방법으로 그 야장기입 예는 표 3-2와 같다.

② 기고식: 이 방법은 중간점이 많을 경우, 즉 후시보다 전시가 많은 종단수준측량의

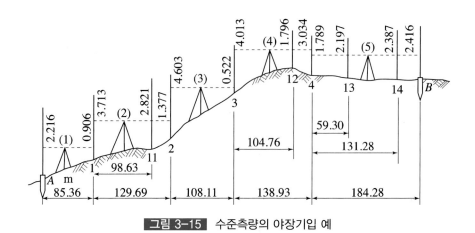

그림 3-15 수준측량의 야장기입 예

표 3-2 고차식 야장기입 예

측점(SP)	거리(Dis)	후시(BS)	전시(FS)	지반고(GH)	비고(RM)
A	m	2.216 m	m	50.000 m	A의 표고
1	85.36	3.713	0.906		= 50.000 m
2	129.69	4.603	1.377		
3	108.11	4.013	0.522		
4	138.93	1.789	3.034		
B	184.28		2.416	58.079	
합계		16.334	8.255		

※ 검산: $16.334 - 8.255 + 50.000 = 58.079$

표 3-3 기고식 야장기입 예

측점(SP)	거리(Dis)	후시(BS)	기계고(HI)	전시(FS)	지반고(GH)	비고(RM)
A	m	2.216 m	52.216 m	m	50.000 m	A점의 표고
1	85.36	3.713	55.023	0.906	51.310	= 50.000 m
11	98.63			(2.821)	52.202	
2	129.69	4.603	58.249	1.377	53.646	
3	108.11	4.013	61.740	0.522	57.727	
12	104.76			(1.796)	59.944	
4	138.93	1.789	60.495	3.034	58.706	
13	59.30			(2.197)	58.298	
14	131.28			(2.387)	58.108	
B	184.28			2.416	58.079	
합계		16.334		8.255		

※ 검산: $16.334 - 8.225 + 50.000 = 58.079$

표 3-4 승강식 야장기입 예

측점(SP)	거리(Dis)	후시(BS)	전시(FS)	승(+)	강(−)	지반고(GH)	비고(RM)
A	m	2.216 m	m	m	m	50.000	A점의 표고
1	85.36	3.713	0.906	1.310		51.310	= 50.000 m
11	98.63		(2.821)	(0.892)		52.202	
2	129.69	4.603	1.377	2.336		53.646	
3	108.11	4.013	0.522	4.081		57.727	
12	104.76		(1.796)	(2.217)		59.944	
4	138.93	1.789	3.034	0.979		58.706	
13	59.31		(2.197)		(0.408)	58.298	
14	131.28		(2.387)		(0.598)	58.108	
B	184.28		2.416		0.627	58.079	
합계		16.334	8.255	8.706	0.627		

※ 검산: $16.334 - 8.255 + 50.000 = 58.079$ $8.706 - 0.627 + 50.000 = 58.079$

경우에 편리하며, 먼저 기계고를 구한 다음에 각 측점의 지반고를 계산한다. 그 야장기입 예는 표 3-3과 같다.

③ 승강식: 기계고를 구하는 대신 각 측점마다 높고 낮음을 계산하여 지반고를 구하는 방법이다. 이 방법은 높고 낮음의 총합과 전·후시의 총합을 비교함으로써 계산결과에 잘못이 있는지 없는지를 검사할 수 있는 장점이 있다. 그 야장기입 예는 표 3-4와 같다.

3.3.4 교호수준측량

하천이나 계곡 등을 건너서 수준측량을 할 경우에는 기계를 중앙에 세울 수 없기 때문에 전시와 후시의 시준거리를 같게 취할 수 없어서 기계적인 오차나 자연적인 오차를 제거하기가 곤란하다. 그러나 그림 3-16과 같이 양안에서 측량을 하여 얻은 고저차를 평균해서 그것을 A, B점의 고저차로 하면 기계적인 오차와 자연적인 오차를 없앨 수 있다. 이와 같은 방법을 교호수준측량(reciprocal leveling)이라 한다.

시준거리 $CA = DB$와 $CD = DA$에 대하여 발생하는 오차를 각각 e_1, e_2라 하면 A, B점의 고저차 ΔH는 다음 식으로 표시할 수 있다.

C점에서 측정한 고저차 $\Delta H = (a_1 - e_1) - (b_1 - e_2)$

D점에서 측정한 고저차 $\Delta H = (a_2 - e_2) - (b_2 - e_1)$

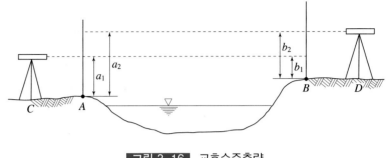

그림 3-16 교호수준측량

이 두 식의 양변을 더하여 평균하면 다음 식이 된다. 이때 부호에 주의해야 한다.

$$\Delta H = \frac{1}{2}\{(a_1 - b_1) + (a_2 - b_2)\} \tag{3.6}$$

3.4 수준측량의 검사

3.4.1 말뚝검사법

레벨의 기능을 만족할 수 있는 기하학적 조건으로는 ① 망원경의 기포관축과 평행해야
하며, ② 기포관축은 연직축에 수직이어야 한다.

시준축 오차란 시준선이 기포관축과 평행하지 않기 때문에 생기는 오차를 말한다. 그림
3-17과 같이 기계에 시준축 오차가 있어서 시준선이 α만큼 기울어져 있다면, A, B점 간
의 고저차 H'은 다음과 같이 표시된다.

$$H' = a' - b' = (a + l_1 \tan\alpha) - (b + l_2 \tan\alpha)$$
$$= (a - b) + \tan\alpha\,(l_1 - l_2) \tag{3.7}$$

식 (3.7)에서 전시와 후시의 거리를 같게 취하면 시준축 오차가 소거되어 결과는 시준축
오차가 없을 때의 고저차와 같게 됨을 알 수 있다.

시준축에 오차가 있는지의 여부와 소거법은 다음과 같은 말뚝검사법(two-peg test)을 사
용한다.

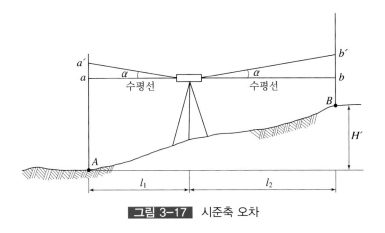

그림 3-17 시준축 오차

(1) 검사 방법

그림 3-18과 같이 $60 \sim 100$ m 되게 A, B 말뚝을 박고 그 중앙 C점에 기계를 세우고 정확하게 정준을 한 후에, A, B 말뚝 위에 세운 표척을 시준하여 각각 a_1, b_1을 얻는다. 그리고 기계를 A말뚝으로부터 $3 \sim 5$ m 되는 D점에 옮겨 세우고 정준을 한 후에 다시 A, B 말뚝 위에 세운 표척을 시준하여 각각 a_2, b_2를 얻는다.

이때 $(a_2 - a_1 = b_2 - b_1)$이면 조정은 필요치 않으나, $(a_2 - a_1 \neq b_2 - b_1)$이면 조정을 필요로 한다. 일반적으로 레벨의 검사에서 5 mm 수준척을 사용하여 1 mm까지 읽는 경우에는 두 지점에서 구한 고저차의 차($(a_2 - a_1)$과 $(b_2 - b_1)$의 차이))가 3 mm 이내면 좋다. 그러나 0.1 mm까지 읽는 1, 2등 수준측량에서는 0.3 mm 이내여야 한다.

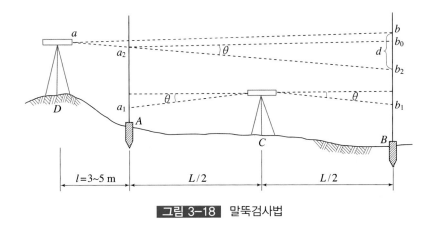

그림 3-18 말뚝검사법

(2) 기포관 조정

만일 시준선이 θ만큼 기울어져 있다면 $\Delta a_2 b_2 b_0$와 Δabb_2는 닮은꼴이므로

$$\frac{b-b_2}{L+l} = \frac{b_0-b_2}{L}$$

이다. 그런데 $b_0 - b_2 = (a_2 - a_1) - (b_2 - b_1)$, $b - b_2 = d$이므로

$$d = \frac{L+l}{L}\{(a_2-a_1)-(b_2-b_1)\} \tag{3.8}$$

이 식이 조정량 d를 구하는 식이다. $a_2 - a_1 > b_2 - b_1$이면 b_2에서 d만큼 상방의 위치 $b(=b_2+d)$를 시준하도록 기포관 끝의 조정나사로 조정한다. 조정나사가 없을 경우에는 수리를 의뢰해야 한다.

예제 3.1

그림 3-18에서의 읽음값이다. $L/2 = l = 30\,\text{m}$일 때 시준선오차와 조정량을 구하라.

레벨위치	A표척 읽음	B표척 읽음
C	$a_1 = 1.926\,\text{m}$	$b_1 = 1.462\,\text{m}$
D	$a_2 = 2.445\,\text{m}$	$b_2 = 1.945\,\text{m}$

풀이 C점에서 $\Delta h = (a_1 - b_1) = 0.464\,\text{m}$, D점에서 $\Delta h = (a_2 - b_2) = 0.500\,\text{m}$이므로

$$\therefore\ e = (0.500 - 0.464)\,/\,60 = 0.0006\,\text{rad}$$

이는 $(a_2 - a_1) = 0.519\,\text{m}$, $(b_2 - b_1) = 0.483$. 따라서 b_2의 읽음값 $1.945\,\text{m}$가 너무 낮다는 것을 의미하므로 $b = 1.945 + 0.0006 \times 90 = 1.999\,\text{m}$가 되도록 기포관을 조정하면 된다. ■

3.4.2 허용오차

수준측량에서 정오차가 생기는 원인을 제거하면 나머지는 우연오차로 볼 수 있으므로 기계를 세운 횟수를 n, 1회 설치 때마다의 우연오차(전시와 후시를 합한 것)를 σ라 하면 오차 E는 다음 식으로 표시된다.

$$E = \sigma\sqrt{n} \tag{3.9}$$

우연오차는 측량방법, 기계 또는 표척의 종류, 날씨, 지형에 따라 일정하지 않으나, 평탄지에서 대체로 표척의 최소눈금으로 볼 수 있다. 만일 5 mm 표척을 이용하면 허용오차가 $\pm 5\,\text{mm}\,\sqrt{n}$ 으로 되며 이는 공공수준측량의 4급에 상당한다.

따라서 같은 기계로 지형이 비슷한 지역의 측량에 대해서는 그 허용오차를 미리 결정해 두고 있다. 또한 노선장 $S(\text{km})$에 대하여 시준거리가 일정하다면,

$$E = \sigma\sqrt{n} = \sigma\sqrt{\frac{S}{2d}} = K\sqrt{S} \tag{3.10}$$

여기서 d는 전·후시의 거리, K는 1 km에 대한 우연오차로 표시한다.

국가수준점을 이용하여 하천, 도로공사용, 종단측량용으로 이용되는 공공기준점측량과 측표수준측량, 그리고 항공사진의 도화에 필요한 지상기준점의 표고를 결정하는 공공측량에 이용되는 수준측량의 작업제한은 표 3-5와 같다.

표 3-5 수준측량 작업제한

구분	1급수준측량(1등)	2급수준측량(2등)	3급수준측량	4급수준측량
왕복차 *	$2.5\,\text{mm}\,\sqrt{S}$	$5.0\,\text{mm}\,\sqrt{S}$	$10\,\text{mm}\,\sqrt{S}$	$20\,\text{mm}\,\sqrt{S}$
환폐합차	$2.0\,\text{mm}\,\sqrt{S}$	$5.0\,\text{mm}\,\sqrt{S}$	$10\,\text{mm}\,\sqrt{S}$	$20\,\text{mm}\,\sqrt{S}$
기지점 간 폐합차	$15\,\text{mm}\,\sqrt{S}$	$15\,\text{mm}\,\sqrt{S}$	$15\,\text{mm}\,\sqrt{S}$	$25\,\text{mm}\,\sqrt{S}$
표척거리	최대 50 m	최대 60 m	최대 70 m	최대 70 m
읽음단위	0.1 mm	1 mm	1 mm	1 mm
관측횟수 **	4시준	4시준	2시준	2시준
왕복횟수	1왕복	1왕복	1왕복	1왕복
사용기점	1급(1등) 수준점 이상	2급(2등) 수준점 이상	3급 수준점 이상	4급 수준점 이상
레벨성능	1급 레벨	2급 레벨	3급 레벨	3급 레벨

* 국토지리정보원 공공측량작업규정에 의함(단, S는 편도거리의 km 단위).

** 4시준은 1급(후시 작은눈금, 전시 작은눈금, 후시 큰눈금, 전시 작은눈금), 2급(후시 작은눈금/큰눈금, 전시 작은눈금/큰눈금), 2시준은 3급, 4급(후시, 전시) 순서로 읽음.

출처: 공공측량 작업규정

예제 3.2

수준점 $A(1.347\,\text{m})$, $B(5.726\,\text{m})$, $C(3.140\,\text{m})$를 기지점으로 수준측량을 실시하여 다음 결과를 얻었다. 재측해야 할 구간을 판단하라. 단, 폐합차의 제한은 $10\,\text{mm}\,\sqrt{S}\,(S=\text{km})$로 한다.

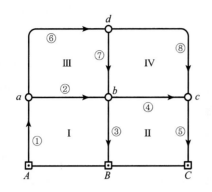

번호	거리(km)	고저차(m)
①	2	+1.345
②	2	+1.625
③	2	+1.434
④	2	−1.341
⑤	2	+0.188
⑥	4	+3.043
⑦	2	−1.446
⑧	1	−2.835

풀이 환 I   6 km   ① + ② + ③ = +25 mm

환 II   6 km   − ③ + ④ + ⑤ = −1 mm

환 III 8 km   − ② + ⑥ + ⑦ = −28 mm

환 IV   8 km   − ④ − ⑦ + ⑧ = −48 mm

폐합차의 제한은 $\pm 10 \sqrt{6 \text{ km}} = \pm 25 \text{ mm}$, $\pm 10 \sqrt{8 \text{ km}} = \pm 28 \text{ mm}$ 이므로 환 IV에 문제가 있다. 다시 $A \rightarrow ① \rightarrow ⑥ \rightarrow ⑦ \rightarrow ③ \rightarrow B$를 하면 −3 mm 폐합차(제한치 ±16 mm)이므로 이것과 환 II에서 ⑦, ④는 정확하다고 볼 수 있으므로 ⑧을 재측해야 한다. ∎

연습문제

3.1 다음 고차수준측량 야장을 계산하라. 또 폐합오차와 BM₂, BM₃의 표고를 조정하라. 단, 오차는 기계의 설치횟수에 비례하는 것으로 가정한다.

측점	BS	HI	FS	지반고
B.M₁	4.127		−	100.000
T.P₁	3.831		9.346	
T.P₂	4.104		10.725	
T.P₃	2.654		12.008	
B.M₂	4.368		7.208	
T.P₄	6.089		6.543	
T.P₅	8.863		4.736	
B.M₃	12.356		2.100	
T.P₆	10.781		3.662	
T.P₇	12.365		4.111	
B.M₄	−		9.059	

3.2 급경사지를 하향으로 직접수준측량을 실시하는 경우에는 BS에 비해 보통 FS의 거리가 길다. 이 경우에 발생하는 오차의 가능성을 지적하라.

3.3 감도 20″인 레벨로 한 눈금(2 mm)이 편위된 채로 50 m 떨어진 표척을 2.55 m로 읽었을 경우 관측오차는 얼마인가?

3.4 그림과 같이 A에서 D에 이르는 도중에 폭 200 m의 하천이 있기 때문에 P 및 Q에 레벨을 세워 교호수준측량을 실시하였다. A점의 표고가 2.545 m이고 측정값이 다음과 같을 때 D점의 표고를 구하라.

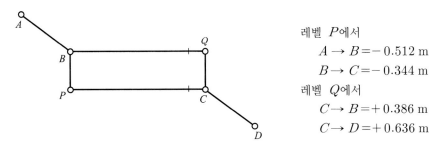

레벨 P에서
$$A \rightarrow B = -0.512 \text{ m}$$
$$B \rightarrow C = -0.344 \text{ m}$$
레벨 Q에서
$$C \rightarrow B = +0.386 \text{ m}$$
$$C \rightarrow D = +0.636 \text{ m}$$

3.5 말뚝조정에서 A와 B의 중앙 M에 세운 기계로 읽음값이 아래와 같다. M은 중앙에 있고 P는 A점에서 4 m, B에서 54 m에 있을 때,

(a) 두 점 간의 정확한 고저차는 얼마인가?
(b) P점에 있을 때 B점의 표척읽음이 얼마가 되게 기포관을 조정해야 하는가?
(c) 이때의 A점의 읽음값은 얼마가 되어야 하는가?

	기계 M(중앙점)	P
A점의 표척 읽음	3.612	1.862
B점의 표척 읽음	3.284	1.549

3.6 그림과 표는 수준노선을 측량한 결과이다. 각 노선의 고저차 간에 성립하는 조건식을 열거하고, 폐합차의 제한이 $10 \text{ m} \sqrt{S}$ ($S=$ km 단위)라 한다면 재측이 필요한 노선은 어느 것인가?

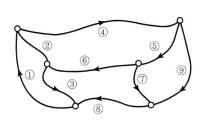

번호	거리(km)	고저차(m)
1	4.1	+2.474
2	2.2	−1.250
3	2.4	−1.241
4	6.0	−2.233
5	3.6	+3.117
6	4.0	−2.115
7	2.2	−0.378
8	2.3	−3.094
9	3.5	+2.822

3.7 다음 그림과 같이 중심선상에서 No.0~No.5까지의 측점이 있고 중간에 경사변화점이 있는 경우, 기고식 야장에 의해 지반고를 구하라(단, A=100.000 m임).

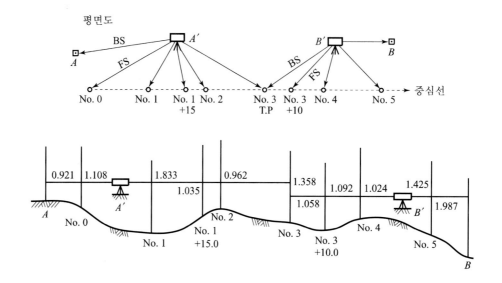

참고문헌

1. 백은기 외, 측량학(2판), 청문각, 1993.
2. 日本測量協會, 現代測量學(I, II, III), 1983.
3. 丸安降和, 測量學(上, 下), コロナ社, 1963.
4. Davis, R. E. dates, Surveying: theory and practice, Mcgraw-hill, 1981.
5. Kavanagh, B. F., Surveying: principles and applications(8th ed.), Pearson, 2009.
6. Schmidt, M. O. and W. H. Rayner, Fundamentals of Surveying D. van Nostrand Co., 1978.
7. Schofield, W., Engineering Surveying(vol. I, II), Butterworth Scientific, 1985.
8. 국토교통부 국토지리정보원, 공공측량작업규정(2편 공공기준점측량: 제3장 공공수준점측량), 국토지리정보원, 2011, http://www.ngii.go.kr/index.do
9. 이석찬 등, 우리나라 정밀수준망의 조정에 관한 연구, 국립지리원, 1987.

04 거리측정

4.1 개설

4.1.1 거리의 정의

측량에서 가장 기본적인 거리는 기준타원체면상에서 두 지점 간의 최단거리로 정의된다. 그러나 길이와 필요한 정확도에 따라 다음 중 하나로 정의될 수 있다.

① 기준타원체면상의 최단거리
② 기준면이 반경 6,370 km인 구면상 호의 길이
③ 수평으로 측정한 길이

일반적으로 두 지점 간에는 고저차가 있으므로, ③의 정의를 만족시키기 위해서도 측정된 경사거리 L은 수평거리 l로 환산해야 한다(그림 4-1 참조).

$$l = \sqrt{L^2 - h^2} \tag{4.1}$$

$$l = L \cos \beta \tag{4.2}$$

또 기준면상의 거리로 환산하기 위해서는 그림 4-2와 같이 L에서 평균표고에 대한 거

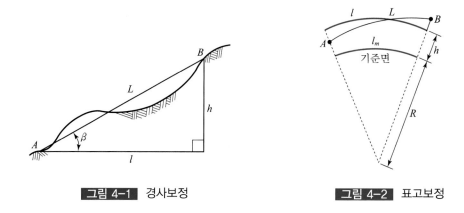

| 그림 4-1 | 경사보정 | 그림 4-2 | 표고보정 |

리 l을 계산하여 기준면상의 수평거리 l_m을 구하면 된다.

$$l_m = l\,\frac{R}{R+h}$$ (4.3)

여기서 R은 정밀한 경우 또는 장거리일 경우에는 9장의 일반식 식 (9.10)을 사용해야 한다.

4.1.2 분류 및 정확도

거리를 측정하는 방법에는 테이프나 광파측거기(EDM) 등을 사용하여 거리를 직접 측정하는 방법, 그리고 다른 거리나 각을 측정하여 삼각법 등의 기하학적인 관계식에 의해 구하는 간접측정하는 방법이 있다.

거리를 측정하는 방법은 목적과 이에 필요한 정확도에 따라 결정해야 하며(표 4-1 참조), 측정거리와 지형 및 경비 등도 고려해야 한다.

표 4-1 거리측정의 방법

구분	방법	기대정확도(상대오차)	비고
직접거리측량	헝겊테이프	$1/500 \sim 1/2,000$	
	유리섬유테이프	$1/1,000 \sim 1/3,000$	
	강철테이프	$1/5,000 \sim 1/30,000$	
	인바테이프	$1/100,000 \sim 1/1,000,000$	
	광파측거기	$(3 \sim 10)\text{mm} + (1 \sim 2) \times 10^{-6} \cdot S$	S는 관측거리(km)
간접거리측량	거리계	$1/100 \sim 1/500$	오차는 거리의 제곱에 비례
	스타디아측량	$1/200 \sim 1/1,000$	
	수평표척	$1/2,000 \sim 1/10,000$	

4.2 테이프에 의한 측정

4.2.1 측정기재

거리측정을 위한 기재로는 간편성을 위주로 한 것에서부터 정밀용에 이르기까지 많은 종류가 있다. 헝겊테이프나 유리섬유테이프는 세부측량용으로 사용되며, 강철테이프와 광파측거기는 세부 및 기준점측량용으로 널리 이용되고 있다. 테이프에 의한 측정일 경우에는 테이프 외에도 폴(pole), 추, 핀 등이 사용된다.

① 헝겊테이프: 헝겊테이프는 가격이 싸고 가벼우며 취급이 간편하기 때문에 편리하다. 그러나 신축이 크기 때문에 높은 정확도를 기대할 수 없어 1/3,000 정도가 한계이다.

② 유리섬유테이프: 유리섬유를 테이프의 길이방향으로 깔고, 백색염화비닐로 씌운 것으로서 표면에 눈금을 인쇄한 것이다. 헝겊테이프와 같이 가볍고 취급이 용이하며, 습도차에 따른 신축이 작기 때문에 최근 헝겊테이프 대신에 널리 사용되고 있다. 정확한 측정을 하려면 장력 10 kg에 대해 검정할 때를 표준으로 하며, 장력 1 kg을 증가시킴에 따라 1/10,000 늘어나는 사실을 알고 있으면 좋다.

③ 강철테이프: 폭이 약 10 mm, 두께 약 0.4 mm의 띠로 된 강철판에 1 mm의 눈금을 새긴 것이다. 유리섬유테이프와 같이 원형으로 감게 되며 길이 5~20 m의 것이 많이 이용된다. 물리정수를 알면 보정을 통하여 높은 정확도를 갖게 할 수 있다. 측량에 사용되

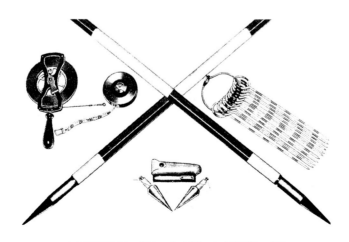

그림 4-3 테이프에 의한 거리측정용 기구

71

는 표준장력은 10 kg, 표준온도 15℃, 열팽창계수 $\alpha = 11.710^{-6}/C^{-1}$가 이용된다.

④ 인바테이프: 인바테이프는 열팽창계수가 극히 작은 합금(니켈과 구리)으로 되어 있으며, 정밀한 기선측정과 댐의 변형측정 및 긴 교량의 건설 등에 사용된다. 그러나 강철이나 인바테이프는 EDM의 발달에 따라 대체되고 있다.

⑤ 폴: 폴은 측점 위에 세워 측점의 방향을 결정하거나 측점의 위치를 표시하는 데 사용되는 것으로서, 보통 직경 3 cm인 길이 2 m에 20 cm마다 백색과 적색을 칠하여 사용한다.

4.2.2 측정방법

(1) 중간점의 설치

테이프보다 먼 거리를 측정하고자 할 때 경사가 일정하지 않은 경우에는 경사변환점에 중간점을 설치하여 경사가 다른 구간별로 나누어 측정한다. 또 두 지점이 서로 시준되지 않는 경우는 미리 시준선을 결정해야 한다. 양 지점 간에 산이나 계곡이 있는 경우에는 다음의 간편한 방법을 사용한다.

폴이나 다른 목표판을 그림 4-4에서와 같이 두 지점 A, B에 세우고, 중간에 산이 있는 (a)의 경우에서는 두 사람이 C, D에 폴을 세운다. 처음에 C가 D를 이동시켜 CDB를 일직선에 있도록 하고, 다음에 D가 C를 이동시켜 DCA를 일직선상에 있도록 한다. 이 작업을 반복하면 중간점을 설치할 수 있다.

중간점 P를 잡고자 할 때 (b)의 경우와 같이 계곡이 있어 수림이 장애가 될 경우는 AB 선상에 설치 가능한 점 C를 잡고 B쪽에서 AC선상에 D를 정한다. 같은 방법을 계속하면 구하고자 하는 점 P를 잡을 수 있다.

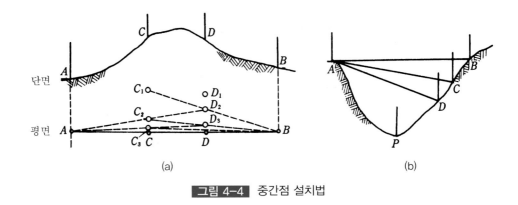

(a)   (b)

그림 4-4 중간점 설치법

(2) 평지에서 측정

평탄지에서는 전수(leader), 후수(follower) 및 팀장 세 사람이 작업을 실시한다. 우선 측정하고자 하는 직선의 두 지점에 폴을 세우고 전수가 폴과 핀을 갖고서 직선을 따라 테이프 길이만큼 전진하여 폴을 세운다. 후수는 전수의 폴이 두 지점의 일직선상에 있도록 유도한다. 폴이 일직선상에 세워지면 그 지점에 표시를 하고 나서, 테이프를 당기고 핀을 세워 눈금을 읽는다.

다음에 후수는 테이프와 폴을 가지고 이동한다. 또 전수도 남는 핀과 폴 및 테이프를 갖고 전·후수 함께 전진한다. 이 작업을 반복하여 후수가 갖고 있는 핀의 수를 세면 측정

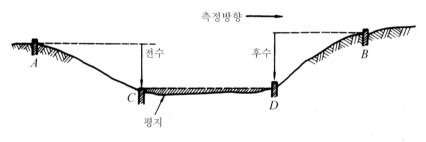

(a) 수평거리의 측정(일단에서 추를 사용)

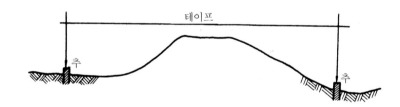

(b) 수평거리의 측정(양단에서 추를 사용)

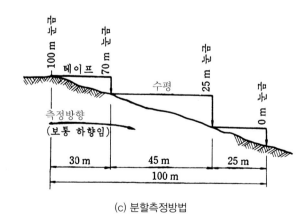

(c) 분할측정방법

그림 4-5 수평거리의 측정

횟수가 되며 남는 거리를 재서 더하면 전체 거리가 된다.

(3) 경사지에서 측정

경사지에서 거리를 측정하는 방법에는 다음 두 가지가 있다.

① 테이프를 수평으로 측정하는 방법: 경사가 변화하는 경우에 널리 이용되는 방법으로서 능률도 좋다. 테이프의 처짐과 수직선의 유지가 오차발생에 크게 영향을 미치므로 주의가 필요하며, 낙침(drop pin)이 이용되기도 한다.

② 경사거리를 재는 방법: 경사가 일정한 거리로 구분하고 각 구간마다의 경사거리를 측정하여 수평거리로 환산한다. 고저차를 구하는 경우가 많지만 클리노미터(clinometer)에 의해 경사각을 재기도 한다.

4.2.3 강철테이프에 의한 보정

강철테이프에 의해 얻은 측정값은 여러 정오차를 내포하고 있으므로 이하에서 설명되는 7가지의 보정이 필요하다. 그러나 한 번에 재는 거리가 짧기 때문에(30 m 이내), 각 경우별로 보정을 취사선택할 수 있다.

다시 말해서 모든 경우에 표준척보정과 경사보정이 실시되어야 하지만 온도보정, 장력보정, 처짐보정은 상대정확도 1/5,000 이상일 때 적용해야 하며, 상대정확도 1/50,000 이상으로 측정할 때는 표고보정과 선축척계수보정을 추가해야 한다.

(1) 표준척보정(특성치보정)

강철테이프를 검정하여 온도 몇 도 때 인장력 몇 kg에 대하여 표준척보다 차이가 있는 것을 그 강철테이프의 특성치라 한다. 예를 들면, 15℃ 때 인장력 10 kg에 대하여 50 m 강철테이프의 특성치는 −0.0067 m이다. 이때 온도 15℃, 인장력 10 kg을 표준온도·표준장력이라 하며, 특성치에 대한 보정을 표준척보정(standardization)량이라 한다. 특성치가 $L \pm s$인 강철테이프를 사용하여 기선을 측정한 값이 l이면, 표준척에 대한 보정량 C_0 및 보정거리 l_0는 다음과 같다.

$$C_0 = \pm \frac{l}{L}s \tag{4.4}$$

$$l_0 = l + C_0$$

(2) 온도보정(correction for temperature)

강철테이프의 표준온도를 t_0, 측정 시의 온도를 t, 강철테이프의 선팽창계수를 α, 측정값을 l, 온도에 대한 보정량을 C_t, 보정한 값을 l_t라 하면 C_t와 l_t의 계산식은 다음과 같다. α는 약 0.00001018이다.

$$C_t = \alpha(t - t_0)l$$
$$l_t = l + C_t \tag{4.5}$$

예제 4.1

특성치가 50 m－0.0012인 강철테이프를 사용하여 기선을 측정한 값이 49.2560 m이다. 표준척에 대한 보정을 하라.

풀이 $C_0 = -\dfrac{l}{L}s = -\dfrac{49.2560}{50.000} \times 0.0012 = -0.0012 \text{ m}$

보정한 값 $l_0 = l + C_0 = 49.2560 - 0.0012 = 49.2548 \text{ m}$

예제 4.2

측정값 $l = 49.0055$ m, 표준온도 $t_0 = 9.92℃$, 측정 시의 온도 $t = 23.25℃$, $\alpha = 0.00001018$일 때 온도에 대한 보정을 하라.

풀이 $C_t = \alpha(t - t_0)l = 0.00001018(23.25 - 9.92) \times 49.0055 = 0.0066 \text{ m}$

$l_t = l + C_t = 49.0055 + 0.0066 = 49.0121 \text{ m}$

(3) 장력보정(correction for tension)

길이 l인 강철테이프를 장력 p로 당길 때 늘어난 길이를 C_p, 강철테이프의 단면적을 a, 탄성계수를 E라 하면 다음 관계식이 성립한다. 이때의 C_p는 표준장력이 p일 때의 장력에 대한 보정량이고, 표준장력이 p_0일 때 보정량 C_p 및 장력에 대하여 보정한 값 l_p는 다음과 같다.

$$C_p = \frac{(p - p_0)}{AE}l$$
$$l_p = l + C_p \tag{4.6}$$

예제 4.3

측정값 $l = 49.0055\,$m, 측정 시의 장력이 $10\,$kg일 때 장력에 대한 보정을 하라. 단, 표준장력 $p_0 = 5\,$kg, 강철테이프의 단면적 $A = 0.05512\,$cm^3, 탄성계수 $E = 2{,}000{,}000\,$kg/cm^{2}이다.

풀이　$C_p = \dfrac{(p - p_0)}{A E} l = \dfrac{(10 - 5)}{0.05512 \times 2000000} \times 49.0055 = 0.00222\,$m

$l_p = l + C_0 = 49.0055 + 0.0022 = 49.0077\,$m ∎

(4) 처짐보정(correction for sag)

두 지점 A, B의 중점에서 강철테이프의 처진 연직길이를 v(cm), AB의 거리를 L_s(cm), 강철테이프의 단위길이당 중량을 W(kg/cm), 강철테이프를 당기는 장력을 P(kg)라 하면, C점에 대한 모멘트는

$$\frac{Wl_s}{2} \cdot \frac{l_s}{2} - \frac{Wl_s}{2} \cdot \frac{l_s}{4} - P v = 0 \quad v = \frac{Wl_s^{\,2}}{8P}$$

AB 곡선의 길이를 l이라 하면, 수학의 포물선에 대한 현수곡선의 공식으로부터

$$l = l_s \left(1 + \frac{8v^2}{3l_s^{\,2}}\right)$$

식을 얻는다. 이를 위 식에 대입하면 보정량을 C_s, 보정한 값을 l_s라 할 때 다음과 같이 되며 항상 보정량이 $(-)$값이 된다.

$$C_s = l_s - l = \frac{l}{24}\left(\frac{Wl}{P}\right)^2$$

$$l_S = l + C_s \tag{4.7}$$

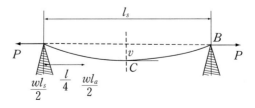

그림 4-6 처짐보정

예제 4.4

측정값 $l = 49.0055$ m, 지지구간의 거리 5 m, 측정 시의 인장력 $p = 10$ kg일 때, 처짐에 대하여 보정하라. 단, 강철테이프의 단위자중 $W = 0.000485$ kg/cm이다.

풀이 $C_s = -\dfrac{l}{24}\left(\dfrac{Wl}{P}\right)^2 = -\dfrac{500}{24}\left(\dfrac{0.000485 \times 500}{10}\right)^2 = -0.0123$ cm

지지구간이 10개 있으므로 $-0.0123 \times \dfrac{49.0055 \text{ m}}{5 \text{ m}} = 0.1206$ cm

$l_s = l + 10\,C_3 = 49.0055 - 0.0012 = 49.0043$ m   ▪

(5) 경사보정(correction for slope)

수평거리 l_i를 직접 측정하지 않고 경사거리 L을 측량했을 때는 A, B 두 점 간의 고저차 h를 관측하여 경사에 대한 보정량 C_i를 계산한다(그림 4-1 참조).

$$l_i = \sqrt{L^2 - h^2} = L\left(1 - \frac{h^2}{L^2}\right)^{\frac{1}{2}} = L\left(1 - \frac{h^2}{2L^2} \cdots\cdots\right)$$

제3항 이하를 생략하면 다음과 같다. 그러나 기본식으로부터 직접 계산하는 것이 더 효과적이다.

$$C_i = -\frac{h^2}{2L}$$

$$l_i = L + C_i \tag{4.8}$$

예제 4.5

경사거리 $l = 49.2560$ m, 두 점 간의 고저차 $h = 0.86$ m일 때 수평거리 l_i를 계산하라.

풀이 $C_i = -\dfrac{h^2}{2l} = \dfrac{(0.86)^2}{2 \times 49.2560} = -0.0075$ m

$l_i = l + C_i = 49.2560 \text{ m} - 0.0075 = 49.2485$ m   ▪

(6) 표고보정(correction for mean sea level)

평균해면으로부터 높이 h인 평탄한 지역에서 거리를 측정했을 때 지구의 반경을 R, 수평거리측정의 길이를 l, 평균해면에 투영한 길이를 l_m이라고 하면, 다음 표고보정 식이 성립한다(그림 4-2 참조).

$$\frac{l_m}{l} = \frac{R}{R+h}, \quad l_m = l\left(\frac{R}{R+h}\right) \fallingdotseq l\left(1 - \frac{h}{R}\right)$$

표고에 대한 보정량을 C_m, 보정한 값을 l_m으로 하면 항상 보정량이 $(-)$값이 된다.

$$C_m = -\frac{h}{R}l$$

$$l_m = l + C_m \tag{4.9}$$

예제 4.6

표고 $h = 650$ m인 지대에 설치한 기선의 길이가 $l = 49.2560$ m일 때 표고에 대한 보정을 하라(단, $R = 6,370$ km).

풀이 $\quad C_m = -\frac{h}{R}l = -\frac{650}{6370000} \times 49.2560 = -0.0050$ m

$\qquad l_m = l + C_m = 49.2560 - 0.0050 = 49.2510$ m

(7) 선축척계수보정(reduction to grid plane)

이는 평균해면상의 거리를 평면상의 거리로 보정하며 9장 투영보정에서 설명한다.

4.3 EDM에 의한 측정

4.3.1 EDM의 개요

두 지점 간에 전자파를 왕복시키면 반사되어 온 전자파의 위상에는 발사한 것과 차이가 있게 된다. 이 원리를 이용하여 거리를 잴 수 있도록 개발된 기계가 EDM이다.

광파측거기(Electro-Optical Distance Measuring instruments, EODM)는 가시광선이나 적외선을 사용하며, 보통 $0.9~\mu$m 부근의 것을 사용하는데 중거리용으로는 $\mathrm{He-Ne}$ 레이저

($\lambda = 0.63 \ \mu$m), 3 km 이내의 단거리용으로는 Ga-As 적외선($\lambda = 0.9 \ \mu$m)이 많이 이용된다. 전파측거기(Microwave or Electromagnetic Distance Measuring intstruments, MDM)는 3~35 GHz의 진동수를 갖는 파를 사용한다. 보통 $\lambda = 3$ cm인 10 GHz를 사용하며, 주국과 부국에서 동시에 발사해야 하고 무전기를 겸할 수 있고 중장거리용으로 사용된다.

3 km 이내에 사용되는 장비는 보통 5 mm + 5 ppm의 성능을 갖는 Ga-As 적외선 광원이 일반적이며, 3~12 km 이내에 사용되는 기재는 보통 5 mm + 2 ppm의 성능을 갖는 He-Ne 레이저 광원이 사용되고 있다. 또한 12 km 이상에 사용되는 기재는 보통 5 mm + 1 ppm의 성능을 갖는 우수한 것이다.

광파측거기는 트래버스 등 기준점측량뿐만 아니라 각종의 세부 및 응용측량에 활용되고 있다. 이는 기상조건에 영향을 받지만 다음과 같은 장점을 갖고 있기 때문이다.

- 지형지물의 영향을 받지 않는다.
- 100 m 이상이 되어도 높은 정확도로서 측정할 수 있다.
- 50 m 이상이 되어 테이프로 측정하기 어려운 경우에 매우 효과적이다.
- 테이프를 사용하는 경우보다 작업인원수가 적다.
- 데오돌라이트를 병용하면 미지점의 3차원 좌표를 구할 수 있다.

4.3.2 EDM의 기본원리

Maxwell의 전자방정식에 의하면 대기 중을 전파하는 전자파의 속도는 다음 식으로 주어진다.

$$C = f\lambda = \frac{\lambda}{T} \tag{4.10}$$

여기서 C는 속도, T는 주기, f는 진동수(주파수), λ는 파장이다. 이때 $\lambda = C/f$이므로 측정의 기본단위가 되는 $\lambda/2$는 다음 식이 된다.

$$\frac{\lambda}{2} = \frac{C}{2f} \tag{4.11}$$

진공 중의 전파속도를 C_0로 하고 대기 중의 굴절계수를 n이라 하면, $n = C_0/C$이므로

$$\frac{\lambda}{2} = \frac{C_0}{2fn} \tag{4.12}$$

가 된다. 측정된 거리는 기본측정단위의 상수 m과 1파장이 안 되는 분수항 p를 알면 구할 수 있으므로, 측정거리 D는 다음과 같이 표현된다.

$$2D = m\lambda + p\lambda \tag{4.13}$$

2로 나누고 식 (4.12)를 대입하면 다음과 같게 된다.

$$D = m\frac{C_0}{2fn} + p\frac{C_0}{2fn} \tag{4.14}$$

반사되어 온 파의 위상차를 $\Delta\Phi$라 할 때 거리는 $\frac{\Delta\Phi}{2\pi}$로 나타낼 수 있으므로

$$D = m\frac{C_0}{2fn} + \frac{\Delta\Phi}{2\pi} \cdot \frac{C_0}{2fn} \tag{4.15}$$

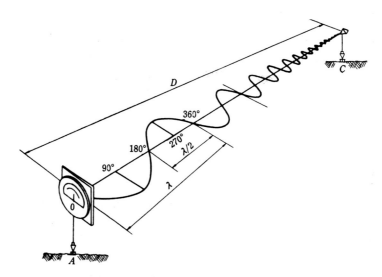

(a) EDM의 변조주파수

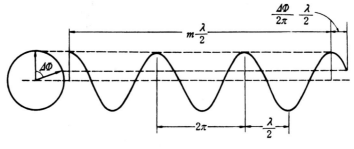

(b) 거리측정의 원리

그림 4-7 EDM 거리측정

이때 위상차 $\Delta\Phi$는 기계에서 직접 측정되도록 되어 있으며, 상수 m은 서로 다른 진동수(주파수)를 사용하여 결정할 수 있다.

식 (4.15)는 광파나 전파 두 경우에 모두 적용되는 기본원리식이다. 실제로 최종적인 거리를 얻기 위해서는 식 (4.15)에 몇 가지 보정이 더 필요하다.

- 기계의 고유상수 k
- 영점보정량과 기상보정량 z
- 기계와 반사경의 치심오차 e

여기서 k는 제작회사에서 정해 주고 있고, z는 기상보정표 또는 영점보정에 의해 다이얼로 맞추게 되어 있으며 e는 보통 제외된다(그림 4-7 참조).

표 4-2 측량기기(거리) 성능기준

측량기기		성능기준				비고
거리측정기 (광파)	등급	측정거리		정밀도		측정거리의 표준편차
	1급	10 km		5 mm ± 1 ppm · D		
	2급	6 km		5 mm ± 2 ppm · D		
	3급	2 km		5 mm ± 5 ppm · D		
토털스테이션	등급	각도측정부		거리측정부		데오돌라이트 및 거리측정기 정밀도 적용
		눈금판	정밀도	측정거리	정밀도	
	1급	1급 데오돌라이트 적용		2급 거리측정기 적용		
	2급	2급 데오돌라이트 적용				
	3급	3급 데오돌라이트 적용		3급 거리측정기 적용		
GPS수신기	등급	수신대역수	측정거리		정밀도	기선의 표준편차
	1급	2주파	10 km 이상		5 mm ± 1 ppm · D	
	2급	1주파	10 km 이상		5 mm ± 2 ppm · D	

※ 측량법령 시행규칙 제102조 관련 [별표 9] 참조.

4.3.3 광파측거기와 검정

(1) EDM 성능기준

표 4-2는 법령에서 정한 성능기준을 보여주고 있다.

광파측거기로 관측한 거리는 송광부와 반사프리즘 간의 거리이므로 경사거리이며, 근거

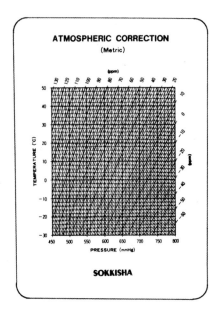

그림 4-8 기상보정표

리에서도 수 mm의 오차를 피할 수 없는 점에 주의해야 한다. 거리측정을 위한 기본원리 식 (4.15)를 미분하면 오차를 결정할 수 있다.

$$dD = -\frac{mC_0}{2fn}\frac{dn}{n} - \frac{mC_0}{2fn}\frac{df}{f} \tag{4.16}$$

식 (4.16)에서 굴절률에 관계되는 첫 항은 대기상태의 기상보정으로 취급되며, 두 번째 항은 주파수 검정에 의한 기계검정에 의해 처리된다.

(2) 기상보정 및 주파수 검정

식 (4.10)으로부터 전자파의 전파속도는 굴절률에 반비례하므로 표준상태에서의 굴절률과 전파속도를 각각 $1 + \Delta n_0$, C_0라 하고, 측정 시의 값을 각각 $1 + \Delta n$, C라고 한다면 다음 식이 성립한다.

$$\frac{C}{C_0} = \frac{1 + \Delta n_0}{1 + \Delta n} \tag{4.17}$$

동일한 주파수를 사용해도 대기의 상태에 따라 전파속도가 다르므로 파장에 변화가 뒤따른다. 따라서 측정거리가 변화하므로 표준대기 상태에 대한 기상보정(atmospheric correction)이 필요하다.

표준대기상태에서의 거리를 D_0, 보정량을 ΔD, 측정 시의 값을 D라고 하면 식 (4.15)로부터 식 (4.17)을 대입하면

$$\Delta D = D - D_0 = \frac{C - C_0}{2fn}\left(m + \frac{\Delta \Phi}{2\pi}\right) = \frac{C_0}{2fn}\left(m + \frac{\Delta \Phi}{2\pi}\right)\left(\frac{C}{C_0} - 1\right)$$

$$= D_0 \frac{\Delta n_0 - \Delta n}{1 + \Delta n}$$

이 식은 $n = 1 + \Delta n$으로 할 때 식 (4.16)에서의 첫 항의 영향과 같다.

$$\Delta D \doteqdot D_0(\Delta n_0 - \Delta n) \tag{4.18a}$$

$$\therefore \ D = D_0 + D_0(\Delta n_0 - \Delta n) \tag{4.18b}$$

실제의 계산은 Δn_0가 기계에 따라 고정값이므로 $(\Delta n_0 - \Delta n)$값을 식 또는 표로 주어지고 있다. 각종의 EDM 기계는 표준대기의 모델을 채택하고 있으며 온도 15℃, 기압 760 mmHg를 기준으로 할 때 식 (4.18a)의 보정량 ΔD은 다음 기상보정식으로 주어진다.

$$\Delta D \doteqdot (1.0\Delta t - 0.44\Delta p + 0.053\Delta e)D \times 10^{-6} \tag{4.19}$$

여기서 t는 온도, p는 기압, e는 대기의 수증기압을 나타낸다.

만일 온도가 표준온도보다 높게 측정된 상태라면 보정량이 +ppm의 크기이므로 거리는 길어지게 된다. 현재 단거리용 EDM의 경우에는 그림 4-8과 같은 기상보정표를 사용하여 ppm값을 구하고, 이 값에 다이얼을 맞추게 되면 기상보정된 거리가 표시창에 나타난다.

한편 식 (4.16)에서 두 번째 항은 진동수(주파수) f오차에 대한 영향이며, 이는 매년 주기적으로 주파수 검정을 실시하여 보정한다. 보정량은 다음과 같이 구해진다.

$$\Delta D \doteqdot -\frac{\Delta f}{f} D_0 \tag{4.20}$$

(3) EDM 정확도 표현식

이 두 가지가 처리되고 남는 오차를 표준편차로 표현하면 거리에 비례하는 오차가 된다.

$$\sigma_{(f,n)} = \sqrt{\left\{\left(\frac{\sigma_n}{n}\right)^2 + \left(\frac{\sigma_f}{f}\right)^2\right\} D^2} = \sqrt{b^2 D^2} = bD \tag{4.21}$$

위상차의 오차를 σ_p, 영점보정(zero correction) 오차를 σ_z, 치심오차를 σ_e라고 하면,

$$\sigma_{(p,z,e)} = \sqrt{\sigma_p{}^2 + \sigma_z{}^2 + \sigma_e{}^2} = a \tag{4.22}$$

로서 거리에 비례하지 않는 오차로 표현할 수 있다.

이 두 식을 종합하면 다음의 식으로 주어진다.

$$\sigma = \sqrt{a^2 + (bD)^2} \tag{4.23}$$

그러나 보통 제작회사에서는 식 (4.23)은 다음과 같은 간단한 형태로 값을 주고 있다. 즉, D를 km 단위의 거리라고 할 때,

$$정확도(accuracy) = \pm (a\,\text{mm} + bD\,\text{ppm}) \tag{4.24}$$

그림 4-9 Leica DI 1000(데오돌라이트 장착)

4.3.4 EDM 측정 및 보정

(1) EDM 프리즘

그림 4-9는 광파측거기의 예를 보여주고 있다. 또한 그림 4-10은 프리즘의 종류를 보여주고 있으며 그림 4-11은 360°프리즘과 프리즘상수를 나타낸다.

그림 4-10 반사프리즘의 종류

(2) EDM 측정

A와 B 두 점 간을 측정하기 위해서는 그림 4-12에서와 같이 각 지점에 기계와 반사프리즘을 세우고, 기계의 발사광이 나오는 지점과 프리즘의 중앙을 일치시킨다.

경사거리 L을 EDM에 의해 측정하고, 결합된 데오돌라이트에 의해 연직각 θ를 측정할 때 수평거리 S는 다음 식을 이용한다.

$$S = L \cos \theta \tag{4.25}$$

$$V = L \sin \theta \tag{4.26}$$

A점의 표고가 기지라면 B 점의 표고는 다음과 같이 구할 수 있다.

$$B \text{ 점의 표고} = A \text{점의 표고} + HI \pm V - HR \tag{4.27}$$

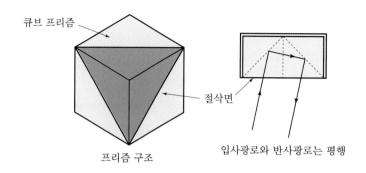

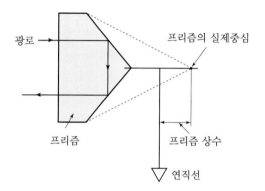

그림 4-11 프리즘구조와 프리즘상수

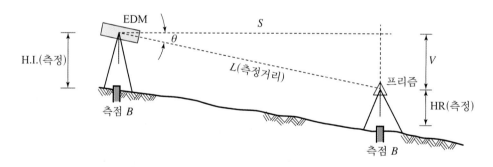

그림 4-12 EDM에 의한 측정원리

여기서 HI 는 EDM과 데오돌라이트의 높이(기계고), V 는 기계높이점 간의 고저차, HR 은 프리즘의 높이(기계고)를 나타낸다. 그러나 연직각 θ 의 측정에서는 대기굴절과 지구곡률을 고려하여 보정계산을 실시하고 높이를 구해야 한다는 점을 명심해야 한다(5장 참조).

(3) 투영보정

기상보정이 이루어진 거리는 경사거리이므로 평균해면상의 거리로 투영시켜야 한다. 평면거리를 계산하기 위해서는 9장에서의 선축척계수를 계산하고 평균해상면의 구면거리에 곱해야 한다. 연직각과 평균표고를 이용하는 경우는 예제 4.7과 같이 식 (4.9)를 이용한다.

예제 4.7

경사거리를 (1)점에서 (2)점을 측정한 결과 평균값인 $L = 2,431.408$ m, 그리고 (1)점의 표고 2.46 m, (1)점의 기계고 1.66 m, (2)점의 표고 10.35 m, (2)점의 프리즘고 1.30 m일 때 평균해면상의 거리를 구하라. 단, 평균연직각은 $\alpha_m = (\alpha_1 - \alpha_2)/2 = +0°10'30''$이다.

풀이
$$h = h_2' - h_1' = (H_2 + HR) - (H_1 + HI)$$
$$= (10.35 \text{ m} + 1.30 \text{ m}) - (2.46 \text{ m} + 1.66 \text{ m}) = 7.53 \text{ m}$$
$$h_m = (h_1' + h_2')/2 = 7.88 \text{ m} \cdots\cdots \text{ 평균표고}$$

이상의 계산요소를 이용하여 평균해면상의 거리를 계산한다.

$$S = L \cdot \cos\theta - \frac{(h_1 + h_2) \cdot L}{2R} = L \cdot \cos\theta - \frac{h_m L}{R}$$

$$S = 2,431.408 \text{ m} \times \cos 0°10'30'' - \frac{7.88 \text{ m} \times 2,431 \text{ m}}{6.370 \text{ km}}$$

$$= 2,431.396 \text{ m} - 0.003 \text{ m} = 2,431.393 \text{ m}$$

4.4 간접거리측정

4.4.1 수평표척에 의한 측정

인바로 된 봉의 양단에 정확한 간격(보통 2 m)의 시준표를 한 것이 수평표척(subtense bar)이다. 이를 삼각대 위에 수평으로 세우고 시준선 방향에 직각으로 그림 4-13과 같이 A점에 데오돌라이트(5장 참조)를 세우고, B점에 시준표의 간격이 b인 수평표척을 세워 수평각 α를 측정하면

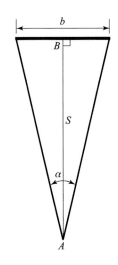

그림 4-13 수평표척의 원리

$$S = \frac{b}{2} \cot \frac{\alpha}{2} \tag{4.28}$$

에 의해 수평거리를 구할 수 있다. 오차는 거리의 제곱에 비례하여 커지므로 단거리일 경우에는 α를 1″까지 읽어 좋은 정확도를 얻을 수 있다. 지형과 고저차에 관계없이 측정할수 있는 장점이 있다.

4.4.2 스타디아에 의한 측정

망원경 내에 새겨진 스타디아선이라고 하는 일정한 간격을 갖는 2개의 횡선이 가리키는 표척의 눈금차를 읽어 수준표척까지의 거리를 계산할 수 있다. 그림 4-14와 같이 A점에 망원경을, B점에 표척을 세우고 시준축을 수평하게 한다. F를 초점, l을 협장(intercept)이

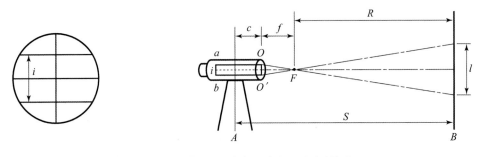

그림 4-14 시준선이 수평인 스타디아측량

라고 하면 다음의 관계가 성립된다.

$$\frac{i}{l} = \frac{f}{R}$$

여기서 l은 협장, f는 대물경의 초점거리, R은 초점으로부터 표척까지의 거리이다. 그러므로 AB 간의 거리 S는 다음과 같이 된다.

$$S = R + c + f = l\frac{f}{i} + c + f$$

$$S = kl + C \tag{4.29}$$

로 표현할 수 있다. 일반적으로 데오돌라이트에서는 $k = 100$, $C = 0$으로 제작과정에서 조정하므로 스타디아선의 협장(l)을 100배 하면 표척까지의 거리를 구할 수 있다.

　스타디아에 의한 거리측정은 직접수준측량에서 시준거리의 측정에 사용하며, 1910년대에 도근측량의 거리측정에 보편적으로 사용한 바 있다.

연습문제

4.1 강철테이프를 검정하기 위하여 검기선(거리 50.0012 m)의 길이를 온도 19℃에서 표준장력으로 측정한 결과 테이프의 읽음값이 50.0004 m였다. 철의 열팽창계수가 1.17×10^{-5}℃ 라면 이 테이프를 사용하여 평탄지를 측량하는 경우에 대하여 답하라.

　(a) 표준온도 15℃에서의 테이프의 눈금보정량은 얼마인가?

　(b) 온도 25℃인 경우에 A, B 간의 거리 220,770 m를 얻었다면 정확한 거리는 얼마인가?

4.2 30 m 강철테이프에 3 mm의 오차를 수반하는 온도, 장력, 처짐, 경사의 크기를 계산하라.

4.3 -6 mm와 $+6$ mm의 허용공차를 갖는 두 강철테이프를 사용하여 밑변이 200 m, 높이 130 m인 삼각형의 면적을 측량하는 경우에 각각의 면적값을 구하라.

4.4 점 A(표고 1740.36 m)에 EDM을 설치하고, 점 B(표고 1786.56 m)에 반사프리즘을 세워 A, B 간의 거리를 잰 결과 229.437 m를 읽었다. 기계고가 1.21 m, 프리즘의 높이 0.78 m라면 두 점 간의 거리를 구하라.

4.5 세 종류의 기계를 사용하여 측정한 거리이다. 최확값과 표준오차를 구하라.

종류	기계성능	측정거리
전파(microwave)	±(15 mm + 5 ppm)	4263.190 m
적외선(infrared)	±(5 mm + 5 ppm)	4263.139 m
레이저(laser)	±(10 mm + 2 ppm)	4263.154 m

4.6 측점에서 목표점까지의 경사거리가 1,000.000 m, 경사각이 +4°25′15″일 때 지상으로부터 프리즘은 1.656 m, 목표판은 1.636 m 지점에 있었다면 보정각과 수평거리를 구하라.

참고문헌

1. 백은기 외, 측량학(2판), 청문각, 1993.

2. 吉澤孝和, 測量實務必携, オーム社, 1981.

3. 須田敎明·平井 雄, 最新測量學(I, II), 森北出版, 1975.

4. Davis, R. E. dates, Surveying: theory and practice, Mcgraw-hill, 1981.

5. Kavanagh, B. F., Surveying: principles and applications(8th ed.), Pearson, 2009.

6. Laurila, S. H., Electronic Surveying in Practice, John Wiley & Sons, 1983.

7. Schofield, W., Engineering Surveying(vol. I, II), Butterworth Scientific, 1985.

8. 국토교통부 국토지리정보원, 공공측량작업규정(2편 공공기준점측량: 제3장 공공기준점측량), 국토지리정보원, 2011, http://www.ngii.go.kr/index.do

5.1 개설

5.1.1 각의 정의

그림 5-1에서 점 O로부터 두 개의 측점 P_1, P_2를 시준할 때에 각 시준선을 수평면에

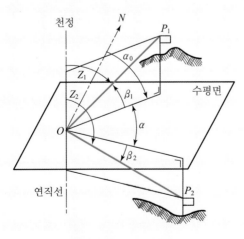

그림 5-1 각의 종류

투영한 측선이 이루는 각 α를 수평각이라 한다. 수평각에서 임의의 기준 방향으로부터 우회로 측정한 각 α_0를 방향각이라 하고, 특히 진북을 기준방향으로 잡았을 경우에는 방위각이라 한다.

연직면 내에서 수평선과 시준선이 이루는 각 β를 연직각 또는 고도각이라고 하고, 연직선(천정)과 시준선이 이루는 각 Z를 천정각이라 한다. 연직각은 시준선이 수평선보다 위에 있으면 앙각($+$), 아래에 있으면 부각($-$)으로 구분하며, $\angle P_1 O P_2$를 경사각이라고 하는 경우가 있다. 최근에는 연직각 대신에 연직선의 천정으로부터 측정한 각인 Z(천정각 또는 천정거리)를 사용하는 것이 일반화되어 있다.

5.1.2 각의 단위

각의 단위에는 다음 세 가지 종류가 있다. 표 5-1은 각의 환산표이며, 특히 1라디안은 도, 분, 초로 나타낸 값을 각각 ρ°, ρ', ρ''로 나타낸다.

- 도(degree): 원주를 360 등분하여 호에 대한 중심각을 1도($^\circ$), 1도를 60 등분하여 1분($'$), 1분을 다시 60 등분하여 1초($''$)로 한다.
- 그레이드(grade): 원주를 400 등분하여 호에 대한 중심각을 1그레이드(grad)라 하고, 1그레이드를 100 등분하여 1센티그레이드(c), 또 이것을 100 등분하여 1센티센티그레이드(cc)로 한다.
- 라디안(radian): 원의 반지름과 똑같은 호에 대한 중심각이 1라디안(rad)이므로 원주는 2π라디안이 된다. 호도를 사용하면 수학적인 취급이 편리하기 때문에 도나 그레이드로 나타낸 수치를 호도법으로 환산할 필요가 있다.

표 5-1 각의 환산표

rad	$^\circ$	$'$	$''$	grad	cc
1	57.29578	3437.747	206264.8	63.66198	636619.8

5.2 토털스테이션

5.2.1 성능기준

데오돌라이트(theodolite)는 주로 수평각과 연직각을 정확하게 측정할 수 있도록 만들어진 측량기계이며, 직선의 연장, 연직선의 설정, 간접거리측량(스타디아측량), 간접수준측량 및 방위각 측량에도 이용할 수 있는 다목적 측량기계이다.

토털스테이션(Total Station, TS)은 이 데오돌라이트에 광파측거기를 조합한 것으로서, 데오돌라이트의 구조에 광파거리측정 기능을 추가한 것으로 볼 수 있다. 아울러 GNSS와 비교하여 기존의 지상측량 기기를 TS라고 말하는 경우가 많다.

표 5-2는 데오돌라이트와 토털스테이션의 성능기준을 보여주고 있다.

표 5-2 측량기기(각) 성능기준

측량기기		성능기준			비고
	등급	눈금판		정밀도	
		수평	연직		
데오돌라이트	특급	0.2초 이하	0.3초 이하	±1.0초 이하	수평각의 표준편차
	1급	1.0초 이하	1.0초 이하	±2.0초 이하	
	2급	10초 이하	10초 이하	±10초 이하	
	3급	20초 이하	20초 이하	±20초 이하	
	등급	각도측정부		거리측정부	
		눈금판	정밀도	측정거리	정밀도	
토털스테이션	1급	1급 데오돌라이트 적용		5 mm ± 2 ppm · D		데오돌라이트 및 거리측정기 적용
	2급	2급 데오돌라이트 적용				
	3급	3급 데오돌라이트 적용		5 mm ± 5 ppm · D		

※ 측량법령 시행규칙 제102조관련 [별표 9] 참조.

5.2.2 데오돌라이트 구조

데오돌라이트와 토털스테이션은 사용 목적이나 제작회사에 따라 모양이 약간씩 다르나 주요 구조는 같으며, 크게 상부, 하부, 정준장치로 나눌 수 있다. 데오돌라이트는 연직축이 복축으로 되어 있는 반복 데오돌라이트(repeating theodolite)와 단축으로 되어 있는 방향 데오돌라이트(directional theodolite)가 있다. 반복 데오돌라이트는 복축으로 되어 있어서 상하부운동이 가능하나 방향 데오돌라이트는 단축이어서 오직 상부운동만 가능하다.

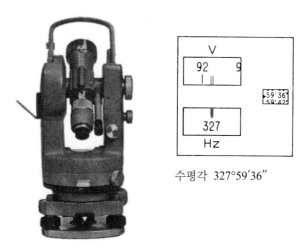

수평각 327°59′36″

(a) 데오돌라이트(Wild T1)

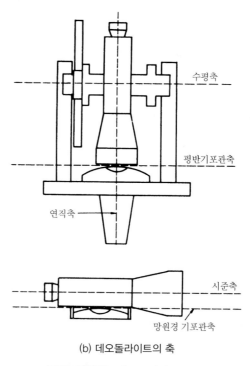

(b) 데오돌라이트의 축

그림 5-2 데오돌라이트 구조

수평축(horizontal axis)은 망원경의 중앙에 이것과 직각으로 두 개의 지주에 고정되어 있어 망원경의 회전축의 역할을 하고 있다. 보통 축으로 되어 있으므로 반복법으로 연직각을 측정할 수 없다. 수평축의 한쪽 끝에는 연직각을 측정하기 위한 분도원이 붙어 있고, 구조상 연직축이 연직으로 되어 있을 때 수평축은 수평이 되어야 한다.

연직축(vertical axis)에는 내축과 외축이 있는데 외축은 정준장치에 붙어 있는 축받침에 지지되어 있다. 내축에는 망원경, 유표 등 상부 기구가 고정되어 있고, 외축에는 수평분도원이 고정되어 있다. 상·하부운동에는 이를 제동할 수 있는 상부제동나사와 하부제동나사가 있으며, 또한 각각의 제동나사에는 미동나사가 붙어 있다.

분도원(graduated circle)은 수평 및 연직분도원으로 구성되며 눈금은 기계 내부의 광학장치에 의해 망원경 옆이나 한쪽 지주에 붙어 있는 측미경을 통해서 읽도록 되어 있으며, 분도원 최소 눈금의 끝수는 마이크로미터에 의하여 읽도록 되어 있다. 측미경을 통해서 보는 분도원과 마이크로미터의 눈금 모양은 제작회사나 기종에 따라 약간씩 다르며, 먼저 측미나사(micrometer knob)를 돌려서 지표와 분도원의 눈금을 정확하게 일치시키면 분도원 눈금의 끝수만큼 마이크로미터의 눈금도 따라서 돌기 때문에 그 눈금값을 읽어서 분도원의 눈금값에 더하면 관측값이 되는 것이다. 그림 5-2(a)는 분도원과 마이크로미터의 읽음값을 예시한 것이다.

대부분의 데오돌라이트는 본체와 정준장치를 분리할 수 있도록 되어 있고, 본체와 액세서리(목표판, EDM의 반사프리즘, 수평표적 등)를 바꾸어 끼울 수 있는데, 이렇게 분리할 수 있는 정준장치를 트리브랙(tribrach)이라고 한다. 또한 광학구심장치(optical plummet)를 통해 정확하게 치심을 할 수 있으며, 이심장치(shifting device)에 의해 기계의 중심을 측점에서 대략 2 cm 안에서 추가로 정확하게 치심을 할 수 있다.

5.2.3 토털스테이션

토털스테이션(Total Station, TS)은 각도의 읽음장치를 디지털화한 디지털 데오돌라이트와 광파측거기(EDM)를 일체화한 것으로서 관측데이터(수평각, 천정각, 경사거리 등)를 전자야장(data collector) 등에 자동적으로 기록할 수 있는 기기이다.

TS가 개발되기 전에는 각도와 거리를 따로 관측하고 야장에 기입하였으나, TS를 사용한 이후부터는 1회 관측만으로 수평각, 천정각, 경사거리를 동시에 측정하여 효율화가 이루어졌다.

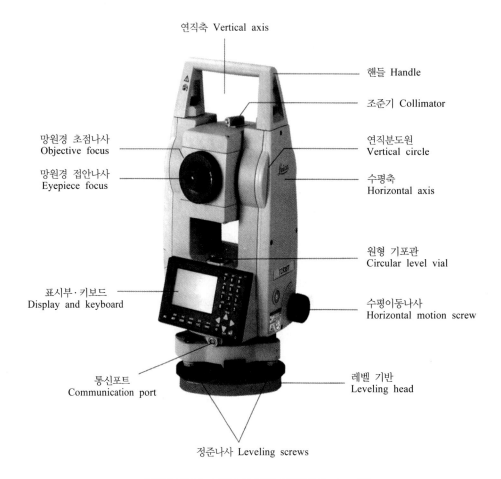

연직축 Vertical axis

핸들 Handle

조준기 Collimator

망원경 초점나사
Objective focus

연직분도원
Vertical circle

망원경 접안나사
Eyepiece focus

수평축
Horizontal axis

원형 기포관
Circular level vial

표시부 · 키보드
Display and keyboard

수평이동나사
Horizontal motion screw

통신포트
Communication port

레벨 기반
Leveling head

정준나사 Leveling screws

그림 5-3 토털스테이션 후면구조(Leica 사)

　또한 전자야장 등의 전자기록장치를 부착하면 관측데이터의 불량 여부도 판정할 수 있고 작업시간의 단축과 입력실수 등이 배제되며, 컴퓨터 연동에 의해 관측수부 작성, 좌표계산 등의 각종 계산처리와 도면데이터 작성 등 자동화처리가 가능한 토털스테이션시스템(TS system)이 구성된다.

　각측정 중심과 거리측정의 중심점이 동일한 일체형의 경우를 토털스테이션이라 하고 있으나, 광파측거기와 데오돌라이트를 조합하거나 따로 관측한 조합형의 경우를 포함한다면 거의 대부분의 지상법으로서 TS측량이라는 용어를 사용할 수 있다.

　그림 5-3과 그림 5-4는 대표적인 토털스테이션으로서 전면부와 후면부의 구조를 보여주고 있다.

　토털스테이션은 데오돌라이트의 구조에 디지털 데오돌라이트와 광파측거기가 장착된

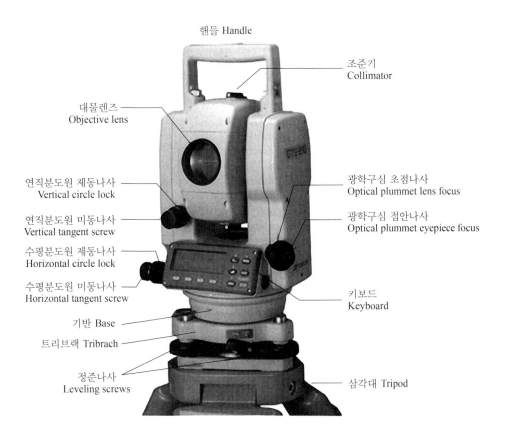

핸들 Handle

조준기
Collimator

대물렌즈
Objective lens

광학구심 초점나사
Optical plummet lens focus

연직분도원 제동나사
Vertical circle lock

광학구심 접안나사
Optical plummet eyepiece focus

연직분도원 미동나사
Vertical tangent screw

수평분도원 제동나사
Horizontal circle lock

수평분도원 미동나사
Horizontal tangent screw

키보드
Keyboard

기반 Base

트리브랙 Tribrach

정준나사
Leveling screws

삼각대 Tripod

그림 5-4 토털스테이션 전면구조(Topcon 사)

것이다. 다시 말하면, 토털스테이션은 1~3 km 이내의 단거리용 광파측거기와 전자 데오돌라이트를 결합시켜 거리와 각을 동시에 측정할 수 있도록 하는 기재이다.

거리측정의 정확도는 약 5 mm, 측각의 정확도는 약 2″ ~ 6″ 정도로서 최근에 건설공사를 위한 현장에 널리 보급되어 거의 대부분의 지상측량이 이 TS에 의해 수행되고 있는 실정이다.

5.2.4 토털스테이션의 종류

(1) 일반형 TS

1990년대에 보급된 TS는 측거와 측각기능에 일부 응용측정 기능이 탑재되었으나 디지털 데오돌라이트와 광파측거기를 조합한 기능으로서 모두 전자야장에 의해 데이터를 수집하는 형태였다. 그 후 전자야장을 포함시켜 일체화된 형태로 보급되었고 여기에 메모리카드 슬롯 또는 망원경 자동초점 기능이 추가된 경우도 있다. 메모리카드 슬롯에 기준점 측량이나 종횡단측량 등 목적별로 응용카드를 사용할 수 있게 되어 다양한 응용측정 기능이 가능하다.

(2) 모터구동형 TS

모터구동형 TS(Motorized Total Stations)는 모터구동을 갖고 있는 TS로서 망원경의 시야에 들어온 목표(반사프리즘의 중심)를 자동적으로 시준할 수 있는 기능을 갖는 자동시준 TS 그리고 이동하는 프리즘을 자동적으로 추적하는 기능을 갖는 자동추적 TS가 있다.

그림 5-5 토털스테이션(후면-일반형)

그림 5-6 토털스테이션(전면-모터구동형)

(3) 산업계측용 고정밀 TS

보통의 측량용보다 높은 정밀도의 기본성능이 요구되는 공업계측 및 모니터링에 사용되는 TS로서 수동형 또는 모터구동형이 있다. 대표적인 사양은 최소읽음 0.2초(측각정확도 0.5초), 측거정확도 1 mm + 1 ppm으로서 다음의 목적에 적용되는 3차원 계측시스템이다.

- 조선업에서 선체블록에 대한 비접촉 계측
- 교량 강판 등 대형 구조물의 부재조립 시 정확도 관리
- 터널 굴착 시 터널 내부 변위, 천정 침하의 비접촉 계측
- 댐, 사면, 광산, 교량, 빌딩 등 대형 구조물의 변위감시 등

5.3 각의 측정

5.3.1 기계 세우기

토털스테이션은 정밀한 기계이므로 기계를 조작하거나 취급하는 데 있어서 세심한 주의를 해야 한다. 기계를 얼마만큼 빠르고, 정확하게 세울 수 있느냐는 측량의 작업능률에 큰 영향을 주기 때문에 다음 순서에 따라서 숙련을 할 필요가 있다.

① 삼각의 하나를 땅 위에 고정시키고 다른 2개로 추(광학구심장치)를 측점에 일치시키도록 하면서 동시에 삼각의 상면이 거의 수평을 이루도록 조절한다.

② 위치가 정해지면 삼각을 지면에 단단히 박고, 삼각의 조임나사로써 잠근다.

③ 정준나사를 사용하여 토털스테이션을 임의 방향으로 회전시켜도 평반기포관의 기포가 중앙에 있도록 한다. 이 방법은 기포관레벨의 경우와 같다.

④ 광학구심장치를 사용하여 기계중심을 확인하고, 이심장치 제동나사를 풀어 기계의 본체를 살며시 이동시켜 측점에 일치시킨 후 제동나사를 잠근다.

⑤ 다시 정확한 정준을 하고 구심을 확인하며 각측정 전에는 항상 기포를 검사한다.

5.3.2 수평각의 측정

각을 측정할 때는 특별한 사정이 없는 한 기계의 제작상 결함이나 조정이 불완전해서 생기는 각종 기계적인 오차를 제거하기 위하여 정·반위의 두 위치에서 관측하고, 분도원이 서로 180° 대각하고 있는 경우에는 두 개의 값을 취하여 그 평균을 채택하는 것이 좋다.

(1) 단측법

그림 5-7에서 ∠AOB를 측정하려면 우선 기계를 O점에 정확하게 세운 후에 다음 순서에 따른다. 표 5-3은 단측법의 야장기입 예이다.

① 상부제동나사는 잠그고 하부제동나사를 풀어, 하부운동으로 A점을 시준하여 목표물이 십자선 근처에 나타나면 하부제동나사를 잠근다.

② 하부미동나사로 목표물을 정확하게 종십자선에 일치시킨다. 이때 수평분도원의 읽

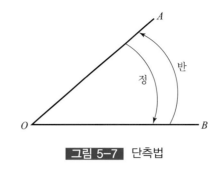

그림 5-7 단측법

표 5-3 단측법에 의한 야장기입의 예

관측점	시준점	분도원	망원경	관측방향	읽음각			측정값			비고
					°	′	″	°	′	″	
O	A	0	정(r)	우회	0	02	10	0	0	0	
	B				62	27	50	62	25	40	
O	B	0	반(l)	좌회	0	00	40	0	0	0	
	A				297	35	10	62	25	30	
						평균		62	25	35	

음값을 초독이라 한다.

③ 상부제동나사를 풀고 상부운동으로 B점을 시준하여 목표물이 십자선 근처에 나타나면 상부제동나사를 잠근다.

④ 상부미동나사로 목표물을 정확하게 십자종선에 일치시킨다. 이때의 수평분도원의 읽음값을 종독이라 한다.

⑤ 종독에서 초독을 뺀 값이 $\angle AOB$의 정위상태의 측정값이다. 다시 반위상태에서 B방향을 시준하여 초독을 읽고 다시 A방향의 초독을 읽어 측정값으로 한다.

(2) 반복법(배각법)

각종 측각오차의 영향을 작게 할 때 사용하며 배각법이라고도 한다. 표 5-4는 반복법의 야장기입 예이다. 그림 5-8에서 단측법에서와 마찬가지로 초독 α_0와 종독 α_1을 취한다.

① α_1을 취한 상태에서 하부운동으로 다시 A점을 시준하여 목표물을 정확하게 일치시킨다. 이때의 수평분도원의 눈금을 읽을 필요가 없다.

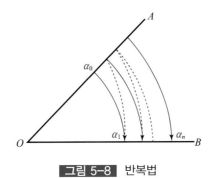

그림 5-8 반복법

표 5-4 반복법에 의한 야장기입 예

관측점	시준점	분도원	망원경	관측 방향	반복 수	읽음각			배각			측정값			비고
						°	′	″	°	′	″	°	′	″	
O	A B	0	정(r)	우회	3	0 212	39 29	30 10	0 211	0 49	0 40	70	36	33.3	71°16′
O	A B	180	반(l)	좌회	3	180 32	31 21	20 20	0 211	0 50	0 00	70	36	40.0	251°08′
O	B A	90	정	좌회	3	90 302	29 19	20 10	0 211	0 49	0 50	70	36	36.7	161°06′
O	B A	270	반	좌회	3	270 121	05 54	10 30	0 211	0 49	0 20	70	36	26.7	340°41′
										평균		70	35	34.2	

② 상부운동으로 B점을 시준하여 목표물을 정확하게 일치시킨다. 이때에도 α_2의 값은 읽을 필요가 없다.

③ ①과 ②의 조작을 반복하여 최후의 종독 α_n을 읽는다.

④ $(\alpha_n - \alpha_0)$는 $\angle AOB$의 n배각이므로 반복횟수 n으로 나눈 값이 $\angle AOB$의 측정값이 된다.

(3) 방향법(대회법)

기준점측량에서는 일반적으로 각측정은 대회관측을 하는데 '1대회관측(one pair observation)'은 망원경을 정위로 하여 우회로 관측하고 또 반위로 하여 좌회로 관측하는 것을 말한다. 그 관측순서는 다음과 같다(그림 5-9).

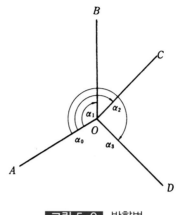

그림 5-9 방향법

① 기계를 O점에 세우고 망원경을 정위로 하여 상부운동으로 A점을 시준하여 초독 α_0을 얻는다. A는 B, C, D를 관측할 때 기준이 되므로 OA를 기준방향(zero direction)이라 한다. 기준방향은 고저차와 거리가 모든 관측점을 시준하기 좋은 방향이라야 한다.

② 상부운동으로 기준방향에서 우회각으로 B, C, D순으로 시준하여 그 값을 읽는다.

③ 최종의 D점을 관측한 후에 망원경을 반위로 하여, 이번에는 좌회각으로 측정하여 기준방향으로 돌아가서 1왕복의 측정이 끝난다.

④ n대회관측을 하려면 1회마다 지표에 대한 분도원의 눈금을 $180°/n$만큼씩 이동시켜서 눈금오차를 제거한다.

표 5-5는 방향법에 대한 야장기입 예이며, 다음과 같은 용어가 사용되고 있다. 여기서 관측차와 배각차는 작업규정에 제한규정이 있다.

① 관측각: 각 시준방향의 읽음값에서 제1시준방향을 뺀 값

② 교차: 각 시준방향에 대한 망원경 정반 측정값의 차(기계오차를 나타내며 정반평균으로써 소거됨)

③ 관측차: 각 시준방향에 대한 각 대회별 교차의 최댓값과 최솟값의 차(읽음오차, 시준오차 등 시준에 관계되는 우연오차의 지표)

④ 배각: 각 시준방향에 대한 망원경 정반 측정값의 초($''$)수의 합

⑤ 배각차: 각 시준방향에 대한 각 대회별 배각의 최댓값과 최솟값의 차(위 우연오차에 추가하여 눈금오차, 연직축오차 등 기계오차의 크기 표시)

표 5-5 방향법에 의한 야장기입 예

측점	대회	분도원	망원경	시준점	읽음각 °	′	″	측정값 °	′	″	배각	교차	배각차	관측차
O	1대회	0°	정(r)	A	000°	2′	00″	000°	00′	00″	40	+20	0	40
				B	120°	34′	30″	120°	32′	30″	80	−20	20	−20
				C	260°	21′	30″	260°	19′	30″				
			반(l)	C	80°	22′	10″	260°	19′	50″				
				B	300°	34′	30″	120°	32′	10″				
				A	180°	2′	20″	000°	00′	00″				
O	2대회	90°	정	A	90°	00′	20″	000°	00′	00″	40	−20		
				B	210°	32′	30″	120°	32′	10″	100	0		
				C	350°	20′	10″	260°	19′	50″				
			반	C	170°	20′	10″	260°	19′	50″				
				B	30°	32′	50″	120°	32′	30″				
				A	270°	0′	20″	000°	00′	00″				

※ 계산: 배 각 $30″ + 10″ = 40$, $30″ + 50″ = 80$, $10″ + 30″ = 40$, $50″ + 50″ = 100″$
　　　　교 차 $30″ − 10″ = 20$, $30″ − 50″ = −20″$, $10″50″ − 50″ = 0″$
　　　　배각차 $40″ − 40″ = 0″$, $100″ − 80″ = 20″$
　　　　관측차 $20″ − (−20″) = 0″$, $−20″ − 0″ = −20″$

(4) 편각법

이 방법은 주로 공사시공에 필요한 철도, 도로, 수로 등의 중심선을 측정할 때 많이 사용된다. 그림 5-10에서 측선 OA의 연장과 인접한 측선 AB와 이루는 각을 측선 AB의 편각이라 하고, 연장선에 대해 우회방향으로 측각한 경우에는 (+)편각, 좌회방향으로 측각한 경우에는 (−)편각으로 한다. 측각방법은 다음과 같다.

① 기계를 A점에 세우고 하부운동으로 O점을 시준하여 초독을 읽는다.

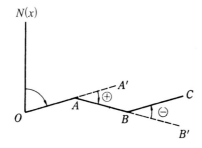

그림 5-10 편각법

② 망원경을 연직으로 돌려서(A' 방향), 하부운동으로 B점을 시준하고 종독을 읽는다.

③ 종독에서 초독을 빼면 AB의 편각 $\angle A'AB$의 값이 된다. 이와 같은 방법으로 진행한다.

5.3.3 수직각의 측정

수직각은 수직선과 수평선이 만드는 각으로서 천정각 또는 연직각으로 나타낸다. 수직각의 측정도 수평각의 측정에서와 같이 각종 기계적인 오차를 제거하기 위하여 정·반위의 관측값을 평균해야 하며, 그 이유에 대한 설명은 다음과 같다.

그림 5-11에서 보는 바와 같이 천정 0°로 하여 우회로 360° 눈금을 새긴 연직분도원에서 망원경의 시준선은 90°와 270° 방향이 된다. 이때 분도원의 지표 M이 수평선과 일치하지 않아서 생기는 오차를 n이라 하고, 연직각 θ 또는 천정각 z를 측정했을 때 시준축 오차를 c라 하면, 정·반위의 관측값은 각각 r, l이 얻어진다. 그러면 다음의 관계가 성립한다.

정위로 관측했을 때 $\quad 90° - Z = 90° - r + n + c \quad$ (5.1)

반위로 관측했을 때 $\quad 90° - Z = -270° + l - n - c \quad$ (5.2)

위 식으로부터 두 식을 더하면 $2Z = r - l + 360°$이므로

천정각 $\quad Z = \dfrac{r - l}{2} + 180° \quad$ (5.3)

연직각 $\quad \theta = 90° - Z = \dfrac{-r + l}{2} - 90° \quad$ (5.4)

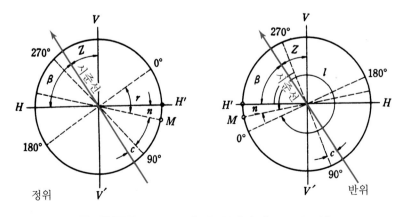

그림 5-11 수직각의 측정: 천정기준(360° 분도원)

다시 두 식을 서로 빼면

$$r + l = 360° + 2(n + c) \tag{5.5}$$

$$K = 2(n + c) = (r + l) - 360° \tag{5.6}$$

따라서 식 (5.3), 식 (5.4)에 의하여 수직각을 계산하면 c와 n을 제거한 결과를 얻게 되므로 항상 정·반위의 관측값을 평균해야 함을 알 수 있다.

식 (5.5)에 의하면 정·반위의 관측값의 합은 기계가 가지고 있는 고유값으로 표시되는데, 식 (5.6)의 K를 고도정수라 한다. 따라서 같은 기계로 관측했을 때 이 K로서 관측이 잘못이 있는지 없는지를 검사할 수 있으며, K치가 일정한 범위 내에 있으면 그 관측에는 잘못이 없고, 일정한 범위를 벗어나면 그 관측에는 잘못이 있다고 판단하여 재측을 해야 한다.

표 5-6은 360° 연직분도원의 야장기입 예이다. 수직각 측정의 경우에는 고도정수에 대한 제한규정이 적용되어야 한다.

표 5-6 360° 연직분도원 야장기입 예

관측점	시준점	목표	망원경	읽음값			$r - l$			천정각(Z)			K	비고
				°	′	″	°	′	″	°	′	″		
O	A	·	정(r)	78	43	40								기계고 1.24 m
			반(l)	281	16	10	+202	32	30	78	43	45	$-10″$	시준고 2.24 m

5.4 삼각수준측량

5.4.1 삼각수준측량의 오차보정

(1) 양차

삼각수준측량(trigonometric heighting)은 토털스테이션을 사용하여 두 점 사이의 수직각과 거리를 측정하여 삼각법에 의해 고저차를 구하는 것으로, 모든 기준점측량에 적용되고 있다.

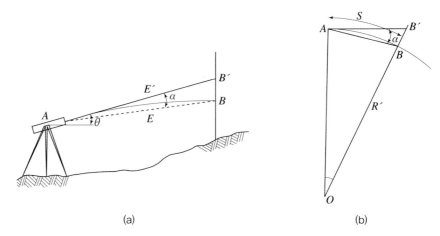

(a)

(b)

그림 5-12 연직방향과 빛의 굴절

그림 5-12(a)에서 A점과 같은 표고에 있는 점은 B점이지만 B'점을 관측하게 되므로, 여기서 나타나는 오차 $\overline{BB'}$을 지구곡률에 의한 오차, 구차(error of curvature)라고 한다. R≒6,370 km이므로 수평거리 S가 300 m 이상 떨어진 경우에는 그 크기가 1 cm에 상당하므로 이 오차를 무시할 수 없다.

$$\overline{BB'} ≒ \frac{S^2}{2R} \tag{5.7}$$

또한 그림 5-12(b)와 같이 B에서 나온 빛은 대기 중에서 굴절되어 $\overparen{BEA}$의 경로로 굴절되어 망원경에 들어오지만, 연직각 θ를 정확히 이루려면 $B'E'A$를 통과해야 한다. 그러므로 기차(error of refraction)에 의해 여분의 각을 더 측정하게 되는 것이다. 이때 굴절되는 빛의 경로가 R'의 호상을 이룬다고 가정하면, 이 곡률반경은 지구의 곡률반경의 7~8배를 이루므로 $R = KR'$으로 놓으면 $K=0.13\sim0.14$ 정도가 된다. K를 굴절계수라고 한다. 그러므로 기차 $\overline{BB'}$은

$$\overline{BB'} = S\alpha = \frac{S^2}{2R'} = \frac{K}{2R}S^2 \tag{5.8}$$

식 (5.7)의 구차와 식 (5.8)의 기차를 대수적으로 합하면 양차가 구해지므로 두 점 간의 고저차에 보정하면 된다.

$$\Delta H = \frac{S^2}{2R} - \frac{KS^2}{2R} = \frac{1-K}{2R}S^2 \tag{5.9}$$

기차나 구차는 한쪽에서만 편도관측(single observation)할 때 발생하므로 목표점과 관측점을 바꾸어 양방향에서 쌍방관측(reciprocal observation)하여 평균을 구하면 양차가 소거될 수 있다.

(2) 천정각보정과 높이측정

천정각의 측정은 주로 고저차의 산정과 측정거리의 보정을 위하여 실시된다. 단거리에서는 편도관측이 이루어지므로 보정이 필수적이다.

삼각수준 측량된 결과를 조정 계산하는 데에는 위의 양차를 연직각(θ)에 대한 ($-$)보정량으로 취급하는 것이 효과적이다. 이때에는 식 (5.9)를 수평거리 S로 나누면 된다.

$$\Delta\alpha'' = \rho'' \frac{1-K}{2R} S \qquad (5.10)$$

또는 천정각 보정량에서는 편도관측에서 대기굴절에 의한 각의 영향은 수평거리 S를 이용하면,

$$\delta = \frac{KS}{2R} \, rad \qquad (5.11)$$

이므로 타원체면 기준의 천정각은 다음과 같이 구해진다.

$$Z = Z_{obs} + \delta \qquad (5.12)$$

예제 5.1

두 점 A, B를 삼각수준측량 방법으로 측정한 결과가 각각 다음과 같고, A점의 표고가 57.225 m일 때 B의 표고를 구하라. 단, 측점의 기계고를 사용하며, Z에는 보정이 이루어진 것임.

A점에서 측정	B점에서 측정
경사거리 L=508.118 m	경사거리 L=508.125 m
천정각 Z=88°19′44″	천정각 Z=91°41′45″
기계고 hi=1.617 m	기계고 hi=1.652 m
프리즘고 hr=1.515 m	프리즘고 hr=1.572 m

풀이 $H_B = H_A + hi_A + V_{AB} - hr_B$

$\qquad = 57.225 + 1.617 + 508.118 \cos 88°19′44″ - 1.515 = 72.145 \text{m}$

$$H_A = H_B + hi_B + V_{BA} - hr_A$$

$$57.225 = H_B + 1.652 + 508.125 \ \cos 91°41'45'' - 1.572$$

$$H_B = 72.182 \text{ m}$$

$$\therefore H_B = (72.145 + 72.182)/2 = 72.164 \text{ m}$$

예제 5.2

그림 5-13의 삼각수준측량에서 측점 1과 측점 2에서의 측정값이 다음과 같다. 두 점 간의 고저차와 측점 2의 표고를 구하라. 단, 측점의 기계고를 사용하지 않는 경우임.

<u>측점 1</u> 표고 201.768 m, $Z_1 = 92°25'11''$, $S_1 = 101.201$ m, $V_1 = -4.273$ m

<u>측점 2</u> $Z_2 = 88°11'41''$, $S_2 = 91.876$ m, $V_2 = +2.894$ m

풀이   고저차 $= +2.894 - (-4.273) = 7.167$ m

       측점 2의 표고 $= 201.768 + 7.167 = 208.935$ m

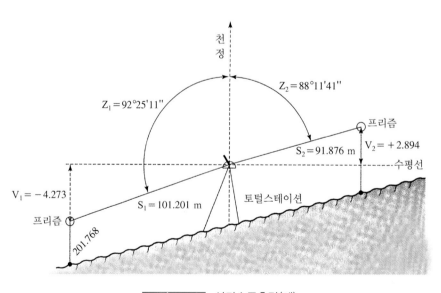

그림 5-13 삼각수준측량(예)

5.4.2 높이계산

높이측정의 계산은 EDM 측정의 경우와 같다. 경사거리 L을 EDM에 의해 측정하고, 결합된 데오돌라이트에 의해 천정각 Z를 측정하였을 때 L을 수평거리 S로 환산하기 위

표 5-7 삼각수준측량 트래버스 높이계산

측선	거리 (m)	연직각 θ	h_i (m)	h_r (m)	dH (m)	dH (mean)	조정량 (m)	h (m)	측점
24 – 41	579.600	− 0 53 21	1.469	1.323	− 8.825	− 8.823	− 0.004	143.965	24
41 – 24	579.594	+ 0 51 50	1.476	1.417	(+ 8.821)			− 8.827	
41 – 42	685.944	+ 4 53 25	1.476	1.368	+ 58.615	+ 58.625	− 0.005	135.138	41
42 – 41	685.948	− 4 54 45	1.373	1.299	(− 58.635)			+ 58.620	
42 – 43	294.288	+ 3 51 38	1.373	1.392	+ 19.801	+ 19.803	− 0.002	193.758	42
43 – 42	294.289	− 3 53 30	1.404	1.242	(− 19.805)			+ 19.801	
43 – 44	224.928	− 2 27 46	1.349	1.428	− 9.741	− 9.741	− 0.001	213.559	43
								− 9.742	
44 – 25	593.297	− 8 31 17	1.428	1.432	− 87.874	− 87.894	− 0.004	203.817	44
								− 87.898	
								115.919	25
Σ	2378.1					− 28.030	− 0.016		

식 (5.14)에 따라 교차자 dH를 계산한다.

25표고(계산)= − 28.030 + 143.965 = 115.935   ∴ 폐합오차 = 115.919 − 115.930 = − 0.016

폐합오차는 거리에 비례하도록 컴퍼스법칙(6장 참조)에 따라 조정량을 분배한다.

$-0.016\left(\dfrac{579.6}{2378.1}\right) = -0.004$ $-0.016\left(\dfrac{685.9}{2378.1}\right) = -0.005$ $-0.016\left(\dfrac{294.3}{2378.1}\right) = -0.002$

$-0.016\left(\dfrac{224.9}{2378.1}\right) = -0.001$ $-0.016\left(\dfrac{593.3}{2378.1}\right) = -0.004$

조정량 계산수치에는 K(0.13), R(6370 km) 사용에 따라 다소 차이가 있을 수 있음.

해서는 연직각 $\theta = 90° - Z$를 사용한 다음 식을 이용한다(4장 그림 4-11 참조).

$$S = L \sin Z = L \cos \theta \qquad (5.13)$$

A점의 표고가 기지라면 B점의 표고는 다음과 같이 구할 수 있다.

$$H_B = H_A + hi \pm L \sin \theta + \frac{1-k}{2R} S^2 - hr \qquad (5.14)$$

여기서 hi 는 토털스테이션의 높이(기계고), V 는 기계높이점 간의 고저차, hr 은 프리즘의 높이(기계고)를 나타낸다.

예제 5.3

삼각수준측량 트래버스 높이계산에서, 쌍방관측 또는 편도관측한 삼각수준 트래버스 노선(시점24, 종점25)에 대하여 오차보정하고 표고를 계산하라. 단, 24점 표고는 143.965 m, 25점 표고는 115.919 m, R=6370 km로 한다.

풀이 표 5-7 참조. ∎

연습문제

5.1 데오돌라이트와 토털스테이션을 구분하고 성능기준에 대하여 설명하라.

5.2 점 A와 거의 동일한 높이에 있는 점 B, C, D와 이루는 각을 데오돌라이트를 이용하여 단측법으로 측정한 결과이다. 각각의 최확값을 구하라.

관측점	시준점	망원경	관측방향	읽음값	비고
A	B C	r	우회	0°30′00″ 69°30′20″	
A	C B	l	좌회	249°17′20″ 180°17′10″	
A	C D	r	우회	0°10′20″ 2°20′20″	
A	D C	l	좌회	232°07′30″ 179°57′40″	

5.3 각 측정에서 관측차, 배각차, 고도정수가 작업규정에 제한규정이 있는 이유를 자세히 설명하라.

5.4 다음은 방향관측법에 의한 수평각 야장기입 예를 보여주고 있다. 측정값, 배각, 교차, 배각차, 관측차를 구하라.

측점	대회	분도원	망원경	시준점	읽음각	측정값	배각	교차	배각차	관측차
O	1 대회	0°	정 (r)	1	00°01′20″					
				2	55°50′10″					
				3	102°38′30″					
			반 (l)	3	282°38′30″					
				2	235°50′00″					
				1	180°01′30″					
O	2 대회	60°	정	1	240°00′30″					
				2	295°48′50″					
				3	342°37′10″					
			반	3	162°37′20″					
				2	115°49′00″					
				1	60°00′20″					
O	3 대회	120°	정	1	120°01′50″					
				2	175°50′30″					
				3	222°39′10″					
			반	3	42°38′50″					
				2	355°50′20″					
				1	300°01′10″					

5.5 삼각점 (A)에서 (B)의 표고를 구하기 위하여 그림과 같이 고도각 α_1, α_2를 쟀다. AB의 거리를 1,700 m, (A)의 표고가 $H_1 = 368.19$ m일 때 (B)의 표고 H_2는 얼마인가? 단, 이 경우의 양차(기차＋구차)는 0.2 m로 하며, 관측값은 다음과 같다.

$$\alpha_1 = -2°14′, \ \alpha_2 = +2°22′$$

$$i_1 = 1.39 \text{ m}, \ i_2 = 1.28 \text{ m} \ f_1 = 4.20 \text{ m}, \ f_2 = 2.89 \text{ m}$$

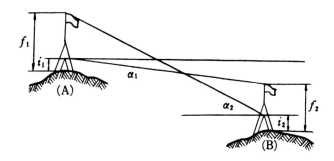

5.6 그림에서 A점과 B점으로부터 철탑 C점의 표고를 구하기 위하여 토털스테이션에 의해 측정한 결과이다. 물음에 답하라.

$$H_A = 1298.65 \pm 0.006 \text{ m} \quad hi_A = 5.25 \pm 0.005 \text{ m}$$

$$H_B = 1301.53 \pm 0.004 \text{ m} \quad hi_B = 5.18 \pm 0.005 \text{ m}$$

$$AB = 136.45 \pm 0.018 \text{ m} \quad \angle CAB = 44°12'34'' \pm 8.6'' \quad V_A = 8°12'47'' \pm 4.1''$$

$$\angle ABC = 39°26'56'' \pm 11.3'' \quad V_B = 5°50'10'' \pm 5.1''$$

(a) AC, BC의 수평거리는 얼마인가?

(b) AC, BC로부터 각각의 CI 높이 계산(평균)은 얼마인가?

(c) AC 및 CI 계산에 대한 오차전파식을 유도하라.

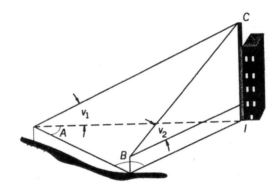

참고문헌

1. 이영진, 측량정보학(2판), 청문각, 2016.

2. 이영진, 토지측량학, 경일대 출판부, 2008

3. 長谷川 昌弘 外 9人, 改訂新版 基礎測量學, 電氣書院, 2010.

4. 中村英夫 · 淸水英範, 測量學, 技報堂, 2000.

5. Davis, R. E. dates, Surveying: theory and practice, Mcgraw-hill, 1981.

6. Ghilani, C. D. and P. R. Wolf, Elementary Surveying: an introduction to geomatics(12th ed.), Pearson, 2008.

7. Kavanagh, B. F., Surveying: principles and applications(8th ed.), Pearson, 2009.

8. Wolf, P. R. and C. D. Ghilani, Adjustment Computation, Wiley, 1997.

9. Bird, R. G., EDM Traverses: measurement, computation, and adjustment, Longman Scientific & Technical. 1989.

06 TS기준점측량

6.1 개설

6.1.1 기준점측량

어떤 지역을 측량할 때 어느 한 점에서 시작하여 차례로 많은 점의 위치를 결정하는 세부측량을 한다면, 오차가 누적되어 나중에는 전체적으로 정확도가 낮은 보잘 것 없는 측량이 된다. 따라서 넓은 지역을 측량하려면 몇 개의 기준점을 설정하고 정확하게 그 위치를 정하고 다시 이 점을 기준으로 근방의 세부측량을 하게 된다. 이와 같이 기준점을 설정하는 측량을 기준점측량[1]이라고 하며, 트래버스측량이 대표적이다.

이 장에서는 도로, 철도, 하천, 터널, 교량, 지적, 산림, 지형도제작, 지상기준점 등의 조사설계와 측설시공에 이용되는 TS기준점측량에 대하여 설명한다. 즉, 국가기준점을 이용하여 높은 밀도로 신점을 배치하는 0.2~1.5 km 정도의 공공기준점측량을 기본으로 다룬다.

기준점측량은 삼각측량(triangulation), 삼변측량(trilateration), 트래버스측량(traversing),

---

[1] TS기준점측량은 토털스테이션(TS)뿐만 아니라 종래의 테이프와 데오돌라이트를 결합한 기준점측량을 포함하는 의미이다. 공공측량 작업규정에서는 'TS' 대신에 'TS 등'이라는 용어를 사용하고 있다.

수준측량(leveling)으로 구분할 수 있다. 수준측량에 대해서는 앞서 설명한 바 있으며, 삼각측량은 종래 가장 널리 사용되어 온 고전적인 방법이나 EDM을 사용한 트래버스측량으로 대체되었다. 트래버스측량에서는 변장을 길게 하여 방위각오차를 줄일 수 있으며, TS측량이나 GPS측량에서 매우 효과적이므로 일반적인 기준점측량에서 채택하고 있다.

6.1.2 직교좌표와 극좌표

국가의 평면좌표계는 북쪽을 x축, 동쪽을 y축으로 하고 있으며, 평면방위각(방향각)은 x축을 기준으로 우회로 나타낸다. 그림 6-1은 평면좌표를 직각좌표 x, y로 나타내거나 극좌표 α, s로 나타낼 수 있음을 보여주며, 방위각 α_{op}는 O점을 기준으로 할 때 P의 방향을 표시한다. 여기서 α_{op}와 그 역방위각 α_{po}는 다음의 관계가 있다.

$$\alpha_{op} = \alpha_{po} \pm 180° \tag{6.1}$$

독립적인 측량작업이나 관측좌표계에서는 국부좌표계를 평면좌표로 채용하고 있다. 좌표는 x', y' 또는 α', s'로 나타내고 있다(그림 6-1(b) 참조).

지금 기지점 $P_1(x_1, y_1)$과 미지점 $P_2(x_2, y_2)$까지의 거리 s와 방위각 α_{12}를 알고 있을 때 P_2의 좌표를 구하는 식은 다음과 같다.

$$x_2 = x_1 + s \cos \alpha_{12} \tag{6.2a}$$
$$y_2 = y_1 + s \sin \alpha_{12} \tag{6.2b}$$

식 (6.2)에 의한 계산을 제1문제라고 한다.

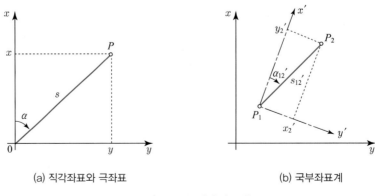

(a) 직각좌표와 극좌표   (b) 국부좌표계

그림 6-1 평면좌표계

이와는 반대로 두 기지점 $P_1(x_1, y_1)$, $P_2(x_2, y_2)$가 있을 때 거리 s와 방위각 α_{12}를 구하는 식은 다음과 같다.

$$s = \left\{ (x_2 - x_1)^2 + (y_2 - y_1)^2 \right\}^{\frac{1}{2}} \tag{6.3}$$

$$\tan\alpha_{12} = \frac{y_2 - y_1}{x_2 - x_1} \tag{6.4}$$

$$\sin\alpha_{12} = \frac{y_2 - y_1}{s} \quad 또는 \quad \cos\alpha_{12} = \frac{x_2 - x_1}{s} \tag{6.5}$$

식 (6.3)~(6.5)에 의한 계산을 제2문제라고 한다. 이상의 계산은 모두 공학용계산기로 처리될 수 있으나 식 (6.4)의 $\tan^{-1}$ 계산은 분모 $(x_2 - x_1)$가 $(-)$값일 때에는 결과에 $+180°$ 해야 한다는 점에서 주의가 필요하다. 즉, 2, 3상한에 있는 경우가 해당된다.

예제 6.1

(a) $P_1(496.72\,\text{m}, 713.64\,\text{m})$, $s = 135.25\,\text{m}$, $\alpha_{12} = 29°40'05''$일 때 P_2점의 좌표를 구하라.

(b) $P_1(407.65\,\text{m}, 528.15\,\text{m})$, $P_2(525.10\,\text{m}, 795.17\,\text{m})$일 때 거리와 방위각을 계산하라.

풀이   (a) $x_2 = 614.24\,\text{m}$, $y_2 = 780.59\,\text{m}$

       (b) $s = 291.71\,\text{m}$, $\tan\alpha_{12} = 2.27348$, $\alpha_{12} = 66°15'27''$

6.1.3 귀심계산

측점 또는 관측점 간에 장애물로 인해 시준되지 않은 경우에는 근처에 편심점(위성측점 satellite station이라고도 함)을 설치하고 귀심계산을 실시한다. 그림 6-2에서 측점 1에서 측점 2에 대한 시야선 장애 때문에 근처에 있는 편심점에 기계를 옮겨 세운 후 편심거리 등의 요소를 측정한 후 원래 측점 1에서 관측한 것과 같은 상태로 만드는 것을 귀심계산이라 한다.

같은 방법으로 시가지 측량이나 보조기준점측량에서는 철탑, 피뢰침, 교회건물 끝점 등을 기준점으로 활용하거나, 옥상에 설치한 점을 지상으로 옮길 때에도 적용할 수 있다. 그러나 현지에서의 선점을 철저히 하여 편심관측이 없도록 하는 것이 최선이다.

편심거리가 약 1 m 이내의 편심에서는 기계설치가 어렵기 때문에 평판앨리데이드를 이

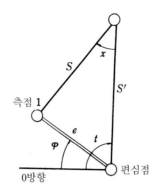

그림 6-2 귀심계산

용하여 방향선을 구하고 10′까지 잰다. 10 m 이내의 편심에서는 20″독 이상의 데오돌라이트로 1′까지 측정해야 하고 편심거리는 강철테이프를 이용하여 mm까지 재면 된다.

$$x = \sin^{-1}\left(\frac{e}{S}\sin\alpha\right) \quad 여기서 \quad \alpha = t - \varphi \qquad (6.6)$$

$$x = \sin^{-1}\left(\frac{e_1\sin\alpha_1 + e_2\sin\alpha_2}{S}\right) \qquad (6.7)$$

예제 6.2

그림과 같이 O점에서 구점 C가 보이지 않으므로 P점에 편심측정하였다. O점의 바른 각을 구하라.

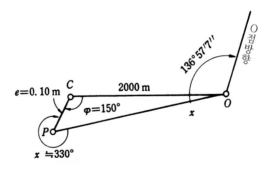

풀이 x의 계산

$$\frac{e}{\sin x} = \frac{2000}{\sin\alpha}, \ \frac{0.10}{\sin x} = \frac{2000}{\sin 150°}$$

$$\therefore x = \sin^{-1}\left(\frac{0.10 \times \sin 150°}{2000}\right) = 0°0′05″$$

O점의 각 T_1 $\quad T_1 = 136°57′07″ - 0°0′05″ = 136°57′02″$

6.2 트래버스측량

6.2.1 트래버스의 종류

트래버스측량은 지역 전반에 걸쳐 몇 개의 측점을 잡아 다각형을 만들거나, 철도·도로·하천·송전선로 등 폭이 좁고 길이가 긴 지역에서는 절선을 만들고, 각 변의 길이와 각을 순서 있게 측정하여 기준점의 위치를 정하는 측량방법이다.

최근에는 토털스테이션의 등장으로 트래버스의 활용이 매우 용이하게 되었다. 트래버스는 다음과 같이 구분한다.

① 폐합트래버스(closed−loop traverse): 한 측점에서 출발하여 다각형을 만들면서 최후에 다시 출발점으로 되돌아오는 모양(그림 6-3(a))

② 결합트래버스(closed or junction traverse): 한 기지점(주로 삼각점)에서 출발하여 다른 기기점에 연결하는 모양(그림 6-3(b))

③ 개방트래버스(open traverse): 한 측점에서 출발하여 아무런 관계나 조건도 없는 다른 점에서 끝나는 모양(그림 6-3(c))

④ 트래버스망(traverse network): ①, ②, ③의 각 트래버스가 혼합되어 그물 모양을 이룬 것(그림 6-3(d))

폐합트래버스는 폐합오차(error of closure)와 폐합비(ratio of closure)로 검사할 수 있으나, 거리측정에 정오차가 있으면 상사다각형이 되므로 정확한 결과와 구별할 수 없다. 따라서 개방트래버스는 되도록 피하고 폐합 또는 결합트래버스를 사용해야 하며, 공공삼각점측량의 경우에는 결합트래버스를 사용해야 한다.

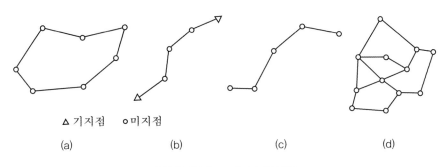

△ 기지점　○미지점

| (a) | (b) | (c) | (d) |

그림 6-3 트래버스의 종류

117

6.2.2 선점

기준점을 새로 설치할 경우에 설치장소를 미리 선정하는 것을 선점이라 한다. 기존의 지형도와 항공사진을 이용할 수 있는 경우에는 도상에서 예정점을 잡아 놓으면 현지에서 선점하기가 용이하다. 기준점 선점 시 주의사항은 다음과 같다.

- 예정점 간에 시준 가능성을 확인하며, 중간 장애물이 있는 경우에 제거가 쉽게 되는지를 확인한다.
- 시준선이 지표면 가까이 통과하는 것은 가능한 한 피한다.
- 삼각형의 형상, 작업의 편리성 외에도 추후 이용면을 충분히 고려한다.
- 변장측량을 하는 경우에는 각측정과 동등한 정확도를 갖도록 적절히 선정한다.
- 기준점 예정지의 토지차용 가능성을 확인한다.
- 선점이 완료되면 각측정의 방향을 나타낸 작업계획도를 작성한다.

기준점의 표지(station ground mark)는 계획된 장소에 새로 설치하며 이를 매표라고 한다. 표지에는 나무 말뚝, 콘크리트 말뚝, 화강석, 주석 등이 있으며 그림 6-4는 그 예이다. 일반적으로 데오돌라이트(토털스테이션)에 의해 표석 간을 시준하는 것이 불가능한 경우에는 측량용 표지(측표, target)를 표석 위에 세운다(그림 6-5 참조).

요구되는 정확도가 낮은 경우에는 측표 대신에 측기(측량용) 등을 이용할 수가 있다. 트래버스측량에서는 절점(트래버스점)이 가설물이기 때문에 조표는 실시하지 않고 그림 6-5(d)와 같이 측각을 위한 목표판 또는 반사프리즘이 부착된 삼각대를 활용한다. 또 표지에는 나무말뚝이나 대못을 이용하는 경우가 많다.

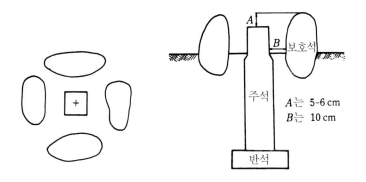

그림 6-4 표석도

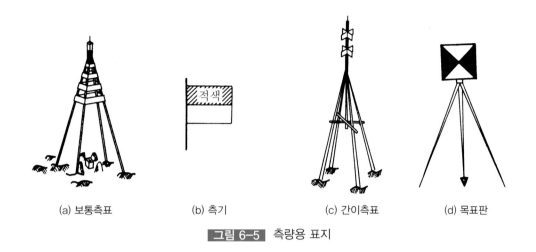

| (a) 보통측표 | (b) 측기 | (c) 간이측표 | (d) 목표판 |

그림 6-5 측량용 표지

영구적으로 트래버스점의 성과를 사용할 때는 매표하며, 공사용 트래버스점은 공사 중에 이동할 가능성이 많으므로 인조점(보조말뚝)을 설치하면 좋다.

6.2.3 거리 및 각측정

(1) 거리측정

공공기준점측량과 건설공사에 필요한 기준점 설치, 1/500 지형도의 작성에 필요한 측량용 기준점, 사진측량용 표정점측량에 이용되는 약 0.2∼2 km의 변장측정을 하는 기준점측량을 기준으로 보정사항을 설명한다.

거리측정은 EDM을 사용하지만, 측각과 조화되는 절점 간의 거리를 잡으면 좋다. 2 km 이내의 거리측정에서는 습도를 무시하고 온도는 한쪽 측점에서만 측정하여 기상보정한다. 그리고 측정거리는 경사보정과 투영보정(선축척계수 보정)을 해야 한다.

(2) 각측정

각측정은 가능한 한 데오돌라이트 또는 토털스테이션을 사용하는 것이 원칙이며, 각을 측정하는 방법은 요구되는 정확도, 사용 가능한 기계, 한 측점에서 측정해야 할 각의 수 등에 따라 방향법 또는 반복법을 사용할 수 있으나 방향법이 권장되고 있다.

한 측점에서 측각수가 많은 경우는 방향법에 의하며, 낮은 등급의 측량에서는 반복법을

표 6-1 공공삼각점측량 작업제한표(TS 방식)

구분	1급 공공삼각점	2급 공공삼각점	3급 공공삼각점	4급 공공삼각점
기지점의 종류	1급 삼각점 이상[*1]	1, 2급 삼각점 이상	1, 2급 삼각점 이상	3급 삼각점 이상
기지점 간 거리	5.0 km	2.5 km	1.0 km	0.5 km
미지점 간 거리	1.0 km	0.5 km	200 m	50 m
망의 형태	결합방식, 폐합방식	결합방식, 폐합방식	결합방식, 폐합방식	결합방식, 폐합방식
기지점수[*2]	2+미지점 수/5	2+미지점 수/5	3점 이상	3점 이상
노선장[*3]	3 km 이하	2 km 이하	1 km 이하	0.5 km 이하
측각기재	1″독	10″독 이상	10″독 이상	20″독 이상
수평각 측정	방향법	방향법	방향법	방향법
대회수	2대회	3대회	2대회	2대회
배각차	15″	30″	30″	60″
관측차	8″	20″	20″	40″
연직각 측정	1대회	1대회	1대회	1대회
고도정수 교차	10″	30″	30″	60″
측거기재	5 mm+2 ppm 이상	5 mm+2 ppm	5 mm+2 ppm	5 mm+5 ppm
세트수	2세트	2세트	2세트	2세트
계산단위	1 mm, 1″	1 mm, 1″	1 mm, 1″	1 mm, 1″
조정방법[*4]	엄밀조정법	엄밀조정법	도형조정법	도형조정법

*1 위성기준점, 통합기준점, 삼각점, 1급 공공삼각점을 말한다.
*2 기지점수에서 단수는 절상한다.
*3 노선이란 기지점~기지점까지, 기지점~교점까지 또는 교점~교점까지를 말한다.
*4 조정방법은 엄밀조정법 또는 간이조정법이 가능하나 기지점으로 사용하려면 엄밀조정법으로 한다.
출처: 공공측량작업규정

사용할 수 있다. 즉, 1″독~20″독을 사용하여 2~3대회 관측을 실시하는 것이 일반적이다(표 6-1 참조).

각 측점에서 측각이 끝나면 배각차, 관측차 등의 검사를 실시하고 불량한 것은 재측한다. 또한 현지에서 편심보정 등을 실시하여 삼각형의 내각에 대한 폐합차가 제한 내에 있는지를 확인할 필요가 있다.

6.3 트래버스 계산

6.3.1 방위각 계산

(1) 각오차의 보정

폐합트래버스에서는 방위각의 기준방향이 좌표계의 $N(x)$축이다. 각에 대한 폐합오차를 분배하는 방법으로는 등분배하는 방법이 널리 이용되고 있다. 그러나 지적측량분야에서는 거리에 반비례하도록 분배하는 방법[2]을 사용하고 있다.

그림 6-6에서 폐합트래버스의 측각오차를 구할 수 있다.

① 내각을 측정했을 때: 내각 측정값 $\alpha_1, \alpha_2, \cdots \alpha_n$, 변수 n, 측정오차 $\Delta\alpha$라 하면

$$\Delta\alpha = 180°(n-2) - \sum \alpha_i \qquad (6.8)$$

② 외각을 측정했을 때: 외각 측정값 $\beta_1, \beta_2, \cdots \beta_n$, 측정오차 $\Delta\beta$라 하면

$$\Delta\beta = 180°(n+2) - \sum \beta_i \qquad (6.9)$$

폐합트래버스의 경우에는 식 (6.8) 또는 식 (6.9)에서 구한 측각오차는 등분배법에 의해 보정하고 보정각을 계산할 수 있다.

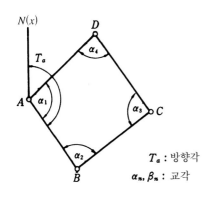

그림 6-6(a) 폐합트래버스(내각 측정)

T_a : 방향각
α_n, β_n : 교각

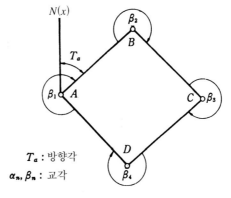

그림 6-6(b) 폐합트래버스(외각 측정)

T_a : 방향각
α_n, β_n : 교각

---

2 1910년대 토지조사사업에서는 스타디아 트래버스를 사용하였으므로 각측정의 정확도가 낮았다.

실제의 폐합트래버스 계산 사례를 그림 6-7의 예제를 통하여 원리와 방법을 설명한다. 그림 6-7은 기지점 A점을 기준으로 6개의 각과 거리를 각각 측정하고 B, C, D, E, F점의 좌표를 구하는 문제이다. 여기서 A점 좌표는 $x = 0.000$ m, $y = 0.000$ m로 하며 측정거리는 평면거리(단거리인 경우에는 수평거리로 본다)로 보정된 것으로 한다.

이하에서는 예제 6.3과 예제 6.4에서는 각보정 및 방위각 계산의 예를 보여주며, 계산결과는 표 6-2의 양식에 나타냈다.

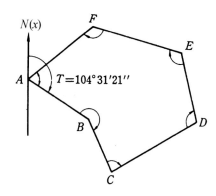

그림 6-7 폐합트래버스 계산예제

예제 6.3

그림 6-7과 같은 폐합트래버스를 측량한 결과이다. 허용오차를 $30'' \sqrt{n}$ 이라 하고 측정각을 검사하여 조정하라. 단, AB측선의 방위각은 $104°31'21''$이다.

측점	거리(m)	측정각	보정각
A	69.365	52° 02′ 10″	52° 02′ 20″
B	63.715	226° 28′ 30″	226° 28′ 40″
C	104.890	75° 31′ 10″	75° 31′ 20″
D	53.420	117° 11′ 30″	117° 11′ 40″
E	102.590	102° 31′ 10″	102° 31′ 20″
F	71.610	146° 14′ 30″	146° 14′ 40″
합계		719° 59′ 00″	720° 00′ 00″

풀이 표 6-2 폐합트래버스 계산(방위각)에 계산과정을 나타냈다.

$$\Delta \alpha = 180°(n-2) - [\alpha] = 180°(6-2) - 719°59'00'' = 60''$$

$60'' < 30'' \sqrt{6}$ ∴ 허용한계 이내임.

조정량 $= 60''/6 = 10''$, 즉 측정각에 $10''$씩 더한다.

(2) 방위각의 계산

① 진행방향에 대해서 좌회각을 측정했을 때: AB 측선의 평면방위각[3]을 α, BC 측선의 방위각을 β라 하고, 각 측점의 교각을 $\alpha_1, \alpha_2, \alpha_3 \cdots$ 라 하면, 다음 식이 성립된다.

$$\beta = \alpha + 180° + \alpha_2$$
$$\gamma = \beta + 180° + \alpha_3 \qquad\qquad (6.10)$$
$$\delta = \gamma + 180° + \alpha_4$$

즉, (어떤 측선의 방위각)=(전측선의 방위각)+(180°)+(그 측선의 교각)이다.

② 진행방향에 대해서 우회각을 측정했을 때: ①에서와 같이 그림 6-8에서

$$\beta = \alpha + 180° - \alpha_2$$
$$\gamma = \beta + 180° - \alpha_3 \qquad\qquad (6.11)$$
$$\delta = \gamma + 180° - \alpha_4$$

즉, (어떤 측선의 방위각)=(전측선의 방위각)+(180°)−(그 측선의 교각)이다.

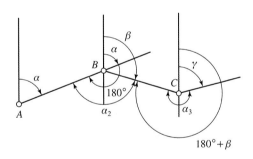

그림 6-8 우회각 측정

예제 6.4

예제 6.3의 폐합트래버스를 시계방향으로 진행하면서 내각(좌회각)을 측정한 경우에 방위각을 구하라. AB측선의 방위각은 104°31′21″임.

풀이 표 6-2 폐합트래버스 계산(방위각)에 계산과정을 나타냈다. 또한 계산내용은 다음과 같다.

---

3 여기서 말하는 방위각은 x축을 기준으로 하는 평면방위각, 즉 방향각을 방위각으로 표현하고 있다.

표 6-2 폐합트래버스 계산(1): 방위각

측선	측정각	역방위각 보정각 진행방위각	방위각	거리	위거 Δx	경거 Δy	위거 조정량 δx	경거 조정량 δy	조정위거 Δx	조정경거 Δy	좌표 x	좌표 y	측점
AF		52°29′01″									0.000	0.000	A
A	52°02′10″	52°02′20″	104°31′21″										
AB		104°31′21″											
BA		284°31′21″											
B	226°28′30″	226°28′40″	151°00′01″										
BC		511°00′01″											
CB		331°00′01″											
C	75°31′10″	75°31′20″	46°31′21″										
CD		406°31′21″											
DC		226°31′21″											
D	117°11′30″	117°11′40″	343°43′01″										
DE		343°43′01″											
ED		163°43′01″											
E	102°31′10″	102°31′20″	266°14′21″										
EF		266°14′21″											
FE		86°14′21″											
F	146°14′30″	146°14′40″	232°29′01″										
FA		232°29′01″											
Σ	719°59′00″	720°00′00″											

$\Delta \alpha = 180° (6-2) - 719°59'00'' = 60''$

조정량 $= \dfrac{60''}{6} = 10''$, 즉 측정값에 $10''$씩 더한다.

측점	보정각	측선	방위각 계산	방위각	비고
A	52°02′20″				360° 이상은 이를 빼고 (−)는 이를 더한다.
B	226°28′40″	AB	104°31′21″	104°31′21″	
C	75°31′20″	BC	104°31′21″ + 180 + 226°28′40″ =	151°00′01″	
D	117°11′40″	CD	151°00′01″ + 180 + 75°31′20″ =	46°31′21″	
E	102°31′20″	DE	46°31′21″ + 180 + 117°11′40″ =	343°43′01″	
F	146°14′40″	EF	343°41′01″ + 180 + 102°31′20″ =	266°14′21″	
A		FA	266°14′21″ + 180 + 146°14′40″ =	232°29′01″	
합계	720°00′00″			AB 계산으로 점검한다.	

6.3.2 좌표차(위거·경거)의 계산

(1) 위거·경거

측량에서는 종축을 x축, 횡축을 y축으로 하고, 북·동을 각각 +방향으로 하는 좌표계를 사용하고 있다(미국과 캐나다는 x, y가 반대이므로 교재 사용 시에 주의가 필요하다). Δx, Δy를 A, B점 간의 좌표차(coordinate difference), S_0를 수평거리, α를 A점에서 B점까지의 방향각이라고 하면 그림 6-9에서와 같이

$$\Delta x = S_0 \cos \alpha \qquad\qquad (6.12)$$
$$\Delta y = S_0 \sin \alpha$$

가 성립한다. 여기서 Δx를 위거(latitude), Δy를 경거(departure)라고 정의한다.

(2) 폐합오차

폐합트래버스를 각과 거리를 측정하면서 출발점에서 시작하여 한 바퀴 돌아 다시 출발점으로 되돌아왔다면, 측정값에 오차가 없는 한 각 측선의 (+)위거 또는 경거의 총합은 (−)위거 또는 경거의 총합과 같아야 한다.

다시 말하면, 위거의 총합 = 0, 경거의 총합 = 0이 되어야 하지만, 실제로는 측정값에 오차를 피할 수 없으므로 이를 만족시키지 못한다. 지금 위거 오차를 Δl, 경거 오차를 Δd라 하면 그림 6-10에서

표 6-3 폐합트래버스 계산(2): 위거 · 경거

측선	측정각	역방위각 / 보정각 / 진행방위각	방위각	거리	위거 Δx	경거 Δy	위거 조정량 δx	경거 조정량 δy	조정 위거 Δx	조정 경거 Δy	좌표 x	좌표 y	측점
AF		52°29′01″									0.000	0.000	A
A	52°02′10″	52°02′20″											
AB		104°31′21″	104°31′21″	69.365	−17.394	+67.149							
BA		284°31′21″											
B	226°28′30″	226°28′40″											
BC		511°00′01″	151°00′01″	63.715	−55.727	+30.889							
CB		331°00′01″											
C	75°31′10″	75°31′20″											
CD		406°31′21″	46°31′21″	104.890	+72.172	+76.113							
DC		226°31′21″											
D	117°11′30″	117°11′40″											
DE		343°43′01″	343°43′01″	53.420	+51.277	−14.978							
ED		163°43′01″											
E	102°31′10″	102°31′20″											
EF		266°14′21″	266°14′21″	102.590	−6.729	−102.369							
FE		86°14′21″											
F	146°14′30″	146°14′40″											
FA		232°29′01″	232°29′01″	71.610	−43.610	−56.800							
Σ	719°59′00″	720°00′00″		465.590	−0.011	+0.004							

$\Delta\alpha = 180°(6-2) - 719°59'00'' = 60''$

조정량 $= \dfrac{60''}{6} = 10''$, 측정값에 $10''$씩 더한다.

$\Delta l = 123.449 - 123.460 = -0.011$

$\Delta d = 174.151 - 174.147 = +0.004$

$c = \sqrt{0.011^2 + 0.004^2} = 0.0125 \text{ m}$

$r = \dfrac{c}{\Sigma L} = \dfrac{0.0125}{465.590} ≒ \dfrac{1}{39,000}$

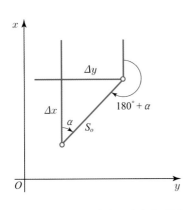

그림 6-9 위거·경거의 계산

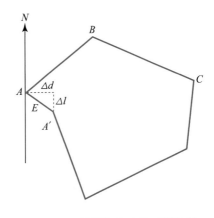

그림 6-10 폐합오차

$$c = \sqrt{\Delta l^2 + \Delta d^2} \tag{6.13}$$

이것을 폐합오차(error of closure)라 한다. 폐합트래버스의 모든 변의 길이를 $\sum L$이라 하면 $\dfrac{c}{\sum L}$를 폐합비(ratio of closure)라 하고, 트래버스측량의 정확도를 나타내며, 보통 분자를 1로 한 분수로 표시한다.

결합트래버스에서 측점 A, B의 좌표가 (x_0, y_0), (x_n, y_n)이라고 하면 다음과 같은 관계식이 성립된다.

$$\sum l = \sum S\cos\alpha_i = x_n - x_0 \tag{6.14}$$
$$\sum d = \sum S\sin\alpha_i = y_n - y_0$$

측정에 오차가 있다면 양변의 차이인 위거오차와 경거오차(Δl, Δd)를 구한다. 즉,

$$\Delta l = (x_0 + \sum S\cos\alpha_i) - x_n \tag{6.15a}$$
$$\Delta d = (y_0 + \sum S\sin\alpha_i) - y_n \tag{6.15b}$$

이들 위거오차와 경거오차는 다음 단계에서 부호를 반대로 하여 보정해야 한다.

예제 6.5

예제 6.3과 예제 6.4의 폐합트래버스에서 좌표차(위거·경거)를 구하고 폐합오차를 구하라.

풀이 표 6-3 폐합트래버스 계산(위거·경거)에 계산과정을 나타냈다. ■

표 6-4 폐합트래버스 계산(3): 위거·경거 조정

측선	측정각	역방위각 보정각 진행방위각	방위각	거리	위거 Δx	경거 Δy	위거 조정량 δx	경거 조정량 δy	조정위거 Δx	조정경거 Δy	좌표 x	좌표 y	측점
AF		52°29′01″									0.000	0.000	A
A	52°02′10″	52°02′20″ 104°31′21″											
AB			104°31′21″	69.365	−17.394	+67.149	+0.002	−0.001	−17.392	+67.148			
BA		284°31′21″											
B	226°28′30″	226°28′40″ 511°00′01″											
BC			151°00′01″	63.715	−55.727	+30.889	+0.002	0.000	−55.725	+30.889			
CB		331°00′01″											
C	75°31′10″	75°31′20″ 406°31′21″											
CD			46°31′21″	104.890	+72.172	+76.113	+0.002	−0.001	+72.174	+76.112			
DC		226°31′21″											
D	117°11′30″	117°11′40″ 343°43′01″											
DE			343°43′01″	53.420	+51.277	−14.978	+0.001	0.000	+51.278	−14.978			
ED		163°43′01″											
E	102°31′10″	102°31′20″ 266°14′21″											
EF			266°14′21″	102.590	−6.729	−102.369	+0.002	−0.001	−6.727	−102.370			
FE		86°14′21″											
F	146°14′30″	146°14′40″ 232°29′01″											
FA			232°29′01″	71.610	−43.610	−56.800	+0.002	−0.001	−43.608	−56.801			
Σ	719°59′00″	720°00′00″		465.590	−0.011	+0.004	+0.011	−0.004	0	0			

$\Delta\alpha = 180°(6-2) - 719°59'00'' = 60'$

조정량 $= \dfrac{60''}{6} = 10''$, 측정값에 $10''$씩 더한다.

$\Delta l = 123.449 - 123.460 = -0.011$

$\Delta d = 174.151 - 174.147 = +0.004$

$c = \sqrt{0.011^2 + 0.004^2} = 0.0125 \text{ m}$

$r = \dfrac{c}{\Sigma L} = \dfrac{0.0125}{465.590} ≒ \dfrac{1}{39,000}$

$0.011 \times \dfrac{1}{465.590} = 0.000023$

$0.004 \times \dfrac{1}{465.590} = 0.000009$

$0.000023 \times 69.365 ≒ 0.002$

$0.000023 \times 63.715 ≒ 0.002$

$0.000023 \times 104.89 ≒ 0.002$

$0.000023 \times 53.420 ≒ 0.001$

$0.000023 \times 102.59 ≒ 0.002$

$0.000023 \times 71.610 ≒ 0.002$

$0.000009 \times 69.365 ≒ 0.001$

$0.000009 \times 63.715 ≒ 0.001$

$0.000009 \times 104.89 ≒ 0.000$

$0.000009 \times 53.420 ≒ 0.001$

$0.000009 \times 102.59 ≒ 0.001$

$0.000009 \times 71.610 ≒ 0.001$

6.3.3 트래버스의 조정

폐합비가 허용한계를 벗어나면 재측해야 하고, 허용한계 내에 있다면 폐합오차를 분배해야 한다. 폐합오차를 분배하는 조정법에는 컴퍼스법칙. 등분배법, 트랜싯법칙이 사용되고 있다. 조정된 위·경거를 누적해서 더하면 좌표가 계산된다.

(1) 컴퍼스법칙

컴퍼스법칙(compass rule)은 측각오차와 거리오차가 같은 정확도로 측정했다고 생각될 때(예, 테이프 트래버스) 적합한 조정방법이며 오차론에서 유도된 것이다. 폐합오차를 측선길이에 따라 분배하는 이 계산법은 공공측량 분야에서 널리 사용되고 있다.

$$어떤\ 측선의\ 위거(경거)\ 조정량 = \Delta l \times \frac{그\ 측선의\ 길이}{측선길이의\ 총합} \qquad (6.16)$$

예제 6.6

예제 6.5의 폐합트래버스에서 폐합오차를 컴퍼스법칙으로 조정하라.

풀이　표 6-4 폐합트래버스 계산(위거조정·경거조정)에 계산과정과 결과를 나타냈다.

별해　등분배법 위거조정량 $0.011 \times (1/7) = 0.00157 ≒ 0.002$
　　　　　　경거조정량 $0.006 \times (1/7) = 0.00085 ≒ 0.001$　　　　　　　■

(2) 등분배법

최근에는 거리측정의 정확도가 각측정의 정확도보다 좋은 경우가 많다. 특히 광파측거기를 사용하는 일반적인 경우에는 위거·경거의 조정량을 같게 분배하는 등분배법을 이용할 수 있다.

$$어떤\ 측선의\ 위거(경거)\ 조정량 = \Delta l \times \frac{1}{측선수(n)} \qquad (6.17)$$

표 6-5 폐합트래버스 계산(4): 좌표

측선	측정각	역방위각 보정각 진행방위각	방위각	거리	위거 Δx	경거 Δy	위거 조정량 δx	경거 조정량 δy	조정위거 Δx	조정경거 Δy	좌표 x	좌표 y	측점
AF		52°29'01"									0.000	0.000	A
A	52°02'10"	52°02'20"											
AB		104°31'21"	104°31'21"	69.365	-17.394	+67.149	+0.002	-0.001	-17.392	+67.148	-17.392	+67.148	B
BA		284°31'21"											
B	226°28'30"	226°28'40"											
BC		511°00'01"	151°00'01"	63.715	-55.727	+30.889	+0.002	0.000	-55.725	+30.889	-73.117	+98.037	C
CB		331°00'01"											
C	75°31'10"	75°31'20"											
CD		406°31'21"	46°31'21"	104.890	+72.172	+76.113	+0.002	-0.001	+72.174	+76.112	-0.943	+174.149	D
DC		226°31'21"											
D	117°11'30"	117°11'40"											
DE		343°43'01"	343°43'01"	53.420	+51.277	-14.978	+0.001	0.000	+51.278	-14.978	+50.335	+159.171	E
ED		163°43'01"											
E	102°31'10"	102°31'20"											
EF		266°14'21"	266°14'21"	102.590	-6.729	-102.369	+0.002	-0.001	-6.727	-102.370	+43.608	+56.801	F
FE		86°14'21"											
F	146°14'30"	146°14'40"											
FA		232°29'01"	232°29'01"	71.610	-43.610	-56.800	+0.002	-0.001	-43.608	-56.801	0.000	0.000	A
Σ	719°59'00"	720°00'00"		465.590	-0.011	+0.004	+0.011	-0.004	0	0			

$\Delta\alpha = 180°(6-2) - 719°59'00" = 60"$

조정량 $= \dfrac{60"}{6} = 10"$, 측정값에 10"씩 더한다.

$\Delta l = 123.449 - 123.460 = -0.011$

$\Delta d = 174.151 - 174.147 = +0.004$

$c = \sqrt{0.011^2 + 0.004^2} = 0.0125\ \text{m}$

$r = \dfrac{c}{\Sigma L} = \dfrac{0.0125}{465.590} ≒ \dfrac{1}{39,000}$

$0.011 \times \dfrac{1}{465.590} = 0.000023$

$0.004 \times \dfrac{1}{465.590} = 0.000009$

$0.000023 \times 69.365 ≒ 0.002$ $0.000009 \times 69.365 ≒ 0.001$

$0.000023 \times 63.715 ≒ 0.002$ $0.000009 \times 63.715 ≒ 0.001$

$0.000023 \times 104.89 ≒ 0.002$ $0.000009 \times 104.89 ≒ 0.000$

$0.000023 \times 53.420 ≒ 0.001$ $0.000009 \times 53.420 ≒ 0.001$

$0.000023 \times 102.59 ≒ 0.002$ $0.000009 \times 102.59 ≒ 0.001$

$0.000023 \times 71.610 ≒ 0.002$ $0.000009 \times 71.610 ≒ 0.001$

예제 6.6의 폐합트래버스에서 조정위거, 조정경거로부터 각 측점의 좌표를 구하라. 단, A점의 좌표는 (0.000 m, 0.000 m)이고, AB측선의 방위각은 $104°31'21''$이다.

풀이 표 6-5 폐합트래버스 계산(좌표)에 계산과정과 결과를 나타냈다. ∎

(3) 트랜싯법칙

특히 데오돌라이트와 헝겊테이프를 사용했을 때 폐합오차의 원인은 주로 거리측량에서 온다. 따라서 트랜싯법칙(transit rule)은 측거오차가 측각오차보다 크다고 생각될 때(예, 스타디아 트래버스) 적합한 방법이며 다음 계산법에 따른다.

$$\text{어떤 측선의 위거 조정량} = \Delta l \times \frac{\text{그 측선의 위거 절댓값}}{\text{위거 절댓값의 총합}} \qquad (6.18)$$

$$\text{어떤 측선의 경거 조정량} = \Delta d \times \frac{\text{그 측선의 경거 절댓값}}{\text{경거 절댓값의 총합}}$$

이 트랜싯법칙은 지적측량 분야에서 대표적으로 적용하고 있다.[4]

그림과 같은 결합트래버스에서 삼각점 A(5130.30 m, −3933.6 m)와 B(5054.50 m, −3634.70 m)를 연결한 결합트래버스를 실측하였다. 허용오차를 $6'$이라 할 때, 방위각 계산을 통해 실측값을 검사하고 각 조정하라. 단, $w_a = 332°10'00''$, $w_b = 83°33'00''$이다.

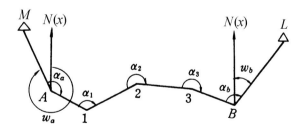

---

4 1910년대 토지조사사업에서는 스타디아에 의해 거리를 간접 측정한 경우가 대부분이므로 거리측정 정확도가 낮았다. 그러나 구소삼각원점 지역은 대나무 줄자를 사용했다.

풀이

측점	거리	측정각	보정각	방위각	측선
A		149°56′	149°55′		
	115.00 m			122°05′	$A1$
1		143°36′	143°35′		
	67.40			85°40′	12
2		192°11′	192°10′		
	83.60			97°50′	23
3		182°32′	182°32′		
	52.10			100°22′	$3B$
B		163°13′	163°12′		
계		831°28′	831°24′		

별해 측정값을 사용하여 w_b를 예비계산하면 83°38′00″이므로 방위각 오차 5′이 계산된다. 따라서 −1′씩 보정한다.

6.4 교회법

6.4.1 전방교회법

1점의 좌표와 미지점과의 방위각과 거리가 주어지면 미지점의 좌표가 계산될 수 있다. 또한 기지점에 대한 좌표를 알고 있고, 그 점에서 다른 미지점에 대한 두 방향을 아는 경우에도 제3점의 좌표를 구할 수 있다. 이를 전방교회법에 의한 위치결정(location by intersection)이라 하며 제3점이 측선상에 있는 경우를 제외하고는 계산이 가능하다.

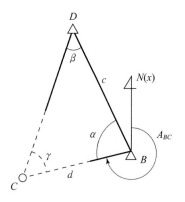

그림 6-11 전방교회법

그림 6-11의 전방교회법에서 B, D 점의 좌표와 α, β를 측정하면 다음 식이 성립한다.

$$c = \left\{ (y_D - y_B)^2 + (x_D - x_B) \right\}^{1/2} \tag{6.19}$$

$$\tan A_{BD} = \frac{y_D - y_B}{x_D - x_B} \tag{6.20}$$

또 삼각형 BDC에서 $A_{BC} = A_{BD} - \alpha$, $\gamma = 180° - (\alpha + \beta)$이므로 사인공식에 의해

$$d = \frac{c \sin \beta}{\sin \gamma}, \quad b = \frac{c \sin \alpha}{\sin \gamma} \tag{6.21}$$

로 된다. 변장 d와 b를 측정했다면 코사인 공식을 사용하여 α, β, γ를 역계산할 수 있으므로 같은 방법으로 취급될 수 있다.

$$x_C = x_B + d \cos (A_{BC})$$
$$y_C = y_B + d \sin (A_{BC}) \tag{6.22}$$

또한

$$x_C = x_D + b \cos (A_{DB})$$
$$y_C = y_D + b \sin (A_{DB}) \tag{6.23}$$

에 의해서도 좌표계산이 이루어질 수 있으며 두 값을 평균하면 좋다.

예제 6.9

그림 6-11에서 B(2890.836, 3369.287), D(3082.183, 3300.259)이고, $\alpha = 81°17′38″$, $\beta = 64°32′28″$인 전방교회법 경우에 대하여 C점의 좌표를 계산하라.

풀이 $BD = \left\{ (3082.183 - 2890.836)^2 + (3300.259 - 3369.287)^2 \right\}^{1/2} = 203.4171 \text{ m}$

$\tan A_{BD} = \dfrac{3300.259 - 3369.287}{3082.183 - 2890.836} = -0.36074775$

$A_{BD} = 340°09′48″$ (4상한)

$A_{BC} = A_{BD} - \alpha = 258°52′10″$

$A_{DC} = (A_{BD} - 180°) + \beta = 224°42′16″$

$\gamma = 180° - (\alpha + \beta) = 34°09′54″$

$\therefore DC = \dfrac{203.41716 \sin \alpha}{\sin \gamma} = 358.051 \text{ m}$

$$BC = \frac{203.41716 \sin\beta}{\sin\gamma} = 327.050 \text{ m}$$

$$\therefore x_C = 2890.836 + (327.050)(\cos 258°52'10'') = 2827.701 \text{ m}$$

$$y_C = 3369.287 + (327.050)(\sin 258°52'10'') = 3048.389 \text{ m} \qquad \blacksquare$$

6.4.2 2점 후방교회법

기계설치점 P의 좌표 X_p, Y_p, Z_p는 기지점 2점 A와 B로부터 각과 거리를 측정하면 3차원 후방교회법에 의해 구할 수 있다. 이 문제는 건물 등 구조물 위에 설치된 측점이나 건설현장에서 측설문제 또는 산 정상에 설치된 기준점 증설에 사용된다.

그림 6-12에서와 같이 P의 좌표 X_p, Y_p, Z_p가 미지이고 P점이 미지이고 A점과 B점이 시야선 확보가 가능하다고 한다면, 경사거리 PA와 PB, 그리고 수평각 γ와 연직각 θ_1, θ_2를 측정하게 된다. 그러면 X_p, Y_p, Z_p는 다음 절차에 따라 구할 수 있다.

① AB측선의 수평거리와 방위각을 계산한다.
② PC측선과 PD측선의 수평거리와 방위각을 계산한다.

$$PC = PA\cos(\theta_1) \qquad\qquad (6.24)$$

$$PD = PB\cos(\theta_2)$$

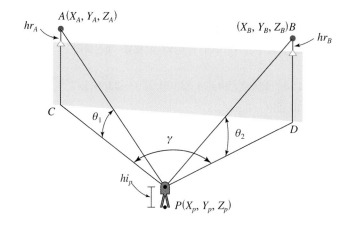

그림 6-12 2점 후방교회법(3차원)

③ 수평각 DCP를 계산한다.

$$DCP = \cos^{-1}\left(\frac{AB^2 + PC^2 - PD^2}{2 \times AB \times PC}\right) \tag{6.25}$$

④ AP방위각을 계산한다.

$$A_{Z_{AP}} = A_{Z_{AB}} + DCP$$

⑤ P점의 XY좌표를 계산한다.

$$X_P = X_A + PC\cos(A_{Z_{AP}}) \tag{6.26}$$
$$Y_P = Y_A + PC\sin(A_{Z_{AP}})$$

⑥ AC측선과 BD측선의 표고차(elevation difference)를 계산한다.

$$AC = PA\sin(\theta_1) \tag{6.27}$$
$$BD = PB\sin(\theta_2)$$

⑦ P점의 표고를 계산한다.

$$H_{P1} = H_A + hr_A - AC - hi_p$$
$$H_{p2} = H_B + hr_B - BD - hi_p \tag{6.28}$$
$$H_P = \frac{H_{P1} + H_{P2}}{2}$$

예제 6.10

그림 6-12에서 기지점 A(5413.896, 7034.982, 432.173), 기지점 B(5807.242, 7843.745, 428.795)이고 측정량이 다음과 같을 때 X_P, Y_P, H_P를 구하라.

$$v_1 = 24°33'42'' \qquad PA = 667.413 \text{ m} \qquad hr_A = 1.743 \text{ m} \qquad \gamma = 77°48'08''$$
$$v_2 = 26°35'08'' \qquad PB = 612.354 \text{ m} \qquad hr_B = 1.743 \text{ m} \qquad hi_P = 1.685 \text{ m}$$

풀이 ① $AB = \sqrt{(5807.242 - 5413.896)^2 + (7843.745 - 7034.982)^2} = 899.3435 \text{ m}$

$Az_{AB} = \tan^{-1}\left(\frac{7843.745 - 7034.982}{5807.242 - 5413.896}\right) + 0° = 64°03'49.6''$

② $PC = 667.413\cos(24°33'42'') = 607.0217 \text{ m}$

$$PD = 612.354 \cos (26°35'08'') = 547.6080 \ \text{m}$$

③ $DCP = \cos^{-1}\left(\dfrac{899.3435^2 + 607.0217^2 - 547.6080^2}{2 \times 899.3435 \times 607.0217}\right) = 36°31'24.2''$

$DCP = \sin^{-1}\left(\dfrac{547.6080 \sin 77°48'08''}{899.3435}\right) = 36°31'24.2''$ (check)

④ $Az_{AP} = 64°03'49.6'' + 36°31'24.2'' = 100°35'13.8''$

⑤ $X_P = 5413.896 + 607.0217 \cos (100°35'13.8'') = 5302.367 \ \text{m}$

$Y_P = 7034.982 + 607.0217 \sin (100°35'13.8'') = 7631.670 \ \text{m}$

⑥ $AC = 667.413 \sin (24°33'42'') = 227.425 \ \text{m}$

$BD = 612.354 \sin (26°35'08'') = 274.049 \ \text{m}$

⑦ $H_P = 432.173 + 1.743 - 277.425 - 1.685 = 154.806 \ \text{m}$

$H_P = 428.795 + 1.743 - 274.049 - 1.685 = 154.804 \ \text{m}$

P점의 평균표고 $= 154.805 \ \text{m}$

연습문제

6.1 그림과 같은 트래버스측량 결과에서 폐합비는 얼마인가? 또한 컴퍼스법칙에 의해 조정하고, AD 간의 거리와 $\angle EAD$를 구하라. A점 좌표와 AB방위각은 임의로 한다.

$\angle A = 70°06'00''$	$\overline{AB} = 129.50 \ \text{m}$
$\angle B = 138°04'20''$	$\overline{BC} = 83.20 \ \text{m}$
$\angle C = 133°56'00''$	$\overline{CD} = 83.35 \ \text{m}$
$\angle D = 91°04'40''$	$\overline{DE} = 141.42 \ \text{m}$
$\angle E = 106°50'40''$	$\overline{EA} = 155.74 \ \text{m}$

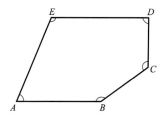

6.2 A에서 D 방향으로 도로를 계획하고 있다. 도중에 터널을 설치하기 위하여 ABEFG로 트래버스측량한 결과가 다음과 같다.

측선	방위	수평 거리	비고
AB	88°00'00''	−	노선의 중심선
BE	46°30'00''	495.80 m	
EF	90°00'00''(동)	350.00 m	
FG	174°12'00''	−	

(a) F에서 G 방향에 C점을 측설하기 위한 수평거리를 구하라.

(b) C점에서 CF를 기준으로 하는 터널중심선의 방향각을 구하라.

(c) 터널 길이 BC를 구하라.

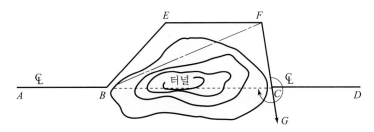

6.3 두 기선(LA, AS)을 포함하고 있는 두 전방교회법 문제이다. 세 기지점 S, L, A를 이용하여 B점의 좌표를 계산하라. 단, 기지점의 좌표와 측정각은 다음과 같다.

측점	x(m)	y(m)
S	1170.503	1309.652
A	1078.806	1395.454
L	1028.419	1268.855

각	측정값
∠ASB	122°21′43″
∠BAS	29°34′50″
∠LAB	39°01′16″
∠BLA	105°20′36″

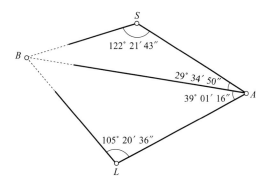

6.4 예제 6.8에서 방위각 계산의 결과를 사용하여 위거·경거계산, 위거조정량·경거조정량, 조정위거·조정경거, 좌표계산을 하라. 단, 등분배법에 따른다.

참고문헌

1. 이영진, 측량정보학(개정판), 2016.
2. 大森叉吉, 陸地測量成果利用法, 恒星社, 1953.

3. 日本測量協會, 現代測量學(I, II, III), 1983.

4. 中村英夫·淸水英範, 測量學, 技報堂, 2000.

5. Ghilani, C. D. and P. R. Wolf, Elementary Surveying: an introduction to geomatics(12th ed.), Pearson, 2008.

6. Kavanagh, B. F., Surveying: principles and applications(8th ed.), Pearson, 2009.

7. Schofield, W., Engineering Surveying(vol. I, II), Butterworth Scientific, 1985.

8. Shepherd, F. A., Advanced Engineering Surveying, Arnold, 1981.

9. Uren, J. and W. F. Price, Surveying for Engineers(3th ed.), Macmillan, 1994.

10. 국토교통부 국토지리정보원, 공공측량작업규정(제2편 공공기준점측량: 제2장 공공삼각점측량), 국토지리정보원, 2011, http://www.ngii.go.kr/index.do

07 TS지형측량

7.1 개설

7.1.1 지상현황측량

지형측량(topographical surveying)이란 지표면상의 지물(feature)의 위치와 지형의 기복 상태 및 토지의 이용현황을 측정하고 지형도(topographic map) 또는 평면현황도(plan map)를 작성하는 측량이며, 지명 및 지물의 명칭을 조사하는 지리조사를 포함하고 있다.

지형도는 중소축척으로서 수년의 주기로 재제작 또는 수정되는 통일된 것이며, 지형도 작성을 위한 방법으로는 광범위한 지역을 대상으로 대부분 항공사진측량을 이용하는 것이 일반적이며 지상현황측량법이 보완측량의 역할을 하고 있다. 축척 1/1,000 이상의 대축척을 필요로 하는 건설사업의 실시계획과 설계에서는 지상현황측량법이 적합하다. 현황도는 대축척 지도(도면)으로서 어떤 목적에 따라 작성되어 설계도 등 공사계획의 내용이 포함되는 것이 일반적이다.

공공측량 작업규정[1]에 따르면 "지상현황측량은 평판, 토털스테이션, GNSS측량기 등을

1　국토지리정보원, "공공측량 작업규정", 2017.

사용하여 지형·지물의 좌표를 관측하고 그 값을 도시하거나 컴퓨터 등 정보기기를 이용하여 수치데이터 형태로 제작하는 것을 말한다."고 정의하고 있다.

지상현황측량에서는 측량지역의 면적과 작업효율을 고려하여 TS 등과 GNSS측량기를 이용한 TS법, GNSS법 또는 병용법을 택하고 있어 이를 중심으로 설명한다.

세부측량(detail surveying)은 기준점측량 등의 성과인 좌표를 기준으로 세부적인 지물과 지형을 측량하는 것을 말하는데, 건설공사를 위하여 실시되는 대축척 현황도의 제작을 위한 측량이 대부분이다. 세부측량은 능률을 가장 우선적으로 고려해야 한다.

지상현황측량의 결과는 지도 또는 도면(drawing)의 형태로 작성하게 된다. 그림 7-1는 국제표준규격(ISO)인 도면 크기를 보여주고 있다.

최근에 수치화된 측량데이터의 획득이 어려워 평판측량법은 공공측량에서 거의 사용되지 않고 있으며 필요에 따라 도해지적측량에서만 활용되고 있는 실정이다. 따라서 지형지물의 위치와 형상, 속성을 디지털 정보로 획득, 편집, 도화하여 수치지형도를 작성하는 수치지형측량이 주류를 이루고 있다.

도면 크기	경계 크기	종이 크기
A4	195×282	210×297
A3	277×400	297×420
A2	400×574	420×594
A1	574×821	594×841
A0	811×1,159	841×1,189
A0	비율 $1:\sqrt{2}$	$1\,\mathrm{m}^2$

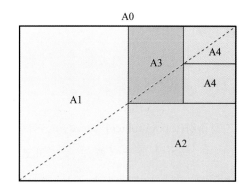

그림 7-1 도면(drawing)의 표준크기

표 7-1 지도/도면 축척과 등고선의 간격

구분	축척	등고선 간격	용도
대축척	1/10, 1/50		상세도
	1/100, 1/200		상세도, 단면도
	1/500	0.5 m	설계도/현황도
	1/1,000	1.0 m	설계도/현황도
중축척	1/2,500	2 m	계획도/현황도
	1/5,000	5 m	계획도/지형도

또한 인접한 등고선 간의 수직거리를 등고선의 간격(contour interval)이라고 하는데, 이는 측량목적, 기복의 형태, 비용 등에 따라 결정해야 한다. 대체로 대축척인 현황도의 경우에는 축척분포 수의 1/1,000이 적합하므로 표 7-1을 적용하면 좋다.

7.1.2 도면작성

측량도면 또는 설계도면을 작성하기 위한 다양한 상용 SW가 보급되고 있으며 위치정확도를 확보할 수 있고, 'Geomatics World' 등 저널의 연간보고서를 통해 최신의 SW가 공개되고 있다.

그림 7-2는 컴퓨터응용 도면출력 과정을 보여주고 있다.

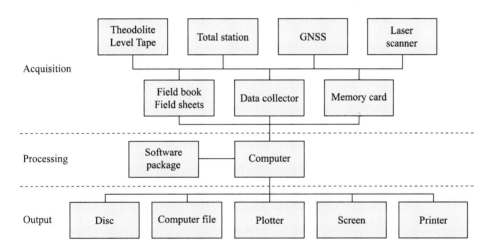

그림 7-2 컴퓨터응용 도면출력 과정

건설기술진흥법 시행령 제71조 등에 의한 발주청 및 설계 등 용역업자와 그 설계 등 용역업무를 수행하는 건설기술자는 「기본설계 등에 관한 세부시행기준[2]」 제6조(설계도서 작성기준)에 따라 기본설계, 실시설계, 측량 및 지반조사를 시행하도록 하고 있다.

즉. 모든 도면은 CAD System을 이용하여(전자화된 형태) 작성하되 「건설기술개발 및 관리 등에 관한 운영규정」 제66조에 따라 단체표준으로 공고된 「건설CALS/EC 전자도면 작성표준 v2.0 (2012. 01)[3]」에 따라 작성하며, 여기에는 다른 기관의 도면표준과 「수치지

---

2 국토교통부 고시 제2014-268호(2014.5.21)

3 「건설기술개발및관리등에관한운영규정」(2011. 8. 17. 개정, 훈령 제730호)에 의거 개발된 건설CALS/EC 단체표준으로 전자도면 작성표준임.

도 지형지물 표준코드」를 적용하고 있다. 다만 건설기술진흥법 제27조(책임감리)를 적용하는 경우에는 감리업무 수행지침서를 따른다.

전자도면 작성표준에서는 도면은 장변 방향을 수평으로 배치하는 것을 원칙으로 하고, 좌표계를 갖는 현황도, 배치도 또는 계획평면도 등은 정북(도북) 방향을 도면의 위쪽으로 함을 원칙으로 한다.

지형도(수치지도) 등에 활용되는 도면의 좌표는 "측량법령에 의한 직각좌표계"를 사용하며, 미터(m)단위로 표시한다. 단, 필요한 경우 사업별로 발주자가 별도의 기준좌표를 지정하여 운용할 수 있으며, 이 경우 직각좌표계와의 변환이 가능하도록 필요한 자료를 별도로 확보하여야 한다.

또한 지형이나 대지 등의 표고는 국가 또는 발주자가 정한 수준점으로부터 측량한 해발고도(표고)를 미터(m) 단위로 표시하고, 건설사업별로 공사현장의 기준이 되는 지점의 지반고(표고)를 공사기준 레벨로 정하여 운용한다.

표 7-2에서는 건설공사 전자도면 분류코드를 나타낸 것이다.

표 7-2 건설공사 전자도면 작성표준 분류코드

건설전문분야 분류코드		용도 분류코드	
Z	일반(General)	Z	일반(General)
C	토목(Civil)	U	단위(Unit)
A	건축(Architecture)	D	치수(Dimension)
M	기계설비(Mechanical)	M	자재(Material)
E	전기설비(Electrical)	X	기타분야(Other Disciplines)
S	구조(Structure)		
V	측량(Survey/Mapping)		
T	통신설비(Telecommunications)		
F	시설관리(Facilities Management)		
G	지리정보(GIS)		
R	실내건축(inteRiors)		
L	조경(Landscape)		
X	기타분야(Other Disciplines)		

7.2 TS세부측량

7.2.1 TS의 기본기능

(1) 각도측정에 관한 기능

① 측각모드 설정사항
- 수평각의 좌회/우회 설정
- 임의 수평각 입력
- 배각측정 기능

② 연직각 및 수평각의 자동보정
- 3분 이내의 연직축 경사를 경사각 검출장치(틸트센서)로 측정
- 자동적으로 연직각 및 수평각을 자동보정하는 기능

(2) 거리측정에 관한 기능

① 거리측정모드 설정
- 연속측정/1회측정 기능
- 정밀측정/간이측정/추적측정 기능

② 각종 보정기능
- 기상보정: 측정 시 온도와 기압을 입력하면 자동보정
- 프리즘상수: 사용하는 반사프리즘의 정수를 입력
- 연직각보정: 대기굴절과 지구곡률에 따른 양차를 자동보정

③ 거리 변환
경사거리와 연직각으로부터 수평거리와 고저차를 자동표시

(3) 전자야장

① 관측데이터 통신
- TS/전자야장/컴퓨터 상호간 데이터 전송

• 인터페이스 RS-232규격 또는 블루투스(Bluetooth)-2.45 MHz

② 관측데이터 활용

• 공공측량에서 임의 수정 금지

• 관측데이터 불량판정, 측설기능 등에 응용소프트웨어로 다양한 활용

7.2.2 TS의 좌표측정 기능

(1) 방사법

대부분의 토털스테이션은 다양한 현장측정 기능에 필요한 프로그램을 내장하고 있다. 이러한 TS프로그램에서는 기계설치점의 위치(location)와 최소 1점 이상의 기지점(reference point)을 필요로 하고 있으며, 이를 근거로 다른 점들의 위치인 X(N), Y(E), Z(H)가 구해지게 된다. 야외에서 TS의 표정은 다음 방법에 의해 정치할 수 있다.

• 기계점의 위치(수평좌표와 표고)와 기지방위각(또는 기지점 좌표)을 현장입력
• 기계점의 위치(수평좌표와 표고)와 기지방위각(또는 기지점 좌표)을 출발 전 저장
• 후방교회법

TS를 현지의 측점에 세우고 기지점에 세우는 등의 정치를 하게 되면 임의의 시준점의 좌표를 주어진 포맷에 따라 N.E.H 형식(또는 X.Y.Z 형식)으로 계산, 저장, 출력하며, 시준점에 대해서는 번호(number)와 속성코드(point description)를 부여하게 된다.

이 프로그램 기능은 지형측량 등의 세부측량에 널리 사용되고 있다(그림 7-3 참조). 또한 전통적인 트래버스측량을 대체할 수 있는 방사법에 의한 트래버스(traversing by radiation)도 가능하게 되었다.

(2) 후방교회법

후방교회법(resection)은 TS를 다음 작업에 편리한 임의의 지점(free station이라 한다)에 설치하고 주변의 기지점(known points)을 시준하여 기계점의 위치(수평좌표와 표고)를 정하는 기능이다. 여기서는 2기지점의 3차원 좌표를 이용하여 경사거리와 각을 측정하고 기계점의 위치를 정하는 기능이다(그림 7-4 참조).

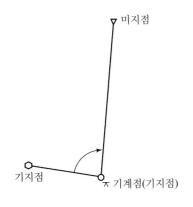

그림 7-3 좌표측정(방사법) 기능

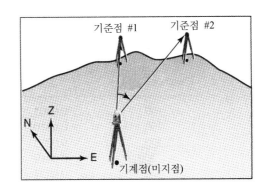

그림 7-4 후방교회법(2점법) 기능

(3) 삼각수준측량

TS관측에 의해서도 단거리인 지형측량, 조사측량, 공사시공측량에 적합한 표고를 삼각수준측량(trigonometric levelling)을 이용하여 구할 수가 있다. 이를 위해서는 TS에 각측정 오차를 최소화하기 위한 축경사 보상장치(dual-axis compensator)가 장착되어야 한다.

정밀한 작업의 경우에는 천정각 측정에서 시준축 경사, 지구곡률, 대기굴절을 고려해야 하며, 1초까지 읽을 수 있는 기기를 사용하기도 한다. 정밀도를 높이기 위해서는 읽음횟수를 늘리거나 정위/반위 측정하여 평균하며, 쌍방관측(reciprocal observation)을 하기도 한다.

7.2.3 TS의 응용측정 기능

(1) 시준선의 옵셋측정

① 거리 옵셋측정(hidden object offsets)

옵셋측정(offset measurement)에는 거리 프로그램과 각 프로그램 기능이 있다. TS로부터 신점인 지물(object)이 보이지 않을 때에는 임시로 옵셋측점(offset point)에 프리즘을 설치하고 시준선에 대한 지거를 측정하게 되면 보이지 않는 신점의 좌표를 측정할 수 있다. 반경을 알고 있는 원통형 구조물의 경우에 반경을 지거로 하면 중심좌표를 구할 수 있다 (그림 7-5(a) 참조).

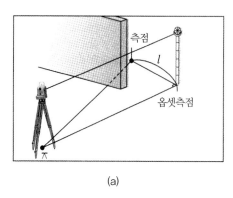
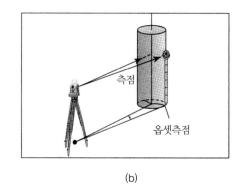

(a)　　　　　　　　　　　　　　　　　(b)

그림 7-5 지거측정 기능

② 각 옵셋측정(object center offsets)

프리즘을 직접 설치할 수 없는 구조물의 중심을 구하는 기능이다. TS로부터 구조물 중심까지의 거리가 같도록 임시로 옵셋측점에 프리즘을 설치하고 각도와 거리를 재면 중심점의 좌표를 측정할 수 있다(그림 7-5(b) 참조).

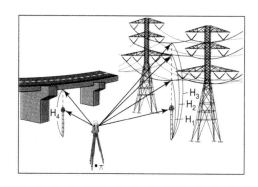

그림 7-6 원격측고 기능

(2) 원격측고

원격측고(remote elevation measurement)는 연직선의 옵셋(각도)측정의 기능이다. 프리즘을 직접 설치할 수 없는 송전선이나 교량의 교대 등의 높이를 정할 수 있다. 프리즘을 목표점의 연직선상에(상향 또는 하향에) 설치하고 프리즘고를 입력한 후 경사거리를 측정한다. 그리고 망원경을 이동시켜 시준하면 해당되는 목표점(교대 등)의 높이가 구해진다(그림 7-6 참조). S를 경사거리, 측점 및 목표점에 대한 프리즘고와 천정각을 각각 h_1과 Z_1,

h_2와 Z_2라고 할 때 높이는 다음과 같이 구해진다.

$$H = h_1 + h_2 \tag{7.1}$$

$$h_2 = S\sin Z_1 \cdot \cot Z_2 - S\cos Z_1 \tag{7.2}$$

(3) 대변측정

대변측정(Missing Line Measurement, MLM)은 시준점 2점에 세운 프리즘 간의 수평거리, 경사거리, 고저차를 구할 수 있는 프로그램 기능이다. 내부적으로 기계점으로부터 시준점의 좌표를 구한 후에 두 좌표로부터 수평거리(코사인공식), 수직거리와 방위각을 계산하도록 구성되어 있다(그림 7-7 참조).

(4) 방위각측정(azimuth determination)

기계점의 좌표와 기준방향을 입력하고 나면 기계점과 임의 시준점 간의 방위각을 구할 수 있는 프로그램 기능이다. 모터구동형 TS와 자동타겟을 사용하여 각측정을 하는 경우에는 이전 시준점 간에 자동 각측정을 할 수 있는 기능이 된다(그림 7-8 참조).

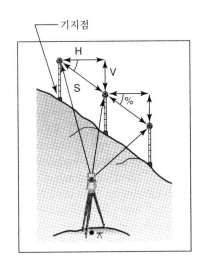

그림 7-7 대변측정 기능

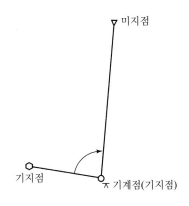

그림 7-8 방위각측정 기능

(5) 측설(layout or setting out)

설계서에 주어진 측점번호, 좌표, 표고를 TS에 입력한 후에 측설 프로그램 기능을 이용하여 측설점(말뚝점)을 현지에 설정할 때 사용하는 기능이다. 기계점, 기지점 그리고 측설점의 3점 좌표로부터 수평각(교각)과 거리를 구해 두면, 현재 프리즘 위치와의 차이를 이용하여 TS의 표시창(화면)에 프리즘의 좌/우, 전/후, 상/하 이동방향을 보여준다(그림 7-9 참조). 이 기능은 공사시공 측설에서 중요한 기능이다.

(6) 면적측정

이 기능은 측점으로 둘러싸인 지역의 면적을 계산한다. 이는 기계점으로부터 방사법에 의해 모든 경계점의 좌표를 구한 후에 이로부터 면적을 구하는 방식이다(그림 7-10 참조).

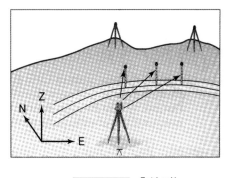

그림 7-9 측설 기능

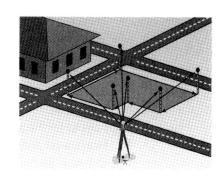

그림 7-10 면적측정 기능

7.2.4 TS측량작업

토털스테이션은 조사설계측량, 기준점측량, 측설측량의 어떠한 경우에도 적합하며, 특히 측점의 좌표를 획득하기 위한 세부측량에 적합한 기기로서 하루에 약 700점에서 1,000점의 관측이 가능하다. TS와 전자야장에 의하면 완전한 수치측량이 가능하고 다른 데이터와 결합하여 활용이 가능한 특징이 있다. 이하에서는 지상현황측량을 중심으로 설명한다.

(1) 초기 데이터 입력

대부분의 전자야장에서는 다음 사항을 선택하여 지정할 수 있도록 하고 있다.

- 프로젝트 명칭과 내용
- 날짜와 측량사 이름
- 온도
- 기압
- 프리즘 상수(0.03 m 또는 기기 사양서 참조)
- 지구곡률, 대기굴절 설정
- 해면보정
- 반복측정 횟수(평균을 계산한다)
- 정위/반위 선택
- 측점번호의 자동 증가
- 측정단위

(2) 측점 데이터 입력

모든 측점에 대해서는 측량활동(예로서, 후시, 중간시, 전시), 측점번호와 속성코드로 설명되어야 하는데, 이를 측점의 조서(station descriptors)라고 한다. 한 번 토털스테이션 프로그램 기능이 선택되면 데이터를 입력(예로서, 기계점, 후시할 기지점)하기 위한 프롬프트가 표시되고, 그리고 중간시에 대한 측점번호가 자동적으로 부여되며 속성정보가 코드(지형코드)로 입력된다.

① 기계점 데이터 입력

데이터 획득이 실행되기 이전에 중간시(IS)의 측점을 계산할 수 있도록 기계점(occupied-point or instrument station)이 정의되어야 한다. 입력사항은 다음과 같다.

- 기계고(측량표지로부터 기계의 광학/전자 중심까지의 거리)
- 측점번호
- 측점코드(station identification code)
- 기계점의 평면좌표(TM or UTM)
- 후시(BS) 측점의 평면좌표 또는 후시(BS) 측점에 대한 기준방위각

② 신점 데이터 입력
- 프리즘고
- 측점번호

• 측점코드

(3) 측량작업 예시(그림 7-11 참조)

① 앞에서 설명한 초기 데이터와 기계점(예로서, 111) 데이터를 입력한다. 기계고를 측정하고 프리즘고를 기계고와 같도록 조정한다.

② 측점 114를 시준하고 0눈금을 맞춘다(필요시 다른 값으로 할 수 있다). 대다수의 TS에서는 0눈금을 세팅하는 버튼이 있다.

③ 코드(예로서, BS)를 입력한다. 또는 전자야장의 프롬프트에 응답한다.

④ 프리즘고를 측정하고 입력한다. 기계고와 프리즘고를 같게 잡았다면 두 값에 모두 1.000을 입력하여 계산과정에서 소거되도록 한다.

⑤ 측정버튼(예로서, 경사거리, 수평각, 수직각)을 누른다.

⑥ 각각의 측정 후에는 저장버튼을 누른다. 대다수의 TS는 자동모드에서 경사, 수평 및 수직 데이터를 측정하고 저장한다.

⑦ 신점의 측정과 저장이 완료되면 전자야장은 측점번호(예로서, 114)와 측점코드(예로서, 02 콘크리트 표지)를 프롬프트에 따라 입력한다.

⑧ 트래버스에서는 다음 전시(FS, 112)의 신점을 시준하고 위 단계 4, 5, 6, 7을 반복한다.

⑨ 측점 111에 기계를 세우고 측정할 때, 중간시(IS)로서 지형지물(topographic fea-tures)을 측량할 수 있다. 대다수의 TS에는 '측점번호 자동증가' 기능이 있어 첫 지물을

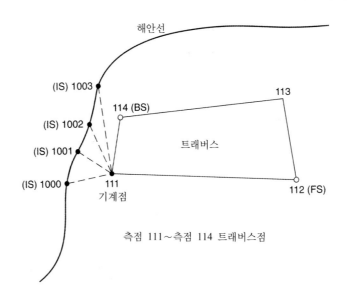

그림 7-11 TS세부측량(예)

1000으로 설정하면 다음에는 연속하여(1001, 1002, 1003 등) 신점의 측점번호가 부여된다. 중간과정에서 필요에 따라 일시적으로 기계고와 프리즘고의 수치를 입력할 수도 있으며, 이미 측정된 측점을 신점(또는 점검점)으로 하는 경우에도 종전의 측점번호를 입력할 수 있다.

⑩ 기계점(예로서, 111)에서 지형지물 데이터 획득이 완료된 경우에는 토털스테이션을 해체하여 다음 트래버스점인 새로운 기계점(예로서, 112)으로 이동시키고 같은 절차에 따라 지물을 측정할 수 있다. 즉, 112점을 기계점으로 하여 111을 BS로 하고 113을 FS로 하여 모든 중간시를 측정할 수 있다.

⑪ 모든 측정이 완료되면 획득된 데이터는 제작사로부터 제공된 프로그램 기능에 의해 컴퓨터로 좌표파일로 다운로드하거나 USB 메모리 케이블에 의해 전송할 수 있다. 대다수의 현대 토털스테이션은 전자야장 대신에 본체에 바로 데이터를 저장할 수 있으며, CAD프로그램 등에 의해 출력할 수 있다.

7.3 지형 · 지물의 측정

7.3.1 지형지물의 측정

등고선은 지표상의 동일한 높이의 점을 연결한 선이다. 등고선의 측량방법에는 직접수준측량에 의한 직접법, 그리고 지성선이나 지형점 측정에 의한 간접법이 사용되는데 지형

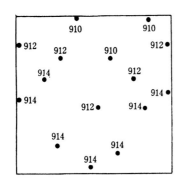
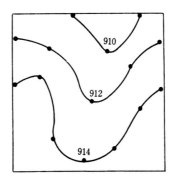

그림 7-12 지형점법

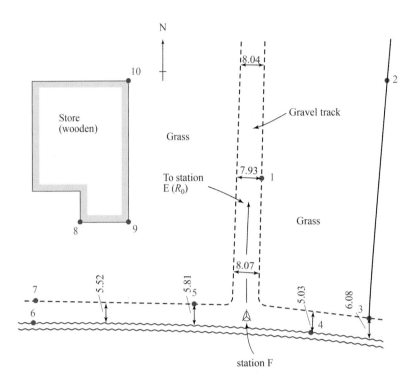

그림 7-13 TS세부측량 스케치(약도)

의 경사변환점들을 불규칙하게 선택하는 지형점법이 가장 널리 이용되고 있다.

지형점법은 토털스테이션을 사용하여 경사변환점을 불규칙하게 잡아 일정한 간격으로 등고선을 기입하는 방법으로 소구역에서는 대부분 이 방법을 적용한다(그림 7-12 참조).

표 7-2는 TS를 이용한 세부측량에서 야장기입의 예를 보여주고 있으며, 상당한 작업량이 요구되므로 전자야장을 사용하는 것이 권장되지만 측점번호 부여와 속성코드 입력에 상당한 시간이 필요한 과업이다.

그림 7-13은 표 7-3에서 작성된 야장에 대하여 현장 스케치(약도)를 보여주고 있다. 측점 F(Station F)기계점에서 측점 E를 기준방향(Ro)을 잡아서 1방향 1시준의 형태로 좌표가 계산된다.

표 7-3 TS세부측량 야장기입 예

SURVEY Flag Housing Development | 관측자 JU / 야장기입 WFP / 2019.11.15

기계점 F | F 표고 | 좌표(E, N)

	좌표(E, N)	
F	719.36	911.72
E	724.75	1023.97

기계고 47.15 · 시준고 1.55 · 표고 48.70

측점	수직각 °	′	″	수평각 °	′	″	L	hr	θ °	′	″	D	V	±V-hr	H(F)	좌표 E	N	비고(측점 E)
E(RO)				00	00	00												
1	92	35	40	08	04	27	26.248	1.55	−02	59	59	26.221	−1.188	−2.738	45.96	724.28	937.47	
2	91	09	18	51	19	48	51.753	1.55	−01	19	18	51.742	−1.043	−2.593	46.11	761.26	942.08	
3	89	12	55	124	44	09	21.789	1.55	+00	47	05	21.787	+0.298	−1.252	47.45	736.65	898.46	
4	87	35	06	143	15	17	15.044	1.55	+02	24	54	15.031	+0.634	−0.916	47.78	727.76	899.26	
5	90	24	42	297	51	52	14.758	1.55	−00	24	42	14.758	−0.106	−1.656	47.04	706.66	919.24	
6	89	05	44	286	09	51	40.356	1.55	+00	54	16	40.351	+0.637	−0.913	47.79	681.19	924.80	
7	90	05	03	293	34	11	39.471	1.55	−00	05	03	39.471	−0.058	−1.608	47.09	683.98	929.22	
8	91	21	15	305	37	53	43.886	1.55	−01	21	15	43.874	−1.037	−2.587	46.11	684.97	938.96	
9	91	53	08	314	25	51	37.167	1.55	−01	53	08	37.147	−1.223	−2.773	45.93	694.11	938.97	
10	91	47	09	330	53	17	55.581	1.55	−01	47	09	55.554	−1.732	−3.282	45.42	694.69	961.50	
E(RO)	00	00	00	00	00	00												
(1)	(2)			(3)			(4)	(5)	(6)									(7)

7.3.2 종횡단 수준측량

(1) 종단수준측량

종단수준측량(profile leveling)은 종단면을 작성하기 위한 수준측량이다. 한 번 기계를 세우게 되면 그 위치에서 많은 중간점을 관측하게 되고 표척이 중심말뚝을 따라 전진하여 더 이상 표척을 시준할 수 없을 때에 이기점(TP)를 선정하여 레벨을 옮긴다.

종단면의 측량은 그림 7-14에서 보는 바와 같이 고저차를 측정하기에 앞서 철도, 도로의 경우에는 10~30 m, 하천, 수로의 경우에는 20~50 m마다 중심말뚝(center peg)을 박아 노선의 중심선을 설정해야 하며, 특히 중심말뚝 사이에 지반고의 변화가 있을 때에는 플러스 말뚝(plus peg)을 박는다. 그리고 나서 중심말뚝과 플러스 말뚝의 측점에 대한 고저차 측량을 한다.

TP를 측정하는 정확도는 종단측량 전체의 정확도를 좌우하므로 세심한 주의를 기울여야 한다. 종단수준측량에서도 기지의 수준점을 출발하여 되돌아와 폐합시키거나 아니면 다른 기지의 수준점에 결합시켜서 허용오차 내에 있는가를 점검할 필요가 있다.

표 7-4는 종단수준측량에 대한 기고식 야장기입의 예이다.

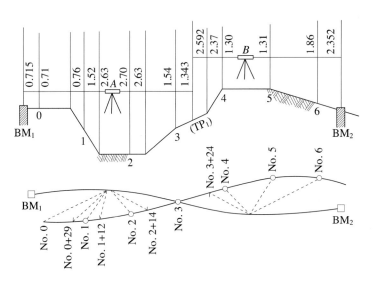

그림 7-14 종단수준측량의 야장기입 예

표 7-4 종단수준측량의 야장기입 예

측점 (SP)	거리 (Dis)	후시 (BS)	기계고 (HI)	전시(FS)		지반고 (GH)	비고 (RM)
				이기점	중간점		
BM1	−	0.715	36.965	−	−	36.250	No.0의 지반고
No. 0	−	−	−	−	0.71	36.26	= 36.250
No. 0+29	29.	−	−	−	0.76	36.21	
No. 1	40.	−	−	−	1.52	35.45	
No. 1+12	52.	−	−	−	2.63	34.34	
No. 2	80.	−	−	−	2.70	34.27	
No. 2+14	94.	−	−	−	2.68	34.29	
No. 3	120.	−	−	−	1.54	35.43	
TP1	−	2.592	38.214	1.343	−	35.622	
No. 3+24	144.	−	−	−	2.37	35.84	
No. 4	160.	−	−	−	1.30	36.91	
No. 5	200.	−	−	−	1.31	36.90	
No. 6	240.	−	−	−	1.863	6.35	
BM2	−	−	−	2.532		35.682	
계		3.307		3.695			

(2) 횡단수준측량

횡단수준측량(cross sectioning)은 횡단면을 작성하기 위한 수준측량이며, 데오돌라이트와 테이프(또는 폴, 레벨과 테이프)를 사용하여 이루어진다. 수평기준점은 트래버스에 의해 구하고 높이 기준점인 중심선 말뚝들은 종단수준측량에 의해 구한다. 횡단의 지형지물은 횡단수준측량에 의하여 측정하며 폴 또는 레벨이 사용된다.

두 개의 폴을 가지고 그림 7-15와 같이 측량한다. 이때 올라가면 (+), 내려가면 (−)로 표시한다.

표 7-5는 폴에 의한 횡단 야장기입 예이다. 레벨을 사용할 경우에는 중심말뚝에서 중심선에 직각인 선상에 있어서 경사변환점에 표척을 세워서 그 점의 지반고를 구하며, 기고식 야장기입법을 사용한다. 이때 거리는 역시 테이프로 측정한다.

건설공사에서는 절토(cutting), 성토(banking)[4]에 따르는 토공량이나 댐과 관련되는 토사량, 저수량 등의 체적을 계산하는 방법으로는 단면법, 등고선법, 점고법 등을 사용한다.

---

4 건설기준으로서 시방서에서는 절토를 '땅깎기'로, 성토를 '흙쌓기'로 사용하고 있으나 이 책에서는 병용한다.

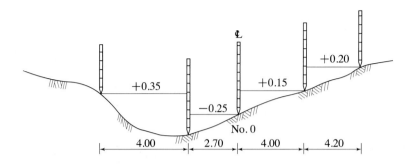

그림 7-15 그림 7-15 횡단수준측량 야장기입 예

표 7-5 횡단수준측량 야장기입 예

좌		측점	우	
$\dfrac{+0.35}{4.00}$	$\dfrac{-0.25}{2.70}$	No. 0	$\dfrac{+0.15}{4.00}$	$\dfrac{+0.20}{4.20}$
$\dfrac{+0.25}{2.00}$	$\dfrac{+0.30}{3.30}$	No. 1	$\dfrac{+0.65}{1.80}$	$\dfrac{+0.90}{2.50}$
	Level	No. 1 + 5	$\dfrac{+0.10}{10.00}$	Level
Level	$\dfrac{-0.1}{5.20}$	No. 2	$\dfrac{+0.05}{4.20}$	$\dfrac{+0.10}{2.50}$
	Level	No. 2 + 10	$\dfrac{-0.20}{5.30}$	$\dfrac{+0.15}{2.60}$

7.3.3 지상라이다 측량

지상레이저스캐너(Terrestrial Laser Scanner, TLS)는 지상 기반의 영상스캐닝 시스템을 말하며, 라이다(Light Detection And Ranging, Lidar)를 이용하기 때문에 흔히 지상라이다 라고 부르고 있다(그림 7-16 참조).

지상레이저스캐너는 회전식 측거용 스캐너 본체에 디지털카메라를 탑재하고 레이저광 축과 카메라광축을 같게 하여 주변 지물의 방대한 점군데이터(point clouds)와 RGB(적, 녹, 청) 데이터를 동시에 획득하여 3차원 위치좌표를 얻는다. 위치기준의 표정을 위해서는 4점의 기준점표지(최소 3점)가 식별되어야 한다.

지상레이저스캐너는 도시디자인이나 관리 분야에서 도시, 건축물, 구조물, 실내공간의 정보를 신속하게 획득해야 한다. 기존의 TS나 디지털카메라에 의한 작업에는 다음과 같은 어려움을 해결하는 방법이 되고 있다.

그림 7-16 지상레이저스캐너의 종류

- 획득범위와 측정정확도, 데이터양에 한계가 있다.
- 상세한 3차원 데이터의 획득에는 방대한 작업이 필요하다.
- 이러한 작업은 PC를 사용해도 많은 수작업이 필요하다.

차량 등 이동체에 지상레이저스캐너를 탑재하고 GNSS수신기와 관성항법장치(Inertial Measuring Unit, IMU)를 장착한 것이 모바일매핑시스템(Mobile Mapping Systems, MMS)이다. 최근에는 자율주행차를 위한 전국 정밀도로지도 제작에 MMS측량이 적용되고 있다.

7.3.4 수치지형모델

수치지형모델(DTM)의 구축을 위한 데이터의 획득방법으로는 토털스테이션 또는 GNSS 측량기에 의한 방법, 지상 또는 항공레이저스캐닝에 의한 방법, 항공사진측량 방법, 그리고 기존의 지형도로부터 입력하는 방법 등이 있다.

측량분야와 토목분야에서 사용되는 지형모델링 기법은 대단히 많은 종류의 프로그램 패키지에 적용되고 있으나, 기본적으로는 정규격자 방식의 지형모델링(grid-based terrain modelling) 방법과 삼각형 격자 방식의 지형모델링(triangle-based terrain modelling) 방법이 있다.

① 정규격자 방식
가장 간편하면서도 보편적으로 활용되고 있는데 SCOP(Stuttgart Contour Package)가 대

157

표적이며, GPCP(General Purpose Contouring Packge) 등 범용 3차원 그래픽 패키지에서 채택하고 있다. 이 방식은 수치지형모델을 정규격자의 형식을 통해 구축하는 것으로서 컴퓨터의 기억용량을 줄일 수 있고 프로그램이 간편한 큰 장점이 있다.

그러나 지형의 표고데이터를 추출할 때 불규칙점의 형태로 되는 경우가 많고, 정규격자의 형태라고 하더라도 데이터의 수가 너무 많아서 모델링하기 위해서 대표점을 선택해야 할 때도 많다. 따라서 불규칙점으로부터 격자점의 표고를 보간법에 의해 구해야 할 필요가 있다.

② 삼각형 격자방식

이 방법은 TIN(Triangular Irregular Network)방법으로 널리 알려져 있으며, 원래 데이터점의 정확도를 유지할 수 있고 지성선 등의 표현이 가능하기 때문에 대부분의 상업용 패키지에 도입되어 왔다. 토목설계용 패키지 MOSS(Modelling System)가 대표적인 예이다. 불규칙한 데이터점들로부터 가능한 한 정삼각형이나 최소 변장길이를 가질 수 있도록 삼각망을 구성한다.

지형모델링에 의해 구축된 수치지형모델에 의하면 등고선을 쉽게 그려낼 수 있는데, 효율성 면에서는 정규격자 방식보다는 TIN 방식이 훨씬 빠르며 격자의 내부에 대해서는 세부격자(sub-cell)를 구성하여 보간법에 의해 보다 세밀하고 완만한 등고선을 작성할 수 있게 된다.

7.4　면적측정

7.4.1　면적측정법

토지의 면적이란 그 토지를 둘러싼 경계선을 기준타원체면(평균 해수면)에 투영한 면적을 말하며, 소구역일 경우에는 수평면에 투영한 면적으로 고려할 수 있다. 종·횡단면에 계획선을 넣는 경우에는 절토·성토면적인 경사면적도 포함될 수 있다.

(1) 구적기법

복잡한 형태 또는 곡선으로 이루어진 면적을 도상에서 측정하는 대표적인 방법으로는 구적기(planimeter)에 의한 방법이 있다. 구적기는 어떤 도형의 외곽선을 따라 추적침을 움직여 일주시켰을 때, 측륜의 회전수를 읽어 도형면적을 구하는 기계이며, 디지털 구적기를 많이 사용한다.

지금 $\frac{1}{l}$ 축척의 도면의 면적 측정에서 측간의 $\frac{1}{S}$ 의 지표(기계축척)에 맞추었다고 하면 도형의 실면적은 C가 기계축척에 상당한 측간길이에 맞추었을 때의 측륜 1눈금인 1/1000회전의 면적(단위면적), n이 읽음값(종독－초독)일 때 다음 식으로 구한다.

$$A = \left(\frac{l}{S}\right)^2 \cdot C \cdot n \ \ (\text{극침을 도형 밖에 놓았을 때}) \tag{7.3}$$

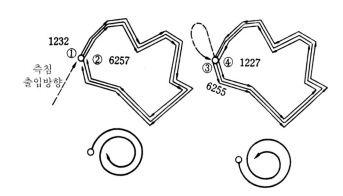

그림 7-17 구적기에 의한 측정법

예제 7.1

극침을 도형 밖에 놓고 축척 1/500의 도면에서 반경 40 m의 원의 면적을 구하라(단위면적은 2 m²임). 단, 측간의 길이를 축척 1/500의 지표에 맞추고 극침을 도형 밖에 놓아 초독 1232를 취하고 우회로 2회 돌려 종독 6257을 읽은 다음에 좌회로 초독 6255, 종독 1227을 얻었다.

풀이 $\quad r = 6257 - 1232 = 5025, \quad l = 6255 - 1227 = 5028$

$\quad \dfrac{1}{2}(r + l) = \dfrac{1}{2}(5025 + 5028) = 5026.5$

구할 면적은 1/500의 단위면적 $C = 2 \text{ m}^2$를 이용하고 2회 측정한 경우이므로

$\quad A = 5026.5 \times \dfrac{1}{2} \times 2 = 5026.5 \text{ m}^2$

(2) 직선으로 둘러싸인 면적

현지에서 직접 측정하여 면적을 산출하는 경우나 작성된 도면으로부터 거리를 측정하는 경우에는 삼각형의 형태로 하여 면적을 측정하는 것이 보통이다. 이때의 면적은 삼사법, 이변협각법, 삼변법 등에 의해 구할 수 있다.

$$\text{삼사법} \qquad A = \frac{1}{2}bh \tag{7.4}$$

$$\text{이변협각법} \quad A = \frac{1}{2}bc \sin\alpha \tag{7.5}$$

$$\text{삼변법} \qquad A = \sqrt{s(s-a)(s-b)(s-c)} \qquad s = \frac{1}{2}(a+b+c) \tag{7.6}$$

가장 널리 이용되는 삼변법은 세 변 a, b, c를 알고서 면적을 구하는 Heron의 공식을 사용한다. 그림 7-18은 소지역을 구분하는 방법의 예를 나타낸 것이다.

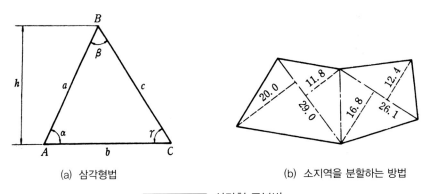

(a) 삼각형법   (b) 소지역을 분할하는 방법

그림 7-18 삼각형 구분법

예제 7.2

현지에서 삼각형의 세 변을 각각 $a = 22.0\,\text{m}$, $b = 25.0\,\text{m}$, $c = 18.00\,\text{m}$로 측정하였을 때 면적을 구하라.

풀이 $s = \dfrac{1}{2}(a+b+c) = 32.5\,\text{m}$이므로

$(s-a) = 10.5$, $(s-b) = 7.5\,\text{m}$, $(s-c) = 14.5\,\text{m}$

$\therefore A = \sqrt{s(s-a)(s-b)(s-c)} = 192.64\,\text{m}^2$

(3) 불규칙선으로 둘러싸인 면적

경계선이 굴곡되어 있을 때는 직선으로 구분하고 내부의 면적을 삼사법 등으로 측정함과 동시에 지거를 이용하여 직선과 경계선과의 사이의 면적을 계산한다.

심프슨 공식은 경계선을 포물선으로 가정하고 그림 7-19와 같이 2개의 구획을 1조로 취급하여 더한다.

$$A_1 = \frac{2d}{6}(h_0 + 4h_1 + h_2) \tag{7.7}$$

이 식은 n이 짝수일 때만 사용되며 n이 홀수일 때는 맨 끝의 부분을 사다리꼴 공식으로 계산하여 합한다.

사다리꼴 공식(trapezoidal technique)은 1개의 구획을 취급한다. 지거의 간격이 일정하지 않아도 되며 대체로 경계선이 직선으로 보이지 않을 정도로 구분하면 된다.

$$A_1 = \frac{1}{2}(h_0 + h_1)d_1 \tag{7.8}$$

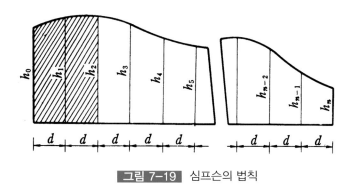

그림 7-19 심프슨의 법칙

7.4.2 좌표법에 의한 면적측정

트래버스측량의 결과는 y좌표(합경거) 및 x좌표(합위거)이므로 다각형의 면적을 좌표법에 따라 구할 수 있다. 아울러 디지타이저(digitizer)를 이용하면 도상에서의 직각좌표를 구할 수 있으므로 적용될 수 있는 보편적인 방법이다.

그림 7-20에서 다각형 $ABCDEF$의 면적은 다각형 $C'CDEFF'$에서 다각형 $C'CBAFF'$을 뺀 값이 된다. 따라서 다각형 $ABCDEF$의 면적은 다음과 같다.

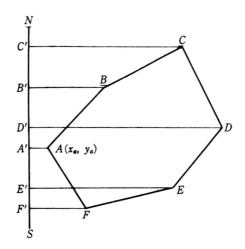

그림 7-20 좌표법

$$A = \frac{1}{2}\{-(y_b + y_a)(x_b - x_a) - (y_c + y_b)(x_c - x_b) + (y_c + y_d)(x_c - x_d)$$
$$+ (y_d + y_e)(x_d - x_e) + (y_e + y_f)(x_e - x_f) - (y_a + y_f)(x_a - x_f)\}$$
$$A = \frac{1}{2}\{x_a(y_b - y_f) + x_b(y_c - y_a) + x_c(y_d - y_b) + x_d(y_e - y_c)$$
$$+ x_e(y_f - y_d) + x_f(y_a - y_e)\}$$

일반식으로 표시하면

$$A = \frac{1}{2}\sum x_i(y_{i+1} - y_{i-1}) \tag{7.9}$$

이 식 (7.9)는 x와 y를 바꾸어도 무방하다.

예제 7.3

ABCDA 폐합 트래버스점으로 둘러싸인 면적을 좌표법에 의하여 계산하라.

풀이

측점	합위거(x)	합경거(y)	$y_{i+1} - y_{i-1}$	$x_r(y_{i+1} - y_{i-1})$
A	0	0	-6.8	0
B	13.5	15.1	29.1	392.85
C	7.5	29.1	6.8	51.00
D	-22.0	21.9	-29.1	640.20

배면적 $= 1084.05 \text{ m}^2$, ∴ 면적 $= 542.025 \text{ m}^2$

예제 7.4

PQRSTP 폐합 트래버스점으로 둘러싸인 면적을 좌표법에 의하여 구하고, 면적이 2등분 되도록 R에서 그은 직선이 만나는 Z점(PQ 선상에 있음)의 좌표를 구하라.

측점	N(X)	E(Y)
P	418.11 m	613.26 m
Q	523.16 m	806.71 m
R	366.84 m	942.17 m
S	203.18 m	901.89 m
T	259.26 m	652.08 m

풀이 전체면적 PQRSTP $= (1452532 - 1314662)/2 = 68935$ m^2

식 (7.9)로부터 Z_X, Z_Y를 미지수로 두면 2개의 분할면적은 전체면적의 1/2이므로

분할면적 PQRZP $= 34467.5$

분할면적 ZRSTZ $= 34467.5$

의 두 조건식에 의해 2원 연립방정식에 의해 Z_X, Z_Y를 구할 수 있다.

$Z_X = 340.78$ m, $Z_Y = 632.16$ m

점검은 PT측선의 방위각과 PZ방위각을 구하여 같아야 한다.

7.4.3 횡단면도와 면적측정

(1) 횡단면도 작성법

도로 및 철도공사와 같이 토공량을 알기 위해 횡단면도를 그리려면 보통 종횡의 축척을 같게 잡고 방안지에 횡단측량의 결과 또는 지형도의 등고선부터 기준이 되는 점을 전개하고 이것을 직선으로 연결하여 그린다.

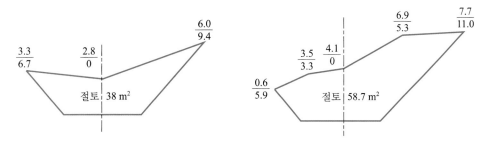

그림 7-21 횡단면도 작성

각 단면도에 그림 7-21과 같이 각 단면도의 밑에 측점번호를, 단면 내에는 그 단면적을, 단면의 기준이 되는 점에는 노선의 중심을 원점으로 한 좌표를, 분자와 분모로서 나타낸다. 이때 분모의 수는 원점에서의 거리를, 분자의 수는 노반에서의 높이를 기입한다.

(2) 횡단면의 면적계산

도로 및 철도공사와 같이 토공량을 구하기 위한 횡단면이 비교적 협소한 경우에는 횡단을 결정하는데 보통 2~3점에 대한 거리와 높이를 알면 충분하다. 여기서 w는 노반의 저폭, C는 중심선에서의 굴착 깊이, d_1 및 d_2는 중심선에서 양측의 사면말뚝까지의 거리, h_1 및 h_2는 노반면에서 양측의 사면말뚝까지의 높이, A는 횡단면적이다.

불규칙한 횡단면의 경우에 그림 7-22에서 야장에는 다음과 같이 기록된다.

$$\frac{H_2}{D_2} \quad \frac{H_1}{D_1} \quad \frac{C}{0} \quad \frac{h_1}{d_2} \quad \frac{h_2}{d_2}$$

여기에 부호를 붙이고 M, N점의 좌표를 더하여 다음과 같이 좌표로 나타낸다.

$$\frac{0}{-\frac{w}{2}} \quad \frac{H_2}{-D_2} \quad \frac{H_1}{-D_1} \quad \frac{C}{0} \quad \frac{h_1}{+d_1} \quad \frac{h_3}{+d_3} \quad \frac{0}{+\frac{w}{2}}$$

각 점들의 좌표를 나타내므로 좌표법의 식을 적용하면 된다.

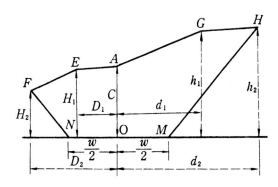

그림 7-22 횡단면적 계산(불규칙한 경우)

예제 7.5

불규칙한 단면에 대해 횡단면측량을 한 결과 다음과 같은 값을 얻었다. 노반의 폭이 7 m일 때 단면적을 구하라(그림 7-22 참조).

$$\frac{0}{-3.5} \quad \frac{0.8}{-4.5} \quad \frac{1.4}{-3.5} \quad \frac{2.0}{0} \quad \frac{2.8}{+5.0} \quad \frac{3.4}{+8.4} \quad \frac{0}{+3.5}$$

풀이 $0.8(-3.5+3.5)=0,\ 1.4(+0+4.5)=6.3,\ 2.0(+5.0+3.5)=17.0,\ 2.8(+8.4-0)=23.52$

$3.4(+3.5-5.0)=-5.1$

배면적 $=41.72\ \mathrm{m}^2$ $\quad \therefore$ 면적 $=20.860\ \mathrm{m}^2$

7.5 토공량 산정

7.5.1 횡단면법

철도, 수로, 도로 등 시설물을 시공하고자 할 경우 중심말뚝과 중심말뚝 사이의 횡단면 간의 토공량, 즉 절토량 또는 성토량을 계산할 경우에 가장 많이 이용되는 방법이며 양단 면평균법과 중앙단면법이 있다.

① 양단면평균법

양단면의 면적을 A_1, A_2, 그 사이의 거리를 h라 하면 토량 V는 다음과 같이 구한다.

$$V = \frac{1}{2}(A_1 + A_2) \times h \tag{7.10}$$

② 중앙단면법

중앙단면을 A_m, 양단면 간의 거리를 h라 하면 토량은

$$V = A_m \cdot h \tag{7.11}$$

③ 다각뿔공식(prismoidal formula)

그림 7-23과 같이 다각형이며 위, 아래의 면이 평행이고 측면이 모두 평면형으로 된 입체를 다각뿔(각주)이라고 하며, 체적은 심프슨법칙에 의해 구할 수 있다.

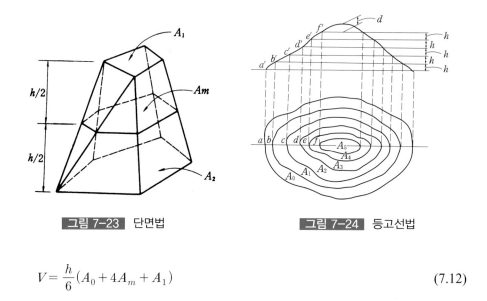

그림 7-23　단면법　　　　　　그림 7-24　등고선법

$$V = \frac{h}{6}(A_0 + 4A_m + A_1) \tag{7.12}$$

여기서 A_m은 높이 h의 중간점에서의 단면적이다. 이때 면적의 크기에는 다음과 같은 관계가 있다.

중앙단면법 < 각주(다각뿔)공식 < 양단면평균법

7.5.2 등고선법

등고선을 이용해서 체적을 계산하는 방법으로서 사방댐의 토사량, 토취장 및 채석장의 굴착량, 사토장의 허용사토량, 저수지의 용적 등을 구하고자 할 때 많이 이용되는 방법이다. 그림 7-24에서와 같이 A_0, A_1, A_2, $\cdots$ A_n을 각 등고선에 둘러싸인 면적, h를 각 등고선의 간격, V를 체적이라 할 때 다음 식에 의한다.

① 다각뿔(각주)공식

다각뿔의 높이를 $2h$(즉, 등고선 간격을 h)라 하면 다음과 같다. 이 식은 n이 홀수일 때 사용하며 n이 짝수일 때 남는 1구간은 양단면평균법으로 구한다.

$$V_1 = \frac{2h}{6}(A_0 + 4A_1 + A_2) \tag{7.13}$$

② 비례중항법

이것은 1구간마다 각주(다각뿔)공식을 준용하여 인접 등고선 간에는 서로 유사한 형상을 갖는 것으로 가정하고서 계산하는 것이며, 가장 정확한 것으로 알려지고 있다.

$$V_1 = \frac{h}{3}\left(A_0 + \sqrt{A_0 A_1} + A_1\right) \tag{7.14}$$

③ 양단면 평균법

등고선으로 둘러싸인 면적을 A_1, A_2, 그 사이의 거리(등고선 간격)를 h라 하면 토량 V 는 다음과 같이 구한다.

$$V = \frac{h}{2}(A_1 + A_2) \tag{7.15}$$

7.5.3 점고법

점고법은 수치지형모델의 일종으로 넓은 지역 또는 택지조성공사 등에 필요한 토공량 을 계산하는 데 응용된다. 일반적으로 양단면이 평면이면 어떠한 형상이더라도 체적은 단 면중심에서의 수직거리에 수평면적을 곱한 것과 같다.

그림 7-25(a)에서 사각형에 대한 밑면적을 A라 하고 h_1, h_2, h_3, h_4를 네 점의 높이라 하면 체적 V는 다음과 같다. 전체 체적은 개별 체적을 구해 합하면 된다.

$$V = \frac{1}{4}A\left(h_1 + h_2 + h_3 + h_4\right) \tag{7.16}$$

또한 그림 7-25(b)에서 삼각형의 경우에는 밑면적을 A'이라 할 때

$$V = \frac{1}{3}A'\left(h_1 + h_2 + h_3\right) \tag{7.17}$$

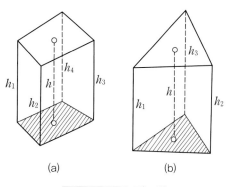

(a)　　　　(b)

그림 7-25 점고법

대지나 운동장의 땅고르기를 하려면 전 구역을 같은 면적의 사각형으로 분할하여 각 격자점의 지반고를 레벨로 측정한 다음에 각 점의 지반고의 평균치를 시공기준면(formation level)으로 하면 시공기준면과 지반고의 차이인 절토고 또는 성토고를 구할 수 있다.

한 지역에서 사각형의 네 정점의 토공고의 합을 $\sum h$로 표시하고 사각형 단면적을 A라 하면 그 구역 내의 토공체적은 $V_0 = \dfrac{A}{4}\sum h$가 된다. 그림 7-25에서 각 정점에서 만나는 사각형의 수에 따라 $\sum h_1$, $\sum h_2$, $\sum h_3$, $\sum h_4$를 각각 정점 1, 2, 3, 4에서의 지반고의 합이라 하면 전체 체적은 다음과 같이 구할 수 있다.

$$V = \sum V_0 = \frac{1}{4} A \left(\sum h_1 + 2\sum h_2 + 3\sum h_3 + 4\sum h_4 \right) \tag{7.18}$$

예제 7.6

그림과 같은 지역을 20 m×15 m의 사각형으로 나누어 각 점의 표고를 측정한 결과 다음의 표와 같다. 이 전지역을 계획고 10 m로 땅고르기를 하려면 토량이 얼마나 되겠는가?

9.5	10.0	10.5	11.0	11.5
9.8	10.5	9.5	10.8	11.0
10.3	10.8	10.3	10.0	
9.5	9.0	8.8	(단위: m)	
9.0	8.5			

풀이 표고 10.0 m의 계획고인 각 점의 절토고 및 성토고를 구한다.

$\sum h_1 = +0.5 + 1.0 + 1.5 + 1.2 + 0.0 - 1.0 - 1.5 = +1.7$

$\sum h_2 = +0.2 - 0.3 + 0.5 - 1.0 - 0.5 + 0.0 = -1.1$

$\sum h_3 = +1.0 - 0.3 - 0.8 = -0.1$

$\sum h_4 = -0.5 - 0.8 + 0.5 = -0.8$

그리고 $A = 20 \times 15 = 300\,(\mathrm{m}^2)$이므로

$$V = \frac{300}{4} \{ 1.7 + 2 \times (-1.1) + 3 \times (-0.1) + 4 \times (-0.8) \}$$

$$= \frac{300}{4}(1.7 - 2.2 - 0.3 - 3.2) = \frac{300}{4}(-4.0) = -300\ \mathrm{m}^3$$

즉, 300 m²의 절토량이 된다.

7.1 공공측량 작업규정에 따른 지상현황측량의 작업공정을 설명하라.

7.2 토털스테이션의 한 기종을 조사하고 기본기능과 응용기능을 설명하라.

7.3 축척 1/5,000인 도상의 면적을 구적기로 측정하려고 한다. 측도와의 기계의 표선을 10 m^2 1/1,000의 눈금에 맞추고 측침을 도형 밖에 놓고 돌려 다음 결과를 얻었다. 실제의 면적을 구하라. 단, 시계침 방향 2회 읽음에서 초독 5831, 종독 250이고, 반시계침 방향 2회의 읽음에서 초독 6937, 종독 2508이다.

7.4 그림 (a)에서 A(319 m, 40 m), B(377, 58), C(454, 30), D(435, 208), E(415, 197)로 둘러싸인 다각형의 면적을 구하고, 그림 (b)와 같은 사변형 $ABCD$의 면적을 구하라.

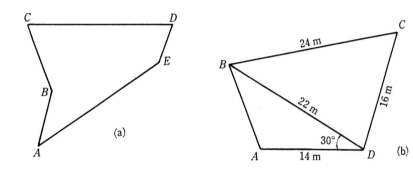

7.5 경사 15°의 경사면이 있다. 여기에 폭 8 m의 도로를 조성하기 위해 계획단면을 넣어 그림과 같이 되었다. 양측의 절토면의 경사를 45° 경사로 할 때 절토의 범위를 표시하기 위한 중심말뚝 C에서부터 말뚝 E, F의 거리를 구하라(도상 a 및 b). 또한 절토단면적도 구하라.

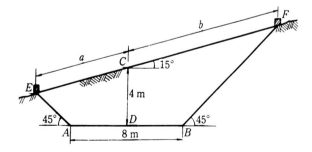

7.6 어느 댐의 계획에서 저수용량을 알기 위해 지형도상에서 등고선에 의해 둘러싸인 면적을 측정하여 다음과 같은 결과를 얻었다. 저수지의 밑면표고를 460 m로 하고 표고 500 m까지 담수하였을 때의 저수용량을 구하라.

등고선의 표고(m)	면적(m²)	등고선의 표고(m)	면적(m²)
500	705,400	475	157,300
495	642,700	470	83,600
490	568,300	465	11,500
485	461,200	460	300
480	295,800		

7.7 점고법에서 (1)점에서의 시공기면상의 합 $\sum h_1 = 0.40\,\mathrm{m}$, (2)점에서의 합 $\sum h_2 = 2.00\,\mathrm{m}$, $\sum h_3 = 1.00\,\mathrm{m}$, $\sum h_4 = 0.75\,\mathrm{m}$, $\sum h_5 = 1.20\,\mathrm{m}$일 때 절토량을 구하라. 단 6 m×5 m 지역으로 한다.

7.8 그림과 같이 5각형 PQRST 트래버스점으로부터 R점에서 면적이 이등분되도록 측선 PT와 만나는 지점 $Z(x, y)$의 좌표를 구하라.

점	x(m)	y(m)
P	418.11	613.26
Q	523.16	806.71
R	366.84	942.17
S	203.18	901.89
T	259.26	652.08

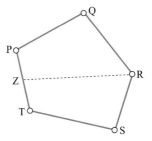

(참고) 좌표법에 의해 PQRZP, ZRSTZ 각각의 면적을 구하는 식을 연립하여 구한다.

참고문헌

1. 이영진, 측량정보학(개정판), 청문각, 2016.
2. 長谷川 昌弘 外 9人, 改訂新版 基礎測量學, 電氣書院, 2010.
3. Ghilani, C. D. and P. R. Wolf, Elementary Surveying: an introduction to geomatics(12th ed.), Pearson, 2008.
4. Kavanagh, B. F., Surveying: principles and applications(8th ed.), Pearson, 2009.
5. Schofield, W., Engineering Surveying(vol. I, II), Butterworth Scientific, 1985.
6. Uren, J. and W. F. Price, Surveying for Engineers(3th ed.), Macmillan, 1994.
7. 국토교통부 국토지리정보원, 공공측량작업규정(제3편 지형측량): 제2장 지상현황측량, 국토지리정보원, 2011, http://www.ngii.go.kr/index.do
8. 국토교통부, 건설공사의 설계도서 작성기준(토목: 일반사항)/ 기본설계 등에 관한 세부시행기준/ 건설기술개발 및 관리 등에 관한 운영규정, 국토교통부.

08 위성측위시스템(GPS)

8.1 개설

8.1.1 위성측위시스템

GPS(Global Positioning System)는 GPS위성에서 발사되는 전파를 수신하여 측점에 대한 3차원 위치, 속도 및 시간정보를 제공하도록 고안된 전천후 위성측위시스템이다. GPS는 미국 국방성(DoD)에서 개발한 것으로 1978년 최초의 위성이 올라갔으며 1993년 12월부터 완전히 가동되기 시작하여 현재에는 세계적으로 활용이 보편화되어 있다. 정식 명칭은 NAVSTAR GPS이다.[1]

미국의 GPS 외에도 유사한 시스템으로서 유럽연합의 갈릴레오(Galileo), 러시아의 GLONASS, 중국의 Beidu가 있다.[2]

이론적으로는 mm 단위로 상대적인 위치관계를 결정하고, 수 km에서 수백 km간을 단

---

1 NAVSTAR GPS(NAVigation Satellite Timing And Ranging Global Positioning System)
2 위성항법(GPS, Galileo, GLONASS, Beidu) 및 지상, 실내측위시스템을 GNSS(Global Navigation Satellite System)로 통칭하고 있다.

시간에 계측하기 때문에 종래의 지상측량 방법의 제약조건을 해소할 수 있는 측량 방식이다. 따라서 기준점측량이나 지형도 작성을 위한 표정점(지상기준점) 측량 및 차량의 위치 추적에 있어서 최적의 방법이며, 다음과 같은 특징이 있다.

- 고정밀도 측량이 가능하다.
- 장거리 측량에 이용된다.
- 관측점 간의 시야선 확보가 필요치 않다. 다만, 위성으로부터 신호를 수신할 수 있도록 상공시계가 확보되어야 한다.
- 중력방향과 상관없는 3차원 공간에서의 기하학적인 측위방법(geometric method)이다.
- 날씨에 영향을 받지 않으며 야간관측도 가능하다.
- GNSS관측은 수신기와 내장된 프로그램에 의해 전산처리되므로 관측이 용이하다.
- 위성의 궤도정보가 필요하다.
- 전리층의 영향에 대한 보정이 필요하다.

GPS시스템은 우주부문(space segment), 지상관제부문(control segment), 사용자부문(user segment)으로 구성된다. 우주부문은 지표로부터의 고도가 약 20,200 km인 6개의 궤도상에 배치된 24개의 위성으로 구성되며, 4개의 추가적인 위성이 대기하게 된다. 이 GPS 위성궤도면은 적도면과 55도의 경사를 이루고 있고, 남위 80도와 북위 80도의 지역을 포괄영역(coverage)으로 하여 12시간[3]을 주기로 지구 주위를 원궤도로 공전하고 있으므로 어떤 위치에서도 항상 3~4개의 위성으로부터 전파를 수신하도록 구성되어 있다.

개개의 위성은 보통 PRN(PseudoRandom Noise) 번호에 의해 식별되고 있으나 SVN(Satellite Vehicle Number) 또는 궤도위치에 의해서도 식별된다. 위성에는 극히 정밀한 원자시계가 장착되어 있어서 발사신호의 시각을 통제하고 있다. GPS위성의 배치도는 그림 8-1과 같다.

지상관제부문은 콜로라도 스프링스를 포함한 12개의 지상감시국(monitoring station)으로 구성되며, 위성신호를 감시하고 위성궤도를 추적하고 있다. 이 자료는 다시 위성궤도의 예측정보와 위성시계 보정정보를 위성에 전송하여 방송력(broadcast message)에 포함하고 있다.

사용자부문은 2종의 서비스를 제공하고 있는데, L1파로 전송되는 SPS(Standard Posi-

---

3 11시간 58분임. 항성일(sidereal day)은 태양일(solar day)보다 4분 짧다.

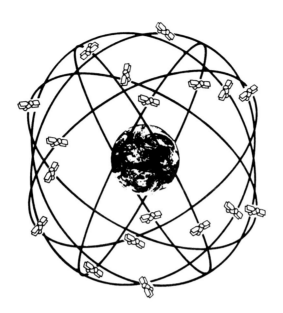

그림 8-1 GPS위성의 배치도

(a) GNSS수신기(Leica GPS1200+)

(b) GNSS수신기(Leica SmartStation)

그림 8-2 GNSS수신기

tioning Service)는 일반에게 공개되고 있으며, L1파와 L2파로 전송되는 PPS(Precise Positioning Service)는 암호키를 가진 사용자만 이용할 수 있다.

현재 핸드폰에서 보편적으로 이용하고 있는 GPS정보는 SPS이다.

8.1.2 GPS신호

GPS 위성신호[4]는 위성에 탑재되어 있는 주파수 발신기에서 하루 동안 10^{-13} 범위의 안정성을 가지는 기본주파수 $f_0(=10.23\,\mathrm{MHz})$로부터 두 개의 운반주파수를 연속적으로 발사하고 있다. 즉, 1575.42 MHz(10.23 MHz×154, 19 cm 밴드)인 L_1과 1227.60 MHz (10.23 MHz×120, 24 cm 밴드)인 L_2이다. 이 두 주파수를 동시에 조합시키면 위성에서 지상으로 전파되는 전리층의 효과(ionospheric effect)를 보정할 수 있다.

위성신호는 또한 C/A코드(coarse acquisition code 또는 clear/access code)와 P코드 (precise code)로서 수신할 수 있는데, C/A코드는 $f_0/10$ 주파수인 1.023 MHz(파장 약 300 m) 로서 1 ms 주기로 변조되어 일반인이 제약 없이 사용할 수 있다. 그러나 사용에 제한을 받는 P코드는 f_0 주파수와 같은 10.23 MHz(파장 약 30 m)로서 267일의 주기를 갖고 있다.

반송파 L1과 L2는 수신기에 위성시각 정보를 제공하고, 궤도 파라미터와 같은 정보를 송신하기 위하여 코드를 이용하여 변조된다. GPS 현대화 계획에 따라 L_5 밴드가 추가되었다.

신호의 구성요소와 그에 대한 각각의 주파수가 표 8-1에 요약되어 있다.

항법메시지(navigation message)의 코드화에는 1,500비트가 필요하고, 이것은 50 Hz의 주파수상에서 30초 내에 송신된다. 이 밖에 위성의 위치를 계산할 수 있는 변수와 위성의 상태를 알려주는 50 BPS의 위성항행정보를 발신하고 있다.

표 8-1 위성신호의 요소

요소	f_0	주파수(MHz)
기본주파수	f_0	$=10.23$
반송파 L1	$154f_0$	$=1{,}575.42(\cong 19.0\,\mathrm{cm})$
반송파 L2	$120f_0$	$=1{,}227.60(\cong 24.4\,\mathrm{cm})$
P-code	f_0	$=10.23$
C/A-code	$f_0/10$	$=1.023$
W-code	$f_0/20$	$=0.5115$
항법메시지	$f_0/2046000$	$=50\cdot 10^{-6}$
반송파 L5	$115f_0$	$=1{,}176.45$

---

4 GPS신호에 대한 공식적인 설명은 "GPS Interface Control Document ICD-GPS-200"에 있다.

8.2 GPS 측정량과 오차

8.2.1 GPS 측정량

위성과 지상 수신기에서 동시에 발생시킨 신호를 생각해 보면, 20,200 km 상공에 떠 있는 위성으로부터 지상 수신기까지의 도달시간인 약 0.07초가 지연될 것이다. 그래서 위성으로부터 지상 수신기까지의 거리(range)를 구하기 위해서는 지연시간과 빛의 속도를 곱해야 한다.

(1) 코드측정량

코드측정(code measurement) 방식은 C/A코드나 P코드를 측정하여 지상의 측점으로부터 위성까지의 거리를 구하는 방식이다. GPS위성에서 발사된 신호를 측점에 세운 수신기로 받아 위성으로부터 지상점까지 도달된 시간 t 또는 위상차를 구하고, 여기에 전파의 전달 속도 c를 곱하면 i위성과 j지상점 간의 거리가 구해질 수 있다. 즉,

$$P_j{}^i = tc = |r^i - R_j| = \left\{ (X^i - X_j)^2 + (Y^i - Y_j)^2 + (Z^i - Z_j)^2 \right\}^{\frac{1}{2}} \tag{8.1}$$

여기서 $r^i(X^i, Y^i, Z^i)$는 지심좌표계에 의한 위성의 좌표이며 $R_j(X_j, Y_j, Z_j)$는 지상점의 좌표이다. 이 식은 원리적으로 볼 때 3개의 위성에 대하여 동시에 측정하면 r^i를 궤도 정보로부터 알 수 있기 때문에 미지수 3개인 R_j를 구할 수 있다.

그러나 위성에는 매우 정밀한 원자시계를 갖고 있으나 수신기에는 다소 값이 싼 시계가 내장되어 있는 관계로 시간오차 Δt를 피할 수 없다. 따라서 식 (8.1)에는 $C \cdot \Delta t$의 보정 항이 추가되어야 한다.

$$P_j{}^i = |r^i - R_j| + C \cdot \Delta t_j \tag{8.2}$$

따라서 미지수가 4개가 되므로 지상점에서 4개의 위성에 대하여 동시에 측정하면 위치를 결정할 수가 있는데, 이때 거리가 직접 측정되는 것이 아니므로 유사거리(pseudo-range)라고 말한다(그림 8-3 참조).

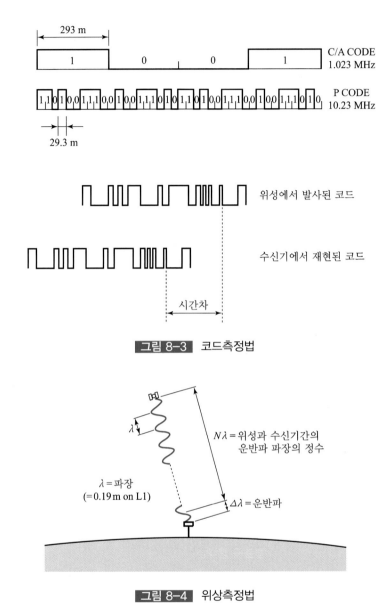

그림 8-3 코드측정법

그림 8-4 위상측정법

(2) 위상측정량

위상측정(phase measurement) 방식은 코드 방식보다 운반파(carrier wave)신호의 파장이 약 20 cm로서 100배 정도 작기 때문에 해상력이 뛰어나다. 위상차는 EDM의 경우와 같은 방법에 의해 측정이 가능하므로 거리식 $r = \dfrac{\lambda}{2\pi}\varphi$를 이용하면 다음 기본식이 된다.

$$\Delta \varphi = \frac{2\pi}{\lambda} \left\{ \left| r^i - R_j \right| - a_j \lambda + c \cdot \Delta t_j \right\} \tag{8.3}$$

여기서는 식 (8.2)보다 a_j라는 미지의 상수가 추가되었는데 이 모호정수(integer ambiguity)[5]가 결정되어야 한다. 따라서 a_j를 결정하기 위한 별도의 소프트웨어가 필요하다(그림 8-4 참조).

(3) 도플러 측정량

이 방식은 시간 $t_k < t < t_i$ 동안에 이동하는 도플러수(Doppler count) N을 세어서 지상점에서 위성까지의 거리변화량(pseudo-range difference) Δr을 구한다. 도플러효과를 이용하는 면에서 종래의 NNSS와 동일하다.

$$\Delta r = \left| r^i(t_k) - R_j \right| - \left| r^i(t_i) - R_j \right| = P_j^{\ i} \tag{8.4}$$

$$\Delta r = \frac{c}{f_0} \left\{ N - (f_0 - f_s)(t_k - t_i) \right\}$$

여기서 f_0는 수신기의 기준진동수, f_s는 개략적인 위성신호의 진동수이므로 지상점좌표와 진동수의 차이 $(f_0 - f_s)$가 미지수이다. 이 방식은 위치뿐만 아니라 이동물체의 속도를 구할 수 있다.

8.2.2 GPS의 오차

GPS의 오차에는 기선장에 따른 오차와 관측지점에 따른 오차로 구분할 수가 있다.

기선장에 따른 오차는 두 측점 간의 거리가 멀어질수록 상대적으로 커지는 오차요인을 말하며, 상대오차의 개념으로 이해하면 된다. 관측지점에 따른 오차는 관측지점에서 항상 발생하는 오차이며, 절대오차의 개념으로 이해하면 된다. 그림 8-5는 오차의 종류를 나타낸 것이다.

(1) 기선장에 따른 오차

① 전리층오차

전리층(ionosphere)은 지구표면에서 70 km 주위에서 시작하여 전기적으로 충전된 입자

---

5   모호정수(integer ambiguity)란 구해야 할 수신기와 위성 간의 완전한 파장수를 말한다.

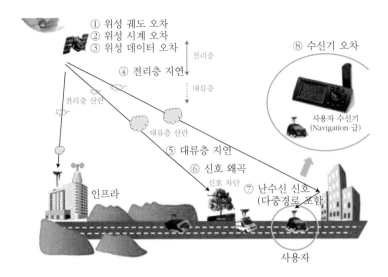

① 위성 궤도 오차
② 위성 시계 오차
③ 위성 데이터 오차
④ 전리층 지연
⑤ 대류층 지연
⑥ 신호 왜곡
⑦ 난수신 신호 (다중경로 포함)
⑧ 수신기 오차

전리층
대류층
전리층 산란
대류층 산란
신호 차단
사용자 수신기 (Navigation 급)
인프라
사용자

그림 8-5 GPS의 오차종류

들이 포함된 약 1,000 km 두께의 두꺼운 층이다. 약 20,200 km 떨어진 위성으로부터 전리층을 통과할 때 위성신호의 전파속도가 떨어지고 경로가 굽어지게 된다. 2개의 다른 주파수(L1, L2)를 사용하게 되면, 두 신호의 지연된 시간 차이를 비교하여 전리층에 의한 지연효과를 계산하고 소거하게 된다. 전리층 오차는 오차모델링의 과정을 통하여 오차를 감소시킬 수 있다.

② 대류권 오차

대류권(troposphere)은 지표상 10 km까지 이루는 것으로 이 층에는 구름과 같이 수증기가 있어 굴절오차의 원인이 되지만 대부분의 대류권 오차는 표준보정식(예, Hopfield model 등)에 의하여 소거될 수 있다. 대류권 오차도 전리층 오차와 같이 오차모델링의 과정을 통하여 오차를 감소시킬 수 있다.

③ 궤도 오차

궤도 오차는 오차량이 크게 발생하지는 않지만, 오차를 검출하기 가장 어려운 부분이다. 궤도 오차는 위성이 정해진 궤도로 진행하지 않아서 수신기에서 예상되는 정보와 틀린 정보 제공에 의해 생기는 오차이다. 위성시계가 개선되고, 수신기를 2대 이상 설치하여 관측하거나 차분법을 이용하면 오차는 상당히 제거된다. 지상의 수신기에서는 위성을 관측하여 궤도 오차를 측정할 수 없기 때문에 정밀한 위성 궤도정보를 필요로 한다.

(2) 관측지점에 따른 오차

① 다경로

다경로(multi-path)는 반송파 위상과 유사거리 측정에서 주요한 오차 요인이다. 다경로는 GPS신호가 다른 경로를 통해 수신기 안테나에 도달할 때 발생하며, 안테나가 굴절된 신호를 수신하므로 원래 신호를 왜곡시키게 된다. 다경로의 영향을 감소시키기 위해 가장 적절한 방법은 수신기 안테나 근처에 굴절되는 사물이 없는 관측 장소를 택하는 것이다. 또 다른 방법은 초크링(choke ring) 안테나를 사용하는 것이다.

② 잡음

잡음(noise)은 매우 약한 신호와 간섭을 일으켜서 수신기 자체에서 발생한다. 잡음에 대해서 수신기를 평가하는 방법에는 zero baseline 테스트와 단기선 테스트가 있으며, 이 방법은 수신기 잡음뿐 아니라 다경로나 사이클슬립 등의 수신기 자체오차 소거능력을 테스트 할 때 사용되기도 한다.

③ 안테나 위상중심 오차

안테나에서 위성신호를 수신하는 GPS수신기의 부분(점)을 안테나 위상중심(phase center)이라고 부른다. 일반적으로 안테나 위상중심은 기하학적인 안테나 중심과 일치하지 않으며, 안테나의 형태가 같은 짧은 기선의 경우에 안테나의 방향을 같은 곳으로 하면 오차는 소거된다.

④ 위성시계 오차

위성시계는 GPS측량에서는 중요한 오차 원인이 되고 있다. GPS수신기는 정확히 같은 시간에 같은 위성을 관측할 수 있도록 제작되어 있기 때문에 측정량도 위성시계 오차의 영향을 정확히 같게 받을 것이다. 따라서 2대의 수신기로부터 특정한 위성의 신호를 측정한다면 두 측정량의 차이에서는 위성시계 오차의 영향을 받지 않을 것이다.

⑤ 수신기 시계 오차

GPS수신기의 시계는 위성시계만큼 정확하지 못하므로 더 큰 오차의 원인이 될 수 있다. GPS수신기에서는 보이는 모든 위성으로부터 동시에 측정이 가능하므로 두 위성에 대한 측정량의 차이를 구하게 되면 수신기 시계 오차를 소거할 수 있다.

⑥ 사이클슬립

사이클슬립(cycle slip)이란 GPS위성에서 GPS수신기까지 전파가 전달되던 중 갑자기 신호의 끊김 현상이 발생하는 것을 말한다. 사이클슬립의 발생원인 중 가장 중요한 요인은 주위에 위성의 수신을 방해할 수 있는 건축물, 나무, 방해전파요소 등 관측환경의 불량이다. 비행기나 조류 등에 의해 신호가 일시적으로 끊기는 현상이 발생하기도 한다.

⑦ SA

초창기에 미 국방성은 자신들의 목적에 맞는 시스템을 일반인이 GPS를 사용할 때에는 사용자제약(Selective Availability, SA)이란 공식명칭으로 1990년 3월에 나타났으며 이것은 단순하게 인위적인 시간 오차와 궤도 오차를 항행메시지에 추가하여 위치정확도를 낮추는 것이다. 2000년 5월 1일부터 현재에는 SA가 해제된 상태로서 인위적인 오차를 추가하지 않고 있다.

8.3 GPS 측위법

GPS에 의한 측위법은 이용목적에 합당한 최선의 방법을 채택해야 한다.

정지측위법(static method)에서는 수신기가 고정 또는 정지되어 있는 상태의 측위법이며 측정시간은 문제가 되지 않는다. 반면에 이동측위법(dynamic or kinematic method)에서는 실시간(real time)으로 이동하면서 측위하는 것으로서 정확도가 낮더라도 지속적인 위치결정을 필요로 한다.

응용면에서 볼 때는 항법용(navigation), DGPS용, 측량용(surveying)으로 구분된다. 정확도가 가장 높은 방법은 정적 상대측위법(static relative positioning)이며 정확도가 가장 낮은 방법이 동적항법(dynamic navigation)이다.

8.3.1 항법용 1점측위법

항법에서 가장 기본적인 방법은 실시간에 절대좌표(absolute coordinates)를 구하는 것이며 코드측정 방식인 유사거리가 이용된다. 식 (8.2)에서 4개의 위성을 동시에 수신한다면 3개의 미지 좌표와 수신기 시간오차를 계산할 수 있다. 1점의 절대좌표를 결정하는 방법을 1점측위법(single-point positioning)이라고 하며, 수신기의 종류와 요구정확도에 따라 적절한 방법을 선택한다(그림 8-6(a) 참조).

8.3.2 DGPS 상대측위법

상대항법용 측위(differential positioning)에서는 수신기의 위치가 다른 수신기로부터 상대적으로 구해지므로 수신기 중 1대의 위치는 기지점(known reference point)이어야만 다른 점의 상대좌표를 구할 수 있다.

또한 식 (8.2)에서 수신기점을 각각 j, k라고 할 때 위성 i에서 동시에 신호를 수신한다면 jk 간의 거리는 다음과 같이 된다(그림 8-6(b) 참조).

$$\Delta_{j,k}^{i} = P_{j}^{i} - P_{k}^{i} \tag{8.5}$$

한 기지점의 좌표 또는 보정량은 다른 이동수신기로 전달되어야 이동점에서 위치를 결정할 수 있다. 상대항법은 해양구조물의 설치나 석유시추공의 위치결정, 항만으로의 선박 출입 유도, 차량항법 등에 이용되고 있다.

8.3.3 GPS측량

측량용으로는 시간보다도 정확도가 중요하기 때문에 정지측위법이 널리 이용되고 있다. 측지측량에서는 상대정확도가 가장 중요하므로 기지의 1점을 기준으로 한다. 측량용 상대측위에서는 보통 유사거리 측정방식보다 정확도가 훨씬 높은 위상측정 방식인 상대측위법을 채용하고 있다.

위상측정법에서는 식 (8.3)을 적용해야 하므로 jk 간의 새로운 모호정수가 존재하지만 위성의 발사신호에 대한 시각오차가 소거되는 특징이 있으며, 이를 단순위상차측정(single difference observation)이라고 한다. 만일 2개의 위성신호를 2대의 수신기로 동시에 수신한다면 위성의 시각오차뿐만 아니라 수신기의 시각오차를 소거할 수 있으며 이를 이중위상차측정(double difference observation)이라고 한다.

기선측정에서는 이 방식을 많이 이용하고 있으며 (5~10 mm)+(1~3 ppm)의 정확도가 얻어질 수 있으나, 식 (8.3)의 모호정수 a_j를 구해야만 한다.

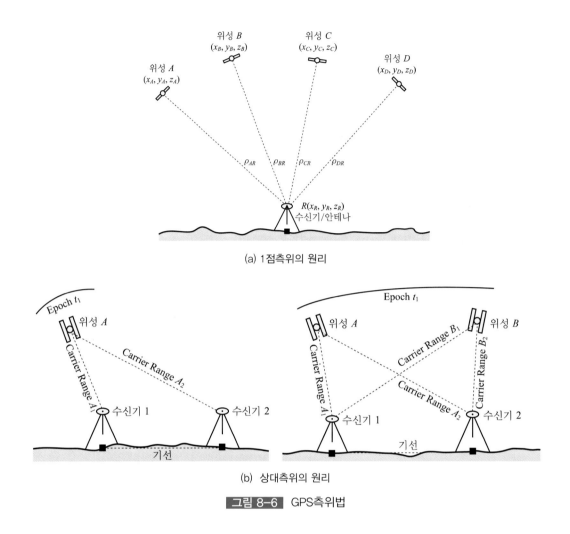

(a) 1점측위의 원리

(b) 상대측위의 원리

그림 8-6 GPS측위법

8.4 GPS 정지측량

GPS측량의 작업은 현장답사(선점), 관측계획, 관측, 기선해석, 망조정, 좌표변환 등의
작업공정에 따라 실시되며 소정의 작업규정[6]에 따르게 된다. GPS측량에서 수신된 데이터
는 후처리용 소프트웨어를 이용하여 기선해석(GPS에서는 흔히 data processing이라고 한
다)과 3차원 망조정 및 좌표계 변환을 실시하게 된다.

---

6 국토지리정보원, 공공측량 작업규정(제2편 기준점측량, 제6편 네트워크RTK측량), 2018.
  국토지리정보원, 삼각점측량작업규정, 2009.

표 8-2는 GPS방식에 의한 공공측량작업규정(공공삼각점측량)의 내용을 발췌한 것이다.

표 8-2 공공삼각점측량 작업제한표(GPS방식)

구분	1급 공공삼각점	2급 공공삼각점	3급 공공삼각점	4급 공공삼각점
기지점의 종류	1급 삼각점 이상[*1]	1, 2급 삼각점 이상	1, 2급 삼각점 이상	3급 삼각점 이상
기지점 간 거리	5.0 km	2.5 km	1.0 km	0.5 km
미지점 간 거리	1.0 km	0.5 km	200 m	50 m
망의 형태	결합방식, 폐합방식	결합방식, 폐합방식	결합방식, 폐합방식	결합방식, 폐합방식
기지점수[*2]	2 + 미지점 수/5	2 + 미지점 수/5	3점 이상	3점 이상
노선장	5 km 이하	5km 이하	1 km 이하	0.5 km 이하
GNSS측량기	1급	1급	1급	1급
정지측위법	○	○	○	○
관측시간	60분 이상	60분 이상	60분 이상	60분 이상
데이터수신간격	30초 이하	30초 이하	30초 이하	30초 이하
신속정지측위법	×	×	○	○
관측시간			20분 이상	20분 이상
데이터수신간격			15초 이하	15초 이하
이동측위법	×	×	○	○
관측시간			1분 이상	1분 이상
데이터수신간격			5초 이하	5초 이하
RTK-GNSS[*3]	×	×	○	○
관측시간			고정해후 10epoch[*4] 이상	고정해후 10epoch[*4] 이상
데이터수신간격			1초	1초
세션수			3	3
공공수준점측량	×	×	적용불가	적용불가
기선벡터환폐합차	$25mm\sqrt{n}$	$25mm\sqrt{n}$	$25mm\sqrt{n}$	$25mm\sqrt{n}$
중복기선 교차	25mm	25mm	25mm	25mm
계산단위	1 mm	1 mm	1 mm	1 mm
조정방법[*5]	3차원망 조정	3차원망 조정	3차원망 조정	3차원망 조정
고저차	×	×	타원체고 차이 (거리 500m 이내 경우)	타원체고 차이 (거리 500m 이내 경우)

*1 위성기준점, 통합기준점, 삼각점, 1급 공공삼각점을 말한다.
*2 기지점수에서 단수는 절상한다.
*3 RTK-GNSS는 보통 RTK를 말하며, 이 방법은 GNSS상시관측망에 의한 Network-RTK에 적용된다.
*4 각 GNSS위성으로부터 고정점과 이동점으로 동시에 수신하는 1회의 신호를 1epoch로 한다.
*5 조정방법은 3차원망조정 엄밀조정법으로 한다.

8.4.1 현장답사 및 관측계획

작업계획을 수립하는 단계에서 수신기의 종류와 대수, 좌표기지점의 수와 배치, 신점의 위치, 표고결정법 등을 정하게 된다. 이는 표 8-2의 작업규정에 정한 방법과 등급에 따르는 것이 보통이다.

수신기의 종류와 대수에 있어서는 1주파 수신기와 2주파 수신기를 구분하여야 하며, 작업능률을 고려할 때에는 관측시간을 절약할 수 있는 2주파 수신기가 요망된다. 수신기의 대수는 최소한 2대가 필요하지만 작업능률과 망의 강도를 고려하면 4대 이상을 이용하는 것이 좋다.

서로 다른 기종의 수신기를 조합시켜 사용하더라도 데이터의 공통포맷인 RINEX(Receiver Independent Exchange Format)에 의해 호환될 수 있으나 같은 기종이라고 하더라도 기종에 따라 위상중심과 기계중심이 수 mm 차이가 있으므로 모든 관측점에서 안테나 중심이 같은 방향(보통은 북)을 향하도록 해야 한다.

현장답사(선점)는 기준점과 신점의 후보지를 현지조사하는 것을 말하며, GPS관측에서 관측점 간의 시준선 확보가 불필요하지만 위성신호를 수신하기 위하여 최저위성고도각(고도 15도 이상)을 확보하는 것이 중요하다.

또한 위성신호의 다경로 효과가 오차의 원인이므로 주변 지장물을 조사하여야 하며 수신장애의 원인인 고압선 등을 피해야 한다. 따라서 현장답사에 앞서서 소프트웨어를 이용하여 위성배치도(skyplot)를 출력하고 현장에서 작성한 가시위성도(visibility diagram)를 중첩시켜 측점에서의 관측이 가능한지를 판정하여야 한다.

실제의 관측을 위하여 선점된 측점의 이동경로와 이동시간을 파악하여 기록하는 것도 중요하다. GPS관측에서도 기존의 측량에서와 같이 국가기준점 또는 공공기준점을 기지점으로 하여 신점의 위치를 결정하게 되므로 3차원 망조정을 고려한다면 최소 3점의 기지점 좌표가 필요하다.

표고결정을 위하여 수준점과 측점 간의 관측이 추가되어야 하며, 이는 표고가 지오이드(평균해면) 기준인 데 비하여 GPS관측의 높이는 타원체면이 기준이 되기 때문이다. 전국적으로 정밀지오이드모델이 제공되지 않은 상태에서는 수준측량과 GPS관측의 이중구조를 사용해야 한다.

관측계획에서 세션(session)은 동일한 시간 동안의 관측을 말하며 세션망에서 점의 구성은 사용 수신기의 대수를 고려하고 사후에 정확도 점검을 위하여 세션계획을 수립하여야 한다. 관측계획에 포함될 사항을 요약하면 다음과 같다.

- 측점과 기선 결정
- 수신기의 종류와 대수
- 측량일시
- 측량작업자
- 측위방식
- 관측시간, 세션수의 결정
- 최저위성고도각
- 관측위성번호
- 이동경로
- 기타

8.4.2 GPS관측

GPS관측은 현장의 측점에서 수신기로 위성신호를 수신하는 것을 말하며, 정확히 계획된 시간 동안에 동시관측이 이루어져야 하므로 계획단계의 현장답사에서 이동경로와 이동시간을 확실하게 해 두어야 한다.

실제의 GPS관측은 측점 이동, 수신기 조작, 안테나 설치, 안테나고 측정 등이 거의 전부이다. 수신기 내부에서는 위성신호를 해독하여 운반파위상과 유사거리를 연속적으로 측정하게 되지만, 이 측정량은 소정의 데이터 취득간격(data sampling rate)마다 메모리에 기록되며 이 특정시점의 기록시각을 epoch라고 한다.

보통의 정지측량에서 관측순서와 작업내용은 다음과 같다.

① 안테나를 측점에서 설치한다. 안테나의 화살표 표시가 북 또는 남쪽 방향으로 모두 통일되도록 하며 치심오차에 주의해야 한다.

② 관측에 앞서 데이터 파일명을 지정하여 사후관리에 혼동이 없게 한다.

③ 안테나고를 측정한다.

④ 관측을 시작하기 전에 제작사에서 제공한 메뉴얼을 참조하고 관측계획에 따라 작동방식을 설정한다.

⑤ 소정의 세션수, 관측시간대에 관측을 실시한다.

⑥ 관측이 개시되면 안테나 주변에 접근하지 않도록 한다.

⑦ 관측야장에는 일시, 장소, 세션번호, 안테나고, 수신기 종류와 기계번호, 관측자, 관측위성번호, 관측중 주변상황, 기록데이터양, 기타 필요한 사항을 기재한다.

⑧ 수신기록데이터는 점검하고 백업을 받아둔다.

GNSS관측에서는 안테나고 측정이 매우 중요하다. 정확한 안테나고는 표석중심점으로부터 안테나위상중심점(Antenna Phase Center, APC)까지의 높이를 의미한다.

현장에서의 안테나고는 표석중심점으로부터 안테나기준점(Antenna Reference Point, ARP)까지 측정하여 입력하는 것이 보통이며, 이는 기계제작사마다 입력방법이나 수치에 차이가 있으므로 주의가 필요하다.

안테나고 측정방법은 그림 8-7을 참조하여 야장에 기입한다.

① $H = A + B$

② $H = \sqrt{S^2 - R^2} - C$

③ $H = a + b$

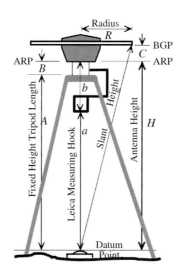

그림 8-7 안테나고 측정방법

예제 8.1

GNSS관측에서는 안테나고 측정이 중요하다고 한다. 그림 8-6(a)에서 안테나고 측정 시 표석 중심점으로부터 안테나의 반경 $R = 0.191$ m인 하단부(Bottom of Ground Plane, BGP) 끝단까지의 경사거리(slant distance) $S = 1.600$ m를 측정한 경우에 안테나고를 구하라. 단, 안테나 ARP는 안테나 하단부 끝단에서 $c = -0.035$ m에 위치한다.

풀이 $H_1 = \sqrt{S^2 - R^2} - C = \sqrt{1.600^2 - 0.191^2} - 0.035 = 1.554$ m

8.4.3 기선해석

우선 관측데이터가 준비되면 컴퓨터상에서 확인하고 안테나고 등의 입력데이터를 야장과 비교하면서 확인한다. 기선해석에서는 위성의 궤도정보가 필요하며 위성에서 송신된 방송력을 사용하는 것이 가장 간편하지만 높은 정확도를 필요로 하는 경우에는 정밀력을 사용한다.

또한 기선해석의 결과인 기선벡터의 상대정확도를 1 ppm까지 확보하기 위해서는 참조점(reference point, 고정점이라고도 함)의 초기 좌표를 10 m 정확도로 알아야 하므로 세계측지계 성과를 사용하거나 또는 1점 측위된 결과를 사용한다.

기선해석에서 동시에 처리하는 기선수가 1개일 때를 단일기선해석(single baseline analysis), 2개 이상일 때를 다기선해석(multi-baseline analysis) 또는 세션모드라고 하며, 다른 세션을 결합하여 동시에 처리하는 방법을 네트워크해석이라고 한다.

다음은 기선해석에서 입력되는 대표적인 선택사항이다.

- 측위방식(정지측위, Stop and Go 등)
- 사이클슬립 편집방법(자동, 수동)
- 입출력파일명
- 관측조건(안테나고 등)
- 처리데이터의 종류(이중차, 삼중차, 유사거리, 운반파 조합 등)
- 해석할 기선의 지정(참조점, 기선수 등)
- 궤도정보, 전리층과 대류권 모델
- 출력형식

기선해석의 과정에서는 보통 이중차에 의한 최소제곱해가 이용되며, 소프트웨어에서 자동적으로 처리되거나 2주파 데이터가 조합되어 특별한 기법에 의해 모호정수(최종해가 정수가 아닐 수도 있음)가 결정되어 기선벡터의 결과와 이에 대한 통계량이 주어진다. 그림

IONOSPHERIC FREE FIXED DOUBLE DIFFERENCE BASELINE SOLUTION
MEDIUM LENGTH 26 KM BASELINE LENGTH (San Juan, PR--Puerto Nuevo Flood Control Project--Jacksonville District) (Trimble Navigation LTD--WAVE 2.35)

```
Project Name:     [PUERTO NUEVO FLOOD CONTROL]        02097base
Processed:                                            Thursday, July 11, 2002  12:59
                                                      WAVE 2.35
Solution Output File (SSF):                           00038752.SSF


From Station:                                         COMERIO
Data file:                                               1732.RNX
Antenna Height (meters):                              2.122  True Vertical
Position Quality:                                     Point Positioning

WGS 84 Position:      18° 14' 08.746057" N    X       2444052.950
                      66° 12' 52.306905" W    Y      -5545217.951
                      150.797                 Z       1983232.476

To Station:                                           DRYDOCK
Data file:                                            DRYD1732.RNX
Antenna Height (meters):                              1.683  True Vertical

WGS 84 Position:      18° 26' 47.880251" N    X       2452927.215
                      66° 05' 28.532019" W    Y      -5533065.770
                      -41.244                 Z       2005326.605
```

FROM Station
RINEX file
Antenna hgt to L1 phase ctr

Lat
Lon
ellip hgt

TO Station
RINEX file
Antenna hgt to L1 phase ctr

Lat
Lon
ellip hgt

Observed 5 hr 45 min @ 15-sec intervals

```
Start Time:            6/22/02 12:05:30.00 GPS   (1171 561930.00)
Stop Time:             6/22/02 17:51:15.00 GPS   (1171 582675.00)
Occupation Time      Meas. Interval (seconds):   05:45:45.00          15.00


Solution Type:        Iono free fixed double difference
Solution Acceptability:  Passed ratio test

Ephemeris:            Broadcast
Met Data:             Standard
```

Solution Type
Passed Variance Ratio Test

Broadcast ephemeris used

Slope distance and standard error

```
Baseline Slope Distance     Std. Dev. (meters):      26731.603       ±0.000921


                            Forward                  Backward
Normal Section Azimuth:  29° 09' 11.458111"      209° 11' 31.087237"
Vertical Angle:          -0° 31' 55.911654"        0° 17' 27.744089"

Baseline Components (meters): dx  8874.265   dy  12152.181   dz  22094.129
Standard Deviations (meters):    ±0.003151      ±0.006977       ±0.002847
                            dn 23344.248    de 13021.638    du -248.296
                               ±0.000927       ±0.000838       ±0.008072
                            dh -192.041        ±0.008073
```

Forward & back azimuths & vertical angles

Geocentric (x-y-z) and N-E-Up coordinates and standard errors

Covariance Matrix

$$\begin{matrix} \sigma_x^2 & \sigma_{xy} & \sigma_{xz} \\ \sigma_{yx} & \sigma_y^2 & \sigma_{yz} \\ \sigma_{zx} & \sigma_{zy} & \sigma_z^2 \end{matrix}$$

```
Aposteriori Covariance Matrix:
9.931756E-006
-2.104302E-005      4.868030E-005
8.247290E-006      -1.865503E-005        8.107185E-006
```

Covariance Matrix: variances & correlations in x-y-z coords

```
Variance Ratio / Cutoff:    17.2        1.5
Reference Variance:         4.845
```

Variance Ratio >>> than 3.0 ... good
Reference Variance < 5.0 ... OK

```
Observable      Count/Rejected    RMS:      Iono free phase
                6904/10           0.024
```

RMS = 24 mm ... < 30 mm ...OK

```
Processor Controls:
```

그림 8-8 기선해석 결과예시(SW-Trimble WAVE Version 2.35)

8-8은 기준해석의 결과를 예시한 것이다.

측량작업에서는 5 mm + 1 ppm의 정확도 또는 1 cm 정확도가 확보될 수 있으며, 한국에서는 기선벡터의 남북방향 성분이 가장 좋은 정밀도를 가지며 동서방향은 이보다 2~3배의 표준편차, 높이방향에서는 3~4배의 표준편차가 나타나고 있다.

현재 국내에서 사용되고 있는 대표적인 기선해석 소프트웨어는 다음과 같다.

① LGO(Leica 사)
② TGO(Trimble 사)
③ BERNESE(Bern대학에서 개발한 학술용 소프트웨어)

예제 8.2

그림 8-8 기선해석 결과예시에서 다음 물음에 답하라.
(a) 기선벡터 수치를 확인하라.
(b) 경사거리(표석 간 거리)와 타원체고 차이값을 확인하라.
(c) 안테나고 수치를 확인하라.

풀이 (a) 기선벡터 $dx = 8874.265$ m, $dy = 12157.181$ m, $dz = 22094.129$ m, $s = 26731.603$ m

(b) $s = 26731.603$ m, $dh = -192.041$ m

(c) 안테나고 1 = 2.122 m(true vertical), 안테나고 2 = 1.683 m(true vertical)

8.4.4 망조정 및 정확도 관리

기선의 결과를 평가하기 위해서는 먼저 계산된 좌표의 표준편차와 단위중량에 대한 표준편차를 확인하고 나서 기선벡터와 기선장에 대한 표준편차를 분석해야 한다. 다음 단계로서는 수준망의 개념과 같이 환폐합차를 점검한다. 동일 세션으로 구성되는 기선에 의한 환폐합은 0이 되어야 하나 이는 단지 내부신뢰도의 평가 근거일 뿐이다. 따라서 다른 세션에 의해 관측된 동일기선을 비교한 폐합차로부터 개선해석의 타당성을 점검해야 한다.

기선해석의 결과를 3차원 망조정하게 되면 1점고정 또는 자유망조정에 의해 기선을 평가할 수 있으며 기하학적으로 기선벡터의 성과를 확정할 수 있다. 3차원 망조정은 수준망을 3차원으로 확장한 개념으로서 적용이 간편하다.

대표적인 3차원 망조정 SW로는 Geolab, LGO, TGO, GrafNet 등이 있다.

189

예제 8.3

그림과 같이 GPS측량한 기선해석 결과이다. 좌표차(기선벡터)에 의해 폐합차를 계산하라.

From	To	dX(m)	dY(m)	dZ(m)	Distance(m)
2013	2014	− 3367.429	− 7891.019	− 10410.673	13490.362
2014	2002	3799.005	2554.018	5296.798	7000.823
2002	2006	953.294	− 748.319	− 16.709	1212.035
2006	2001	− 666.617	1441.548	908.280	1829.593
2001	2013	− 718.244	4683.775	4222.288	6317.297
$\sum$		0.009	0.003	− 0.016	29850.110

풀이 폐합차는 $\sum dX^2 + \sum dY^2 + \sum dZ^2 = 0.0186$ m 또는 $0.0186/29{,}850 = 1/1{,}600{,}000$이다.

기선벡터 점검 후에는 망조정SW에 의해 최종 좌표를 산출한다.

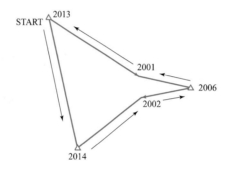

8.4.5 GPS 높이

  GPS측량에 있어서 높이의 의미는 수준측량에서의 표고와 매우 다르다. 그 이유는 GPS 높이는 타원체의 수학적인 표면을 기준으로 하여 측정되므로 수학적이기 때문이다. 기준 타원체로부터 측정한 높이를 타원체고(ellipsoidal height)라고 한다.

  다시 말해서 정표고는 평균해면을 기준으로 측정한 것인 반면에 타원체고는 수학적 표면을 기준으로 측정한 것이라는 데 문제가 있다.

  정표고 H와 타원체고 h는 다음의 관계로부터 구할 수 있다.

$$H = h - N \qquad\qquad (8.6)$$

여기서 지오이드고 N은 임의의 한 점에서 타원체면과 지오이드면(평균해면)의 높이차를 의미하며 지표면의 위치에 따라 그 크기가 변화한다.

지오이드고는 "지구중력장의 지구퍼텐셜모델" 또는 "중력측정과 Stokes적분" 등의 방법에 의해 계산할 수 있으나, 최근에는 전 지구 지오이드모델(Earth Geoid Model, EGM)로서 EGM08의 경우에는 20 cm 이상의 절대정확도를 갖고 있는 것으로 보고되고 있다. 또한 국가차원에서도 중력측정값을 추가하여 10 cm 이상의 절대정확도를 갖는 모델을 발표하고 있다.

지오이드고를 구하기 위한 쉬운 방법으로서 기하학적 방법(geometric method) 또는 보간법(interpolation)은, 근본적으로 평균해면으로부터의 높이(정표고)를 알고 있는 3개 또는 4개의 수준점에서 GPS관측을 하게 되면 타원체고를 결정할 수 있으므로 타원체고에서 정표고를 빼면 바로 수준점에서의 지오이드고를 결정할 수 있다.

특히, 통합기준점과 위성기준점에서는 타원체고와 표고가 고시되어 있으므로 이 정확한 지오이드고를 이용하여 보간법에 의해 내부 신점의 지오이드고를 구할 수가 있다.

GPS 높이의 측정은 작업속도가 빠르나 수평 GPS측량보다 약 3~4배나 정확도가 떨어진다는 단점이 있다. 물론 정확한 MSL표고를 구하는 일반적 법칙은 종래의 기포관 레벨을 사용해야 한다는 것이다.

예제 8.4

삼각형으로 구성된 2급 기준점(점간 평균거리 500 m) A, B, C의 고시 표고와 고시 타원체고가 각각 아래와 같다. 세 점의 중앙부에 위치한 P점을 GPS측량한 타원체고가 297.519 m일 때, P점의 표고를 구하라.

풀이   점간거리가 작으므로 세 기준점의 지오이드고를 구하여 그 평균을 지오이드고로 사용한다. 이때 점간거리가 멀거나 지오이드 경사가 큰 경우에는 보간법에 의해 구해야 한다.

2급 기준점	고시 표고	고시 타원체고	지오이드고(계산)	비고
A	80.020 m	109.241 m	29.221 m	
B	82.548 m	111.763 m	29.215 m	
C	60.123 m	89.336 m	29.213 m	
			(29.216 m)	평균
P ?	73.185 m	102.401 m	29.216 m	

8.5 GPS 이동측량

기준점측량에서는 정지측량법 또는 실시간 이동측량법(Real Time Kinematic, RTK법)을 사용하며 세부측량에서는 실시간 이동측량법을 사용한다. RTK법에는 보통 RTK법과 네트워크 RTK법이 있다. 보통 RTK는 기준국과 이동국으로 구성된 제작사 제품을 이용하며, 네트워크 RTK로는 국가에서 운영하고 있는 국가상시관측망(Continuously Operating Reference Station Network, CORS) 서비스를 이용하는 것이 일반적이다.

8.5.1 보통 RTK법

보통 RTK법에서는 1대의 수신기를 기지점(고정점)에 세우고 또 다른 수신기를 부착한 안테나폴을 이동점(신점)에 세운다. 고정점에서 연속적으로 수신한 위성의 반송파위상과 코드정보(유사거리 등의 관측데이터)를 특정한 무선장치에 의해 실시간으로 이동점으로 전송하여, 즉시(실시간) 기선해석에 의해 3차원 상대위치(기선벡터)를 산출하는 관측법이다.

RTK법은 2주파수신기에 의해 신속하게 모호정수를 초기화하는 방법(On The Fly, OTF)을 사용하는 것이 일반적이다. RTK법은 관측시간이 짧아 효율적이고 기동성이 있으므로 측점 간 거리가 짧은 3, 4급 기준점측량과 측설작업에 채용되고 있다.

RTK법은 1관측점에서 데이터 수신시간이 짧기 때문에 대기상태나 다경로와 잡음에 영향을 받기 쉽다. 특히 전파탑이나 구조물 근방에서는 이 영향을 받기 쉽기 때문에 관측시간을 충분하게 확보하거나 관측시간대를 변경하여 관측값을 점검할 필요가 있다. 또한 일련의 관측작업에 시간이 길어지면 근방에 있는 기지점에 연결관측하여 점검할 수 있도록 한다.

앞의 표 8-2에서 「공공측량 작업규정」 내용은 보통 RTK법 및 네트워크RTK법은 4급기준점측량과 세부측량 분야(지상현황측량, 노선측량, 하천 및 연안측량, 용지측량, 토지구획정리측량, 지하시설물측량)에서 사용할 수 있다.

다만, 공공수준점측량(표고)에는 적용할 수 없다. RTK법에서 높이를 구하는 경우에는 주변의 타원체고와 표고가 구해져 있는 기준점(예로서, 통합기준점이나 위성기준점)으로부터 보간법에 의해 높이를 구할 수 있다.

표 8-3 정지측량법과 RTK법의 비교

GPS 측위법	정지측량법[*]	RTK법
수신기 형식[*]	1주파 또는 2주파	2주파
수신기수	기지점 1대, 신점 임의	기지점 1대, 이동점(신점) 임의
다른 하드웨어	–	무선장치가 필요
사용 데이터	반송파 위상차	반송파 위상차
모호정수 결정	관측 중 위성이동에 의한 위치 변화	OTF에 의한 초기화
관측방법	전점 동시 관측	각 점 순차관측
관측시간[*]	60분 이상(10 km 이내)	10초 이상(500 m 이내)
데이터 취득 간격[*]	30초 이하	1초
측정기선	전점 상호간	고정점과 이동점 간
데이터 해석	후처리	실시간 처리
정확도	$5\ mm + 1\ ppm \times D$	$10 \sim 20\ mm + 2\ ppm \times D$
결과	고정확도 기선벡터	점점관측 필요
이용분야[*]	1, 2급 기준점측량 변위관측	3, 4급 기준점측량 시공관리, 지형측량, 응용측량

[*] 신속정지측량의 경우에는 3~4급 기준점측량에 이용된다.

8.5.2 네트워크 RTK법

네트워크 RTK법(Network-RTK)에서는 국가상시관측망을 운영하는 기관(국토지리정보원 GNSS중앙센터)에서 산출한 보정데이터를 통신장치에 의해 이동국에서 수신함과 동시에 이동국에서 GPS위성으로부터 신호를 수신하여 필요한 기선해석과 보간법 처리를 하여 이동국의 위치를 정한다.

가상기준점(Virtual Reference System, VRS) 방식과 면보정계수(Fläechen Korrektur Parameter, FKP 또는 Area Correction Parameter) 방식이 있다. VRS 방식의 가상점과 이동점 간의 관측거리는 3 km 이내를 표준으로 하며, 두 방식 모두 망의 외부지역 관측에서는 10 km 이내가 바람직하다. VRS 보정서비스는 양방향 통신으로서 보정정보 전달 대역폭의 영향을 받지 않지만 사용자수가 제한적이다. FKP 보정서비스는 이론상 단방향 통신이지만 실질적으로 이동국의 위치를 중앙제어국에 전송하면 중앙제어국은 이동국에서 가장 가까운 위성기준점을 마스터 위성기준점으로 선정해 주는 방식을 사용하고 있다.

현재 VRS, FKP 보정서비스는 사용자에게 전달하는 보정정보가 비표준화 RTCM이며 비표준화 RTCM은 네트워크 RTK에서 문제점으로 대두되고 있다. 현재 국토지리정보원은 VRS 보정서비스와 FKP 보정서비스를 제공하고 있다.

(1) VRS 방식

① GPS 상시관측점 3점의 실시간 수신데이터로부터 상태공간의 보정정보를 해석한다.

② 이동국에 설치한 GPS측량기로부터 GPS위성신호를 수신한다.

③ 이동국으로부터 그 개략위치(1점 측위)를 통신장치에 의해 중앙센터로 송신한다.

④ 중앙센터에서는 개략위치(가상기준점)에서의 관측데이터와 보정데이터 등을 산출하고 통신장치에 의해 이동국에 송신한다. 필요시 이동국의 관측데이터를 받아서 해석 결과를 함께 전송할 수도 있다.

⑤ 이동국의 관측데이터 등과 보정데이터 등을 이용하여 즉시 기선해석을 하여 오차량을 결정하고 이동국의 위치를 결정한다.

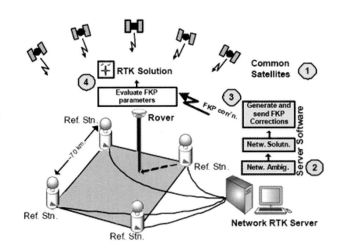

그림 8-9 네트워크 RTK법(VRS측위 원리)

(2) FKP 방식

① 상당히 넓은 지역의 GPS 상시 관측점의 실시간 수신데이터로부터 상태공간모델(전리층과 대기 등의 영향을 오차요인별로 작성)을 생성하고 오차보정량을 계산한다.

② 이동국에 설치한 GPS 측량기에서 GPS 위성신호를 수신한다.

③ 이동국으로부터 그 개략위치(1점 측위)를 통신장치에 의해 중앙센터로 송신한다. 중앙센터에서는 개략 위치에 가장 가까운 기준국(CORS)의 면보정계수를 통신장치에 의

해 이동국으로 송신한다.

④ ③ 대신에 **FKP** 방식은 방송형(1방향)으로도 대응이 가능하다. 중앙센터에서는 기준국의 면보정계수를 통신장치에 의해 이동국으로 송신한다.

⑤ 이동국의 관측데이터와 면보정계수를 이용하여 즉시 이동국에서 오차보정량을 구하여 보정하고 이동국의 위치를 결정한다.

8.5.3 GPS측량의 활용

국가 CORS는 정지측량뿐만 아니라 실시간 이동측량법(RTK)에도 대응할 수 있으므로 국가 CORS가 국토관리의 핵심 인프라로서 역할을 담당하게 된다.

GPS측량에서 새롭게 설치하는 기준점의 좌표를 알기 위해서는 이미 좌표가 나와 있는 기준점상에서 동시에 관측을 하지 않으면 안 되기 때문에, 항상 복수대의 GPS 수신기가 필요하다. 그러나 GPS 고정점인 위성기준점에서는 항상 데이터를 수신하고 있는 상시관측점이기 때문에 기지점에서의 관측이 불필요하고 현지에서는 신점상에서의 관측을 하면 1대의 수신기로도 GPS측량을 할 수 있고 복수의 수신기에 의한 측량작업은 더욱 능률적이다. 그림 8-10은 GPS 지형측량을 나타낸 것이다.

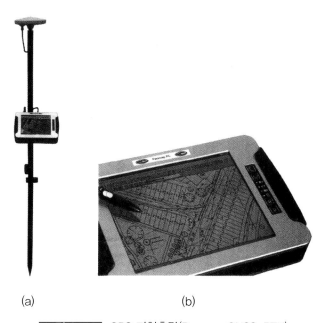

(a)   (b)

그림 8-10 GPS 지형측량(Penmap GNSS-RTK)

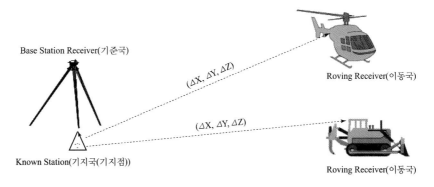

그림 8-11 이동측량의 이동체 적용

GPS측량을 이용하는 특징은 다음과 같다.

① 공공측량의 좌표획득과 관련된 작업의 신속화와 합리화가 가능하다. 건설 CALS와 디지털 국토의 구축 등 정보화에 따라 각종 시설물의 좌표데이터를 도면과 연계하여 공공좌표의 획득작업의 효율화에 GPS측량의 역할이 기대된다.

② 측량정확도의 향상과 통일성을 확보할 수 있다. 특히 광범위한 지역의 기준점측량에서는 절점의 설치가 필요없기 때문에 측량정확도가 크게 향상되며, 고정확도 측량수요에도 적극 대처할 수 있다.

③ 높은 재현성(repeatability)을 확보할 수 있다. 재해 또는 공사 중에 기준점이 손상, 망실된 경우에도 복원이나 재현(재설치)작업이 용이하며, 기 설치된 기준점의 신뢰성 확인이나 재측량, 성과변경 등의 수용에 즉시 대처할 수 있다.

④ 국가 CORS를 이용하게 되면 좌표를 기반으로 건설공사용 장비의 운용(자동제어)이 가능하게 되어 정보화 시공(또는 기계화 시공)이 가능하다. 정보화 시공이란 GNSS와 TS, 인터넷, PC, LAN, 각종 센서 등 하드웨어를 결합하고 이를 소프트웨어로 통합관리하여, 각종 공사계측과 시설물계측에 활용하는 좌표(위치) 기반의 3차원 계측시공을 위한 측량시스템을 말한다.

최근 국토지리정보원에서는 OSR(Observation Space Representation) 기반의 네트워크 RTK방법이 중간 수준의 보정데이터양(bandwith)인데 비하여, SSR(State-Space-Representation) 기반의 PPP방법으로 낮은 수준의 보정데이터양(bandwith)인 새로운 SSR보정서비스를 시작하고 있다. 이는 정확도 10~30 cm 수준의 실시간 보정정보서비스가 가능하여 무인이동체 등 다양한 위치정보서비스 신산업에서 활용이 기대되고 있다.

그림 8-11은 이동측량의 방법을 이동체(드론, 건설기계 등)에 적용하는 형태를 보여주고 있다.

이 밖에 GPS 활용분야는 다음과 같다(국토지리정보원 홈페이지 참조).

① 정밀계측 측지분야: 정밀 기준점 계측, GIS D/B 구축 및 설계

② 유도형 정보 취득분야: 유도계측, 토목공사 시공 관리, 접안유도 시스템

③ 차량항법분야: 차량의 위치 정보 제공 및 관리 시스템 등

④ 항공분야: 항공기 운항, 항공기 감시, 정밀 착륙

⑤ 지상운송: IVHS, AVLN, 화물트럭 관제, 철도차량 관제, 택배 차량 관제, 구급 및 순찰차량 관제

⑥ 해상운송: 선박항해, 수로안내(Pilotage), 운하운송

⑦ 우주분야: 위성 궤도추적, 위성 자세결정

⑧ 군사: 유도무기, 정밀폭격, 정찰, 이동관리

⑨ 과학: 기상연구, 해류연구, 대류층연구, 지각운동관찰

⑩ 탐사: 지질탐사, 유전탐사, 유적/유물탐사

⑪ 자원관리: 농업자원관리, 어업자원관리, 토지관리, 산림관리

⑫ 레저용: 등산, 요트항해, 하이킹

⑬ 시각동기: 기준시각동기, 통신시스템 시각동기(특히 CDMA)

연습문제

8.1 GPS와 Galileo, GLONASS, Beidu를 비교분석하라.

8.2 GPS 오차의 종류와 소거법을 논하라.

8.3 코드측정에 의한 1점측위 원리를 설명하라.

8.4 DGPS 상대측위법의 원리를 설명하고, GPS정지측량의 작업공정을 설명하라.

8.5 GPS 이동측량의 작업공정을 설명하라.

8.6 국가위성기준점망(CORS)를 설명하고 활용분야를 조사, 분석하라.

8.7 RTK 서비스에서 OCR방식과 SSR방식의 보정서비스를 설명하라.

참고문헌

1. 국토교통부 국토지리정보원, 공공측량작업규정(제2편 기준점측량), 2011.

2. 국토교통부 국토지리정보원, 공공측량작업규정(제6편 네트워크 RTK측량), 국토지리정보원, 2011, http://www.ngii.go.kr/index.do

3. 국토교통부 국토지리정보원, 삼각점측량작업규정, 2009.

4. 이영진, GPS측량학, 경일대학교 출판부, 2008.

5. 이영진, GPS방식에 의한 정밀기준점측량의 실용화에 대한 연구, 대한토목학회논문집, 1993.

6. 이영진, 이창경, 최윤수, 국가기준점 망조정에 관한 연구, 국토지리정보원, 2006.

7. 長谷川 昌弘 外 9人, 改訂新版 基礎測量學, 電氣書院, 2010.

8. Ghilani, C. D. and P. R. Wolf, Elementary Surveying: an introduction to geomatics(12th ed.), Pearson, 2008.

9. Hofmann-Wellenhof, B. et. al., Global Positioning System: theory and practice, 1994.

10. Rizos, C., GPS Satellite Surveying, University of New South Wales, 1994.

11. Schrock, G., RTN 101, part 1-6, The American Surveyor, 2006.

12. Torge, W., Geodesy: an introduction, translated into English by C. Jekeli, 1980.

13. Wells, D.(Ed.), Guide to GPS Positioning, Canadian GPS Associates, 1989.

14. US Corps, NAVSTAR GPS Satellite Surveying, 2011.

국가좌표계

9.1 개설

9.1.1 지구의 형

지표면상의 측량성과를 서로 다른 지역과의 상호간에 관련지우기 위해서는, 우선 지구가 어떤 형을 갖고 있는지를 결정하고 나서 기준을 정하게 된다. 지구는 다음 세 표면으로 고려할 수 있다.

① 지표면(the physical surface): 실제의 물리적인 지표면으로 수학적인 정의가 불가능하므로 위치계산의 기준으로 사용될 수 없다. 그러나 실제로 측정작업이 이루어지는 면이다.

② 지오이드(geoid): 조석, 온도차, 해류 등의 영향이 없다고 가정하여 운하를 내륙까지 연결할 때 이루어지는 해면을 말하며, 대략 회전타원체를 이루고 있다. 이 지오이드면은 모든 지표면에서 중력방향에 수직이며, 지구 내부의 불균질 때문에 수학적으로 표현하는 데는 대단히 많은 변수들이 필요한 불규칙한 면이다. 이는 평균해면이 위치계산의 기초로 사용될 수 없으나 기포관에 의해서 중력방향의 기준이 되는 정준(levelling up)과 천문

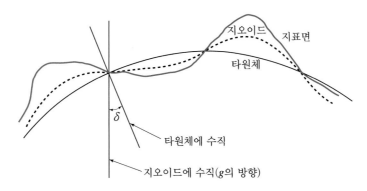

그림 9-1 지표면, 지오이드, 타원체면의 관계

관측에서는 지오이드가 기준이 되므로 중요하다.

③ 지구타원체(spheroid): 구면상의 넓은 지역에 분포된 점들의 위치를 수학적으로 표현하는 데는 지구를 타원체로 가정하여 취급한다. 지구의 크기는 극반경이 적도반경보다약 20 km가 작은 사실이 알려져 있으므로, 지구를 단축 주위로 회전하는 회전타원체로고려하며 이를 지구타원체(oblate or earth ellipsoid)라 한다. 이 지구타원체가 위치계산의근거로 사용될 때 기준타원체(reference ellipsoid)라고 하며, 인공위성에 의해 지구중력장을 고려한 정규타원체(normal ellipsoid)와 구별된다.

그림 9-1은 위의 세 표면에 대한 상호관계를 보여준다. 한 점에서 타원체와 지오이드에대한 수직선이 δ로 차이가 있음을 보여주고 있다. 이 δ를 수직선편차(deviation of the vertical)라고 하며 최대 $30''$를 넘지 않는다. 또 지오이드고(geoid height)는 타원체로부터의지오이드 높이로서 편평률 $(a-b)/a$가 1/300이므로 약 50 m를 넘지 않음을 알 수 있다.

9.1.2 좌표계

(1) 좌표계의 종류

좌표계란 지구상의 점의 위치와 방향을 수치로 표시하기 위하여 필요한 기준을 말한다.여기에는 측지(경위도)좌표계, 3차원 지심좌표계, 평면직각좌표계가 있다.

지표면에 있는 점의 위치를 경도, 위도, 타원체고로 표기한 것을 측지좌표(geodetic coordinate) 또는 경위도좌표(ellipsoidal coordinate)라 부른다. 측지위도(geodetic latitude)ϕ는 지점 P에서의 기준타원체의 법선이 적도면과 이루는 각이며 측지위도는 지구 질량중심으로부터 측정할 수가 없다. ϕ는 적도면을 기준으로 남북으로 90°까지 나타낸다. 이상의 측지좌표는 타원체의 선택에 따라 위도와 타원체고가 달라지게 되며 전통적으로 국가의 측지측량에 사용되었다.

측지경도(geodetic longitude)는 그리니치 천문대를 통과하는 원자오선을 0°로 하고 임의의 점 P를 통과하는 자오선까지의 각거리 λ로 나타낸다. 이때 자오선은 지구 자전축과 동일한 평면에 있어야 하는데 이 회전축이 시간에 따라 변화하므로 국제지구자전감시국 IERS(International Earth Rotation Service)에서 모니터링하고 기준자전축(IRP)과 기준자오선(IRM)[1]을 정하고 있다.

3차원 지심좌표(geocentric Cartesian coordinate)는 지구질량중심을 원점으로 하고 국제지구자전감시국 IERS 회전축은 Z축, IRM축은 X축이며 이 두 축에 직교하는 축이 Y축이다. 3차원 지심좌표(X, Y, Z)와 측지좌표(ϕ, λ, h)는 상호간에 전환(conversion)하여 변경하여 표기할 수 있다(그림 9-2 참조).

3차원 지심좌표를 측량에서 사용하는 이유는 위성측위시스템의 활용에 기인한 것이며, 이 3차원 지심좌표로부터 측지좌표를 계산하고 다시 평면좌표를 투영계산하면 지도평면(모니터 포함)에 표시할 수 있게 된다. 과거 전통적인 측량에서는 국가측지망의 경우를 제외하고는 측지좌표를 사용하지 않고 평면만을 사용했으나 현대 측량학에서는 3차원 좌표가 기본이 되고 있다.

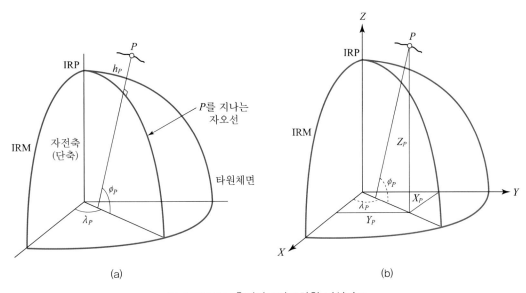

(a)　　　　　　　　　(b)

그림 9-2 측지좌표와 3차원 지심좌표

1　IRP: International Reference Pole, IRM: International Reference Meridian

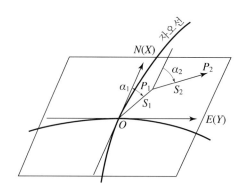

그림 9-3 평면직각좌표

평면직각좌표는 지점의 위치를 평면상의 직각좌표로 표현하는 방법이다. 그림 9-3과 같이 점의 위치는 좌표원점 O를 통과하는 자오선의 방향을 $N(X)$ 축으로 하고, O에서 자오선에 직교하는 방향을 $E(Y)$ 축으로 하는 좌표계에서 $P_1(N_1, E_1)$, $P_2(N_2, E_2)$로 나타낸다. 이때 $N(X)$ 축은 북을 양(+)으로 하고, $E(Y)$ 축은 동을 양(+)으로 하며, 방위각 α는 $N(X)$ 축으로부터 시계 방향을 양(+)으로 한다.[2]

(2) 지구측지계

지구표면에 적용한 좌표계를 측량원점(datum) 또는 TRS(Terrestrial Reference System)라고 하며, 지구규모 또는 위성측량에서 3차원 지심좌표계(또는 측지좌표계)의 원점을 정의하기 위하여 사용되기도 한다. 좌표계를 구현하여 현지에 위치를 정하기 위해서는 측량좌표계로서 측지계인 TRF(Terrestrial Reference Frame)가 필요하다. TRF의 예로는, 트래버스의 경우에 트래버스점의 좌표성과, 수준측량의 경우에 수준점의 표고성과, 그리고 GPS의 경우에는 지구규모 관측망의 상시관측점의 좌표와 속도벡터이다.

VLBI와 GNSS 등의 우주측지기술을 이용하여 각종 관측·해석을 수행하고 있는 국제조직인 국제지구자전감시국 IERS에서 정의한 지구의 기준좌표계를 국제지구기준좌표계(International Terrestrial Reference Frame, ITRF)로 부르고 있다. 유럽연합과 한국은 2003년 1월에 ITRF2000의 국제지구기준좌표계를 새로운 기준좌표계로 채용하였고, 이를 세계측지계라고 한다.

WGS좌표계는 GPS위성을 운영하고 있는 미 국방성에서 정의하고 있는 GPS좌표계이며

---

2 측량에서의 좌표체계는 일반적으로 수학에서 사용하는 좌표체계와 다르므로 주의가 필요하다.

WGS84(World Geodetic System 1984)는 현재 GPS측위의 기준좌표계로 사용하고 있다. 미국 지형정보단(National Geospatial-Intelligence Agency)에서 WGS84성과를 제공하고 있다. WGS broadcast TRF는 GPS위성궤도를 감시하기 위하여 군사용 지상관제국에서 추적하여 구성되는 네트워크를 말하며 항법용 1점측위에 널리 사용되고 있다.

지역측지계는 경위도원점에서 천문관측을 실시하여 천문위도, 천문경도, 천문방위각을 측정하고 이 값을 바로 측지위도, 측지경도, 측지방위각으로 채용하였으므로 연직선편차를 0으로 가정한 것이다. 그리고 원점 직하 평균해면에 타원체면이 있다고 가정한 지역측지계이므로 타원체의 중심과 지구 질량중심은 서로 다르다. 우리나라는 2001년 12월 측량법이 개정되기 이전까지 지역측지계인 동경측지계를 사용해 왔다.

(3) GGRF

최근 2015년 2월에 유엔총회에서 의결한 "GGRF(Global Geodetic Reference Frame)"는 "지구규모 세계측지계"를 말하며 3차원 지심좌표계인 ITRF좌표계와 수직기준계(vertical reference system)를 결합하여 지구관측시스템에 대응한다. 또한 IAG IGS서비스를 통해

그림 9-4 VLBI 관측점[3] (위치: 세종시)

---

3 VLBI(Very Long Baseline Interferometry)는 초장기선전파간섭계로서 우주의 전파성(quasar)으로부터 신호를 수신하여 지구상에서 수천 km 떨어진 지점 간의 3차원 기선벡터를 결정하는 초정밀 측지관측시스템이며, 2011년 말에 세종시에 세워졌다(사진 제공: 국토교통부 국토지리정보원).

글로벌, 대륙별, 국가별, 도시별로 위치기반을 체계화할 수 있다.

그림 9-4는 세종시 우주측지관측센터에 위치한 VLBI 관측점을 보여주고 있다.

9.1.3 지구타원체의 요소

a와 b를 지구타원체의 장반경과 단반경이라 하고, f를 편반경이라 할 때 일반적으로 사용되는 값들은 다음과 같이 표현된다.

① 편평률

$$f = \frac{a-b}{a} \tag{9.1}$$

② 극곡률반경

$$c = \frac{a^2}{b} \tag{9.2}$$

③ 제1이심률의 제곱

$$e^2 = \frac{a^2 - b^2}{a^2} = f(2-f) \tag{9.3}$$

④ 제2이심률의 제곱

$$e'^2 = \frac{a^2 - b^2}{b^2} = \frac{e^2}{1-e^2} \approx \varepsilon \tag{9.4}$$

⑤ 제1보조량

$$W = (1 - e^2 \sin^2 \phi)^{1/2} \tag{9.5}$$

⑥ 제2보조량

$$V = (1 + e'^2 \cos^2 \phi)^{1/2} \tag{9.6}$$

⑦ 자오선 곡률반경

$$M = \frac{a(1-e^2)}{W^3} = \frac{c}{V^3} \tag{9.7}$$

⑧ 묘유선 곡률반경

$$N = \frac{a}{W} = \frac{c}{V} = \frac{a^2}{\sqrt{a^2 \cos^2 \phi + b^2 \sin^2 \phi}} \tag{9.8}$$

⑨ 평균 곡률반경

$$R = \sqrt{MN} = \frac{c}{V^2}$$ (9.9)

⑩ 임의방향의 곡률반경(방위각 α에 대한)

$$R_a = \frac{MN}{M\sin^2\alpha + N\cos^2\alpha}$$ (9.10)

여기서 M, N, R은 위도 ϕ에 대한 함수이며, 묘유선 곡률반경 N은 타원체면과 자오면에 직교하는 평면이 이루는 교점에서 수직인 곡률반경이다.

표 9-1은 GRS80 타원체의 상수값이다.

표 9-1 GRS80 타원체의 상수값

벳셀타원체(m)	상수	측지기준계 1980 타원체(m)
6 377 397. 155 00	a	6 378 137(정의)
6 356 078. 963 25	b	6 356 752.314 1
6 398 786. 849 39	c	6 399 593.625 9
0. 003 342 773 181 579	f	0.003 352 810 681 18
0. 006 674 372 231 316	e^2	0.006 694 380 022 90
0. 006 719 218 798 677	e'^2	0.006 739 496 775 48

9.2 국가위치기반

9.2.1 세계측지계

측지기준계는 지구상의 위치를 경위도로 표현하기 위한 기준을 말하며, 측지기준계에 기초하여 측지기준점망 및 측지기준점 성과를 합쳐서 기준점 체계 또는 국가위치기반 (national positional infrastucture)[4]이라 한다. 이는 법령에 기초하여 국가기관이 정의하여 유지, 관리하고 국가 전체적으로 통일된 기준을 정하여 사용한다.

---

4 국가위치기반은 모든 지형·지물의 위치기준이 되며 무인이동체(무인자동차, 드론)와 실내외 사물의 위치기준이 되므로 사물인터넷(IoT)과 3차원 지도의 핵심요소가 된다.

세계측지계란 세계에서 공통으로 이용할 수 있는 위치의 기준이다. 즉, 세계 공통의 측지기준계(측지계)를 말하는 것이다. 개념적으로 볼 때 세계측지계는 세계유일의 것이지만, 국가마다 채용하는 시기(epoch)와 구축기법 및 구현정확도에 따라 다르다. 대표적인 것으로 ITRF계는 우리나라를 비롯한 많은 국가가 채택하고 있고, WGS계는 미 국방성의 체계이며, PZ계는 러시아가 채용하고 있다.

우리나라에서는 2003년 1월부터 측량법 제5조를 개정하여 모든 측량(기본측량과 공공측량, 지적측량 등)의 기준으로 세계측지계 도입을 명시하였고, 한국측지계2002(Korean Geodetic Datum 2002: KGD2002)를 공표하였다. 현재 우리나라 측량법령에서는 "세계측지계란 지구를 편평한 회전타원체라고 상정해 실시하는 위치측정의 기준"으로서 다음 각 호의 요건을 갖춘 것을 말한다.

- 회전타원체의 장반경 및 편평률은 다음과 같을 것
  - 장반경: 6,378,137 m
  - 편평률: 1/298.257222101
- 회전타원체의 중심이 지구의 질량중심과 일치할 것
- 단축이 지구의 자전축과 일치할 것

한국에서 세계측지계는 2002년 1월 1일 0시(epoch 2002.0) 기준시점의 ITRF2000좌표계(International Terrestrial Reference Frame: 국제지구기준 좌표계)와 GRS80(Geodetic Reference System 1980: 측지기준계 1980) 타원체를 사용해 나타낸다. 세계측지계의 수평위치 산출은 우주측지기술을 구사한 국가 GPS상시관측점의 관측값에 근거해 전국의 삼각점의 성과를 새롭게 계산하였다.

그림 9-5 대한민국 경위도원점(위치: 수원시)

지구타원체의 적도반경 a와 편평률 f(또는 이심률 e)만 갖고서는 실제의 지구에 적용할 수 없다. 그래서 현실의 지구에 적합할 것으로 예상되는 위치에 지구타원체를 고정시켜 놓으면, 측량은 고정된 기준타원체를 기준으로 실시할 수 있다. 기준타원체는 a, f와 타원체의 단축과 회전축이 평행이라는 세 회전타원체의 조건에 추가하여, 경위도 좌표와 기준방위각, 수직선편차, 지오이드고의 5조건에 따라 측지원점(datum)이 정해질 수 있다.

우리나라의 경우에는 대한민국 경위도원점(horizontal datum)을 채용하고 있으며(그림 9-5 참조), 경위도 좌표는 측지기준점측량에서 이용되며 평면좌표는 공공측량, 지적측량, 일반측량 등 지도작성에서 기본이 된다.

9.2.2 높이의 기준

지오이드는 동일한 중력값을 갖는 면으로서 평균해면을 의미하므로 이를 표고의 기준으로 한다. 그 이유는 기준타원체면의 표고를 0으로 해서 지상의 높이를 표현해도 실감이 없고 실용상 불편하기 때문이다. 지오이드와 평균해면은 장소에 따라 차이가 나므로 한 국가에 일정한 검조장에서 영년관측한 평균해면을 통과하는 지오이드를 표고의 기준으로 채용하고 있다.

지표면에서 측량을 하는 경우에는 중력 방향이 기준이 되므로 지오이드상에 투영한 지오이드상의 거리가 최단거리로 측정되며 표고는 지오이드로부터 지표점까지의 수직거리가 된다. 즉, 평균해면상의 높이와 해발표고와의 차이를 측정하게 된다.

평균해면의 높이는 이용에 편리하도록 보통 경위도원점 부근에 있는 검조장 근처의 견

그림 9-6 대한민국 수준원점

고한 지반 위에 수준원점(vertical datum)을 설치하고 평균해면으로부터의 높이를 직접수준
측량에 의해 구해 놓는다. 우리나라의 높이 기준은 인천에서 측정한 평균해면이며 인하대
학교 구내의 수준원점으로부터 직하 26.6871 m에 있는 지오이드가 된다(그림 9-6 참조).

항만·하천·수로 등의 공사에는 지역마다의 기준면을 채용하고 원점과의 관계를 구해
두면 좋다. 해도의 수심은 배의 항행안전이 목적이므로 국가의 기준과는 달리 지역에 따
른 최저조위면을 기준으로 하며 이를 해도의 기본수준면[5]이라 한다.

9.2.3 국가 CORS

국가GPS상시관측망(CORS)은 위성기준점으로 구성된 위성기준점망을 말하며, 국가의 가

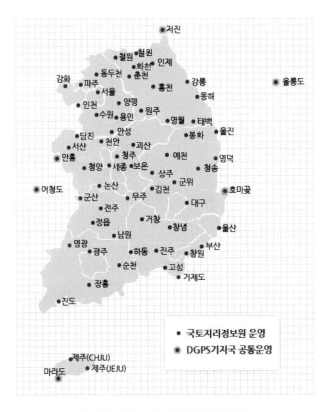

그림 9-7 국가GPS상시관측망

출처: 국토지리정보원 GNSS서비스(http://gnss.ngii.go.kr/)

---

5 높이의 기준면은 지형도의 평균해수면(MSL), 해도의 최저저조면, 지적도의 최고조면으로 각기 다르다.

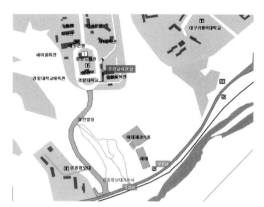

그림 9-8 위성기준점(TEGN)

장 기본적인 인프라이다. 위성기준점망은 65점(2019년 2월 현재)으로 구성되어 있으며, 앞으로 국가의 가장 기본적인 인프라로서 국가 CORS를 이용한 기준점측량에서는 국가기준점측량뿐만 아니라 모든 측량에서 이를 이용하는 방식이 표준적인 기술이 되고 있으며 수신기의 대수를 줄이는 장점도 있다.

그림 9-7은 전국에 설치된 위성기준점망을 보여주고 있으며, 국토지리정보원에서 GNSS서비스 하고 있다. 그 내용은 상시관측된 수신데이터, 실시간 보정데이터, 과거의 수신데이터를 제공하고 있다.

위성기준점(Continuously Operating Reference Station, CORS)은 GNSS 등의 신호를 연속적으로 수신하고 있는 위성기준점을 말한다. 국가 CORS는 정지측량뿐만 아니라 실시간 이동측량법(RTK)에도 대응할 수 있어 국가 CORS가 국가 위치정보관리의 핵심 인프라로서 역할을 담당하게 된다. 그림 9-8은 위성기준점 측량기준점표지를 보여주고 있다.

9.2.4 국가기준점망

우리나라에서는 각 지점의 위치와 표고를 나타내기 위하여 통일된 국가좌표계와 수준원점을 설치해 두고 있다. 그러나 개개의 국지적인 측량을 시행하는 경우 통일된 측량체계에 따르기 위해서는 측량지역의 가까이에 분포된 기준점이 필요하다.

우리나라에서는 이러한 기준점으로서 국토지리정보원에서 삼각점(triangulation station), 수준점(bench mark), 위성기준점 등 국가기준점(national control point)을 전국에 조밀하게 설치해 두고 있다. 삼각점은 수평위치의 정확도가 측각의 상대정확도와 배점밀도에 따라

표 9-2 국가기준점(표석)

구분	배점밀도 (점간거리)	설치점수 (1910년대)	작업규정 (1910년대)	작업규정 (1980~90년대)	작업규정 (현재)
대삼각본점	30 km	189점	대삼각본점측량	정밀1차 기준점측량	GPS측량 삼각점측량
대삼각보점	10 km	1,103점	대삼각보점측량		
소삼각1등점	5 km	3,045점	소삼각 1등점측량	정밀2차 기준점측량	
소삼각2등점	2.5 km (특별 1.5 km)	11,753점	소삼각 2등점측량		
1등수준점	4 km / 2 km	922점	1등경선측량	정밀수준측량	수준측량
2등수준점	2 km	3,940점	2등경선측량		
통합기준점 (평지)	3~10 km	약 5,500점 (2010년대)	−	−	통합기준점측량

등급을 구분하여 거의 동등한 위치정확도가 되도록 하였다.

국토에 대한 위치정보의 기준이 되는 국가기준점의 측량과 유지관리를 위해서는 막대한 경비를 필요로 하고 있기 때문에 다른 측량작업과의 중복측량을 배제하기 위하여 각국에서는 국가의 사업으로 실시하고 있다.

표 9-2에서는 측지측량에 의해 구성된 국가기준점(표석)의 체계를 보여주고 있다.

1910년대 당시에는 삼각측량에 의해 등급별로 순차적으로 삼각점을 설치하였고 현재까지 그 성과를 보존·관리해 오고 있다. 1974년 이후 1, 2등 삼각점에 대한 정밀1차기준점 측량을 EDM 방식의 삼변측량에 의해 완료하고 1986년 이후에는 3, 4등 삼각점에 대한 정밀2차 기준점측량을 EDM 방식의 트래버스(또는 삼변)측량을 실시하였고, 1992년부터 2008년까지 GPS 방식으로 국가기준점 정비사업을 추진하였다. 2008년말에는 망조정[6]을 통해 전국 모든 국가기준점의 성과를 세계측지계 기반으로 산정, 전면고시해 두고 있다.

수준점은 주요 국도 또는 지방도를 따라 1등 4 km(현재에는 2 km)당 1점, 2등 2 km당 1점의 밀도로 수준환을 구성하여 직접수준측량에 의해 표고를 산정하였다. 1910년대에는 수준측량의 목적이 『기선보정을 위한 높이제공과 삼각점의 표고결정』에 있었으므로 허용왕복차가 수 cm였으나, 현재에는 각종 측량에서의 높이의 기준을 제공해야 하므로 허용왕복차가 수 mm의 정밀수준측량에 의해 성과를 산정하고 있다.

통합기준점은 2005년 세계측지계 성과를 고시한 이후에 평지부에 3 km 내지 10 km 간

---

6 국토지리정보원, 국가기준점 망조정에 관한 연구, 2006.

격으로 설치한 국가기준점 표석이며 종래의 삼각점, 수준점, 중력점의 표석을 통합한 기능을 갖고 있다.

도근이라는 단어는 지도를 나타내는 '도(圖)'와 기준 또는 기초를 나타내는 '근(根)'으로서, 1910년대에는 세부측량에 의하여 지도를 작성하는 데 직접 필요한 저등급의 기준점이 도근점을 의미하였다. 그러나 대축척의 지도가 필요한 현재에는 고밀도의 기준점으로서 공공기준점, 지적기준점, 공사기준점 등 측량목적별로 설치기관에서 관리하고 있다.

통합기준점, 삼각점, 수준점, 중력점, 지자기점 등 국가기준점 표석의 형상과 내용에 대해서는 국토지리정보원 사이트 사업소개(위치기준 구축)를 참고한다(https://www.ngii.go.kr/).

9.3 3차원 좌표와 타원체 좌표

9.3.1 3차원 좌표와 타원체 좌표의 관계

공간상 한 점의 3차원 좌표 X, Y, Z는 직교좌표계와 동일한 원점을 가지는 회전타원체로 가정하여 그림 9-9와 같은 타원체 좌표 ϕ, λ, h로 나타낼 수 있다. 3차원 좌표와 타원체 좌표의 관계는 다음과 같다.

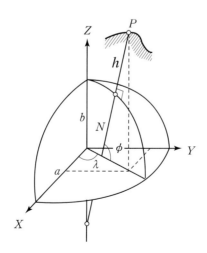

그림 9-9 3차원 좌표와 타원체 좌표

$$X = (N+h)\cos\phi\cos\lambda \qquad (9.11)$$

$$Y = (N+h)\cos\phi\sin\lambda$$

$$Z = \left(\frac{b^2}{a^2}N + h\right)\sin\phi$$

여기서 N은 식 (9.8)의 묘유선 곡률반경이며, 식 (9.11)에 따라 타원체 좌표 ϕ, λ, h로부터 3차원 좌표 X, Y, Z를 계산할 수 있다.

9.3.2 3차원 좌표로부터 타원체 좌표의 계산(반복계산)

GPS 적용에서는 3차원 좌표 X, Y, Z로부터 타원체 좌표 ϕ, λ, h를 계산하는 것이 중요하다. 이러한 문제는 수렴 형태의 해가 될지라도 반복적으로 해석된다. 식 (9.11)의 X, Y로부터

$$p = \sqrt{X^2 + Y^2} = (N+h)\cos\phi \qquad (9.12)$$

가 계산된다. 타원체고를 명확하게 나타내기 위해서 이 식을 다시 정리하면

$$h = \frac{p}{\cos}\phi - N \qquad (9.13)$$

이다. 식 (9.3)으로부터 관계식 $b^2/a^2 = 1 - e^2$을 식 (9.11)의 Z 식에 대입하면

$$Z = (N + h - e^2 N)\sin\phi \qquad (9.14)$$

다시 쓰면

$$Z = (N+h)\left(1 - e^2\frac{N}{N+h}\right)\sin\phi \qquad (9.15)$$

위 식 (9.15)를 식 (9.13)으로 나누고 다시 나타내면

$$\frac{Z}{p} = \left(1 - e^2\frac{N}{N+h}\right)\tan\phi \qquad (9.16)$$

다시 정리하면 다음과 같다.

$$\tan\phi = \frac{Z}{p}\left(1 - e^2\frac{N}{N+h}\right)^{-1} \qquad (9.17)$$

경도 λ는 식 (9.11)의 두 번째 식을 첫 번째 식으로 나누어 다음과 같이 구한다.

$$\tan\lambda = \frac{Y}{X} \tag{9.18}$$

경도 λ는 식 (9.18)로부터 직접 계산할 수 있으나, 타원체고 h와 위도 ϕ는 식 (9.13)과 식 (9.17)에 의해 결정된다. 두 식은 모두 위도와 타원체고에 좌우되므로 해는 다음과 같이 반복하여 구할 수 있다.

① $p = \sqrt{X^2 + Y^2}$ 을 계산한다.

② 다음 식에 의해 근삿값 $\phi_{(0)}$를 계산한다.

$$\tan\phi_{(0)} = \frac{Z}{p}(1-e^2)^{-1}$$

③ 다음 식에 의해 근삿값 $N_{(0)}$를 계산한다.

$$N_{(0)} = \frac{a^2}{\sqrt{a^2\cos^2\phi_{(0)} + b^2\sin^2\phi_{(0)}}}$$

④ 다음 식에 의해 타원체고를 계산한다.

$$h = \frac{p}{\cos}\phi_{(0)} - N_{(0)}$$

⑤ 다음 식에 의해 위도에 대한 개선된 값을 계산한다.

$$\tan\phi = \frac{Z}{p}\left(1 - e^2\frac{N_{(0)}}{N_{(0)}+h}\right)^{-1}$$

⑥ 만약 $\phi = \phi_{(0)}$라면(차이가 mm 단위 또는 0.0001초 단위) 반복계산을 끝내고, 그렇지 않으면 $\phi_{(0)} = \phi$로 설정하고 다시 ③단계부터 진행한다.

예제 9.1

GRS80 타원체 기준의 $\phi = 35°54'22.7036''$, $\lambda = 128°48'7.0828''$, $h = 106.377$ m인 위성 기준점(TEGN)에 대하여 3차원 좌표를 계산하라. 국토지리정보원 공개자료실에서 "좌표변환프로그램(WGI PRO ver. 2.53)"을 다운받아 적용한다.

풀이   GRS80 타원체의 변수들을 사용하여 3차원 좌표를 계산한다.

$$X = -3,241,051.567 \text{ m}, \quad Y = 4,030,771.731 \text{ m}, \quad Z = 3,719,838.489 \text{ m}$$

역변환은 정확도를 검증하기 위해 적용해 보기를 권고한다.   ▪

9.4 평면좌표계와 투영

9.4.1 타원체 좌표와 평면좌표

평면좌표계는 투영법과 원리에 따라 다르게 설정될 수 있으며 타원체면상의 점의 위치를 정의하거나 타원체면의 형상을 유지하면서 1 : 1로 도면화하는 근거로 사용된다. 타원체나 구체를 평면에 투영하는 경우에는 거리, 방향, 면적에서 왜곡이 발생하므로 어느 한

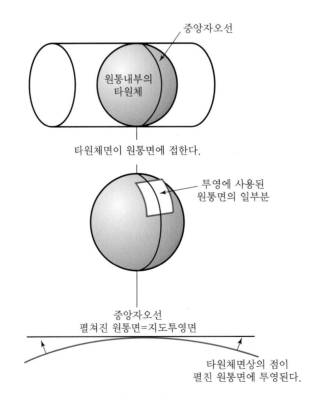

그림 9-10 횡원통투영 개념도

요소의 변화를 최소화하는 방법을 선택해야 한다.

이때 각을 유지하는 투영법을 등각투영법(conformal or equal-angle projection), 거리 또는 면적을 유지하는 투영법을 등적투영법(equal-area projection)이라고 한다.

타원체에 횡원통을 둘러씌우고, 타원체면을 횡원통면상에 투영한 후 원통을 펴 보면 투영평면이 얻어진다. 이와 같은 투영법을 횡원통투영법이라고 부르며, Gauss가 도입하였고 Krüger 투영법으로도 알려져 있다. Krüger 이후에도 실용적인 활용을 위하여 많은 개량이 이루어져 왔으며 Redfearn(1948)의 식이 보편적으로 사용되고 있고, Meade(1987)는 전산처리에 간편한 식을 제시하였고 UTM 등에 적용되고 있다. Gauss-Krüger 투영법은 1910년대 우리나라에 적용된 Gauss 등각 이중투영법[7]을 발전시킨 이론식으로서 원리는 유사하다.

횡원통투영법(Transverse Mercator Projection)은 등각투영법으로서 이 투영법에서는 횡원통이 하나의 자오선에 접한다. 이 자오선을 원자오선이라 하고, 이 자오선 방향을 x축, 직교하는 축을 y축으로 하면 원통을 펼쳤을 때 평면직각좌표계가 얻어진다.

원자오선상의 축척계수 m은 1이고 y방향에 따라 축척계수는 1보다 커지므로, 이 투영(TM)에서는 평면상의 거리가 타원체상의 거리보다 항상 크게 되는 투영이다.

9.4.2 국가평면좌표계

(1) 평면직각좌표원점

평면직각좌표원점은 타원체를 평면으로 투영하기 위한 투영정점의 위치에 따라 평면좌표계가 사용되고 있다(표 9-3).

좌표계 원점의 축척계수로는 $m_o = 1.0000$을 사용하며 각 좌표계별로 북쪽을 N(X)축, 동쪽을 E(Y)축으로 하고, N(X)축을 기준으로 우회로 방위각을 나타내며 원점좌표는 각각 (0 m, 0 m)로 하고 있다. 이 좌표원점의 수치는 측량법에 따른 국가기준점측량과 공공측량에서 채택하고 있으며, 지형도로 나타낼 때에는 음($-$)의 부호가 나타나는 것을 방지하기 위하여 가상의 수치를 더하여 원점의 좌표를 ($X_o = 600,000$ m, $Y_o = 200,000$ m)로 하고 있다. 이때의 가산된 좌표계가 종횡선좌표(national grid)를 구성하며 실용적으로 종횡선좌표와 표고를 채용하는 방법이 권장된다. 종횡선좌표가 바로 지도좌표이다.

---

7 Gauss Double Projection, 타원체를 원점에 접한 구체에 투영한 후 다시 횡원통에 투영한다.

표 9-3 평면좌표계 원점

원점	투영정점의 위치	원점 가산값
서부원점(서)	38°N, 125°E	$X_o = 600,000$ m, $Y_o = 200,000$ m
중부원점(중)	38°N, 127°E	$X_o = 600,000$ m, $Y_o = 200,000$ m
동부원점(동)	38°N, 129°E	$X_o = 600,000$ m, $Y_o = 200,000$ m
동해원점(해)	38°N, 131°E	$X_o = 600,000$ m, $Y_o = 200,000$ m

표 9-4 구소삼각원점(지적)

원점	투영정점의 위치	비고
망산원점	37°43′07.060″N, 126°22′24.596″E	수도권
계양원점	37°33′01.124″N, 126°42′49.685″E	
조본원점	37°26′35.262″N, 127°14′07.397″E	
가리원점	37°25′30.532″N, 126°51′59.430″E	
동경원점	37°11′52.885″N, 126°51′32.845″E	
고초원점	37°09′03.530″N, 127°14′41.585″E	
율곡원점	35°57′21.322″N, 128°57′30.916″E	대구권
현창원점	35°51′46.967″N, 128°46′03.947″E	
구암원점	35°51′30.878″N, 128°35′46.186″E	
금산원점	35°43′46.532″N, 128°17′26.070″E	
소라원점	35°39′58.199″N, 128°43′36.841″E	

(2) (구)평면직각좌표원점

종전의 좌표계로서 지형도와 지적도에서 사용한 좌표계이며, 표 9-3에서 원점 가산값 수치가 다름에 주의가 필요하다. 지적측량에서는 3개의 원점(새로운 동해원점을 제외한다)을 사용하고 지적도와 임야도로 나타낼 때에는 음(−)의 부호가 나타나는 것을 방지하기 위하여 가상의 수치를 더하여 원점의 좌표를 (X=500,000 m, Y=200,000 m)로 하고, 다만 제주도 지역에 대하여는 중부원점의 좌표를 (X=550,000 m, Y=200,000 m)로 하고 있다.

또한 수도권 일부 지역과 대구경북의 일부 지역에 대한제국 구소삼각원점(지적측량 법령에서는 기타원점이라고 함)이 설정되어 있으며 표 9-4에서와 같이 현재까지도 이를 유지하고 있다. 이때의 좌표에서는 (−)부호를 그대로 사용하고 원점의 좌표를 (0 m, 0 m)으로 하고 있다.

예제 9.2

GRS80 타원체 기준의 $\phi = 35°54´22.7036″$, $\lambda = 128°48´7.0828″$, $h = 106.377$ m인 위성 기준점(TEGN)에 대하여 평면좌표를 계산하라. 국토지리정보원 공개자료실에서 "좌표변환프로그램(WGI PRO ver. 2.53)"을 다운받아 동부원점을 적용한다.

풀이 GRS80 타원체의 변수들을 사용하여 동부원점(39°, 129°) 기준의 평면좌표를 계산한다.

$$N(X) = 367{,}666.720 \text{ m}, \quad E(Y) = 182{,}123.545 \text{ m}$$

역변환은 정확도를 검증하기 위해 적용해 보기를 권고한다.

9.4.3 투영보정

s를 평면거리, t_1, t_2를 방향각이라면 상한을 고려하여 다음이 성립한다.

$$
\begin{aligned}
s &= \sqrt{(x_2 - x_1)^2 + (y_2 - y_1)^2} \\
\tan t_1 &= \frac{y_2 - y_1}{x_2 - x_1} \\
t_2 &= t_1 + 180°
\end{aligned}
\tag{9.19}
$$

타원체면(구면)상의 거리와 방향각 S, T를 평면상의 거리와 방향각 s, t값으로 바꾸기 위해서는 다음의 식을 사용해야 한다. 즉, 투영평면상으로의 보정량을 사용해야 한다.

$$
\begin{aligned}
s &= S \cdot \left(\frac{s}{S}\right) \\
t_1 &= T_1 - \delta \\
T_2 &= T_1 + 180 - 2\delta
\end{aligned}
\tag{9.20}
$$

이때 선축척계수 $\dfrac{s}{S}$와 방향보정량(단거리이므로 $\delta_1 = \delta_2$) δ는 다음 식을 사용한다.

$$
\frac{s}{S} = 1 + \frac{(y_1 + y_2)^2}{8R^2} = 1 + \frac{y_m^2}{2R^2}
\tag{9.21}
$$

$$
\delta = \frac{\rho''}{2R^2}(x_2 - x_1)y_m
\tag{9.22}
$$

단, $y_m = \dfrac{y_1 + y_2}{2}$

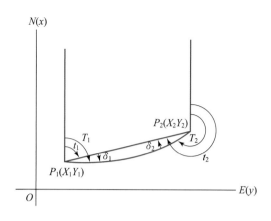

그림 9-11 방향보정

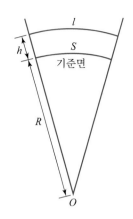

그림 9-12 표고보정의 역계산

각의 경우는 등각투영법을 사용하므로 큰 차이가 없다. 표고의 경우에는 해발표고에 따라 구면(타원체)상에서 지표면상의 값으로 바꾸어야 한다. 그림 9-11에서

$$l : S = (R+h) : R$$

$$l = S\left(1 + \frac{h}{R}\right) = S + \frac{Sh}{R} \tag{9.23}$$

여기서 $R = 6370 \text{ km}$, h는 평균표고, S는 기준면상의 거리, l은 지표면상의 수평거리이다.

예제 9.3

트래버스 측선 AB의 평균표고 351.72 m이고 수평거리가 122.619 m이다. 국가평면좌표계상의 지도평면에서의 평면거리를 구하라. 단, 측선 AB의 선축척계수는 0.9999911이다.

풀이 평균해면보정량 $= -\dfrac{(122.619)(351.72)}{6,370,000} = -0.0068 \text{ m}$

타원체면상의 구면거리 $= 122.619 - 0.0068 = 122.6122 \text{ m}$

AB측선의 평면거리 $= 122.6122 \times 0.999911 = 122.601 \text{ m}$

예제 9.4

도로중심선상의 점 P(157,062.283 m, 612,910.741 m), 기준점 Q(157,104.290 m, 612,963.524 m)일 때 이 지역의 평균표고가 265 m라고 한다면 측설(10장 설명 참조)에 필요한 수평거리를 구하라.

풀이 PQ 간 좌표차 dX＝42.007 m, dY＝52.783 m, 평면거리＝67.4584 m

$$y_{\mathrm{m}} = 612,937.1325 \text{ m}, \text{ 선축척계수} = 1 + \frac{y_{\mathrm{m}}^2}{2\mathrm{R}^2} = 1.00462938$$

구면거리＝1.004629×67.4584＝67.7707 m

$$\text{평균해면보정량} = -\frac{(67.771)(265)}{6,370,000} = -0.0028 \text{ m}$$

지표면상의 수평거리＝67.7707＋0.0028＝67.7735 m(역보정이므로 부호가 반대임)

9.5 좌표변환

국부좌표계에 의한 좌표(x', y')를 국가좌표계 또는 임의좌표계에 의한 좌표(x, y)로 변환하는 문제는 측량과 수치지도 분야에서 필요로 하고 있다.

그림 9-13은 국부좌표계(x', y')를 국가좌표계(x, y)로 변환하고자 할 때 두 좌표계의 기지점 A, B를 이용하는 등각변환의 경우를 보여주고 있다. 여기서는 다음의 좌표변화를 처리해야 한다.

• 좌표원점의 이동 x_0, y_0

• 좌표계의 회전 θ

• 축척계수 q

먼저 기지점 A, B로부터 축척계수와 회전량(표정량) θ는 다음과 같이 구할 수 있다.

$$q = \frac{s_{\mathrm{AB}}}{s'_{\mathrm{AB}}} \tag{9.24}$$

$$\theta = \alpha_{\mathrm{AB}} - \alpha'_{\mathrm{AB}} \tag{9.25}$$

여기서 s'_{AB}와 α'_{AB}는 국부좌표계의 거리와 방위각이며 s_{AB}와 α_{AB}는 국가좌표계의 값이다. 따라서 국부좌표계를 국가좌표계로 변환하는 기본식은

$$\Delta x = q\, s'_{\mathrm{AB}} \cos(\alpha'_{AB} + \theta)$$
$$\Delta y = q\, s'_{\mathrm{AB}} \sin(\alpha'_{AB} + \theta) \tag{9.26}$$

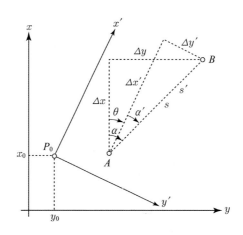

그림 9-13 등각변환

다시 쓰면

$$\Delta x = \mathrm{q}\,(s'_{AB}\cos\alpha'_{AB}\cos\theta - s'_{AB}\sin\alpha'_{AB}\sin\theta)$$
$$\Delta y = \mathrm{q}\,(s'_{AB}\sin\alpha'_{AB}\cos\theta + s'_{AB}\cos\alpha'_{AB}\sin\theta) \tag{9.27}$$

$s'_{AB}\cos\alpha'_{AB} = \Delta x'$ 등과 같이 좌표차로 나타내면 다음과 같다.

$$\Delta x = \mathrm{q}(\cos\theta\,\Delta x' - \sin\theta\,\Delta y')$$
$$\Delta y = \mathrm{q}(\sin\theta\,\Delta x' + \cos\theta\,\Delta y') \tag{9.28}$$

그러므로 국부좌표계상의 다른 점 $P_i\,(x'_i,\,y'_i)$는 점 A를 이용하여 다음과 같이 구할 수 있다. 즉, 원점에서 이동량 $x_0,\,y_0$가 있다면 그 크기는

$$x_0 = x_A - \left(q\cos\theta\,x_A{}' - q\sin\theta\,y_A{}'\right)$$
$$y_0 = y_A - \left(q\sin\theta\,x_A{}' + q\cos\theta\,y_A{}'\right) \tag{9.29}$$

이므로 점 $P_i\,(x'_i,\,y'_i)$의 좌표는 다음에 의하여 구할 수 있다.

$$x_i = x_o + \mathrm{q}\cos\theta\,x_i{}' - \mathrm{q}\sin\theta\,y_i{}'$$
$$y_i = y_o + \mathrm{q}\sin\theta\,x_i{}' + \mathrm{q}\cos\theta\,y_i{}' \tag{9.30}$$

한편 두 좌표계 간의 기지점이 2점보다 많을 경우에는 최소제곱법을 적용해야 한다.

평면좌표계 간의 변환에서는 위에서 설명한 등각변환(conformal transformation)이 널리 사용되고 있으나 어핀변환(affine transformation)이 필요한 경우도 종종 발생된다. 어핀변

환은 형상이 유지되는 등각변환과는 달리 원이 타원으로 변환되는 등 형상이 유지되지 않고 평행선은 평행선으로 나타나므로 이 변환방법은 사진측량이나 수치지도에서 더 적합한 방법이다.

예제 9.5

야외관측에서 독립적인 좌표계에서 구한 A, B, C점의 좌표가 다음과 같다. A, B점이 국가좌표계에 따른 기지점이라고 할 때 C점의 좌표를 변환하라.

점	국부좌표계(x', y')	국가좌표계(x, y)
A	(2000.000, 2000.000)	(6479.45, 7319.13)
B	(1640.152, 2033.719)	(6119.61, 7355.90)
C	(1722.637, 2047.622)	?

풀이 $s_{AB} = 361.714$ m, $s'_{AB} = 361.424$ m

$\alpha_{AB} = 174°9'56''$, $\alpha'_{AB} = 174°38'48''$

$\therefore$ q = +1.000802, $\theta = -0°28'52''$

식 (9.29)로부터 점 A를 이용하여 원점이동량을 구하면

$x_o = 4461.107$ m, $y_o = 5334.405$ m

그러므로 점 C의 국가 y_o좌표계의 값은 식 (9.30)으로부터

$x_c = 6202.275$ m, $y_c = 7369.119$ m

연습문제

9.1 표고, 타원체고, 지오이드고의 관계를 설명하라.

9.2 한국측지계2002를 설명하라.

9.3 국가위치기반에 대하여 논하라.

9.4 TM, MTM, UTM을 비교, 설명하라.

9.5 예제 9.1에서 역계산을 하고, 비교하라.

9.6 다음은 미국측지국(NGS)에서 제공하는 웹사이트이다. 예제 9.1의 수치를 사용하여 결과를 확인하라.

   (1) Latitude/Longitude/Height $\rightarrow$ XYZ

   http://www.ngs.noaa.gov/cgi-bin/xyz_getxyz.prl

(2) XYZ $\rightarrow$ Latitude/Longitude/Height

http://www.ngs.noaa.gov/cgi-bin/xyz_getgp.prl

(참고) 미국 세계측지계(NAD83)의 타원체는 GRS80이며, 북반구(Northern Hemisphere)와 동경(East)을 사용한다.

9.7 대한민국 경위도원점의 수치는(127°03′14.8913″E, 37°16′33.3659″N)이다. 중부원점(38°N, 127°E)을 사용하여 TM투영계산하고 평면좌표를 구하라. 또한 이에 대한 역계산을 통해 검증하라. 단, 국토지리정보원 공개자료실에서 "좌표변환프로그램(WGI PRO ver. 2.53)"을 다운받아 적용한다.

9.8 문제 9.7의 결과를 이용하여 경위도원점의 경위도좌표를 역계산하라.

9.9 시공측량 현장에서 임의좌표계에서 관측한 n − e좌표를 새로운 N − E좌표로 수정할 필요가 있다고 한다. 기준점 A, B를 이용하여 C점의 수정좌표를 구하라.

점	임의 좌표계(n, e)	수정 좌표계(N, E)
A	(450.000, 250.000)	(569.836, 198.463)
B	(522.240, 337.367)	(659.294, 268.100)
C	(475.250, 309.500)	?

참고문헌

1. 국토교통부 국토지리정보원, 삼각점측량작업규정, 2009.
2. 국토교통부 국토지리정보원, 위성기준점, http://www.ngii.go.kr/index.do
3. 이영진, GPS/LIS와 수치지도용 국가평면좌표계에 관한 연구, 한국측지학회지, 16(2), 1998.
4. 이영진, GGRF 유엔총회결의, 한국측량학회 학술발표회, 2015.
5. 이영진, 정광호, 이흥규, 권찬오, 송준호, 조준래, 남기범, 차상헌, GPS 망 조정에 의한 3등측지기준점의 세계측지계 성과 산정, 한국측량학회지, 2007.
6. 日本測量協會, 現代測量學(I, II, III), 1983.
7. 長谷川 昌弘 外 9人, 改訂新版 基礎測量學, 電氣書院, 2010.
8. Torge, W., Geodesy: an introduction, translated into English by C. Jekeli, 1980.
9. IAG, IAG Handbook 2008, 2008, http://iag-aig.org/
10. Schofield, W. and M. Breach, Engineering Surveying(6th ed.), CRC, 2007.
11. Torge, W., Geodesy(3rd ed.), 2001.
12. Uren, J. and W. F. Price, Surveying for Engineers(5th ed.), Macmillan, 2010.

10

시공측량 · 계측

10.1 개설

10.1.1 시공측량

(1) 공사시공

모든 건설공사는 도로·철도·하천 등의 신설을 위한 노선측량, 즉, 조사측량의 측량성과를 기초로 작성된 설계도서와 시방서에 따라 시행하는 것이 보통이다. 설계도서에는 공사의 위치 등을 표시하는 도면(평면도, 종단면도, 횡단면도, 표준횡단면도 및 구조물의 입면도, 측면도, 평면도, 상세도 등)과 계산서가 있으며, 시방서는 설계자가 도면이나 계산서 등 설계도서에 표시하지 못한 의견을 전달하기 위하여 만든 보편적인 지시서라고도 할 수가 있다.

시공측량은 설계도서나 시방서에 따라 건설공사에 필요한 점의 위치나 경사를 현지에 측설(layout 또는 setting out)하고 준공하기 위한 공사시공중의 측량을 말하며, 측량[1]의 정

---

1 측량이란 공간상에 존재하는 일정한 점들의 위치를 측정하고 그 특성을 조사하여 도면 및 수치로 표현하거나 도면상의 위치를 현지에 재현하는 것을 말하며, 측량용 사진의 촬영, 지도의 제작 및 각종 건설사업에서 요구하는 도면작성 등을 포함한다.(출처: 측량법령)

의 중에서 '도면상의 위치를 현지에 재현하는 것'과 이에 따른 검사와 도면작성이 해당된다. 시공측량은 공사에 따라 다르나 다음과 같이 분류한다.

- 현지답사(시공현장조사)
- 지장물 상세조사, 가설물 설치측량 등 공사준비측량
- 설계 확인측량(설계도서, 시방서 등의 검사와 현지 확인)
- 공사시설물의 위치설정과 경사선 설정 등의 측설
- 관리측량(굴착관리, 운토관리, 변동관측 등 정보화 시공)
- 준공검사, 검측, 준공도서 등록 등 준공측량
- 안전계측, 모니터링 시스템 등 계측관리

현지의 시공측량 작업은 보통 다음 단계에 따라 이루어진다.

① 검사측량(검측): 측설계획서 또는 도면을 검토하고 기존 측량 데이터와 정확도를 확인, 검사한다. 측설계획 도면이 없다면 이를 추가한다. 또한 현장을 조사하여 측설에 제약이 되는 장애물을 파악하고 측설방법에 따른 거리 또는 각측정 가능성을 검토한다.

② 기준점 확인 및 인조점 설치: 기지점의 이동 여부를 파악하고 기준점(수평 및 수직)과 주요점에 대하여 인조점을 설치해 두고 복원이 가능하도록 관리한다. 또한 토공을 제외한 교량, 터널, 댐 등 구조물의 경우에는 시공기준점을 설치하여 소정의 측설 정확도를 확보하고 유지관리에 활용할 수 있도록 해야 한다.

③ 수평측설 및 수직측설 작업: 측설 데이터의 준비, 중심선(lines)의 설치와 복원, 경사선(grades)을 위한 규준틀 설치 등이 핵심작업이며, 항시 검측할 수 있는 방안을 갖고 있어야 한다.

④ 용지말뚝의 설치: 용지측량의 결과(또는 측설)에 의해 용지경계말뚝을 설치한다.

(2) 건설공사 용어

「건설기술진흥법」[2] 제2조(정의) 1호와 「건설산업기본법」 제2조(정의) 4호에서 "건설공사란 토목공사, 건축공사, 산업설비공사, 조경공사, 환경시설공사, 그 밖에 명칭에 관계없

---

2 건설기술진흥법(법률 제11794호, 2013.5.22. 전부개정) 참조. 건설공사를 하는 업(業)을 "건설업"이라고 하며, 건설공사에 관한 조사, 설계, 감리, 사업관리, 유지관리 등 건설공사와 관련된 용역을 하는 업을 "건설용역업"이라고 한다. 건설산업기본법(법률 제10719호, 2011.5.24)에서 건설산업은 건설업과 건설용역업으로 정의한다.

이 시설물을 설치·유지·보수하는 공사 및 기계설비나 그 밖의 구조물의 설치 및 해체공사 등을 말한다."고 정의하고 있다.

또한 건설기술진흥법 제2조(정의) 2호에서 "건설기술"이란 다음의 기술을 말한다고 정의하고 있으며, 건축설계와 근로자의 안전에 관한 사항은 제외하고 있다.

① 건설공사에 관한 계획·조사·설계·시공·감리·시험·평가 ·측량·자문·지도·품질관리·안전점검 및 안전성 검토
② 시설물[3]의 운영·검사·안전점검·정밀안전진단·유지·관리·보수·보강 및 철거
③ 건설공사에 필요한 물자의 구매와 조달
④ 건설장비의 시운전(試運轉)
⑤ 건설사업관리
⑥ 건설기술에 관한 타당성의 검토, 정보의 처리, 건설공사의 견적

여기서 "감리란 건설공사가 관계 법령이나 기준, 설계도서 또는 그 밖의 관계 서류 등에 따라 적정하게 시행될 수 있도록 관리하거나 시공관리·품질관리·안전관리 등에 대한 기술지도를 하는 건설사업관리 업무를 말한다."고 정하고 있다.

건설기술진흥법 제44조(설계 및 시공기준)에서는 국토교통부장관과 대통령령으로 정한 관련 기관 또는 단체는 건설공사 설계기준, 건설공사 시공기준 및 표준시방서, 건설공사의 전문시방서 등 건설공사의 관리에 필요한 사항을 정할 수 있도록 하고 있다.

10.1.2 스마트 건설

스마트 건설기술은 전통적인 토목·건축기술에 BIM·IoT·Big Data·드론·로봇 등 첨단 기술을 융합한 기술을 말한다. 스마트 건설기술의 예로는 BIM기반 스마트설계(지형·지반 모델링 자동화), 건설기계 자동화 및 통합운영(관제), ICT기반 현장 안전 및 공정관리, IoT센서 기반 시설물 모니터링 기술, 드론·로봇 시설물 진단, 디지털트윈 기반 유지관리(시설물 정보통합, AI기반 최적 유지관리) 등이 있다.

BIM 등 스마트 건설기술을 설계와 시공단계까지 전 과정에 적용한 경우 또는 시설물 유지관리에 적용된 경우를 스마트 건설공사라고 말한다.

---

3 "시설물"이란 건설공사를 통하여 만들어진 구조물과 그 부대시설로서 1종 시설물 및 2종 시설물을 말한다(시설물의 안전관리에 관한 특별법).

10.1.3 공사착수 확인측량

"확인측량"이란 설계자 또는 시공자가 실시한 측량에 대하여 적정성 여부를 확인 할 목적으로 발주청, 공사감독자 또는 건설사업관리기술자와 시공자 등이 합동으로 실시하는 측량을 말한다.[4]

공사착수단계에서 건설사업관리기술자로서 주요한 설계 확인측량 내용은 다음과 같다.

① 시공자는 발주청이 설치한 용지말뚝, 삼각점, 도근점, 수준점 등의 측량기준점을 시공자가 이동 또는 손상시키지 않도록 하여야 하며, 이설이 필요한 경우에는 정해진 위치를 찾아낼 수 있는 보조말뚝을 반드시 설치하도록 하여야 한다. 또한 공사 시행상 수위를 측정할 경우에는 관측이 용이한 위치에 수위표를 설치하여 상시 관측할 수 있게 하여야 한다.

② 시공자는 토공 및 각종 구조물의 위치, 고저, 시공범위, 방향 등을 표시하는 규준시설 등을 설치하도록 하고, 시공 전에 반드시 확인·검사를 하여야 한다.

③ 착공 즉시 시공자는 다음 각 호의 사항과 같이 발주설계도면과 실제 현장의 이상 유무를 확인하기 위하여 확인측량을 실시한다.

1. 삼각점 또는 도근점에서 중간점(IP) 등의 측량기준점의 위치(좌표)를 확인하고, 기준점은 공사 시 유실방지를 위하여 필히 인조점을 설치하여야 하며, 시공 중에도 활용할 수 있도록 인조점과 기준점과의 관계를 도면화하여 비치하여야 한다.

2. 공사 준공까지 보존할 수 있는 가수준점(TBM)을 시공에 편리한 위치에 설치하고, 국토지리정보원에서 설치한 주변의 수준점 또는 발주청이 지정한 수준점으로부터 왕복 수준측량을 실시하여 『공공측량의 작업규정 세부기준』에서 정한 왕복 허용오차 범위 이내일 경우에 측량을 실시하여야 한다.

3. 인접공구 또는 기존시설물과의 접속부 등을 상호 확인 및 측량결과를 교환하여 이상 유무를 확인하여야 한다.

④ 현지 확인측량결과 설계내용과 현저히 상이할 때는 공사감독자에게 측량결과를 보고한 후 지시를 받아 실제 시공에 착수하게 하여야 하며, 그렇지 아니한 경우에는 원지반을 원상태로 보존하게 하여야 한다. 단, 중간점(IP) 등 중심선 측량 및 가수준점(TBM) 표고 확인측량을 제외하고 공사추진 상 필요시에는 시공구간의 확인, 측량야장 및 측량

---

4 국토교통부, 건설공사 사업관리방식 검토기준 및 업무수행지침, 국토교통부고시 제2018-385호(2018.7.1)

결과 도면만을 확인, 제출한 후 우선 시공할 수 있다.

⑤ 확인측량 확인 후에 시공자는 검토의견서, 확인측량 결과 도면(종·횡단도, 평면도, 구조물도 등), 공사비 증감 대비표 등을 작성하고 서명·날인하여 제출한다.

⑥ 시공자는 건축공사 현장에서 필요한 경우 지적법에 따라 확인 측량된 대지 경계선 내의 공사용 부지에 시공자로 하여금 전체동의 건축물을 배치하도록 하여 도로에 의한 사선제한, 대지경계선에 의한 높이제한, 인동간격에 의한 높이제한 등 건축물 배치와 관련된 규정에 적합한지 여부를 확인하고, 건축물 배치도면을 작성하게 하여 제출한다.

10.2 측설 및 검측

10.2.1 시공확인 및 검사

(1) 시공확인 및 검측

① 시공자는 다음 각 호의 현장시공 업무를 수행한다.
- 공사 목적물을 제조, 조립, 설치하는 시공과정에서 가시설공사와 영구시설물 공사의 모든 작업단계의 시공상태
- 시공 확인 시에는 해당 공사의 설계도면, 시방서 및 관계규정에 정한 공종을 반드시 확인
- 시공자가 측량하여 말뚝 등으로 표시한 시설물의 배치위치를 야장 또는 측량성과를 시공자로부터 제출 받아 시설물의 위치, 표고, 치수의 정확도 확인
- 수중 또는 지하에서 행하여지는 공사나 외부에서 확인하기 곤란한 시공에는 반드시 직접 검측하여 시공당시 상세한 경과기록 및 사진촬영 등의 방법으로 그 시공내용을 명확히 입증할 수 있는 자료를 작성하여 비치하고, 발주청 등의 요구가 있을 때에는 이를 제시

② 시공자는 해당 공사의 시방서 및 관계규정에서 정한 시험, 측정기구 및 방법 등 기술적 사항을 확인하고 평한 후 시공하며, 따로 정한 검측업무 절차를 따라야 한다.

③ 현장에서의 시공확인을 위한 검측은 해당 공사의 규모와 현장조건을 감안한 『검측

업무지침』을 현장별로 작성·수립하여 발주청의 승인을 득한 후 이를 근거로 검측업무를 수행한다. 다만, 「검측업무지침」은 검측하여야 할 세부공종, 검측절차, 검측시기 또는 검측빈도, 검측체크리스트 등의 내용을 포함한다.

(2) 기성검사·준공검사 내역

① 기성검사
- 기성부분내역
- 지급자재의 시험기록 및 비치목록
- 시공 완료되어 검사 시 외부에서 확인하기 곤란한 부분(가시설, 고공시설물, 수중, 접근 곤란한 시설물 등)에 대해서 시공당시 검측자료(영상자료 등)로 갈음
- 건설사업관리기술자의 기성검사원에 대한 사전 검토의견서
- 품질시험·검사 성과 총괄표 내용
- 그 밖에 발주청이 요구한 사항

② 준공검사
- 준공도서
- 감리 업무일지 등 제감리기록
- 폐품 또는 발생품 대장
- 지급자재 수불부
- 가시설 철거 및 현장 복구기록(토석 채취장 포함)
- 건설사업관리기술자의 준공검사원에 대한 검토의견서
- 그 밖에 발주청이 요구한 사항

③ 공사감독자는 시공자가 작성 제출한 준공도면이 실제 시공된 대로 작성되었는지의 여부를 검토·확인하여 발주청에 제출하여야 한다. 모든 준공도면에는 공사감독자의 확인·서명이 있어야 한다.

(3) 종횡단 검측

공사의 시공자는 가장 먼저 중심선의 검측을 하되 주요 말뚝의 위치에 중점을 두고 중간말뚝을 검측한다. 또 분실되었거나 불확실한 말뚝은 보충하여 설치한다. 다음에는 수준

측량을 실시하여 TBM의 값을 확인하고 이에 따라 종단수준측량을 하게 된다. 보통 3급수준점(공사용 공공수준점) 또는 2급의 수준측량을 실시하는 것이 적당하다.

임시로 설치한 수준점은 기본수준점에 결합시키는 것은 물론이고 중간에 큰 교량이나 터널의 입구와 같이 중요한 구조물이 있을 때에는 공사에 지장이 되지 않는 곳에 보조 공공수준점을 증설하게 된다. 종단면도에 기재된 외업의 결과를 도면과 대조하여 수치나 도형의 오차를 찾아서 정정하고, 난외의 하부에는 중심선에 대하여 곡선 또는 직선의 여부, 곡선의 방향, 반경, 크로소이드 등의 기록을 평면도와 대조해 둘 필요가 있다.

인접된 공구 간에 서로 다른 수준점을 이용한 경우에는 인접 공구에 걸쳐서 종단계획을 변경하면 좋으나 불가능할 때는 구조물이 적은 공구의 종단계획을 변경해서 접속시킨다.

횡단면도는 종단면도와 같이 건설공사의 기초가 되는 것으로 횡단면도는 토공량과 구조물의 수량 등을 산출하는 기초 자료이며 용지폭 말뚝의 설치에도 영향이 있기 때문에 최소의 노력으로 필요한 정확도를 확보할 수 있게 하여야 한다.

시공측량의 단계에서는 설계도면과 토공량에 변화가 생기는 것이 보통이므로 설계단계에서부터 높은 정확도의 측량도면을 사용해야 한다.

(4) 시공기준점 및 인조점의 설치

토공의 경우에는 지형측량 또는 세부측량에서 사용한 기준점을 사용해도 충분한 정확도가 확보될 수 있다. 그러나 교량, 터널, 댐 등 주요 구조물에 대해서는 높은 정확도의 시공기준점 설치가 필요하다. 이 시공기준점은 준공측량 및 유지관리에서도 그대로 사용할 수 있도록 다양한 조치가 따라야 한다.

중심말뚝은 공사기간 동안에 말뚝이 손상되거나 망실되는 수가 많으므로, 필요에 따라

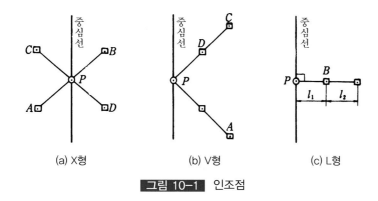

(a) X형   (b) V형   (c) L형

그림 10-1 인조점

언제든지 위치를 재현시킬 수 있도록 주요점에는 인조점을 설치해 두어야 한다. 공사 시공중에는 언제나 소정의 중심선상에서 공사가 시행되고 있는가를 검측해야 하며, 시공고에 대해서도 공사에 과부족함이 없게 해두어야 한다. 특히 터널과 교량 등의 구조물인 경우는 작은 오차도 돌이킬 수 없는 커다란 실패를 가져오는 경우가 있기 때문에 항상 검측(검사측량)을 필요로 한다.

10.2.2 측정량의 측설설계

(1) 측설정확도

측설 및 검측에서는 표준적인 절차와 방법에 따라 구할 수 있는 정확도가 규격화되고 있다.

권장되는 규격으로는 국제표준화기구 건설분과인 ISO/TC59에서 정한 ISO 4463[5]이 있다. 「ISO 4463-Measurement Method for Building(건설용 계측기법)」에서 정한 정확도 기준은 표 10-1에 보여주고 있다. 이 표는 단거리의 측설을 대상으로 하며, 위치와 경사뿐만 아니라 공사시설물의 품질을 위한 규격관리에도 적용할 수 있다.

따라서 설계자는 표 10-1의 표내의 수치보다 작은 수치를 허용오차(P=2.5σ)로 지정한다. 그러면 현지에서는 이에 적합한 표준편차(σ)를 갖는 측량기기를 선택할 수 있다.

측설 이외에 정밀한 측정을 위해서는 ISO/TC172 광학기기분과에서 정한 ISO 17123[6]의 측량기기의 야외관측 성능평가의 기준이 되고 있다.

(2) 측정량의 설계

측정량의 예비분석(preanalysis) 또는 설계(design)는 작업을 시작하기 전에 측정요소들을 결정하는 것으로서 측량될 결과에 대한 정확도, 측정값에 적용시킬 허용오차(tolerance), 적당한 측량방법과 측정장비의 선택에 대한 기본 자료를 제공하기 때문에 측량의 계획 ·

---

5 ISO 4463-1: 1989, Measurement methods for building−Setting-out and measurement−Part 1: Planning and organization measuring procedures, acceptance criteria

ISO 4463-2: 1995, Measurement methods for building−Setting-out and measurement−Part 2: Measuring stations and targets

ISO 4463-3: 1995, Measurement methods for building−Setting-out and measurement−Part 3: Check-lists for the procurement of surveys and measurement services

6 ISO 17123, Optics and optical instruments−Field procedures for testing geodetic and surveying instruments.

표 10-1 측설에서 사용기기별 정확도(근거: ISO 4463)

계측구분	계측기기	표준편차	비고
거리 (길이)	30 m 강철테이프(일반사용)	±5 mm, up to 5 m ±10 mm, 5 m to 25 m ±15 mm, above 25 m	처짐/경사 보정후
	30 m 강철테이프(정밀사용)	±3 mm, up to 10 m ±6 mm, 10 m to 30 m	처짐/경사/온도 보정후
	EDM(단거리용, 일반사용)	±10 mm, 30 m to 50 m ±10 mm+10 ppm, above 50 m	30 m 이상거리 권장됨
	EDM(정밀작업용)	±5 mm+5 ppm	
각 설정	20″데오돌라이트, 정반시준	±20″(±5 mm in 50 m)	단방향 시준정확도 3배 저하됨
	1″데오돌라이트, 정반시준	±5″(±2 mm in 80 m)	
	1″데오돌라이트, 정반시준 /토털스테이션	±3″(±1 mm in 50 m)	
수직선	기포관레벨	±10 mm in 3 m	
	추(3 kg), 자유	±5 mm in 5 m	
	추(3 kg), 오일 고정	±5 mm in 10 m	
	데오돌라이트, 광학구심	±5 mm in 30 m	
	광학구심(연직선)장치	±5 mm in 100 m	
	레이저(가시광선)	±7 mm, up to 100 m	
레벨 (높이)	기포관레벨	±5 mm in 5 m distance	
	water level	±5 mm in 15 m distance	
	자동레벨	±5 mm in 25 m distance	
	레벨(공사용)	±2 mm, per sight	1시준
	레벨(엔지니어용)	±2 mm, per sight ±10 mm, per km	1시준
	레벨(정밀용)	±2 mm, per sight ±8 mm, per km	1시준
	레이저(가시광선)	±7 mm, up to 100 m	
	레이저(적외선)	±5 mm, up to 100 m	

설계에서 매우 중요하다.

예비분석에서는 정오차가 소거된 것으로 보며 정밀도가 정확도를 나타낸다고 가정한다. 각각의 측정값들이 서로 독립 측정된다고 가정하면 선형모델인 경우에 우연오차의 전파 법칙을 직접 적용할 수 있다.

$$Y = a_1 X_1 + a_2 X_2 + \cdots \ a_n X_n \tag{10.1}$$

$$\sigma_y{}^2 = a_1{}^2 \sigma_{x1}{}^2 + a_2{}^2 \sigma_{x2}{}^2 + \cdots + \sigma_n{}^2 \sigma_{xn}{}^2 \tag{10.2}$$

여기서 최종결과에 대한 σ_y를 규정이나 경험으로부터 정하고, 측정값들을 모두 같은 정확도로 측정한다고 가정하면 측정에 필요한 한계를 다음과 같이 구할 수 있다.

$$\frac{\sigma_y{}^2}{n} = a_1{}^2 \sigma_{x1}{}^2 = a_2{}^2 \sigma_{x2}{}^2 = \cdots = a_n{}^2 \sigma_{xn}{}^2$$

$$\therefore \ \sigma_{xi} = \frac{\sigma_y}{|a_i|\sqrt{n}} \tag{10.3}$$

여기서 $i = 1, 2, \cdots, n$이며, 비선형인 모델일 경우에는

$$\sigma_y{}^2 = \left(\frac{\partial Y}{\partial X_1}\right)^2 \sigma_{x1}{}^2 + \left(\frac{\partial Y}{\partial X_2}\right)^2 \sigma_{x2}{}^2 + \cdots + \left(\frac{\partial Y}{\partial X_n}\right)^2 \sigma_{xn}{}^2$$

$$\therefore \ \sigma_{xi} = \frac{\sigma_y}{\left|\dfrac{\partial Y}{\partial X_i}\sqrt{n}\right|} \tag{10.4}$$

식 (10.3)과 식 (10.4)에 의해 얻어진 오차는 최종결과에 균등하게 영향을 주고 있으며, 이때 측정값들이 균형을 이룬 정확도를 갖고 있다고 말한다. 기계의 성능과 제한 때문에 동등한 정확도를 유지하기 어려운 경우에는 한 측정요소의 허용한계를 크게 하고 다른 정확도 한계는 낮게 측정하도록 설계할 수도 있다.

예제 10.1

$L = 85\,\mathrm{m}$, $W = 60\,\mathrm{m}$인 정방형 저장고를 설치하고자 할 때 면적을 $\pm 0.6\,\mathrm{m^2}$의 표준오차까지 허용한다면, 동등한 정확도를 가질 각 변의 측정정확도를 구하라.

풀이 $A = LW$, $n = 2$를 식 (10.4)에 대입하면

$$\sigma_L = \frac{\sigma_A}{\left|\dfrac{\partial A}{\partial L}\sqrt{2}\right|} = \frac{0.6}{60\sqrt{2}} = 0.007\,\mathrm{m}$$

$$\sigma_W = \frac{\sigma_A}{\left|\dfrac{\partial A}{\partial W}\sqrt{2}\right|} = \frac{0.6}{85\sqrt{2}} = 0.005\,\mathrm{m}$$

즉, 7 mm와 5 mm 정확도로 측정해야 한다.

예제 10.2

삼각수준측량을 할 경우에 연직거리는 $h = S \sin \theta - t$로 구해진다.

(a) 이때 $S = 400$ m, $\theta = 30°$이고 $\sigma_h = \pm 0.01$ m의 표준오차를 허용한다면 동등한 정확도를 가질 측정값의 표준오차를 구하라.

(b) 측각기계가 $\pm 5.0''$로서 측정이 가능하다면 측정해야 할 거리 S와 기계고 t의 정확도를 구하라.

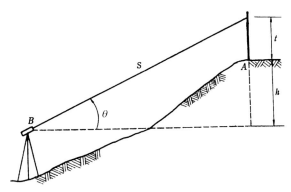

풀이 (a) $\dfrac{\partial h}{\partial S} = \sin \theta = 0.500, \quad \dfrac{\partial h}{\partial \theta} = S \cos \theta = 346$ m, $\quad \dfrac{\partial h}{\partial t} = -1$이므로

$$\therefore \sigma_s = \frac{0.010}{0.5\sqrt{3}} = 0.0115 \text{ m}$$

$$\sigma_\theta = \frac{0.010}{346\sqrt{3}} = 1.67 \times 10^{-5} \text{ rad.} = 1.67 \times 10^{-5} \times \left(\frac{3600}{\pi}\right) = 3.4''$$

$$\sigma_t = \frac{0.010}{1\sqrt{3}} = 0.0058 \text{ m}$$

(b) $\sigma_h{}^2 = (0.500)^2 \sigma_s{}^2 + (346) \alpha_\theta{}^2 + (-1)^2 \sigma_t{}^2$

$\sigma_\theta = 5.0'' = 2.4 \times 10^{-5}$ rad., $\sigma_h = 0.01$이므로

$$(0.500)^2 \sigma_s{}^2 + \sigma_t{}^2 = \sigma_h^2 - (346)^2 \sigma_\theta{}^2 = 3.10 \times 10^{-5} \text{ m}^2 = (0.0056 \text{ m})^2$$

$$\therefore \sigma_s = \frac{0.0056}{0.500\sqrt{2}} = 0.0079 \text{ m}$$

$$\sigma_t = \frac{0.0056}{1\sqrt{2}} = 0.0040 \text{ m}$$

즉, 각을 $\pm 5''$ 허용한계로 잰다면 S는 8 mm, t는 4 mm의 허용한계로 측정해야 한다.

10.2.3 수평측설

(1) 수평측설

수평측설(plan control 또는 horizontal control)은 구조물 또는 시공물(details)의 설계 지점(신점)을 현지에 설치하는 것으로서, 이들 측설에서는 수평각의 측설, 2개 기지점의 연장선상에 점의 설정, 직선의 연장, 정확한 수평거리의 설정, 평면상에 곡선의 설정 등의 세부작업이 이루어진다. 신점 설치는 다음 방법에 따른다.

① 기존 시공물을 이용하는 방법: 소규모이거나 건물인 경우에는 기존에 완성된 건물선을 이용하여 신점을 측설한다. 지거법은 정확도가 낮으므로 사용하지 않는다.

② 기준점 또는 좌표에 의한 방법: 기존에 3개의 기지점을 이용하여 방사법(각과 거리) 또는 교회법에 의해 신점을 측설한다.

③ 토털스테이션의 3차원 후방교회법: 3기지점에 의한 후방교회법으로 기계점을 구한

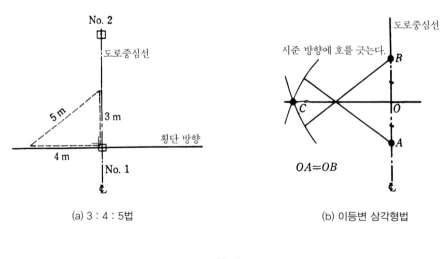

(a) 3 : 4 : 5법   (b) 이등변 삼각형법

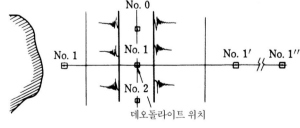

(c) 데오돌라이트법

그림 10-2 시준말뚝의 설치

후에 방사법으로 신점을 측설한다.

(2) 중심선의 직각방향

도로중심선에 대해서 직각방향을 잡는 방법으로 데오돌라이트(또는 TS)를 사용하는 방법이 가장 정확하며, 3 : 4 : 5법 또는 이등변삼각형법 등 간편법도 사용된다. 이 중에서 그림 10-2의 데오돌라이트 또는 TS법을 설명하면 다음과 같다.

① 중심말뚝 No.1에 데오돌라이트(또는 TS)를 세운다. 분도원의 눈금을 0°에 맞추고 하부운동으로 전방의 No.0을 시준한다.

② 상부운동으로 90°만큼 회전하여 말뚝을 박고 테이프로 정확히 거리를 재 둔다.

③ 망원경을 반전하여 반대쪽에 시준말뚝(sight peg)을 박는다.

④ 다시 망원경을 반전하여 먼저 설치한 말뚝을 확인한다.

⑤ 시준말뚝 No.1, No.1′ 외에 손상될 수 없는 먼 거리(약 20 ~ 100 m)에 시준말뚝을 설치한다. 이 말뚝은 규준틀의 설치와 중심말뚝의 복원에 이용된다.

10.2.4 수직측설

(1) 수직측설

수직측설(height control 또는 vertical control)은 구조물 또는 시공물(details)의 설계 높이 지점을 현지에 설치하는 것으로서, 레벨을 사용하는 경우에는 매우 간단하다. 이들 측설에서는 특정한 표고상에 점을 설정, 수평선 또는 수평면의 설정, 경사선 또는 경사면의 설정이 이루어진다. 이 밖에 연직선 설정장비(optical plummet 또는 vertical laser)가 연직선의 설정이나 검사에 사용되고 있다.

(2) 규준틀의 설치

공사현장에 목적물을 시공하기 위하여 설치된 정규를 규준틀(batter boards)이라 하며, 그 종류는 다음과 같다.

① 위치와 경사를 표시하는 것: 성토나 절토 또는 돌쌓기, 블록쌓기 등의 비탈모양이고, 그 위치를 현장에 목편으로 표시한 것이다.

② 위치와 높이를 표시하는 것: 대개 터파기를 실시할 때 이용되며 측구나 도로의 종단 구조물과 같은 벽종류와 횡단구조물의 관거종류 이외에도 교대, 교각 등의 터파기에 이용된다.

중심말뚝과 높이에 대한 검측이 완료되면 공사시공에 필요한 각종의 측량이 시작되므로 규준틀 설치에 필요한 계산을 하며, 횡단면도에 의해 주요 부분의 중심점으로부터의 거리, 높이 등을 계산해 둘 필요가 있다. 보통 표준횡단면도에 번호를 부여하고 표로 만들어 두면 규준틀 설치가 용이하다.

절토나 성토의 비탈어깨와 비탈끝에 박는 말뚝을 비탈말뚝(slope stakes)이라 하며, 이것을 평탄한 곳에 설치할 때에는 계획횡단면도에서 중심말뚝과 비탈어깨 및 비탈 끝의 위치 관계를 구하여 그 거리를 현지에 옮기면 된다. 성토부의 경우에는 비탈 끝과 비탈어깨에 규준틀을 설치하며, 절토부에서는 경사를 보통 1 : 1로 하는 점에서 차이가 있다.

(3) 기초말뚝의 설치

기초말뚝의 경우에는 간격과 푸팅(footing) 등 하부구조와의 상대위치를 정확히 측량한 다음에 작업을 시작한다. 또 측량결과는 규준틀을 만들어 중심 방향을 찾기 쉽게 하고 있는데, 많이 이용되는 방법은 그림 10-3과 같이 중심선 방향과 직각 방향으로 시준말뚝을 박아두는 방법이다.

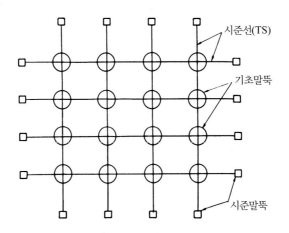

그림 10-3 기초말뚝 위치를 정하는 방법

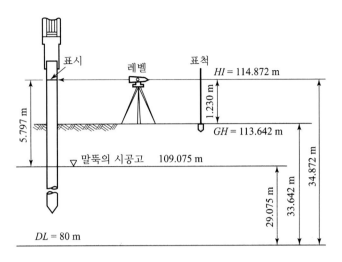

표시 레벨 표척 $HI = 114.872$ m

1.230 m

$GH = 113.642$ m

5.797 m

▽ 말뚝의 시공고 109.075 m

34.872 m

29.075 m

33.642 m

$DL = 80$ m

그림 10-4 기초말뚝 박기

기초말뚝박기에 있어서는 위치와 연직축 방향을 관측하여 처짐이 발생하지 않도록 시공해야 하며, 타설 후와 설계상의 차이가 $D/4$(D는 직경)에 있으면 좋다. 그림 10-4는 말뚝박기를 멈추기 위한 측량방법을 도시하고 있다.

10.3 시공측량 응용

10.3.1 도로공사

(1) 도로공사 일반

도로공사 시공측량에서 가장 중요한 것은 중심선의 설정이다. 설계도면을 근거로 중심선을 현지에 재현하고, 이 중심선을 따라 각 공정단계마다에 규준틀을 설치하여 공사를 진행시킨다(중심선의 설치에 대해서는 11장 참조).

도로공사 시공의 경우에는 구조물 등으로부터 착공되는 경우가 많기 때문에 구조물용 말뚝과 도로중심말뚝과의 연관성을 잘 알고 있어야 한다. 공사를 착공하기 전에 여러 가지 검사와 인조점의 설치가 끝나면 다음과 같은 순서로 도로 공사측량이 이루어진다.

① 횡단 방향 시준말뚝의 설정

② 중심말뚝의 이설

③ 도로중심말뚝, IP 말뚝의 복원

④ 규준틀의 설치

⑤ 검측

⑥ 용지말뚝의 설치

(2) 중심선의 이설과 복원

도로공사를 시공하는 단계에서는 중심말뚝을 이설하고 다시 복원하는 경우가 빈번하다. 이때 주요점(IP, BC, EC) 말뚝 등의 인조점을 이용하여 이설, 설치된 시준말뚝을 이용하여 이설, 부근의 구조물(콘크리트옹벽, 측구, 축대 등)을 이용하여 이설하는 방법을 사용한다.

여기서 시준말뚝은 3~5개의 중심말뚝마다 1개씩 설치하며, 그림 10-5와 같이 중심말뚝 No.0에서 A 말뚝(시준말뚝)까지 10 m, B 까지 12 m 등과 같이 이설일람표를 작성해 두면 편리하다. 성토한 경우에 중심말뚝을 복원하기 위해서는 B 에 기계를 세우고 반대쪽에 있는 시준말뚝 A 를 시준하고, B 에서 No.0까지의 거리를 측설하면 된다.

절토한 지역에서는 다음과 같은 방법에 의해 복원한다(그림 10-6 참조).

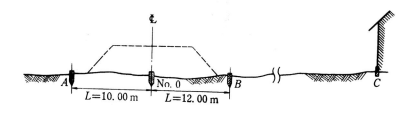

그림 10-5 중심말뚝의 설치

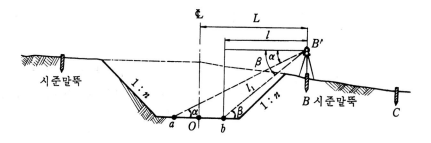

그림 10-6 절토부의 중심말뚝 복원

① 시준말뚝 B에 데오돌라이트 또는 TS를 세우고, 시준말뚝 A를 시준한 후, 다시 반전하여 시준말뚝 C를 시준하여 위치를 확인한다. 오차가 클 경우에는 다른 인조점말뚝을 이용하고, 맞는 경우에는 B점에서 시준 가능한 점 a, b를 잡아 각각 $\angle\alpha, \angle\beta$를 측정한다.

② $\triangle abB'$에 의해 $bB' = l_1$의 길이를 구한다.

$$l_1 = \frac{ab\sin\alpha}{\sin(\beta-\alpha)} \tag{10.5}$$

③ l_1의 수평거리 l을 구한다.

$$l = l_1\cos\beta \tag{10.6}$$

④ OB의 수평거리 L은 기지(시준말뚝 설치 시에 측정)이므로 다음과 같이 구해진다.

$$Ob = L - l \tag{10.7}$$

⑤ 그러므로 b점에서 Ob의 거리를 측정하면 중심말뚝 O가 설치 복원된다.

⑥ 이와 같은 방법으로 중심말뚝점들이 복원되면 직선부는 일직선상에 있어야 하며, 곡선부에서는 주요점(BC, EC)을 확인하고 곡선설치와 같은 방법으로 검사할 수 있다.

10.3.2 터널공사

터널공사 시공측량은 터널의 길이와 시공의 난이도에 따라 상당히 높은 정확도를 필요로 하며, 최근에는 레이저를 이용한 중심선·수준선의 위치표시 또는 자이로 데오돌라이트에 의한 방위의 결정, 광파에 의한 거리측정 등 정밀도가 상당히 좋아지고 있다.

터널공사 시공측량에는 일정한 방식이나 순서는 없으나 표 10-2와 같이 표준화할 수 있다. 측량 정확도는 긴 터널일 때에는 관통 전에 시공한 복공의 중심선에는 적어도 ±10 cm 정도의 오차가 있기 때문에 관통점 전후의 구간은 측량도갱을 전진시키면서 중심선을 수정하도록 한다.

현재 터널측량은 측지측량에 준하는 높은 정확도의 정밀측량(precise surveying)의 한 분야로 취급되고 있다.

표 10-2 터널측량의 표준적인 방법

구분	시기	목적	내용	성과
터널 밖 기준점 측량	설계 완료 후 시공 전	굴착용 측량기준점의 설치	트래버스측량 수준측량	기준점의 설치 중심방향 말뚝의 설치
세부측량	터널 밖 기준점 설치 후 시공 전	터널입구 및 터널가설계획에 필요한 상세지형도의 작성	TS측량 수준측량	지형도
터널 내 측량	시공 중	설계중심선의 터널 내 설치 및 굴착, 동바리, 거푸집 설치의 조사	트래버스측량 수준측량	기준점 설치
작업말뚝에서의 측량	작업터널 완료 후	작업터널로부터 중심선 및 수준의 도입	상동 또는 특수 측량방법	기준점 설치
통과높이 측량	공사 완성 후	터널 사용목적에 따라 통과높이를 측량	중심선측량 수준측량 단면측량	준공도

(1) 터널 내 기준점(dowel; 다보)의 설치

터널 내에서 중심말뚝이 차량 등에 의하여 파괴되지 않도록 견고하게 기준점을 설치한다. 설치장소는 작업상의 반출입에 지장이 없고 측량기계를 세우기가 용이한 중심선상에 설치한다. 기본다보는 100 m마다, 보조다보는 20 m마다 설치하는 것이 보통이다.

터널의 굴착이 끝난 구간이나 복공이 끝난 구간에는 그림 10-7과 같은 천정다보를 천정에 설치한다. 천정다보를 설치할 때는 기설콘크리트에 설치한 보조다보를 포함하여 최소 3점 이상으로부터 검사해 둘 필요가 있다.

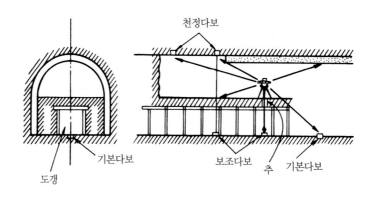

그림 10-7 상부 반단면공법의 천정다보의 설치

(2) 터널내 중심선 설치

터널이 직선일 때는 데오돌라이트 또는 TS로 중심선을 연장한다. 그러나 곡선일 때는 터널 내에 지상에서 이용되는 곡선설치법을 적용하면 되는데, 터널 내가 좁아서 절선편거와 현편거법이나 트래버스측량에 의하게 된다. 중심선측량을 할 때는 가능한 범위에서 현장을 길게 잡고 기계를 세우는 횟수를 적게 한다.

① 작업상의 절취중심을 내려면 현장을 될 수 있는 범위에서 길게 잡고 절선편거와 현편거를 계산하여 이에 따라 절선편거법과 현편거법을 적용한다. 간략법은 현편거법도 그림 10-8처럼 옵셋(지거)을 이용하게 된다. 이렇게 하여도 $R \geq 300$ m이면 $l = 20$ m에 대해서는 실제상의 오차는 생기지 않는다.

② ①의 방법으로는 오차가 누적될 위험이 있기 때문에 터널이 어느 정도 길게 되면 트래버스를 짜고 거리와 내각을 측정하여 정확한 위치를 정한다. 이 트래버스법에는 그림 10-9의 내접다각법과 그림 10-10의 외접다각법의 두 가지가 있다.

③ 터널 내의 수준점은 보통 중심점에 설치한다. 중심점 다보나 천정에 구멍을 뚫고 핀을 콘크리트로 고정한 것 등을 이용하게 된다. 터널 내의 고저 측량에 표척과 레벨을 사용하는 것은 지상측량과 같으나 레벨의 십자선과 표척을 조명할 필요가 있다.

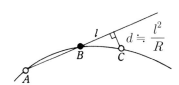

그림 10-8 현편거법(간략법)

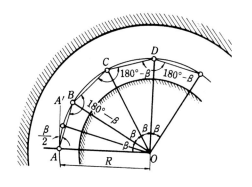

그림 10-9 내접다각형법

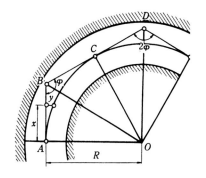

그림 10-10 외접다각형법

241

10.3.3 교량공사

교량은 용도에 따라 철도교, 도로교, 보도교 등으로 분류되고, 재료에 따라 강교, 철근콘 크리트교, PS교 등으로 분류된다. 그러나 교량공사 시공측량에 있어서는 하부공, 하부가 설공, 상판공 등으로서 공통되는 경우가 많으므로 여기서는 도로교를 중심으로 설명한다. 교량측량도 터널측량과 함께 정밀측량으로 취급된다.

(1) 상세설계 측량

교량설치 예정지점의 지형도(축척 1/200~1/500 정도)를 작성하고 지형도상에 계획중심 선을 삽입한다. 이 중심선에 따라 종단측량(축척은 종횡단 모두 1/100~1/500) 및 수심측 량을 하여 종횡단면도를 작성한다. 이상의 측량성과에 지질조사의 결과를 참작하여 교량 의 형식, 스팬(span)비율 등을 공사비와 비교하여 결정하고, 이에 따라 교대·교각 위치의 횡단측량을 적당한 간격(기초 터파기의 토량 등의 산출에 충분할 정도)으로 실시하고 횡 단면도를 작성한다.

(2) 교각위치와 지간측량

결정된 계획에 따라 현지에 교각의 위치를 측설해야 하는데 그 순서는 다음과 같다.

① 노선의 중심선을 현지에 측설한다.
② 노선 중심선상의 정해진 위치에 교대, 교각의 위치 및 방향을 설치한다.
③ 여기에 교대, 교각의 좌표와 시공 중에 받침부의 위치를 구한다.

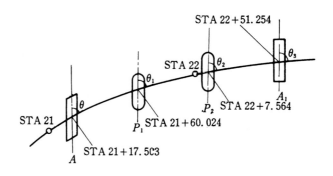

그림 10-11 하부구조물 위치의 결정

지간측량의 방법은 직접측거법과 간접측거법의 두 방법으로 나누게 되며, 직접거리측정법에는 주로 강철테이프나 피아노강선이 사용되지만 광파측거기의 사용도 고려할 수 있다. 또 간접측거법으로는 삼각측량에 의하는 것이 보통이지만 지간이 긴 경우에는 여러 종류의 측거법으로 정확하게 측정해 두는 것이 좋다.

최근 노선의 선형이 대단히 복잡해짐에 따라 교량의 선형도 복잡하므로 교량의 중심선 측량을 실시할 때에는 특히 다음 사항에 유의해야 한다.

① 교량의 전후에 있는 기준점의 확인과 교량과의 관련성을 확인해야 한다.

② 하부구조의 기준점과 인조점의 확인, 공사기간의 장단, 가설현장의 상황 등에 따라 달라지나 교대와 교각의 위치와 수준점 표고를 점검해 놓아야 한다.

③ 특히 기초구조의 공사를 착수하기 전, 기초에서 하부구조의 공사에 들어가기 전, 하부구조가 완료되어 상부구조가 시작되기 전에 점검이 필요하다.

예제 10.3

사각형 트래버스점 T_5, T_6, T_7, T_8 중에서 T_5, T_6을 이용하여 교량 중간점 No.5의 위치를 점검 계산하라. 점검은 T_5, T_6에 기계를 세우고 변장과 각을 이용하여 중간점 No.5를 확인한다.

기준점	x좌표 (m)	y좌표 (m)
T_5	− 3 387.995	− 50 688.497
T_6	− 3 390.276	− 50 626.766
T_7	− 3 284.398	− 50 605.779
T_8	− 3 290.163	− 50 671.421
No.5	− 3 361.753	− 50 652.205

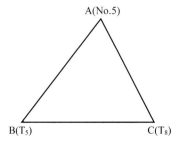
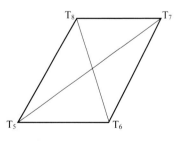

풀이 $T_5 T_6 = \sqrt{\Delta x^2 + \Delta y^2} = 61.773 \text{ m}$

$$T_5 \, No.5 = 44.786 \, m$$

$$T_6 \, No.5 = 38.219 \, m$$

$$\alpha = \cos^{-1}\frac{b^2+c^2-a^2}{2bc} = 96°6'3'', \quad \beta = 38°31'5'', \quad \gamma = 45°22'51''$$

$\alpha + \beta + \gamma = 180°$(수 초 이내이면 작업에 지장이 없다.)

그러므로, T_5에 TS를 세우고 눈금을 $38°31'5''$에 맞춘 후 하부운동으로 T_6를 시준한다. 상부운동으로 $0°0'0''$가 되는 시준선상에 $44.220 \, m$(T_5 No.5)의 거리를 잡으면 된다. 반대로 T_6로부터 $45°22'51''$와 $38.689 \, m$를 사용하면 구해진다.　■

10.3.4 도로매설관공사

도로매설관에는 상수도관, 하수도관, 가스관, 전신·전력케이블관 등이 있으며, 도로매설관공사 시공 전에 기설의 지하매설물에 대한 종류, 위치, 깊이 등을 충분히 조사해야 하고 계획고와 경사관계를 정확히 검사해야 한다. 특히 경사가 퍼밀(‰, 1/1,000)로 나타내는 경우에는 TBM 등에 세심한 주의가 필요하다.

그림 10-12는 이미 시공된 맨홀과 맨홀 간에 관을 설치하는 경우, 규준틀 설치에 대한 예이다. 수준측량을 실시할 때는 TBM을 측구에 설치하면 좋으며, 수평 규준틀을 도로계

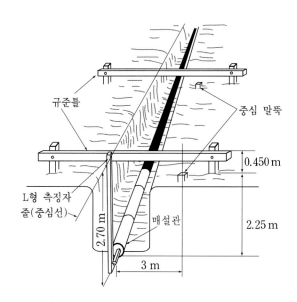

그림 10-12 도로매설관공사와 규준틀

획선에 설정하고 관정, 관저, 관상 등에 높이를 구해 두어야 한다.

예제 10.4

그림과 같이 도로에 하수관을 묻기 위해 규준틀을 설치하고 각 점들의 높이를 수준측량한 것이다. 미지의 값들을 결정하라.

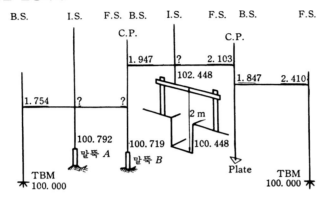

풀이 밑줄 친 수치는 기지값을 나타낸다.

B.S.	I.S.	F.S.	H.I	G.H.	R.M.
1.754			101.754	100.000	TBM. 100.000 m
			(101.754)	100.792	말뚝 A
1.947	0.962	1.035	102.666	100.719	말뚝 B(TP 점)
			(102.666)	102.448	규준틀
1.847	0.218	2.103	102.410	100.563	(TP 점)
		2.410		100.000	TBM 100.000 m

10.4 시설물의 계측

10.4.1 시공기준점측량

시설물측량이란 암반(rocks), 댐(dams), 플랜트 구조물 등 각종 시설물과 지반을 대상으로 조사, 설계제작, 시공, 유지관리 전 과정에서 필요로 하는 현황조사측량, 시공측량, 유지관리측량 등을 포함하고 있다. 건설공사를 위한 측설 등에서 위치기준이 되는 시공기준점은 국가기준점과 독립적인 네트워크를 구성하여 작업할 때가 많고, 정확도가 높기 때문에 도면작성과 분리하여 관리할 필요가 있다.

영국토목학회(Institution of Civil Engineers, ICE)의 건설공사를 위한 측설의 가이드라인(the management of setting out in construction)에서 정한 시공기준점측량의 허용편차(permitted deviation)는 표 10-3과 같다.

허용교차(P)는 조정성과(좌표조정법 등)와 측정값과의 차이를 말하고, $P = 2.5\sigma$이며,

표 10-3 측설 · 시공기준점의 허용교차

구분	등급	거리	각	높이
1차 기준점 네트워크 Primary control network (L; m)	1급	$\pm 0.5\sqrt{L}$ mm	$\pm \dfrac{0.025}{\sqrt{L}}$ degrees	± 5 mm (BM간 250 m 이내)
	2급	$\pm 0.755\sqrt{L}$ mm	$\pm \dfrac{0.75}{\sqrt{L}}$ degrees	
2차 기준점 트래버스 Secondary control traverse (L; m)		$\pm 1.5\sqrt{L}$ mm	$\pm \dfrac{0.09}{\sqrt{L}}$ degrees	± 3 mm(구조물 TBM간) ± 5 mm(BM간)
3차 기준점 Teritory control (L; m)	그룹1(구조물) Structures	$\pm 1.5\sqrt{L}$ mm	$\pm \dfrac{0.09}{\sqrt{L}}$ degrees	± 3 mm
	그룹2(도로) Roadworks	$\pm 5.0\sqrt{L}$ mm	$\pm \dfrac{0.15}{\sqrt{L}}$ degrees	± 5 mm
	그룹3(수로) Drainage	$\pm 7.5\sqrt{L}$ mm	$\pm \dfrac{0.20}{\sqrt{L}}$ degrees	± 20 mm
	그룹4(토공) Earthworks	$\pm 10,0\sqrt{L}$ mm	$\pm \dfrac{0.30}{\sqrt{L}}$ degrees	± 30 mm

출처: 영국토목학회 가이드라인

그림 10-13 관측기준망과 관측점(콘크리트 댐)

68% 오차는 *P*를 2.5로 나눈 값을 나타낸다. 허용오차(tolerance)는 기준점측량이나 측설작업에서 3.0σ를 고려해야 한다.

10.4.2 시설물 변위측량

변위측량에서는 각종 시설물이나 지반에 설치한 측점의 위치를 결정하고 변위를 모니터링하기 위하여 정확도, 절차, 측량설계 등을 통해 안전한 유지관리를 목적으로 하고 있다. 그림 10-13은 댐 구조물의 변위측량 네트워크를 보여주고 있다.

변위측량의 측량성과는 관측시기(epoch)별 위치(좌표)이므로 그 좌표차(coordinate differencing)를 분석하거나 또는 관측차(observation differencing)를 구하여 변위량을 구한다. 이때 절대변위(absolute displacements)인 수평변위와 수직변위를 사용하며, 상대변위인 편차(deflection)와 인장(extention)을 구하게 된다.

변위측량에서는 변위량인 좌표차가 과대오차와 혼합되어 나타나므로 좌표조정법 등의 매우 특별한 절차와 기법이 요구된다. 또한 변위에 대한 평가단계에서는 측량공학 전문가 외에 지반 및 구조공학 전문가와 전문기관의 조언도 필요하다.

구조물의 변위측량에서 측점변위의 요구 정확도(허용오차)가 수평 10 mm라고 한다면 관측시기별로 2 mm 이상의 최고난도 측량작업이 필요하다.

10.4.3 머신콘트롤시스템(MCS)

(1) 정보화시공

정보화 시공이란 GPS와 TS, 인터넷, PC, LAN, 각종 센서 등 하드웨어를 결합하고 이를 소프트웨어로 통합관리하여, 종래의 공법을 기본으로 각종 공사계측과 시설물계측에 활용하는 측량시스템을 말한다.

이는 측량성과인 좌표(위치)를 기반으로 하는 3차원 계측시공이며, 현장에서 "위치를 측정하는 측량기술"이 발전한 것이다. 정보화시공은 공사시공의 안전성과 품질의 향상, 공기단축에 따라 시공물의 품질신뢰도를 높여 생산성 향상과 비용절감을 기능하게 하는 새로운 측량 시스템이며, 건설중장비를 운영하는 시공분야에서 크게 활용되고 있다.

표 10-4는 건설기계 자동화에서 측지센서별로 가능한 정확도를 보여주고 있으며 시공의 대부분에서 높이 정확도가 2～3 cm를 요구하므로 토털스테이션 활용이 필수적이다. 또

한 시공 중에 기성(완성부문) 관리에서도 데이터를 전자적으로 기록할 수 있고, 임의점에서의 계측이 용이하게 되므로 품질관리가 용이하다.

정보화시공은 시공현장에서 위치를 계측하고 디지털 데이터 활용이 핵심이다. 계측된 위치데이터와 설계 데이터를 비교하면서 시공 및 시공관리에 활용된다.

(2) MCS 종류

건설현장에서는 위성측위시스템(GPS)과 토털스테이션(TS) 등을 조합한 고도 측위시스템이 측량, 검사분야에 이용되고 있다. ICT기술과 전자화된 시공도면 등의 데이터를 통해

표 10-4 Machine Automation에서 측지센서의 사양

구분	높이정확도 (mm)	수평정확도 (mm)	최고 속도	guidance system	control system
Motor Grader	10~20	10~20	35 km/hr	보유	높이만 가능
Dozer	10~30	20~50	12 km/hr	보유	높이만 가능
Excavator	20~30	20~30	static	보유	무
Asphalt Paver	3	5	10 m/min	무	높이만 가능
Concrete Paver	3	5	2 m/min	무	보유
Curb & Gutter	5	5	5 m/min	무	보유
Milling Machine	3	5	15 km/hr	무	높이만 가능
Roller	3	10	10 km/hr	무	높이만 가능

표 10-5 Machine Control/Guidance System의 비교

구분	String lines or Stakes	Rotating laser systems	Robotic Total Station	GPS
차원	3D	1D(height only)	3D	3D
시공기준점	많은 측설용기준점	1점 이상	머신당 1점	1점
현장설치	불필요	다수회	다수회	1회
시공기준점당 머신수	불필요	제약 없음	TS당 1대	제약 없음
최대거리	근거리 센서작업	300 m 이내	700 m 이내	수 km 이내
시야선 불량 시	영향 없음	활용 감소됨	활용 감소됨	영향 없음
정확도	mm 수준	mm 수준	mm~cm	cm 수준
주요 활용분야 (guidance)	도로포장 guidance	grader 높이의 정밀설정 도로포장 guidance	grader, excavator, scraper, dozer의 guidance	dozer의 guidance 정밀 농업

시공현장에서는 측량 등의 계측작업을 합리화하고, 건설기계의 자동제어 항법시스템에 의해 품질, 정확도의 향상과 규준틀이 없는 시공 등 시공효율의 향상이 기대된다.

MCS(Machine Control System)는 다음 세 종류로 대별되며, 표 10-5는 MCS을 비교해 둔 것이다.

- 레이저 MCS
- 토털스테이션 MCS
- GPS MCS

TS는 노반 등의 시공에서 높은 정확도가 필요한 경우에 사용되며 GPS는 여러 대의 기

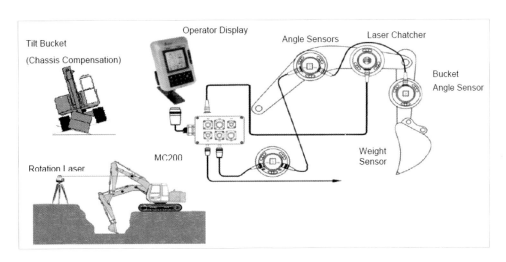

그림 10-14 Machine Control(MC200 Digger, Leica)

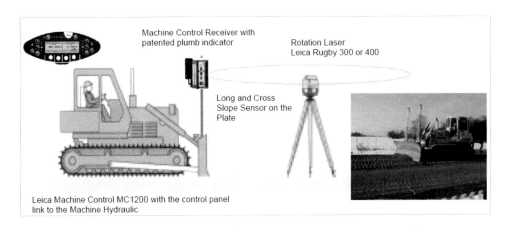

그림 10-15 Machine Control(MC1200 Doger System, Leica)

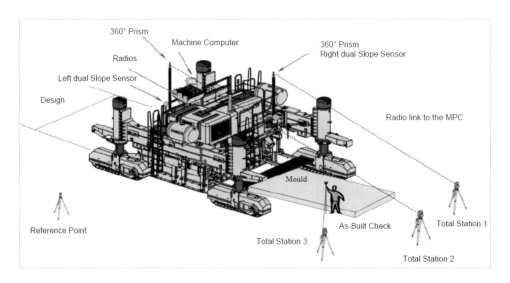

그림 10-16 3D Machine Control(MC1200 Doger System, Leica)

계를 측위하는 경우에 사용한다. GPS도 레이저 스캐너를 병용하면 정확도 보정이 가능하므로 높은 정확도가 필요한 경우에도 적용될 수 있다.

그림 10-14, 그림 10-15, 그림 10-16은 각각 주요한 건설기계별로 MCS를 적용하는 개념을 보여주고 있다.

10.4.4 철도 검측차량

선로, 전차선, 신호, 통신 등 각종 철도 시설물의 유지보수 정보를 신속하고 정확하게 계측하기 위해 고속종합검측차량을 개발하였으며, 이탈리아의 Archimede, 프랑스의 IRIS 320, 일본의 EAST-i, 중국의 CRH380, 스위스의 EM250 등이 대표적이다. 고속종합검측차

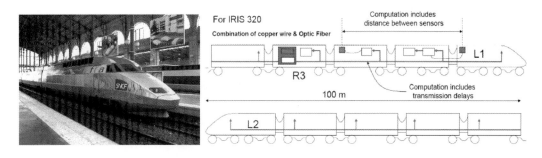

그림 10-17 프랑스 IRIS 320 편성조합

는 250~400 km/h의 속도로 각종 철도시설물의 유지보수 정보를 수집하고 있으며, 차륜 센서, GNSS 등을 기반으로 유지보수 지점의 위치정보를 파악하고 있다.

프랑스 IRIS 320은 프랑스에서 개발된 최고속도 320 km/h급의 고속종합검측차로 차량, 궤도, 전차선, 신호, 통신 등 선로시설물의 이상을 탐지한다. IRIS 320은 150개의 센서, 12대의 워크스테이션, 18개의 안테나, 차상데이터의 전송 및 GIS기술과 연계한 데이터프로세싱으로 열차 및 시설물 위치추적을 주요 특징으로 하고 있다.

이탈리아 Archimede 검측차는 이탈리아가 제작한 고속종합검측차로 최고 250 km/h의 속도로 철도 시설물의 유지보수정보 계측이 가능하다. 고속환경에서 정확한 유지보수 위치성능을 확보하기 위해 Archimede는 차륜센서 외에도 유럽연합의 보강항법시스템인 EGNOS를 이용한 DGPS 시스템, 도플러레이더센서, 트랜스폰더(RFID), 마일스톤 디텍터(KP인식장치)를 융합하여 위치검지시스템을 적용 중이다.

10.5 건설공사 도면관리

10.5.1 준공도면 작성

「건설기술진흥법」에 따른 건설공사의 '설계도서' 또는 '준공도서' 중 좌표(위치)를 기반으로 하는 각종도면의 작성은 측량법령에 따른 '지도' 또는 '각종 건설사업에서 요구하는 도면작성[7]'에 해당된다고 볼 수 있다.

또한 각종 건설공사의 준공도면의 작성은 「수치지도 수정용 건설공사 준공도면 작성에 관한 지침」[8]에 따라야 한다. 이는 지형·지물의 변동을 유발하는 건설공사를 시행하는 건설공사 시행자에 적용한다. 여기서 건설공사 준공도면이라 함은 각종 건설공사가 완료됨에 따라 공사에 의해 변동된 지형지물을 규정된 도식 및 정확도에 따라 수치지도 수정에 활용하고자 작성된 최종 도면을 말한다.

준공도면은 위치도와 공사계획평면도로 구성하며, 위치도는 공사지역의 행정구역명 및

---

7 '측량이란 공간상에 존재하는 일정한 점들의 위치를 측정하고 그 특성을 조사하여 도면 및 수치로 표현하거나 도면상의 위치를 현지에 재현하는 것을 말하며, 측량용 사진의 촬영, 지도의 제작 및 각종 건설사업에서 요구하는 도면작성 등을 포함한다'로 정의한다(출처: 측량법령).

8 국토지리정보원, 수치지도 수정용 건설공사 준공도면 작성에 관한 지침, 국토지리정보원 고시 제2009-945호.

시종점을 명시하고, 공사계획평면도는 공사에 의해 변동된 지형지물을 최신의 수치지도를 이용하여 연속된 평면도면으로 작성한다.

준공도면 작성의 일반원칙은 다음과 같다.

① 준공도면은 전산파일로 작성한다.
② 준공도면은 공사완료 후의 현장상태와 일치하고 지형지물의 누락이 없도록 한다.
③ 준공도면은 축척 1/1,000~1/1,200 도면을 활용하여 연속된 평면도면으로 작성한다.

준공도면에서 사용하는 지형지물의 분류체계는 「수치지도작성 작업규칙」에 의한 분류체계에 따르고, 표준도식을 적용한다. 이 밖에 준공도면 작성을 위하여 건설공사 시행자는 국토지리정보원장이 발행한 최신의 1/5,000 축척 이상의 수치지도를 참조하거나 공공측량 성과 심사를 필한 수치지도를 사용하여 정확도를 확보한다.

준공도면 작성의 세부 작업계획에는 다음의 사항이 포함되어야 한다.

① 사용할 수치지도: 축척, 발행기관 및 수치지도 종류
② 사용할 기준점: 정확도 확보 계획
③ 세부 측량 계획: 지형지물의 도형정보 취득
④ 현지조사 계획: 지형지물의 속성정보 취득
⑤ 지형지물 표현 및 도면 작성 계획
⑥ 품질확보 방안, 건설공사 측량자료의 활용 계획

10.5.2 건설도면의 전자납품

(1) 전자납품

「건설기술진흥법」 제19조(건설공사지원통합정보체계의 구축)에서는 국토교통부장관은 건설공사과정의 정보화를 촉진하고 그 성과를 효율적으로 이용하도록 건설공사지원통합정보체계의 구축을 위한 기본계획을 수립하고, 국가정보화 기본계획과 연계하여 건설공사 지원통합정보체계를 구축하도록 하고 있다.

'건설 CALS(Continuous Acquisition & Life-cycle Support)란 건설사업의 기획 · 설계 · 시공 · 유지관리 등 전 과정에서 발생되는 정보를 발주청, 관련업체 등이 전산망을 활용하여 교환 · 공유하기 위한 통합 정보화 체계'를 말한다.

건설 CALS는 「건설기술진흥법」[9]에 근거를 두며 모든 도면은 전자화된 형태로 작성하되 단체표준으로 공고된 「건설 CALS/EC 전자도면 작성표준[10]」에 따르도록 하고 있어 각종 도면작성과 도면제출을 "전자납품"하도록 하고 있다.

(2) 설계도서의 제출

관리주체와 공단은 제출받은 감리보고서·시설물관리대장 및 설계도서 등 관련 서류를 보존하여야 한다."고 규정하고 있다. 여기서 공단이란 한국시설안전공단을, 관리주체란 관계 법령에 따라 해당 시설물의 관리자 또는 해당 시설물의 소유자이다.

따라서 시설물의 시공자는 설계도서 등 관련 서류를 관리주체와 한국시설안전공단에 제출하여 보존될 수 있도록 하여야 한다.

표 10-6은 시설물별 설계도서 제출 목록[11]을 보여주고 있다.

표 10-6 시설물별 설계도서 제출 목록

시설물 구분	설계도면
1. 교량	위치도(또는 배치도), 평면도, 단면도(종·횡), 상부·하부 구조물도, 빔상세도, 신축이음장치·교좌장치 상세도 등
2. 터널	위치도(또는 배치도), 평면도, 단면도(종·횡), 강지보·Rockbolt·Shotcrete·Lining도, 구조물도, 굴착공법 및 보조공법 도면, 보수도면, 기계설비·전기설비도면, 환기시설, 대피소, 갱문, 옹벽, 방수도, 배수도, 관리사무실, 계측 및 기기도 등
3. 지하차도	위치도(또는 배치도), 평면도, 단면도(종·횡), 구조물도, 빔상세도, 굴착공법 및 보조공법 도면, 방수도, 배수도 등
4. 복개구조물	위치도(또는 배치도), 평면도, 단면도(종·횡), 상부 및 하부구조물도, 빔상세도, 신축이음 및 교좌장치 상세도 등
5. 항만	• 공통: 위치도(또는 배치도), 평면도, 단면도(종·횡) 등 • 토목: 계류시설 및 갑문시설 구조도면[Chamber·Aqueduct·안벽·호안·접안·하역·외곽시설(방파제)] 등 • 건축: 구조도(조작실, 관리소) 등 • 기계: 문비·권양기·Aqueduct 기기 배치도, 조립도, 상세도, 펌프설비 등 • 전기: 갑문 관련 전기 및 계장 설비도 등

---

9 건설기술진흥법 및 건설기술개발 및 관리 등에 관한 운영규정(국토교통부 훈령 2011-730호)
10 기본설계 등에 관한 세부시행기준 및 건설공사의 설계도서 작성기준, 국토교통부고시,
    https://www.calspia.go.kr/intro/introStandard02.do
11 국토해양부고시 제2010-1093호(2010.12.31. 개정), 시설물정보관리 종합운영규정, 별표 1 참조.

시설물 구분	설계도면
6. 댐	※ 본댐 및 조정지댐 관련 설계도서 • 공통: 위치도(또는 배치도), 평면도, 단면도(종 · 횡) 등 • 토목: 구조도(댐체, 여수로, 방수로, 수로터널) 등 • 건축: 구조도(발전소) 등 • 기계: 문비 · 권양기 · 수압철관 · Anchorage 배치도, 조립도, 상세도 등 • 전기: 문비 관련 전기 및 계장 설비도 등
7. 건축물 8. 지하도상가	• 공통: 위치도(또는 배치도), 평면도, 단면도(종 · 횡) 등 • 건축도면: 배치도, 평면도(주요층, 기준층), 입면도, 단면도 • 구조도면: 평면 및 단면도, 배근도, 철골 접합 상세도 등 • 기계설비도면: 승강기, 냉 · 난방 및 환기 등 • 전기설비도면: 조명, 통신, 방송, 변전 및 발전 등 • 소방설비도면: 방화 구획도, 옥내 · 외 소화전, 스프링클러 등 • 급배수설비도면: 계통도, 수조 및 정화조(배치도, 평면도, 단면도) 등
9. 하구둑	• 공통: 위치도(또는 배치도), 평면도, 단면도(종 · 횡) 등 • 토목: 제방, 수문, 교량상세도(종 · 횡단면도, 일반도, 구조도) 등 • 기계: 갑문 · 수문 · 권양기 배치도, 조립도, 상세도 등 • 건축: 조작실 도면(구조도면 포함) 등 • 전기: 문비 관련 전기 및 계장설비도 등
10. 수문	• 공통: 위치도(또는 배치도), 평면도, 단면도(종 · 횡) 등 • 토목: 구조도 등 　－수문: 문주, 암거, 권양대, 날개벽 　－빗물펌프장: 유입수조, 펌프실, 전동기실, 토출수조, 유수지 등 • 기계: 배치도, 조립도, 상세도 등 　－수문: 문비, 문틀, 권양기 　－빗물펌프장: 펌프, 전동기, 천정크레인, 제진기 등 • 건축: 조작실 도면(구조도면 포함) 등 • 전기: 문비 관련 전기 및 계장 설비도 등
11. 제방	위치도(또는 배치도), 평면도, 단면도(종 · 횡), 제방 표준 단면도, 횡단도 및 종단도, 제방 횡단구조물 상세도(수문, 암거, 육갑문 등), 제방 접합부 상세도(교량, 보 접합부 등) 등
12. 상하수도 13. 공공하수 　　처리시설	• 공통: 위치도, 시설물 배치도, 평면도, 단면도(종 · 횡) 등 • 토목: 수처리 계통도, 일반도 및 구조도, 상세도 등 　－수도시설: 취수장 · 정수장 · 관로시설 · 가압장 · 배수지 · 배출수 처리시설 　－하수처리장: 침사지 · 펌프장 · 수처리 · 슬러지 처리 · 방류관거 • 기계: 각종 기계류 계통 및 설치 상세도 등 • 전기: 전기 및 계장 설비의 계통 및 설치 상세도 및 관로 전기방식 설치 보고서 등 • 건축: 각종 건축물의 일반도 및 구조도, 상세도 등
14. 옹벽 및 　　절토사면	• 공통: 위치도(또는 배치도), 평면도, 단면도(종 · 횡) 등 • 옹벽: 일반도, 구조도 등 • 절토사면: 일반도 및 구조도 등(앵커, 옹벽, 피암터널 등이 있는 경우 동 구조도 포함)

시설물 구분	설계도면
15. 보	• 공통: 위치도(또는 배치도), 평면도, 단면도(종·횡) 등 • 토목: 구조도(고정보, 가동보, 어도, 관리교) 등 • 건축: 구조도(조작실, 관리소, 발전소) 등 • 기계: 수문·권양기·발전설비, 조립도, 상세도 등 • 전기: 기계 관련 전기 및 계장 설비도 등
관련문서	• 준공보고서, 설계보고서 • 공사시방서(특별시방서 포함) • 각종 계산서(구조, 수리, 수문, 강재, 용량, 기전설비 등) • 토질 및 지반조사 보고서 • 그 밖에 시공상 특기한 사항에 관한 보고서

출처: 시설물정보관리 종합운영 규정

10.5.3 시설물 유지관리

"시설물"이란 건설공사를 통하여 만들어진 구조물과 그 부대시설로서 도로·철도·항만·댐·교량·터널·건축물 등 공중의 이용 편의와 안전을 도모하기 위하여 특별히 관리할 필요가 있거나 구조상 유지관리에 고도의 기술이 필요하다고 인정하여 정하는 시설물로 정의하고 있다.[12] 이 밖에도 「재난 및 안전관리 기본법」에 따른 재난발생의 위험이 높거나 재난 예방을 위하여 계속적으로 관리할 필요가 있는 '특정관리대상시설'이 있다.

또한 "유지관리"란 완공된 시설물의 기능을 보전하고 시설물 이용자의 편의와 안전을 높이기 위하여 시설물을 일상적으로 점검·정비하고 손상된 부분을 원상복구하며, 경과시간에 따라 요구되는 시설물의 개량·보수·보강에 필요한 활동을 하는 것으로 정의하고 있다.

유지관리 활동의 일부로서 "안전점검"이란 경험과 기술을 갖춘 자가 육안이나 점검기구 등으로 검사하여 시설물에 내재되어 있는 위험요인을 조사하는 행위를 말하고, "정밀안전진단"이란 시설물의 물리적·기능적 결함을 발견하고 그에 대한 신속하고 적절한 조치를 하기 위하여 구조적 안전성과 결함의 원인 등을 조사·측정·평가하여 보수·보강 등의 방법을 제시하는 행위를 말한다.

시설물 유지·보수 기술에 의한 시설물의 구분에 따른 진단방법[13]의 예는 표 10-7과 같다. 시설물의 종류별로 진단흐름도와 외관조사의 내용은 달라지게 되며 안전성 평가는 전문가 검토에 따르게 된다.

---

12 「시설물의 안전관리에 관한 특별법(법률 제10719호, 2011.5.24.)」 제2조(정의) 참조.
13 한국시설안전공단, 시설물 안전진단기법, http://www.kistec.or.kr/kistec/tech/

표 10-7 주요 시설물의 안전진단기법

구분	교량	터널	댐	상수도
외관조사				
비파괴시험	콘크리트(반발경도법, 초음파법, 철근탐사, 철근부식도 조사, 탄산화시험) 강재(초음파탐상시험, 자분탐상시험, 방사선투과시험)			
재료시험	시차열 분석, X-Ray 분석, 편광현미경 분석, 주사형 전자현미경 분석			
지하탐사	전기비저항탐사, Radar Tomography 탐사, GPR 탐사, 파일검사			
기타	재하시험	터널측량 내공변위측정 적외선탐사 진동 및 소음측정 수질조사	변위측량 퇴사량조사 수문조사	토양부식 환경조사 관대지 전위차 측정 누수탐사 매설배관 피복손상부 탐사
안전성평가				관로 분야 구조물 분야

연습문제

10.1 공사착수단계 확인측량에 대해 상세히 설명하고, 시공중 기성 검사측량과 준공측량의 중요성을 설명하라.

10.2 도로매설관을 243.8 m 떨어진 X, Y 두 점 간에 1/200의 경사로 설치하려고 한다. X 근처의 $TBM = 153.814$ m이고, X점에 있는 매설관의 지반고=150.821 m일 때 측량한 결과가 다음과 같을 때 물음에 답하라. 여기서 IS는 중간점(IP)에 대한 시준이다.

	읽음값	표척위치
BS	0.811	TBM
IS	a	X에 있는 시준레일 상단
IS	1.073	X점 말뚝
FS	0.549	TP(X와 Y 중간)
BS	2.146	TP(X와 Y 중간)
IS	b	Y에 있는 시준레일 상단
FS	1.875	Y점 말뚝

(a) 수준야장을 작성하고 말뚝의 지반고를 구하라.

(b) 시준레일의 높이를 3 m로 하여 사용하고 있을 때 a, b를 구하라.

(c) X, Y 말뚝으로부터 시준레일의 높이를 구하라.

10.3 교량공사나 하천공사에서 양쪽의 고저차를 정확히 구하기 위한 교호수준측량 방법에 대하여 상세히 설명하라. 또한 각 교대와 교각 근처에 TBM을 설치하는 이유를 밝혀라.

10.4 교량공사현장과 구조물을 제작하는 공장에서 사용하는 강철테이프에 차이가 있다면 어떤 결과를 야기하는지 검토해 보고 이를 보정하는 방안에 대하여 논하라.

10.5 TS/GPS를 이용한 건설자동화 계측시공의 기술사례를 조사, 설명하라.

10.6 국가 CORS를 이용한 자동화시공 사례를 조사하고 향후 전망을 논하라.

10.7 건설정보화에 따른 건설도면작성과 전자납품에 대하여 설명하라.

10.8 준공검사측량과 준공도면의 관리에 대해 설명하라.

참고문헌

1. 이석찬, 김진호, 지계순, 황을룡, 원영희, 응용측량, 건설연구사, 1976.
2. 이영진, ICT시설물측량, 경일대 LIPE사업단, 2015.
3. 이영진, 측량정보학(개정판), 2016.
4. 千葉喜味夫, 應用測量, 日本測量協會, 1978.
5. 松崎彬麿, 工事測量の計劃と實例, 近代圖書, 1979.
6. Kavanagh, B. F., Surveying: principles and applications(8th ed.), Pearson, 2009.
7. Uren, J. and W. F. Price, Surveying for Engineers(3th ed.), Macmillan, 1994.
8. 국토교통부 국토지리정보원, 수치지도 수정용 건설공사 준공도면 작성에 관한 지침, http://www.ngii.go.kr/index.do
9. Günther Retscher, Trajectory Determination for Machine Guidance Systems, Vienna University of Technology, Department of Applied and Engineering Geodesy.
10. Werner Stempfhuber, 1D and 3D Systems in Machine Automation, 3rd IAG/12th FIG Symposium, Baden, May 22-24, 2006.
11. 국토교통부·한국건설기술연구원, 건설기술정보시스템, http://www.codil.or.kr/
12. 국토교통부·한국건설기술연구원, 건설사업정보화, https://www.calspia.go.kr/
13. 법제처 국가법령정보센터, 건설기술진흥법, http://www.law.go.kr/main.html
14. 법제처 국가법령정보센터, 시설물의 안전관리에 관한 특별법, http://www.law.go.kr/main.html
15. 한국시설안전공단, http://www.kistec.or.kr/kistec/index.asp
16. 철도기술연구원, 철도교통 위치검지시스템 기술개발 기획연구 기획보고서, 2012. 국토해양부·한국건설교통기술평가원.

17. ISO, ISO 4463-1: 1989, Measurement methods for building – Setting-out and measurement – Part 1: Planning and organization measuring procedures, acceptance criteria.

18. ISO, ISO 4463-2: 1995, Measurement methods for building – Setting-out and measurement – Part 2: Measuring stations and targets.

19. ISO, ISO 4463-3: 1995, Measurement methods for building – Setting-out and measurement – Part 3: Check-lists for the procurement of surveys and measurement services.

20. 국토교통부, 건설공사 사업관리방식 검토기준 및 업무수행지침, 국토교통부 고시 제2018-385 호(2018.7.1.)

곡선설치법

11.1 원곡선

11.1.1 곡선

도로, 철도 또는 관로 등 직선으로 구성된 시설물을 설치하기 위하여 다양한 측설기법이 이용된다. 그러나 방향의 변화가 있는 곳에서는 두 개의 직선이 연결되어야 하므로 곡선의 측설이 필요하다. 이때 직선과 직선을 연결할 때의 기본선형으로서 원곡선(circular curve)을 사용하며 직선과 원곡선의 연결 등 서로 다른 선형을 연결하기 위한 크로소이드, 3차 포물선 등을 사용한다. 그림 11-1은 원곡선의 기하학을 보여주고 있다.

11.1.2 원곡선의 성질

그림 11-2에서와 같이 한 개의 원호에 대해 이용되는 원곡선의 용어 및 기호는 표 11-1과 같다. 이 원곡선은 직선과 직선을 연결할 때 가장 기본이 된다.

그림 11-2에서 원곡선은 다음과 같은 성질이 있다.

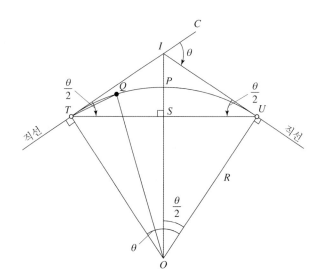

그림 11-1 원곡선의 기하학

표 11-1 원곡선의 용어 및 기호

기호	용어	적요
B.C.	곡선의 시점(Beginning of Curve)	A
E.C.	곡선의 종점(End of Curve)	B
I.P.	교점(Intersection Point)	D
R	곡선의 반경(Radius of Curve)	$OA = OB$
T.L.	접선장(Tangent Length)	$AD = BD$
E 또는 S.L.	외할거리(External Distance)	CD
M	중앙종거(Middle Ordinate)	CM
S.P.	곡선의 중점(Secant Point)	C
C.L.	곡선장(Curve Length)	$\widehat{ACB}$
L	장현(Long Chord)	$\overline{AB}$
l	현장(Chord Length)	$\overline{AF}$
C	호장(Arc Length)	$\widehat{AF}$
I.A. 또는 I	교각(Intersection Angle)	=중심각
δ	편각(Deflection Angle)	$\angle DAF$
θ	중심각(Central Angle)	$\angle AOF$
I/2	종편각(Total Deflection Angle)	$\angle DAB = DBA$

원곡선은 교각 I와 반경 R로 결정되고, 여러 식으로부터 접선장·곡선장 등을 계산할 수 있다. 이러한 원곡선의 성질을 이용하여 곡선을 지상에 옮기는 것을 원곡선의 측설(또는 설치)이라고 한다.

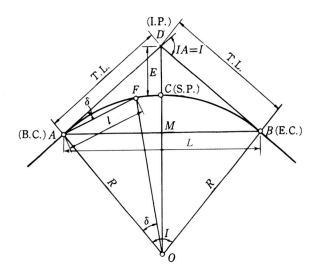

그림 11-2 원곡선의 요소

① $\triangle ADO$에서 $AD = OA \tan \dfrac{I}{2}$

$$\therefore\ T.L. = R \tan \frac{I}{2} \tag{11.1}$$

② $DC = OD - OC = OA \sec \dfrac{I}{2} - OC$

$$\therefore\ E = R\left(\sec \frac{I}{2} - 1\right) \tag{11.2}$$

③ $CG = OC - OG = OC - OA \cos \dfrac{I}{2}$

$$\therefore\ M = R\left(1 - \cos \frac{I}{2}\right) \tag{11.3}$$

④ $AFB = R.I.$

$$\therefore\ C.L. = RI^\circ = RI\left(\frac{\pi}{180}\right)\mathrm{rad} \tag{11.4}$$

⑤ $AB = 2AG = 2AO \sin \dfrac{I}{2}$

$$\therefore\ L = 2R \sin \frac{I}{2} \tag{11.5}$$

11.2 원곡선의 설치

11.2.1 원곡선과 편각

선상구조물의 경우에는 노선상의 점의 위치를 구분하기 위하여 프로젝트의 시점으로부터 누적된 거리인 지점을 나타내기 위하여 누적거리(chainage)를 사용한다. 예로서 누적거리 2,000 m 지점은 도로시점으로부터 도로중심을 따라 2 km인 위치이다.

그림 11-3은 원곡선을 측설하기 위하여 필요한 중심각과 편각(tangential angle)의 관계를 보여주고 있다. 여기서 편각 α는 중심각 2α와 같다는 성질을 이용한다.

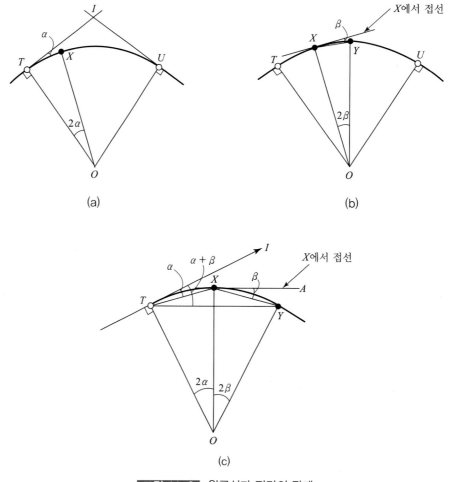

그림 11-3 원곡선과 편각의 관계

11.2.2 편각설치법

이 방법은 Rankine의 편각법(deflection angle method) 또는 접선각법(tangential angle method)이라고 하며 가장 널리 이용된다.

그림 11-4에서 호장(현) l에 대한 편각(접선과 현이 이루는 각) δ [1]는

$$\delta = \frac{l}{2R} = \frac{l}{2R} \cdot \frac{180°}{\pi} (\text{도}) \tag{11.6}$$

(1) 데오돌라이트(토털스테이션)와 테이프에 의한 방법

이 방법은 철도, 도로에서 많이 사용되고 있으나 호장과 현장을 같다고 가정하고 있으므로 곡선반경이 작을 때는 오차가 생기기 때문에 보정해야 한다.

그림 11-4에서 기점부터 20 m(또는 10 m)마다 중심말뚝을 박아 진행할 때 중심말뚝이 원곡선의 시점 A에 일치되지 않고 1점에 위치할 때 20 m 미만인 $A1$을 최초의 단현, 시단

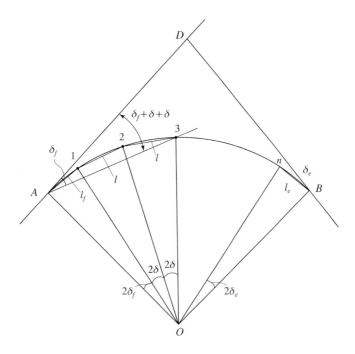

그림 11-4 편각법

---

1 편각은 각도 단위이므로 $\left(\frac{180°}{\pi}\right)$을 곱하면 도(deg) 단위, $\left(\frac{180 \times 3600°}{\pi}\right)$을 곱하면 초(sec) 단위가 된다.

현(first sub-chord)이라고 하고, 같은 방법으로 곡선상에 20 m마다 중심말뚝을 박아갈 때 곡선의 종점 B에 일치되지 않고 그 앞의 n점에 위치하면 20 m 미만인 nB를 최후의 단현, 종단현(end sub-chord)이라고 한다.

시단현 l_f 및 종단현 l_e에 대한 편각을 δ_f 및 δ_e라고 하면

$$\delta_f = \frac{l_f}{2R} \cdot \frac{180°}{\pi} = \delta \frac{l_f}{l} \tag{11.7a}$$

$$\delta_e = \frac{l_e}{2R} \cdot \frac{180°}{\pi} = \delta \frac{l_e}{l} \tag{11.7b}$$

데오돌라이트(토털스테이션)와 테이프를 이용하여 편각법으로 원곡선을 측설하는 방법을 예제를 들어 설명한다.

예제 11.1

기점부터 2259.59 m 지점에 교점(IP)이 있고 반경 R = 200 m, 교각 I = 30°인 원곡선을 데오돌라이트와 테이프를 이용한 편각법으로 측설계산하라. 단, 중심말뚝의 거리는 20 m로 한다.

풀이 원곡선의 측설작업을 계산과 측설로 나눌 수 있으며 설치계산은 다음과 같다.

(1) 설치계산

① 접선장 T.L. $= R \cdot \tan \dfrac{I}{2} = 200 \cdot \tan \dfrac{30°}{2} = 55.59$ m

② 곡선장 C.L. $= R \cdot I = 200 \cdot (30°)\left(\dfrac{\pi}{180}\right) = 104.72$ m

③ 곡선의 시점까지의 거리 $= 2259.50 - 53.59 = 2206$ m

④ 곡선의 종점까지의 거리 = 곡선의 시점의 거리 + C.L. $= 2206 + 104.72 = 2310.72$ m

⑤ 시단현 $l_f = 2220 - 2206 = 14$ m

⑥ 종단현 $l_e = 10.72$ m

⑦ 편각 계산

$$\delta = \frac{l}{2R} = \frac{20}{2 \times 200} \times \frac{180°}{\pi} = 2°51'53''$$

$$\delta_f = \frac{l_f}{2R} = \frac{14}{2 \times 200} \times \frac{180°}{\pi} = 2°00'19''$$

$$\delta_e = \frac{l_e}{2R} = \frac{10.72}{2 \times 200} \times \frac{180°}{\pi} = 1°32'08''$$

⑧ 이상의 계산 결과를 사용하여 곡선의 측설에 편리하도록 곡선중심 측설표를 작

성한다. 현장의 합이 곡선장과 같고 곡선의 종점에 대한 편각 $\delta_6 = 14°59'59''$와 $I/2 =$ 15°가 같아야 하는데, 계산상 $1''$의 차이가 있으나 측설에 영향을 주지 않으므로 그대로 사용한다.

누적거리	곡선상 중심번호	현장	편각	측설편각(BC–IP측선 기준)
	B.C.	0		
2220	1	14	2°00′19″	2°00′19″
2240	2	20	2°51′53″	4°52′12″
2260	3	20	2°51′53″	7°44′05″
2280	4	20	2°51′53″	10°35′58″
2300	5	20	2°51′53″	13°27′51″
2310.72	E.C.	10.72	1°32′08″	14°59′59″

(2) 측설계산

설치계산 후에 그 결과를 갖고 현지에서 측설하는데 그 순서는 다음과 같다.

① TS를 교점 I.P.에 세우고 두 방향선을 시준하여 I.P.부터 T.L.의 길이를 잡아서 곡선의 시점 B.C. 및 종점 E.C.를 정한다.

② TS를 곡선의 시점 B.C.에 옮겨 세우고 교점 I.P. 방향으로부터 $\delta_1 = 2°00'19''$ 만큼 회전한 시준선 중 B.C.부터 $l_f = 14.00$ m를 잡아 곡선상 1점을 측설한다.

③ 교점 I.P.를 기준방향으로 하여 $\delta_2 = 4°52'19''$이 되도록 망원경을 회전한 시준선 중에 1점부터 $l = 20$ m를 잡아 2점을 측설한다.

④ 위와 같은 방법을 계속하여 곡선의 종점 E.C.를 측설한 것과 ①에서 측설한 E.C. 점과의 차이가 측설오차이다.

(2) 두 데오돌라이트법(전방교차법)

현장(chord length)을 측정하기 곤란한 경우에는 두 점에 세운 두 데오돌라이트(또는 토털스테이션)에 의해 측설할 수 있다. 곡선의 시점 A 및 종점 B를 서로 시준할 수 있을 때는 A, B 두 점에 TS를 각각 1대씩 세우고, 곡선 위의 중심점 1, 2, 3, … 등에 대한 편각 $\delta_1, \delta_2, \delta_3, \cdots$ 등을 편각법과 같은 방법으로 계산한다.

A점에서는 AD선, B점에서는 BA선을 기준으로 하여 δ_1각만큼 같은 방향으로 회전시킨 두 시준선의 교차점에 말뚝을 박아 1의 중심점을 측설하고, 같은 방법으로 2, 3, 4, … 등의 중심점을 측설한다(그림 11-5 참조).

이 방법은 거리를 직접 측설하지 않기 때문에 거리 측설에 따른 오차가 없어 곡선을 정밀하게 측설할 수 있으나, A점과 B점 간에 시준이 가능해야 하고 2대의 TS를 필요로 하는 단점이 있다.

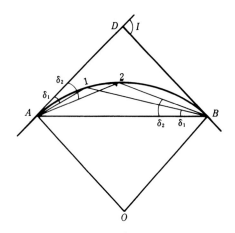

그림 11-5 두 데오돌라이트법

예제 11.2

예제 11.1의 경우를 두 데오돌라이트(토털스테이션)를 이용하여 편각법으로 측설하는 방법을 설명하라.

풀이 원곡선 측설작업의 설치계산은 예제 11.1과 동일하다.

그리고 곡선중심 측설표는 EC점을 기준으로 하는 편각계산을 추가한다.

누적거리	곡선상 중심번호	현장	편각	측설편각(BC-IP측선 기준)
	B.C.	0	0	14°59′59″
2220	1	14	2°00′19″	12°59′40″
2240	2	20	2°51′53″	9°07′47″
2260	3	20	2°51′53″	6°17′54″
2280	4	20	2°51′53″	3°26′01″
2300	5	20	2°51′53″	1°32′08″
2310.72	E.C.	10.72	1°32′08″	0

현지에서 측설하는 순서는 다음과 같다.

① TS를 교점 I.P.에 세우고 두 방향선을 시준하여 I.P.부터 T.L.의 길이를 취해 곡선의 시점 B.C. 및 종점 E.C.를 정한다.

② TS 2대를 각각 곡선의 시점 B.C.와 종점 E.C.에 세우고, B.C.점으로부터 교점 I.P.방향으로부터 2°00′19″만큼 회전한 방향선과 E.C.점으로부터 교점 I.P. 방향으로부터 12°59′40″만큼 회전한 방향선의 교점을 잡아 곡선상 1점을 측설한다.

③ 같은 방법으로 2점, 3점, 4점, 5점을 측설한다.

(3) EDM(토털스테이션)에 의한 방법

이 방법은 원곡선의 기본식을 사용하는 방법이다. 즉, 앞서 계산된 편각과 현장(sub-chord)을 이용하므로 테이프에 의한 단현(20 m)을 측정하는 대신에 B.C.점으로부터 EDM 거리를 사용하여 곡선상의 점을 측설하는 방법이다.

$$C_1 = 2R\sin\delta_1, \ \ C_2 = 2R\sin\delta_2 \ \cdots \tag{11.8}$$

$$\delta = \frac{l}{2R} = \frac{l}{2R} \cdot \frac{180°}{\pi}(도)$$

예제 11.3

예제 11.1의 경우를 데오돌라이트(토털스테이션)와 EDM을 이용하여 편각법으로 측설하는 방법을 설명하라.

풀이 원곡선 측설작업의 설치계산과 측설은 예제 11.1과 동일하다. 단, 거리는 단현(l) 대신에 현장(C)을 사용한다. 그리고 곡선중심 측설표는 B.C.점을 기준으로 현장계산을 추가한다.

누적거리	곡선상 중심번호	현장	편각	측설편각 (BC-IP측선 기준)	측설거리 (BC점 기준)
	B.C.	0			
2220	1	14	2°00′19″	2°00′19″	14.00 m
2240	2	20	2°51′53″	4°52′12″	33.96 m
2260	3	20	2°51′53″	7°44′05″	53.83 m
2280	4	20	2°51′53″	10°35′58″	77.58 m
2300	5	20	2°51′53″	13°27′51″	93.13 m
2310.72	E.C.	10.72	1°32′08″	14°59′59″	103.53 m

11.2.3 지거법

(1) 중앙종거법(setting by middle ordinates)

곡선장 AB가 짧은 때는 현 $AB, AF, AH\cdots$에 대한 중앙종거 $M, M_1, M_2 \cdots$ 등을 계산하여 각 현의 중점에서 수선을 그어 그 위에 각 중앙종거 M, M_1, M_2 등을 잡아 곡선 위의 점 F, H, N 등을 측설한다(그림 11-6 참조).

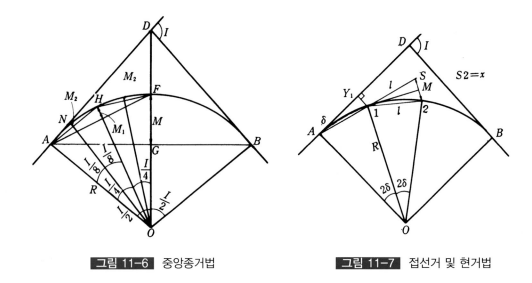

| 그림 11-6 중앙종거법 | 그림 11-7 접선거 및 현거법 |

이와 같이 M_1, M_2, M_3를 구하여 측설하는 방법을 4분의 1법이라고도 하며, 그 관계식은 다음과 같다.

$$M_1 = \frac{1}{4}M, \quad M_2 = \frac{1}{4}M_1, \quad M_3 = \frac{1}{4}M_2 \quad \cdots \qquad \text{(11.9) (11.10) (11.11)}$$

(2) 접선거법 및 현거법

그림 11-7에서 AB 곡선상의 중심점 1, 2, 3… 중심점 간의 현장을 l, $A1 = l = 1S$ 가 되도록 A점과 No.1을 맺은 직선의 연장 위에 S점을 잡아 $S2$를 맺고 $S2 = x$(현거)로 놓으면 $\triangle 12S \propto \triangle O12$이다. 그러므로

$$\frac{x}{l} = \frac{l}{R} \quad \therefore x = \frac{l^2}{R} \tag{11.12}$$

$S2$의 중점을 M, 1점에서 접선 AD에 수선 1, Y_1을 내리면 $\triangle A1Y_1 \equiv \triangle 1SM$이므로 접선거 $1Y_1$이 구해진다.

$$\therefore 1Y_1 = SM = \frac{x}{2} = \frac{l^2}{2R} \tag{11.13}$$

또 접선장

$$A Y_1 = \sqrt{(A1)^2 - (1 Y_1)^2} = \sqrt{l^2 - \left(\frac{x}{2}\right)^2}$$

위 식에 식 (11.13)을 대입하면 접선장은 다음과 같다.

$$A Y_1 = \frac{l}{2R} \sqrt{(2R+l)(2R-l)} \tag{11.14}$$

이 관계를 이용하여 다음과 같이 터널내 곡선을 측설한다.

① A점부터 AD선 위에 식 (11.14)로 계산한 $A Y_1$(접선장)의 거리를 잡아 Y_1점을 정하고 Y_1점에서 AD에 수선 $Y_1 1$ 위에 식 (11.13)으로 계산한 접선거 $1 Y_1$의 길이를 잡아 1점을 측설한다.

② $A1 = 1S$가 되도록 $A1$의 연장 위에 S점을 잡고, 1, S 두 점에 테이프의 실마리를 두고 길이 l 및 식 (11.14)로부터 구한 x(현거)인 두 직선의 교점을 2라고 하면 2는 곡선 위의 중심점이다.

③ 이와 같은 방법으로 3, 4, 5⋯의 중심점을 측설한다.

11.2.4 좌표설치법

좌표설치법(setting out by coordinate method)은 전통적인 편각설치법을 대체하는 일반적인 방법이다. 그리고 원곡선 등 모든 곡선설치에서 유리하고 기준점망과 연계되는 방법이다. 기지점 좌표와 곡선중심말뚝점 좌표로부터 거리와 방위각을 계산한 후에, 다음 2가지 방법을 사용할 수가 있다.

① 교회법: 기준점망에서 선택된 두 기지점으로부터 교회법에 의해 곡선중심선상의 중심말뚝의 위치를 결정한다.

② 방사법: 기지점 1점에 세운 데오돌라이트(토털스테이션)로부터 다른 기지점 방향을 기준으로 방향각과 거리를 이용하여 방사법으로 중심점의 위치를 결정한다.

이 방법의 적용을 위해서는 곡선중심점의 좌표를 결정해야 하는데 이는 다음 순서에 따라 구한다.

① I.P., B.C., E.C 주요점의 좌표는 설계단계에서 소프트웨어를 통해 정해지며, 지상

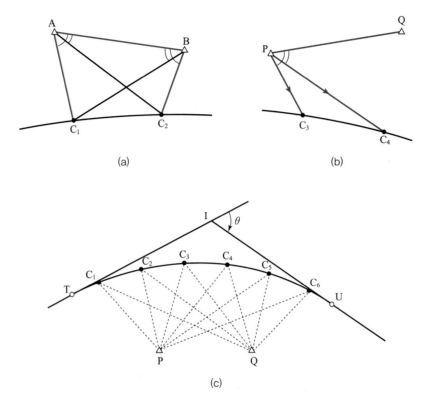

그림 11-8 좌표에 의한 원곡선 설치(기지점– A, B, P, Q, 미지점–C_i)

트래버스점 P, Q를 이용하여 현지에 이미 설치되어 있는 점이다.

② 토털스테이션과 폴프리즘을 이용한 편각설치법에 따라 B.C.로부터 편각과 장현(예, B.C.-C1, B.C.-C2, …. 등)을 이용하여 곡선상의 중심점을 설계할 수 있다.

③ B.C., I.P. 좌표로부터 계산된 방위각을 이용하여 B.C.점에서 B.C.-I.P. 측선의 방위각을 계산하고 편각을 사용하여 모든 장현에 대한 방위각을 계산한다.

④ 장현의 방위각과 거리를 이용하여 곡선중심점의 좌표를 계산한다.

11.3 완화곡선

11.3.1 완화곡선

(1) 완화곡선

차량이 직선부에서 곡선부를 주행할 때 직선과 곡선의 변화점에서 급격한 원심력이 작용한다. 직선과 원곡선의 사이에서 일어나는 여러 가지의 영향을 완화할 목적으로 넣는 곡선을 완화곡선(transition curve)이라고 한다.

완화곡선은 원심력을 영의 상태에서 서서히 일정한 크기로 증가시키기 위해 직선(곡률 반경＝∞)에 접하고 곡선장의 증가에 대해 곡률반경이 감소되도록 해야 한다. 또한 원곡선에서는 일반적으로 캔트(cant) 또는 편경사(superelevation)가 필요하며, 이 캔트는 곡선부에 넣는 것으로서 점점 감소해서 직선부에서 영(또는 소정의 횡경사)이 되도록 해야 한다.

「도로의 구조·시설기준에 관한 규칙」[2]에서 완화곡선이란 직선 부분과 평면곡선 사이 또는 평면곡선과 평면곡선 사이에서 자동차의 원활한 주행을 위하여 설치하는 곡선으로서 곡선상의 위치에 따라 곡선 반지름이 변하는 곡선을 말한다"고 정의하고 있다.

직선·원곡선·완화곡선을 조합하면 평면선형을 자유로이 구성할 수 있다.

11.3.2 편경사와 캔트

그림 11-9에서 노면에 평행한 힘의 분력의 균형을 생각하면 슬립(slip)의 한계에 있어

$$F\cos\theta \leq W\sin\theta + (W\cos\theta + F\sin\theta) \cdot f \tag{11.15}$$

우변의 제2항은 노면과 타이어 사이의 마찰저항이며 궤도의 경우에는 외측 레일에 횡력으로 작용하는 힘이다. 식 (11.15)를 변형하여 V는 km/hr 단위의 속도, g는 9.806 m/s^{2}으로 하면 다음 캔트 식이 된다.

$$\therefore C_0 = \frac{F}{W} = \frac{V^2}{127R} \tag{11.16}$$

---

2 국토교통부, 도로의 구조·시설 기준에 관한 규칙, 국토교통부령 제223호, 2015.7.22, 일부 개정

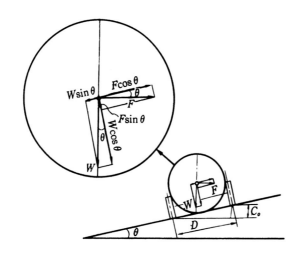

W: 차륜의 중량(kg)
R: 곡선반경(m)
V: 주행속도(km/H)
g: 중력가속도 9.8 m/sec^2
F: 원심력(kg)
f: 마찰계수
θ: 편경사의 각도
D: 차륜의 간격
C_0: 캔트(m)

그림 11-9 편경사(캔트)와 원심력의 관계

여기서 C_0는 캔트이며 우리나라 철도에서는 이 캔트를 사용하고 있다. θ가 작을 때는 다음의 편경사가 된다.

$$\frac{C_0}{D} = \sin\theta \fallingdotseq \tan\theta \tag{11.17}$$

「도로의 구조·시설 기준에 관한 규칙」에서 "편경사란 평면곡선부에서 자동차가 원심력에 저항할 수 있도록 하기 위하여 설치하는 횡단경사"로 정의하고 있으며 %단위의 편경사를 사용하고 있다(표 11-2 참조).

자동차가 곡선구간을 주행할 때 앞바퀴가 뒷바퀴보다 곡선의 안쪽으로 치우치기 때문에 차선의 폭을 증가시켜야 하는데, 이를 확폭(widening)이라고 한다. 차선 중심선의 곡률반경을 R, 앞바퀴와 뒷바퀴 간의 거리를 L이라고 한다면 필요한 확폭의 크기는 다음과 같이 된다. 도로의 최소폭에 대해서는 표 11-3을 참조한다.

표 11-2 도로의 최대 편경사

구분		최대편경사(단위: %)	비고
지방지역	적설한랭지역	6	규칙 제21조
	기타 지역	8	
도시지역		6	
연결로		8	

출처: 도로의 구조·시설 기준에 관한 규칙

표 11-3 도로차로의 최소폭

도로의 구분			차선의 최소폭(단위: m)			비고
			지방지역	도시지역	소형차도로	
고속도로			3.50	3.50	3.25	규칙 제10조
일반도로	설계속도 (km/hr)	80 이상	3.50	3.25	3.25	
		70 이상	3.25	3.25	3.00	
		60 이상	3.25	3.00	3.00	
		60 미만	3.00	3.00	3.00	

출처: 도로의 구조·시설 기준에 관한 규칙

철도의 경우에는 바퀴축 간의 거리가 고정되어 있기 때문에 반경이 작은 곡선구간을 주행할 때 레일 간의 간격이 직선구간과 같게 된다면 탈선이나 손상의 위험이 있으므로 확폭이 필요하다. 이때 확폭의 크기를 슬랙(slack)이라고 하며 곡선 안쪽에 있는 레일을 이동시킨다. 그러나 슬랙이 과대하면 위험하므로 최대 약 30 mm를 한계로 한다.

11.3.3 설계요소의 결정법

(1) 완화곡선장과 곡률반경의 결정

도로설계에서는 완화구간을 설치해야 하는 규정을 정해 두고 있다. 완화곡선의 길이는 원심가속도의 변화율이나 곡선반경 등의 관계로부터 정해지며, 표 11-4는 「도로의 구조·시설 기준에 관한 규칙(국토교통부령)」에서 정한 설계속도에 따른 최소곡선반경과 최소완화곡선을 나타내고 있다.

설계속도가 60 km/hr 이상인 경우에는 완화곡선을 설치하도록 정하고 있다. 완화곡선 및 완화구간의 최소길이 $L(\text{m}) = v \cdot t$ 로서 속도 $v(\text{m/sec})$로 $t(\text{sec})$의 2초간에 이동한 거리로 한다.

(2) A의 결정

크로소이드를 도로선형에 이용할 경우에는 각 선형요소가 서로 균형되어야 하며 파라미터의 범위가 다음인 것이 좋다.

$$\frac{R}{3} \leq A \leq R \tag{11.18}$$

273

또한 곡선상을 달리는 자동차에는 원심가속도가 작용하지만 크로소이드를 달릴 경우는 곡률이 변화함에 따라 원심가속도도 변화한다. 이 시간에 대한 변화의 비율을 원심가속도의 변화율이라 하며, 곡선상을 달릴 경우의 안전성과 쾌적성의 정도를 나타낸다. 이를 위해 원심가속도변화율의 허용최댓값은 크로소이드에 대한 파라미터의 최솟값으로 결정한다.

지금 P를 원심가속도 변화율(m/sec^2), v를 설계속도(m/sec), V를 설계속도(km/h)라 하면

$$P = \frac{v^3}{L \cdot R} = \frac{v^3}{A^2} = 0.0215 \times \frac{V^3}{A^2}$$

$$\therefore A = \sqrt{0.0215 \frac{V^3}{P}} \tag{11.19}$$

이동량(shift)의 최솟값을 결정하는 다른 방법으로는 $\Delta R > 20 \, cm$를 쓰고 있다. 다시 말해서 이동량이 20 cm 이상 되는 경우에 대해서만 완화곡선을 설치하는 것으로 하고, 20 cm 미만인 경우에는 생략한다.

표 11-4 곡선반경과 길이

설계속도 (km/h)	최소곡선반경 (m)	완화곡선의 최소 길이(m)	곡선의 최소길이(단위: m)	
			도로의 교각이 5도 미만인 경우	도로의 교각이 5도 이상인 경우
120	710	70	700 / θ	140
110	600	65	650 / θ	130
100	460	60	550 / θ	110
90	380	55	500 / θ	100
80	280	50	450 / θ	90
70	200	40	400 / θ	80
60	140	35	350 / θ	70
50	90	30	300 / θ	60
40	60	25	250 / θ	50
30	30	20	200 / θ	40
20	15	15	150 / θ	30

1. θ는 도로교각(도 단위)임.
2. 곡선의 최소길이는 원곡선과 완화곡선을 합한 길이임(규칙 제20조).
3. 최소곡선반경은 적용최대편경사 6퍼센트인 경우임(규칙 제19조).
출처: 도로의 구조·시설 기준에 관한 규칙

11.4 크로소이드

11.4.1 크로소이드 곡선

(1) 크로소이드의 기본식

크로소이드란 곡률이 곡선길이에 비례하는 곡선으로 정의할 수 있으며, 차량이 일정한 속도로 달릴 때 회전속도를 일정하게 유지할 경우 이 차량이 그리는 운동궤적을 형성한다. 따라서 크로소이드는 등속도로 주행하고 있는 자동차의 핸들을 회선시킨 상태에서의 주행궤적을 구성하며, 임의의 점에서 곡선길이 L과 반경 R은 서로 반비례의 관계에 있다.

$$R \cdot L = A^2 \tag{11.20}$$

식 (11.20)을 크로소이드의 기본식이라 부르며 크로소이드의 매개변수(parameter) A는 길이의 단위를 나타낸다. 원곡선에서 R이 정해지면 원의 크기가 정해지는 것과 같이 크로소이드에 있어서 A가 정해지면 크로소이드의 크기가 정해진다.

하나의 크로소이드상에서 각 점에서의 반경 R과 곡선장 L은 크로소이드상의 장소에 따라 모두 다르나 R과 L의 곱은 언제나 일정한 값 A^2이 된다. 그러므로 R, L, A 중 두 가지를 알면 다른 하나는 간단히 구할 수 있다.

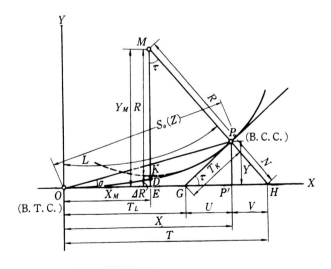

그림 11-10(a) 크로소이드의 요소(1)

275

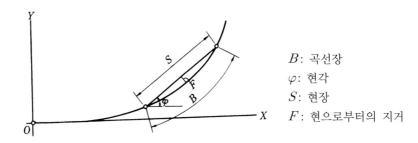

B: 곡선장
φ: 현각
S: 현장
F: 현으로부터의 지거

그림 11-10(b) 크로소이드의 요소(2): 현을 잡은 경우

(2) 크로소이드 요소와 기본공식

일반적인 크로소이드의 요소와 기호는 그림 11-10 및 표 11-5와 같다. 공식에 대해서는
일괄해서 표 11-6에 나타냈다. 또한 $R = A = L$ 범위에서는 다음 근사식이 성립된다.

$$B - S \doteqdot \frac{B^3}{24R^2} \tag{11.21a}$$

$$\Delta R \doteqdot \frac{L^2}{24R} \tag{11.21b}$$

표 11-5 크로소이드의 요소

기호	요소	비고
O	크로소이드의 원점	
M	크로소이드의 점 P에서의 곡률중심	
$\overline{OX}$	주접선(크로소이드 원점에서의 접선)	
A	크로소이드의 매개변수(파라미터)	
X, Y	점 P의 X, Y 좌표	$\widehat{ODP}$
L	완화곡선장	$\overline{MP}$
R	점 P에 있어서의 곡률반경	$\overline{EK}$
ΔR	이동량(shift)	
X_M, Y_M	점 M의 X, Y 좌표	$\angle PGH$
τ	점 P에 있어서의 접선각	$\angle POG$
σ	점 P의 극각(편각)	$\overline{PG}, \overline{OG}$
T_K, T_L	단접선장, 장접선장	$\overline{OP}$
$S_0(z)$	동경	$\overline{PH}$
N	법선장	$\overline{GP}$
U	T_K의 주접선에의 투영길이	$\overline{HP}$
V	N의 주접선에의 투영길이	$\overline{OH}$
T	$X + V = T_L + U + V$	

표 11-6 크로소이드의 공식

요소	공식	식 번호
곡률반경	$R = \dfrac{A^2}{L} = \dfrac{A}{l} = \dfrac{L}{2\tau} = \dfrac{A}{\sqrt{2\tau}}$	①
곡선장	$L = \dfrac{A^2}{R} = \dfrac{A}{r} = 2\tau R = A\sqrt{2\tau}$	②
접선각	$\tau = \dfrac{L}{2R} = \dfrac{L^2}{2A^2} = \dfrac{A^2}{2R^2}$	③
파라미터	$A^2 = R \cdot L = \dfrac{L^2}{2\tau} = 2\pi R^2$ $A = \sqrt{R \cdot L} = l \cdot R = L \cdot r = \dfrac{L}{\sqrt{2\tau}} = 2\sqrt{\tau R}$	④
X좌표	$X = L\left(1 - \dfrac{L^2}{40R^2} + \dfrac{L^4}{3456R^4} - \dfrac{L^6}{599040R^6} + \cdots\right)$	⑤
Y좌표	$Y = \dfrac{L^2}{6R}\left(1 - \dfrac{L^2}{56R^2} + \dfrac{L^4}{7040R^4} - \dfrac{L^6}{1612800R^6} + \cdots\right)$	⑥
이동량(shift)	$\Delta R = Y + R\cos\tau - R$	⑦
M의 X좌표	$X_M = X - R\sin\tau$	⑧
단접선장	$T_K = Y\operatorname{cosec}\tau$	⑨
장접선장	$T_L = X - Y\cot\tau$	⑩
동경(현장)	$S_0 = Y\operatorname{cosec}\sigma = X\sec\sigma = \sqrt{X^2 + Y^2}$	⑪

$$X_M \fallingdotseq \frac{L}{2} \tag{11.21c}$$

$$A \fallingdotseq \sqrt{24R^3 \cdot \Delta R} \tag{11.21d}$$

(3) 현각과 현장의 계산

그림 11-11에서 할선 P_0P'의 주접선에 대해 이루는 각도(현각, 극각) 및 길이(현장)를 구해 보자.

지금 두 점 P_0, P'의 점이 파라미터 A 및 원점 O에서의 곡선장 L_0, L로 주어진 경우에는 L_0와 L값을 크로소이드의 X, Y 계산식인 표 11-6에서 식 ⑤와 식 ⑥에 대입하면 직접 X, Y 좌표를 계산할 수 있다. 따라서 전산처리나 계산할 때 편리하다.

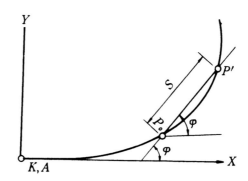

그림 11-11 현각과 현장

$$\tan \varphi = \frac{X - Y_0}{X - Y_0} = \frac{\Delta Y}{\Delta X} \tag{11.22}$$

$$S = \sqrt{\Delta X^2 + \Delta Y^2} \ \text{또는} \ S = \frac{\Delta X}{\cos \varphi} = \frac{\Delta Y}{\sin \varphi} \tag{11.23}$$

여기서 φ는 구하는 할선의 방향각인 현각(현의 편각)이고 현장(동경)은 S이다. 이 φ와 S는 크로소이드의 설치계산에서 빈번하게 이용되는 수치이다.

11.4.2 크로소이드의 설치 계산

그림 11-12와 같이(직선-크로소이드-원곡선-형태로 조합된 형은 가장 기본적이며 기본형 크로소이드라고 부른다. 여기서는 취급이 가장 간단하고 보편적인 대칭형에 대해서만 설명하기로 한다.

일반적으로 크로소이드 곡선을 설치계산하기 위한 기본데이터는 다음과 같은 방법으로 구한다.

① IP점의 교각 θ는 현장에서 측정한다.
② R은 설계속도에 의하여 선택한다.
③ IP점까지의 누적거리는 현장에서 측정한다.
④ 곡선장 L은 설계속도와 도로의 등급에 따라 선택한다.

설계속도에 의한 허용최솟값은 식 (11.19)에 의하고 이동량의 최솟값은 앞서 설명한 바와 같이 $\Delta R > 20\,\text{cm}$인 것이 좋다.

그림 11-12의 기본형 크로소이드의 설치의 사례를 예제에서 설명한다.

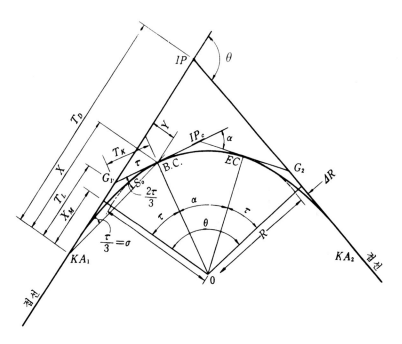

그림 11-12 대칭 기본형 크로소이드

예제 11.4

그림 11-12의 대칭기본형 크로소이드를 설치하고자 한다. 지금 교각 $\theta = 38°12'27''$ IP점까지의 누적거리 769.742 m, 설계속도와 제반 조건을 고려한 A= 60 m, $R = 100$ m의 기본데이터가 주어져 있을 경우를 설치 계산하라.

풀이 (1) 크로소이드 요소 계산

계산의 첫 단계에서는 크로소이드의 요소를 공식에 의해 구해 보자.

① $L = \dfrac{A^2}{R} = \dfrac{60^2}{100} = 36.000$ m

② $\tau = \dfrac{L}{2R} = \dfrac{36}{2 \times 100} \rho'' = 10°18'48''$

③ $X = L \left(1 - \dfrac{L^2}{40R^2} + \dfrac{L^4}{3456R^4} - \dfrac{L^6}{599040R^6} + \cdots \right)$

$= 36.000 \times \left(1 - \dfrac{36.000^2}{40 \times 100^2} + \dfrac{36.000^4}{3456 \times 100^4} - \dfrac{36.000^6}{599040 \times 100^6} \right)$

$= 35.884$ m

④ $Y = \dfrac{L^2}{6R}\left(1 - \dfrac{L^2}{56R^2} + \dfrac{L^4}{7040R^4} - \dfrac{L^6}{1612800R^6} + \cdots\right)$

$\quad = \dfrac{36.000^2}{6 \times 100} \times \left(1 - \dfrac{36.000^2}{56 \times 100^2} + \dfrac{36.000^4}{7040 \times 100^4} - \dfrac{36.000^6}{1612800 \times 100^6}\right)$

$\quad = 2.155 \text{ m}$

⑤ $\Delta R = Y + R\cos\tau - R = 2.155 + 100 \times \cos 10°18'48'' - 100 = 0.539 \text{ m}$

⑥ $X_M = X - R\sin\tau = 35.884 - 100 \times \sin 10°18'48'' = 17.981 \text{ m}$

⑦ $T_K = Y\cosec\,\tau = 12.037 \text{ m}$

⑧ $T_L = X - Y\cot\tau = 24.041 \text{ m}$

⑨ $S_0 = \sqrt{X^2 + Y^2} = \sqrt{35.884^2 + 2.155^2} = 35.949 \text{ m}$

⑩ $\sigma = \tan^{-1}\dfrac{Y}{X} = \tan^{-1}\dfrac{2.155}{35.884} = 3°26'12''$

(2) 대칭형 크로소이드 계산

다음에는 대칭형을 설치하는 데에 필요한 값들을 계산한다.

① $T_D = (R + \Delta R)\tan\dfrac{\theta}{2} + X_M$

$\quad = (100.000 + 0.539)\tan\dfrac{38°12'27''}{2} + 17.981 = 52.803 \text{ m}$

② $\alpha = \theta - 2\tau = 38°12'27'' - 2 \times 10°18'48'' = 17°34'51''$

③ $L_c = R \cdot \alpha = 100.000 \times 17°.580833 \times \dfrac{\pi}{180} = 30.684 \text{ m}$

④ $CL = 2L + L_c = 2 \times 36.000 + 30.684 = 102.684 \text{ m}$ (전곡선장)

⑤ $TL_c = R\tan\dfrac{\alpha}{2} = 15.464 \text{ m}$

11.4.3 중심말뚝의 측설

(1) 주요점 말뚝의 설치

실제 작업을 진행하는 과정에서는 지형도상에서 여러 조건에 맞도록 적당한 R, A, L, CL, IP의 교각 등을 결정한 후, 현지에서 기준점측량을 실시한다. 실측데이터를 사용하여 도상에서 구한 값과 큰 차이가 있는 경우에는 현지 지형에 적합한 요소들을 결정해야 한다. 앞서 계산된 크로소이드 요소들을 이용하여 주요점들을 현지에 측설하는 방법은 예제에서 설명한다.

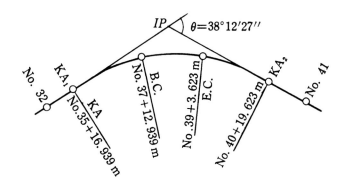

그림 11-13 주요점 말뚝의 설치

예제 11.5

예제 11.4에서 계산된 대칭기본형 크로소이드를 측설하고자 한다. 주요점 말뚝에 대한 측설 순서와 절차를 설명하라.

풀이 앞서 계산된 요소들을 이용하여 주요점들을 현지에 측설하는 방법은 다음과 같다.

① 주접선장 T_D를 사용하여 IP점의 누적거리 769.742 m에서 $T_D = 52.713$ m를 뺀 값이 되는 No.35 + 16.939 m인 지점에 KA_1을 잡는다.

② KA_1에 $X_M = 17.981$ m를 더하여 KA_1과 IP와의 직선상에 G_1을 잡는다.

③ 점 G_1에서 주접선을 기준으로 하여 $\tau = 10°18'48''$를 재고 T_K만큼의 거리 12.037 m를 측정하여 BC점을 잡는다. 이때 BC점 = (No.35 + 16.939 m) + 36 m(L값) = No.37 + 12.939 m가 된다. 이 경우에는 S_0와 σ를 사용하여 BC점을 확인하면 검사가 된다.

④ G점과 BC점을 연장하고, TL_c 거리를 잡아 IP_c를 정한다. 이때 $IP_c = BC + TL_c$ = 768.403 m가 된다.

⑤ 반대쪽도 위 과정을 거칠 수 있으며, KA_2에서 출발하여 IP_c점이 일치되어야 한다.

■

---

(2) 중심말뚝의 설치

크로소이드의 중간말뚝 설치방법은 원곡선의 경우와 거의 같은 방법으로 설치할 수 있다. 이 방법에는 직각좌표에 의한 방법, 극좌표에 의한 방법, 기타의 방법이 있다.

현재 좌표설치법이 일반적으로 이용되고 있다. 좌표 설치법은 표 11-6에서와 같이 크로소이드 공식에 따라 크로소이드 곡선상의 중심점에 대한 X, Y좌표가 계산되므로 이미 기준점측량에 의해 설치된 트래버스점을 이용하여 측설할 수 있다. 측설방법은 앞서의 좌표에 의한 원곡선 설치법과 유사하다.

그리고, 중앙부에 있는 곡선은 원곡선의 설치법을 이용한다. 기타의 측설방법은 현지의 상황에 따라 선택되지만, 정확성을 기하기 위하여 두 가지 이상의 방법으로 검사할 필요가 있다.

예제 11.6

예제 11.4와 예제 11.5에서 계산된 대칭기본형 크로소이드에서 중심말뚝을 측설하고자 한다. 중심말뚝에 대한 측설 순서와 절차를 설명하라.

풀이 앞서 계산된 요소들을 이용하여 No.35 + 16.939 m인 KA_1과 No.37 + 12.939 m인 BC점 사이에 No.36, No.37을 현지에 측설하는 방법이다.

① 먼저, No.36와 No.37의 좌표를 기본공식에 의해 각각 구한다.

② 트래버스점의 기지의 좌표와 No.36, No.37의 좌표를 이용하여 측설 계산한다.

③ 주요점 또는 기지점을 기준으로 측설한다. ■

11.5 종단곡선

11.5.1 정지시거

(1) 용어

도로의 진행방향에서 노면경사가 급격히 변화하게 되면 탈선 및 충격 등이 일어난다. 이와 같은 충격을 없애고 원활한 주행을 하게 하려면 종단경사가 변하는 곳에서 필요한 시거(sight distance)를 획보하기 위해 경사변화점에 적당한 곡선을 삽입하여 원활하게 연결할 필요가 있다. 이와 같은 곡선을 종단곡선(또는 종곡선)이라고 한다.

「도로의 구조·시설기준에 관한 규칙」[3]에서는 다음과 같이 종단경사(gradient value), 정지시거(stopping distance), 앞지르기시거(overtaking sight distance) 용어를 정의하고 있다.

---

3 국토교통부, 도로의 구조·시설 기준에 관한 규칙, 국토교통부령 제223호(2015.7.22.)

① 종단경사: 도로의 진행 방향 중심선의 길이에 대한 높이의 변화 비율을 말한다.

② 정지시거: 운전자가 같은 차로에 있는 고장차 등의 장애물을 인지하고 안전하게 정지하기 위하여 필요한 거리로서, 차로 중심선 위의 1미터 높이에서 그 차로의 중심선에 있는 높이 15센티미터의 물체의 맨 윗부분을 볼 수 있는 거리를 그 차로의 중심선에 따라 측정한 길이를 말한다.

③ 앞지르기시거: 2차로 도로에서 저속 자동차를 안전하게 앞지를 수 있는 거리로서 차로 중심선 위의 1미터 높이에서 반대쪽 차로의 중심선에 있는 높이 1.2미터의 반대쪽 자동차를 인지하고 앞차를 안전하게 앞지를 수 있는 거리를 도로 중심선에 따라 측정한 길이를 말한다.

(2) 종단곡선길이

도로의 종단곡선길이는 자동차 주행 시의 격돌과 안전시거의 확보를 고려해서 정하는데 「도로의 구조·시설기준에 관한 규칙」에 최소 종단곡선길이를 표 11-7과 같이 규정하고 있다.

표 11-7 최대 종단경사 및 최소 종단곡선길이

설계속도 (km/hr)	최대종단경사 (%)								종단곡선의 최소길이 (m)	비고
	고속도로		간선도로		집산도로/연결로		국지도로			
	평지	산지 등	평지	산지 등	평지	산지 등	평지	산지 등		
120	4	5							100	
110	4	6							90	
100	4	6	4	7					85	
90	6	7	6	7					75	규칙
80	6	7	6	8	8	10			70	제25조
70			7	8	9	11			60	및
60			7	9	9	11	9	14	50	규칙
50			7	9	9	11	9	15	40	제27조
40			8	10	9	12	9	16	35	
30					9	13	9	17	25	
20							10	17	20	

11.5.2 종단곡선 설치

도로의 종단곡선은 통상 2차포물선을 이용한다. 다만, 근사적으로 원곡선에 가깝게 표시하는 것이 일반적이다. 그림 11-14와 같이 상향경사 +m%, 하향경사 −n%인 도로 구간에 종단곡선을 설치하는 문제를 고려하자. 이때 경사가 작은 수치이므로 종단곡선의 길이인 $\overset{\frown}{AB}$와 노선의 수평거리 $\overline{AB}$ 그리고 $\overline{AB'}$이 같다고 가정할 수 있다.

그림 11-14의 A점을 원점으로 하고 AB'을 x축으로 할 때의 포물선 방정식은 다음과 같다.

$$y = \frac{m-n}{2L}x^2 \tag{11.24}$$

종단곡선의 중앙점에서의 값은 $x \fallingdotseq L/2$로 가정하면

$$y_p = \frac{m-n}{8}L \tag{11.25}$$

이다. 이상과 같이 도로에서는 종단곡선을 포물선으로 취급하는 것이 일반적이지만 곡선 표시는 원곡선으로 $R = L/(m-n)$로서 근사시켜 나타낸다.

우리나라 도로의 종단곡선은 포물선을 식 (11.24)에 의해 x에 대한 y의 값을 계산하고, 이 값을 경사선의 계획고에 가감하여 종단곡선의 계획고를 산정하여 종단면도에 경사선 및 종단곡선의 계획고를 병기한다.

$$H' = H_0 + mx \tag{11.26}$$

$$H = H' \pm y = H' \pm \frac{(m-n)x^2}{2L} \tag{11.27}$$

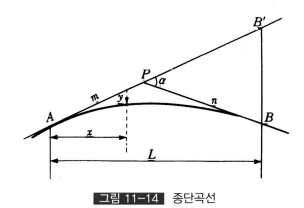

그림 11-14 종단곡선

여기서 H'은 경사선의 계획고, H는 종단곡선의 계획고, H_0는 종단곡선 시점의 계획고
이며 x는 수평거리, m은 종단경사이다.

예제 11.7

상향경사 $m=3.5\%$, 하향경사 $n=-2.5\%$ 종단곡선 시점의 계획고가 78.26 m일 때 종단곡선
설치를 계산하라. 단, 종단곡선길이를 160 m로 한다.

풀이 $y = \dfrac{(m-n)x^2}{2L}$의 계산

$x_1 = 20$ m $\qquad y_1 = \dfrac{0.06 \times 20^2}{2 \times 160} = 0.075$ m $= y_7$

$x_2 = 40$ m $\qquad y_2 = 0.06 \times 40^2/320 = 0.300$ m $= y_6$

$x_3 = 60$ m $\qquad y_3 = 0.06 \times 60^2/320 = 0.675$ m $= y_5$

$x_4 = 80$ m $\qquad y_4 = 0.06 \times 80^2/320 = 1.200$ m $= y_4$

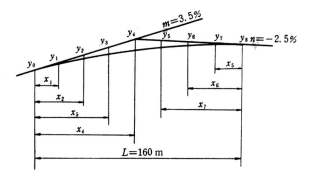

종단곡선 계산

중심점	0	1	2	3	4	5	6	7	8
경사선의 계획고 $(H' = H_0 + mx)$	78.260	78.960	79.660	80.360	81.060	80.560	80.060	79.560	79.060
$y = \dfrac{(m-n)x^2}{2L}$	0.000	0.075	0.300	0.675	1.200	0.675	0.300	0.075	0.000
종단곡선의 계획고 $H = H' - y$	78.260	78.885	79.360	79.685	79.860	79.885	79.760	79.485	79.060

연습문제

11.1 그림 (1)에서 AD, BD 사이에 원곡선을 설치함에 있어서 $\angle ADB$의 2등분선상의 C점을 곡선의 중점으로 선정하고자 한다. D(I.P.)의 기점(No.0)에서의 거리를 380.4 m라 한다면 이 곡선의 시점(B.C.) 및 종점(E.C.)의 기점부터의 거리는 얼마인가? 단, $DC=$10.0 m, $I=80°20'$이다.

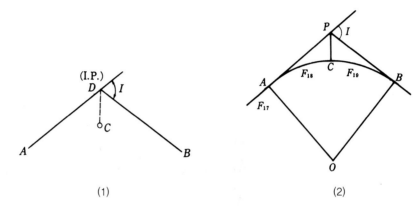

(1)   (2)

11.2 그림 (2)에서 AP, BP 사이에 A점을 시점 B점을 종점으로 하는 원곡선을 구하고자 한다. 편각법에 의해 이 곡선상에 20 m의 간격으로 말뚝을 박아 No.18($F18$), No.19($F19$)를 설치함에 있어 다음의 값을 계산하였다.

① 교각(I) 80°00′
② 외선장($S.L$) 10.0 m
③ 곡률반경(R) 36.8 m
④ 시단현(AF_{18}) 15.0 m
⑤ 종단현($F_{19}B$) 16.4 m
⑥ 접선장(AP) 30.9 m
⑦ A점의 누적거리($F_{17}A$) 5.0 m
⑧ 곡선장(ACB) 51.4 m
⑨ 시단현의 편각($\angle PAF_{18}$) 11°37′
⑩ 20 m현의 편각($\angle F_{18}AF_{19}$) 15°29′
⑪ 종단현의 편각($\angle F_{19}AB$) 12°42′

(a) ①~⑪ 중에서 실작업에 필요한 번호만 써라.

(b) No.18 및 No.19 말뚝을 박는 작업순서를 써라.

(c) 이 작업을 점검할 때 어느 것을 주의하지 않으면 안 되는가?

11.3 그림 (3)에 표시된 것과 같이 P에서 Q까지 원곡선을 갖는 노선을 측설하고자 하나 노선 중에 연못이 있어 곡선시점(B.C)이 연못 가운데 있음을 알았다. 여기서 점 P에서 180 m, 점 C에서 거리 50 m의 기선 CD를 설치하고 그림 (3)과 같이 각도 $\alpha = 82°20'$, $\beta = 67°40'$를 측정했다. 교각 I를 90°00′이라 하고 원곡선의 반경 R을 60 m로 정했을 때 다음을 계산하라.

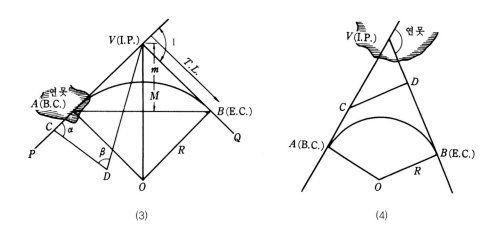

(3)   (4)

(a) 곡선장(C.L)

(b) 외선장(E)

(c) C점에서 (B.C)까지의 거리

11.4 그림 (4)와 같이 원곡선을 설치하고자 한다. 하지만 V점(I.P.)에 갈 수가 없어 양 접선 상에 C, D를 취해 $CD = 200$ m, $\angle ACD = 150°$, $\angle CDB = 90°$를 얻었다. 이 원곡선의 반경을 300 m라 할 때 (a) 접선장(T.L.), (b) C에서 A점(B, C)까지의 거리를 계산하라.

11.5 IP점에서 누적거리가 2745.72 m, 편각이 $13°16'00''$일 때, 곡률반경이 600 m인 원곡선을 25 m 말뚝간격으로 설치하려고 한다.

(a) BC점에 토털스테이션을 세우고 편각과 현거리에 의해 설치계산하라.

(b) BC-IP 측선의 방위각이 $63°27'14''$이고 다음 좌표를 이용하여 곡선상의 C1~C5, EC점의 좌표를 구하라. BC(666.29, 798.32), A(724.43, 829.17), B(691.77, 915.73)

(c) A, B점으로부터 곡선상의 C1~C5, EC점까지의 방위각과 거리를 측설계산하라.

11.6 종단곡선의 시점 P로부터 교점 Q까지의 상향경사 $m = 1.5$%, 종단곡선 교점 Q로부터 종점 R까지의 하향경사 $n = -1.0$%일 때, 종단곡선 교점 Q에 대한 누적거리와 계획고 각각 671.34 m, 93.60 m일 때 종단곡선 설치를 계산하라. 여기서, 종단곡선길이를 137.50 m로 한다.

(참고) 시점 P의 지반고 $y_P = y_Q - \dfrac{mL}{2} = 93.60 - \left(\dfrac{1.5}{100}\right)\left(\dfrac{137.50}{2}\right) = 92.57$ m

참고문헌

1. 백은기 외, 측량학(2판), 청문각, 1993.

2. 이석찬, 김진호, 지계순, 황을룡, 원영희, 응용측량, 건설연구사, 1976.

3. 千葉喜味夫, 應用測量, 日本測量協會, 1978.

4. 松崎彬麿, 工事測量の計劃と實例, 近代圖書, 1979.

5. Ghilani, C. D. and P. R. Wolf, Elementary Surveying: an introduction to geomatics(12th ed.), Pearson, 2008.

6. Kavanagh, B. F., Surveying: principles and applications(8th ed.), Pearson, 2009.

7. Uren, J. and W. F. Price, Surveying for Engineers(3th ed.), Macmillan, 1994.

8. Whyte, W. and R. Paul, Basic Surveying(4th ed.), Reed, 1997.

9. 국토교통부, 도로의 구조·시설 기준에 관한 규칙(2015.7.22), 법제처.

12

노선 · 조사측량

12.1 개설

12.1.1 노선 · 조사측량

건설기술진흥법[1]에 따라 같은법 시행령 제67조 1항에서 건설공사 시행과정을 정하고 있으며 필요에 따라 조정할 수 있게 하고 있다. 그 내용은 시행령 조문단위로 다음을 정하고 있다.

① 기본구상, 건설공사의 타당성 조사
② 건설공사기본계획, 공사수행방식의 결정
③ 기본설계, 공사비 증가 등에 대한 조치, 설계의 경제성 등 검토
④ 실시설계
⑤ 측량 및 지반조사
⑥ 시공 상태의 점검 · 관리, 공사의 관리
⑦ 준공, 공사참여자의 실명 관리, 건설공사의 사후평가, 유지 · 관리

---

1 법제처, 건설기술진흥법, 법률 제11794호(2013.5.22.)

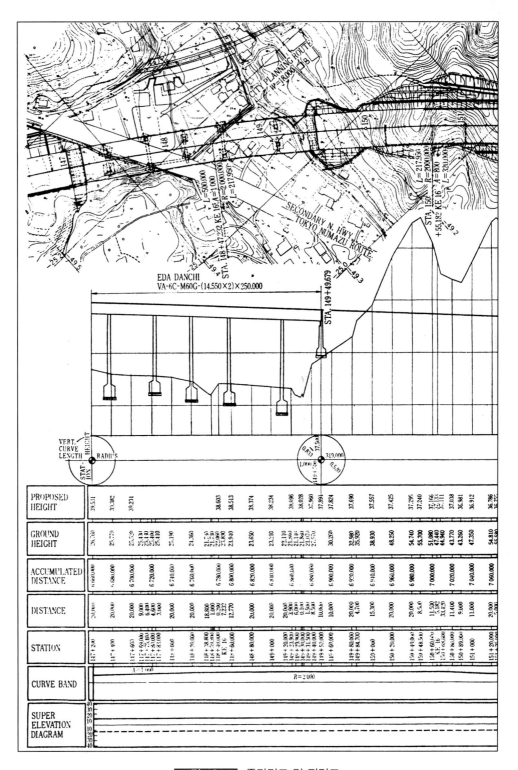

그림 12-1 종단면도 및 평면도

노선측량은 도로, 철도, 하천, 운하, 관개수로, 통신·전력선로, 공동구 등 선상축조물의 구축에 필요한 설계자료를 수집하기 위한 조사설계 측량작업을 말하며, 도로의 계획조사와 실시설계를 위한 측량, 하천 등의 실시설계를 위한 **조사측량**이다. 선상축조물이란 도로, 하천, 철도, 활주로 등 그 폭에 비하여 길이가 긴 구조물을 말하며, 노선측량의 성과는 설계도서와 계획서 등이다.

건설공사를 위한 설계는 다음 세 단계로 구분된다.

① 기본구상(타당성 검토): 축척 1/50,000 지형도를 사용하여 도로시설의 타당성 검토를 수행하는 기본계획(정비계획)을 수립한다.

② 기본설계: 축척 1/2,500~1/5,000 지형도상에서 개략공사비를 산정한다.

③ 실시설계: 새로운 축척 1/1,000 현황도 작성, 종·횡단측량, 토공량 및 공사비 산정을 한다.

12.1.2 기본설계와 실시설계

도로 신설을 위한 가장 초기의 계획단계인 기본계획에서는 교통시설의 필요성과 경제·사회·환경적인 효과와 영향을 고려하여 노선이 통과하는 위치와 인터체인지, 역 등을 결정한다. 이 단계에서는 일반적으로 1/50,000 지형도를 사용하므로 새로운 측량은 필요치 않으며 노선폭 수 km로서 통과지역을 구하게 된다. 이는 경제·기술·환경적인 관점에서 가장 적절한 노선의 위치와 형상을 정하기 위한 정비계획이다.

기본설계는 일반적으로 1/2,500~1/5,000의 지형도를 기본으로 도상에서 노선을 선정하고 주요한 구조물을 개략적으로 설계하여 공사비를 산출하는 것을 말한다. 이 단계에서는 노선이 가능한 몇 개의 비교노선을 선정하여 도상에 중심선을 표시하고, 이 중심선상의 표고와 횡단하는 하천·노선 등의 위치와 형상을 읽어 종단면도에 나타내고 공사비를 개략 산정한다.

실시설계는 항공사진측량이나 지상현황측량을 실시하여 1/1,000 지형도(현황도)를 작성하며, 이때의 기준점들은 후에 중심선의 설치를 위한 측량에 이용된다. 예비설계한 중심선을 상세하게 검토하고 가장 적절하다고 생각되는 중심선의 선형을 확정하며, 각 횡단면의 구조와 기하형상을 결정하여 공사의 실시에 충분한 세부설계도를 만든다.

표 12-1 건설공사 공종별 측량항목 및 기준

공종	설계단계	측량항목	측량기준
도로공사	기본설계	−삼각측량, 수준측량, 골조측량, 현황측량 (1:1,200, 지형측량 또는 항공측량 등) −중심선 측량	−측량법과 공공측량 작업규정에 관한 기준 및 발주청이 별도로 정한 기준
	실시설계	−중심선 측량, 종횡단측량	−상동
철도공사	기본설계	−삼각측량, 수준측량, 골조측량, 현황측량 (1:1,200, 지형측량 또는 항공측량 등) −중심선 측량	−측량법과 공공측량 작업규정에 관한 기준 및 발주청이 별도로 정한 기준
	실시설계	−중심선 측량, 종횡단측량	−
지하철 공사	기본설계	−삼각측량, 수준측량, 골조측량, 현황측량 (1:1,200, 지형측량 또는 항공측량 등) −중심선 측량	−측량법과 지적법, 공공측량 작업규정에 관한 기준, 발주청이 별도로 정한 기준
	실시설계	−중심선 측량, 종횡단측량	−상동
공항공사	기본설계	−경계측량, 현황측량, 수준측량	−측량법과 공공측량 작업규정에 관한 기준, 발주청이 별도로 정한 기준
	실시설계	−종·횡단측량, 공사실시를 위한 측량	−상동
댐공사	기본설계	−지형측량(댐지점 및 수몰지 항공사진측량), 종회단측량(댐지점, 하천), 수몰선측량, 이설도로의 측량	−측량법과 공공측량 작업규정에 관한 기준, 발주청이 별도로 정한 기준
	실시설계	−상동	−상동
하천공사	기본설계	−하천의 기본계획을 위한 측량 −하천 개수공사 실시를 위한 측량 −하상변동조사를 위한 측량	−측량법과 공공측량 작업규정에 관한 기준, 발주청이 별도로 정한 기준
	실시설계	−상동	−상동
항만공사	기본설계	−수심측량(삼각측량),지형현황측량(기준점측량, 해안선측량)	−측량법과 공공측량 작업규정에 관한 기준, 발주청이 별도로 정하는 기준
	실시설계	−수심측량(삼각측량), 지형현황측량(기준점측량, 해안선측량)	−상동
상하수도 공사	기본설계	−지형현황측량, 관로노선측량, 수심측량	−측량법과 공공측량 작업규정에 관한 기준, 발주청이 별도로 정하는 기준
	실시설계	−	−
건축공사	기본설계	−지적측량, 경계측량, 현황측량, 수준측량	−측량법과 공공측량 작업규정에 관한 기준, 발주청이 별도로 정하는 기준
	실시설계	−공사실시를 위한 측량	−상동
단지조성	기본설계	−삼각측량, 수준측량, 골조측량, 현황측량(1:600, 1:1,200) 지형측량 또는 항공측량	−측량법과 공공측량 작업규정에 관한 기준, 발주청이 별도로 정하는 기준
	실시설계	−	−

출처: 국토교통부, 설계공모, 기본설계 등의 시행 및 설계의 경제성 등 검토에 관한 지침, 국토교통부고시 제 2018-244호(2018.4.23.). 제44조(측량의 항목 및 기준).

발주청[2]은 기본설계 또는 실시설계를 할 때에는 측량 및 지반조사를 해야 하고, 이에 따른 측량 및 지반조사에 필요한 비용을 확보하고 조사에 필요한 기간을 충분히 부여해야 한다고 규정하고 있다. 측량 및 지반조사의 항목과 세부 기준은 「기본설계 등에 관한 지침[3]」에 정해두고 있으며, 표 12-1은 건설공사 공종별로 정한 측량항목과 기준을 보여준다.

기본설계와 실시설계가 완료되면 "실시계획"에 대한 관계기관 협의를 거쳐 승인·고시 (도시계획 시설 등)하게 되고, 용지보상, 공사입찰 및 계약, 공사착공 및 준공의 절차를 따르게 된다.

실시설계에서 확정된 중심선은 보통 20 m마다의 측점에 대한 좌표로 표현하고 중심선 설치측량에 의해 현지에서 측점말뚝을 설치한다. 이때 노선 건설에 필요한 용지폭이 도상에서 구해지면 용지측량을 실시하고 용지경계에 경계말뚝을 설치한다.

용지측량이란 토지 및 경계 등에 대하여 조사하고, 용지취득 등에 필요한 자료 및 도면을 작성하는 작업을 말한다. 용지측량은 작업계획, 자료조사, 경계확인, 경계측량, 면적계산, 용지실측도 원도 등의 작성 등으로 구분한다.

또한 설치한 중심선을 따라서는 수준측량을 실시하여 도상에서 구한 것보다 정확한 종단면도를 작성하고, 필요에 따라서는 횡단측량을 실시한다. 또한 지장물조사를 통해 보상 문제에 대비한다.

도로의 계획·설계에 대해서는 「도로의 구조·시설 기준에 관한 규칙」을 적용해야 하며, 노선측량 전반에 대해서는 「국토교통부 국토지리정보원 공공측량작업규정」을 준용해야 한다.

12.2 노선측량

12.2.1 노선측량의 내용

기본설계 및 실시설계 등의 설계를 위한 측량을 조사측량이라고 하며, 보통 노선측량이라 부르고 있다. 노선의 계획과 공사를 위한 대표적인 측량작업은 다음과 같다(그림

---

2 "발주청"이란 건설공사 또는 건설기술 용역을 발주하는 국가, 지방자치단체, 공기업/준정부기관, 지방공사/지방공단, 기타 대통령령으로 정하는 기관의 장을 말한다(건설기술진흥법 제2조 6호).

3 국토교통부, 설계공모, 기본설계 등의 시행 및 설계의 경제성 등 검토에 관한 지침, 국토교통부고시 제2018-244호(2018.4.23.)

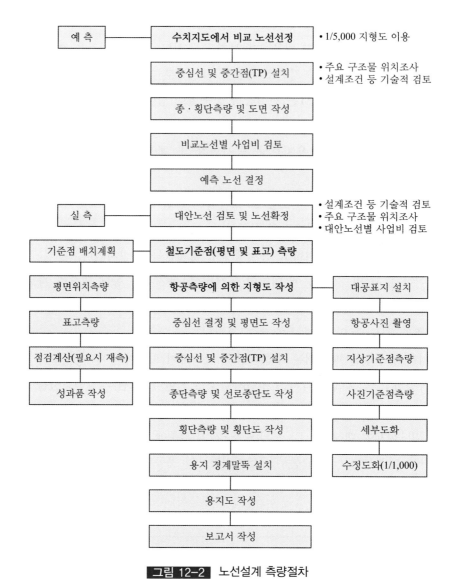

그림 12-2 노선설계 측량절차

출처: 한국철도시설공단, 철도설계지침 및 편람(측량), 2012

12-2 참조).

- 노선 선정을 위한 지형도 작성측량
- 선정된 노선의 중심선을 설치하는 측량
- 공사시공 및 감리(건설사업관리)를 위한 측량
- 유지관리측량

여기서, ①은 항공사진측량방법을 많이 이용하며, ②는 수준측량과 기준점측량의 응용이다. 그러므로 여기서는 도로를 대상으로 한 ②의 중심선 설치측량을 중심으로 설명하며, ③은 시공측량·계측에서 다룬다.

노선측량은 다음의 작업순서를 따른다.

① 중심선의 설치
② 종·횡단측량
③ 지형·지질조사
④ 용지측량 및 지장물조사
⑤ 설계·제도 등

12.2.2 중심선의 설치

실측에서 중심선이 설치되면 적당한 축척으로 평면중심선을 제도하고 이를 기준으로 하여 평면측량을 한다. 그림 12-3은 도로 중심선의 한 예이다. 중심선의 기준이 되는 주요점과 중심말뚝을 설치하는 방법은 다음과 같다.

(1) 주요점의 설치

교점(I.P)은 설계도 및 현지의 상황 등을 검토하여 그 위치를 현지에 선정하고 나무말뚝을 설치하거나 영구표지를 매설하며 인조점을 설치한다(그림 12-4 참조). 교점의 위치는

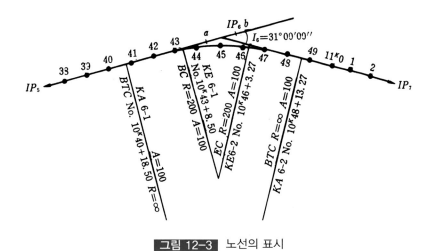

그림 12-3 노선의 표시

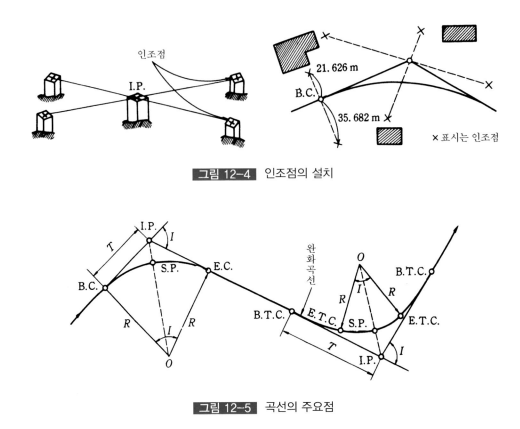

그림 12-4 인조점의 설치

그림 12-5 곡선의 주요점

기준점측량에 의해 결정한다.

I.P와 I.P 사이의 주요점의 위치는 트래버스측량에 의해 결정하는 것이 I.P점 사이에 장애물이 있을 때도 쉬우며 I.P점 사이를 연결할 수 있다. I.P점에 직접 트래버스점을 설치할 수 없을 경우에는 적당한 기준점으로부터 교차법에 의해 측량하는 것이 좋다.

그림 12-3에서 IP_5, IP_6 직선의 연장선상에 교점 IP_6의 위치를 대략 정하여 그 전후 1 m의 거리를 두고 a, b 두 개의 말뚝을 박는다. 데오돌라이트(TS)를 IP_6～IP_7 선상에 옮겨 세우고 IP_6, IP_7 방향의 시준선과 ab 사이에 당겨 맨 실과의 교점을 찾아 말뚝을 박고, 실의 교점을 옮기면 이 점이 교점 IP_6이다.

교점이 결정되면 그 점의 교각 I_6를 측정하고 또 곡선반경을 가정하여 이 두 요소로서 곡선부를 설계하여 설치한다(그림 12-5 참조).

(2) 중심말뚝의 설치

중심선의 측점말뚝 간격은 도로의 계획조사 또는 이에 준하는 것은 100 m(또는 50 m),

표 12-2(a) 중심말뚝의 간격

종별	간격	비고
도로계획조사	100 m 또는 50 m	
도로실시설계	20 m	
하천계획조사	100 m 또는 50 m	
하천실시설계	20 m 또는 50 m	호안법선
해안실시설계	20 m 또는 50 m	제방호안법선

출처: 한국도로공사, 고속도로공사전문시방서(제1장 측량 및 지반조사), 2012.

표 12-2(b) 종횡단측량 교차의 허용범위

종류	구분		비고
	평지	산지	
종단측량 교차(거리)	S/2,000(20 m 이상) 10 mm(20 m 미만)	S/1,000(20 m 이상) 20 mm(20 m 미만)	S는 점간거리의 계산값(m)
횡단측량 교차(거리)	L/500	L/300	L은 중심말뚝과 말단 시준말뚝간의 측정거리(m)
횡단측량 교차(표고)	$2\,cm + 5\,cm\,\sqrt{L/100}$	$2\,cm + 5\,cm\,\sqrt{L/100}$	
용지폭 말뚝점간교차(거리)	S/1,000(20 m 이상) 50 mm(20 m 미만)	S/200(20 m 이상) 100 mm(20 m 미만)	S는 점간거리의 계산값(m)

출처: 한국도로공사, 고속도로공사전문시방서(제1장 측량 및 지반조사), 2012.

도로의 실시설계 또는 이에 준하는 것은 20 m가 보통이며, 도로의 기점(beginning point)에서부터의 번호를 기입해 놓는다(표 12-2(a) 참조).

이 기점으로부터의 말뚝점까지 거리를 누적거리(through chainage)라고 하고, 중심말뚝은 측점말뚝 외에 플러스(plus) 말뚝으로서 터널, 교량의 시종점, 지형의 변화점(종횡단방향 등)을 설치하고 No.□□+□□ m라고 기입해 놓는다.

12.2.3 종횡단측량

종단측량은 설치한 중심말뚝의 지반고, 주요 구조물의 표고 등을 측정하여 종단면도를 작성하는 것이다. 이를 위해 약 500 m마다에 수준점을 노선 근처에 설치해 두고 이를 기초로 직접수준측량을 실시하면 좋다.

횡단측량은 중심말뚝을 따라 중심선에 직각인 단면의 거리와 고저차를 측량하여 횡단면도를 작성하는 것이다. 중심선에 직각인 방향을 정하기 위해서는 데오돌라이트(또는 토텔스테이션)를 이용하고 인접한 중심말뚝과의 관계를 고려하여 정한다. 곡선부에서는 인접말뚝의 방향과 법선 방향과의 각도를 계산하면 좋다. 횡단측량은 데오돌라이트 + 레벨 + 테이프의 조합, 헝겊테이프 + 폴의 간단한 조합 등 여러 방법을 사용한다.

횡단면도는 토공량, 구조물의 규격, 용지폭 등을 정하는 기초가 되기 때문에 횡단선이 길 경우에도 정확도를 유지할 수 있도록 주의가 필요하다. 횡단측량의 정확도는 표 12-2(b)의 용지측량의 경우를 준용한다.

12.2.4 용지 및 지장물조사

종횡단측량 결과를 이용하고 따로 필요한 측량을 추가하여, 노선용지에 대한 현황도를 작성하여 노선의 설계도를 기입한다. 또한 지형현황조사와 지질조사, 그리고 수문조사를 통해 설계자료를 확보한다.

횡단면도에 의해 노선구조물에 필요한 부분의 폭이 정해지면, 여기에 공사·보수·관리·경계시설 등에 필요한 여유를 두어 도로중심선으로부터 좌우에 용지폭을 정한다. 이 위치를 도로의 중심선에서 정확히 측정하여 용지경계 말뚝을 설치하고 1/250~1/1,200의 평면도를 작성한다.

도로의 경계말뚝이 설치되면 용지도와 용지조서를 작성해야 하며 편입토지 및 지장물조서를 작성한다. 또한 지하매설물조사를 통해 이설방안을 조사하게 되며 토지가격조사를 통해 용지보상비 및 지장물보상비 등을 산정할 수 있도록 한다.

여기서 지장물조사에는 건물, 수목 등과 광업권, 어업권 등의 권리를 포함한다.

12.3 토공설계

12.3.1 도로횡단면

도로횡단면의 구성요소는 ① 차도(차로 등으로 구성되는 도로의 부분), ② 중앙분리대, ③ 길어깨, ④ 정차대(차도의 일부), ⑤ 자전거 전용도로, ⑥ 자전거·보행자 겸용도로, ⑦ 보도, ⑧ 식수대, ⑨ 측도(차도의 일부), ⑩ 전용차로 등이다.

도로의 땅깎기 및 흙쌓기 부위의 명칭과 표준구성에 대한 정의는 다음과 같다.

① 흙쌓기부: 원지반부터 노상면까지 흙을 쌓아올린 부분을 말한다.

② 땅깎기부: 원지반부터 노상면까지 원지반의 흙을 굴착한 부분을 말한다.

③ 노체: 흙쌓기부에서 포장 및 노상 이외의 부분을 말하고, 노상 및 포장층을 지지하는 역할을 한다.

④ 노상: 포장층 아래 두께 약 1.0 m의 거의 균일한 토층을 말하고, 포장층으로부터 전달되는 교통하중을 지지하거나 노체 또는 원지반에 전달하는 역할을 한다.

⑤ 포장층: 노면으로부터 노상 윗면까지의 부분을 말하며, 교통하중을 지지하고 하중을 분산시키는 역할을 한다.

⑥ 비탈면: 흙쌓기 및 땅깎기에 의해서 형성되는 비탈면을 각각 흙쌓기 및 땅깎기 비탈면이라 하며, 이들의 비탈면에는 필요에 따라 소단을 설치하고, 비탈면의 상단을 비탈어

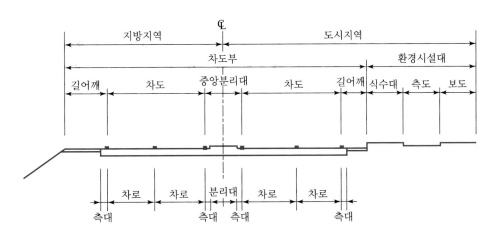

그림 12-6 도로횡단면 구성요소

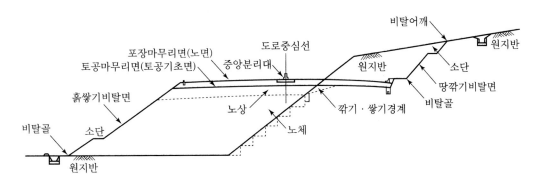

그림 12-7 땅깎기(절토) 및 흙쌓기(성토) 부위의 명칭

299

깨, 하단을 비탈끝이라 한다.

12.3.2 토공설계

토공설계에서는 사전에 기상 · 지형 · 토질 · 지질 · 환경 · 재료 · 하천 · 문화재 · 토지이용 관련 공공사업 등에 대한 조사를 실시하고, 조사결과를 종합적으로 검토하여 설계에 반영하여야 한다.

그리고 도로설계시에는 경제성과 시공성을 고려하여 설계하고, 경제성을 검토할 때는 건설비 외에 유지관리비도 포함해야 한다. 도로 준공 후 노면의 부등침하 · 비탈면 세굴 및 붕괴가 발생하지 않도록 하고, 대규모 땅깎기 비탈면에는 소단 · 점검시설 등의 유지관리 시설을 설계해야 한다. 산악지 도로의 경우「수해 예방을 위한 산악지 도로 설계 매뉴얼」을 참조한다.

토공설계는 지반을 굴착하여 땅깎기 구조물을 조성하고 굴착한 흙을 운반 다짐하여 흙쌓기 구조물을 축조하는 공사로서, 암발파 · 비탈면 보호 등의 부대공사를 포함하여 설계한다. 땅깎기 및 흙쌓기 비탈면의 경사는 지표지질조사, 지반조사 및 실내 · 현장시험 성과를 이용하거나 인접 시설의 비탈면 설계 등을 종합적으로 고려하여 설계한다.

토공설계는 기본설계 단계와 실시설계 단계로 구분되며, 다음과 같이 설계한다.

① 기본설계는 계획노선의 토공과 관련하여 흙쌓기 · 땅깎기 · 비탈면 보호공 · 옹벽 · 암거 등에 적합한 각종 대책공법을 선정하고, 유사 사업의 설계자료와 현지답사 결과를 반영하여 공사비를 산정한다.

② 실시설계는 기본설계에서 결정된 기본조건에 근거하여 선정된 노선에 항공사진 등에 의하여 작성된 도면과 지표지질조사, 사운딩 등의 결과를 이용하여 땅깎기, 흙쌓기, 구조물 및 각종 대책공법 등의 상세한 설계를 실시하여 소요 공사비를 산정한다.

③ 땅깎기는「건설공사 비탈면 설계기준」을 적용한다. 다만 땅깎기 비탈면의 불안정 요인이 있는 경우에는 비탈면 안정 대책을 검토하여 설계에 반영한다.

④ 흙쌓기는 반복 재하되는 교통하중을 지지하는 동시에 교통 하중과 흙쌓기 하중에 의한 큰 변형과 침하가 발생되지 않도록 설계해야 하며, 강우침투 또는 지진 등의 붕괴 원인에 대한 충분한 안정성을 가져야 한다. 흙쌓기에서 다짐장비는 하중, 다짐횟수, 함수비, 재료의 특성 등에 따라 다짐깊이와 효과가 달라지므로 이를 고려하여 설계 및 시공을 계획해야 한다.

예제 12.1

그림과 같이 종단면도와 횡단면 설계에서 절토량·성토량이 계산되었다. 양단면평균법에 따라
토공량을 계산하라.

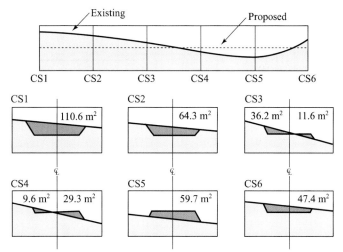

풀이 CS1-CS2 절토량$= \left(\dfrac{20}{2}\right)(110.6 + 64.3) = 1749 \text{ m}^3$ 성토량 0 m^3

CS2-CS3 절토량$= \left(\dfrac{20}{2}\right)(64.3 + 36.2) = 1005 \text{ m}^3$

성토량$= \left(\dfrac{13.1}{2}\right)(0 + 11.6) = 76 \text{ m}^3$

여기서 $\dfrac{d_1}{11.6} = \dfrac{20}{(29.3 - 11.6)}$ $d_1 = 13.1 \text{ m}$

CS3-CS4 절토량$= \left(\dfrac{20}{2}\right)(36.2 + 9.6) = 458 \text{ m}^3$

성토량$= \left(\dfrac{20}{2}\right)(11.6 + 29.3) = 409 \text{ m}^3$

CS4-CS5 절토량$= \left(\dfrac{7.2}{2}\right)(9.6 + 0) = 35 \text{ m}^3$

성토량$= \left(\dfrac{20}{2}\right)(29.3 + 59.7) = 890 \text{ m}^3$

여기서 $\dfrac{d_2}{9.6} = \dfrac{20}{36.2 - 9.6}$ $d_2 = 7.2 \text{ m}$

CS5-CS6 절토량$= \left(\dfrac{20 - 11.1}{2}\right)(0 + 47.4) = 211 \text{ m}^3$

성토량$= \left(\dfrac{11.1}{2}\right)(59.7 + 0) = 331 \text{ m}^3$

여기서 $\dfrac{d_1}{A_5} = \dfrac{20}{(A_5 + A_6)}$ $d_1 = (20 \cdot 59.7)/(59.7 + 47.4) = 11.1$ m

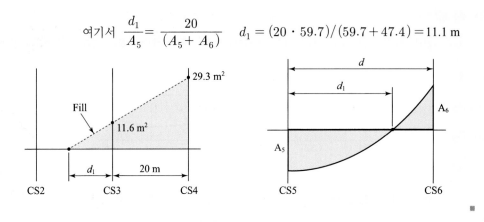

12.3.3 유토곡선

도로설계 시 발생되는 토공량을 최대한 줄이면서 흙깎기와 흙쌓기의 양이 균형을 이루도

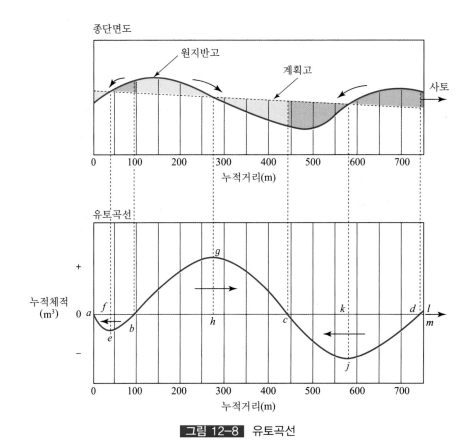

그림 12-8 유토곡선

록 계획해야 하며 지형, 지질, 현황, 경제성, 시공성을 충분히 고려하여야 한다. 이러한 토공의 균형을 찾아내고 경제적인 운반거리를 산출하는 방법으로 유토곡선(mass haul diagram 또는 mass curve)을 사용한다.

도로의 노선선형을 계획하고 물량산출(종단면/횡단면에 의한 산출)을 하여 나온 물량을 가지고 그림 12-8과 같은 유토곡선을 작도한다. 그림 12-8은 종단면도와 이에 상응하는 유토곡선을 보여주고 있으며, 절토량과 성토량이 균형을 이루기 위해 이동해야 할 방향을 화살표로 표시해 두고 있다.

표 12-3은 유토곡선을 작성하기 위하여 토적계산한 결과이다.

최종적인 누적토량(aggregate volume)을 계산하기 위해 흙에 대한 팽창계수 1.1, 신축계수 0.8을 반영한 것이다. 여기서 흙의 운반 방법은 도저로 운반하는 방법과 덤프트럭으로 운반하는 방법이 있고, 장비의 능력과 작업효율을 감안하여 가장 경제적인 운반거리를 정한다. 경제적인 운반거리는 도저의 경우 60 m를 최대거리로 보며 그 이상거리는 덤프트럭으로 운반하는 것을 기준으로 한다. 도저로 깎기나 쌓기를 할 때 20 m 범위 이내에서는 작업 중에 흙을 운반하는 것으로 보고 운반거리 산출에서 제외하여 무대(대가 없이 공사)로 취급한다.

표 12-3 누적토공량 산정

누적거리 (m)	체적(m³)		신축량	보정된 체적(m³)		누적 체적(m³)
	Cut(+)	Fill(−)		Cut(+)	Fill(−)	Cut(+) Fill(−)
0	−	−	−	−	−	0
50	40	800	1.1	44	800	−756
100	730	−	1.1	803	−	+47
150	910	−	1.1	1,001	−	+1,048
200	760	−	1.1	836	−	+1,884
250	450	−	1.1	495	−	+2,379
300	80	110	1.1	88	110	+2,357
350	−	520	−	−	520	+1,837
400	−	900	−	−	900	+937
450	−	1,120	−	−	1,120	−183
500	−	970	−	−	970	−1,153
550	−	620	−	−	620	−1,773
600	200	200	0.8	160	200	−1,813
650	590	−	0.8	472	−	−1,341
700	850	−	0.8	680	−	−661
750	1,120	−	0.8	896	−	+235

12.3.4 설계도면 작성

성과품 작성에 관한 상세한 내용은 「건설공사의 설계도서 작성기준(국토해양부, 2012)」을 참조하며, 전자도면 작성 및 전자납품 성과품작성에 관한 사항은 「전자설계도서 작성·납품지침(국토해양부, 2011)」을 참조한다. 또한 도로사업절차별 보고서 및 도면 등에 관한 상세한 사항은 「건설공사의 설계도서 작성기준(국토해양부, 2012)」을 참조한다.

표 12-4는 도로설계 성과품을 발췌한 것이며 전자납품 규정에 따라야 한다.

표 12-4 도로설계 성과품의 종류(발췌)

구분	설계도면(도로공사 예)	보고서 등
실시설계	실시설계도면 ① 목차 ② 위치도(1/5,000~1/50,000) ③ 일반도(1/50~1/500: 표준횡단면도, 편구배도 등) ④ 종·평면도(H=1/1,000, V=1/200) ⑤ 토공횡단면도(1/50~1/200) ⑥ 배수계획도(H=1/1,000, V=1/200) ⑦ 배수구조물 횡단면도(1/50~1/200) ⑧ 포장계획(1/1,000) ⑨ 교통처리계획도(1/500~1/1,000) ⑩ 구조일반도, 단면력도, 　　주철근조립도(1/50~1/200: 일반구조물, 기초) ⑪ 가시설 개요도 및 대표 단면도 ⑫ 부대시설도(교통안전시설, 조경시설, 방음벽 등)	실시설계보고서 설계예산서 공사시방서 ① 총칙 ② 측량 및 지반조사 ③ 지반개량공사 ④ 토공사 및 조경공사 ⑤ 말뚝공사 ⑥ 콘크리트공사 ⑦ 상하수도공사 ⑧ 강구조물공사 ⑨ 교량공사 ⑩ 도로 및 포장공사 ⑪ 터널공사 ⑫ 기타공사
기본설계	기본설계도면 ① 일반(목차, 위치도, 일반도) ② 토공(평면 및 종단면도: H=1/1,000, V=1/200) ③ 배수공(배수유역도) ④ 포장공(포장계획도) ⑤ 부대공(부대시설도) ⑥ 주요 구조물(교량, 터널, 옹벽, 암거 등) 　　일반도(1/50~1/200)	기본설계보고서 기본설계예산서

자료: 국토해양부, 건설공사의 설계도서 작성기준, 2012.

12.4 하천 조사측량

12.4.1 평면측량

하천측량은 하천의 계획, 조사, 설계, 유지관리 등에 필요한 자료를 수집하기 위하여 지형지물의 위치와 형성, 수위, 수심, 단면, 경사를 측정하여 평면도, 종단면도, 횡단면도 등을 작성하는 작업을 말하며, 유속과 유량측정을 포함한다. 따라서 하천조사측량은 하천의 유지관리를 목적으로 하상변동조사 등 하천의 상황을 확실히 파악하기 위해서 실시하는 하천대장 측량이다.

하천에 관하여는 국토교통부에서 제정한 하천법을 따르며, 하천측량의 전반에 대해서는 「공공측량작업규정」을 준용해야 한다. 또한 하천을 신설하거나 개선할 목적의 실시설계는 노선측량 방법에 따라야 하며, 설계도에 의한 하천공사 시공측량은 11장의 시공측량 방법에 의한다.

하천측량을 하고자 하는 구역은 하천의 크기와 측량의 목적에 따라서 다르나, 일반적으로 그 폭은 유제부에서는 제외지 전부와 제내지 300 m 이내로 하는데, 무제부에서는 홍수 때 수위가 도달하는 지점부터 다시 100 m 정도 넓은 범위에 이른다. 지천과 하천에 연결되어 있는 수면도 간천에 준하여 측량한다(그림 12-9 참조).

평면측량은 보통의 지형측량과 같으며, 기준점측량과 세부측량으로 구분된다. 측량하고자 하는 지역(하천)의 평면 위치를 정하기 위해서 기준점측량을 한다. 기준점은 2~3 km마다 설치하고, 3개의 국가 삼각점부터 관측할 수 있는 위치에서 트래버스측량 및 지형측량을 하는 데 편리해야 한다.

평면도는 축척 1/2,500로 그린다. 다만 하천폭이 50 m 이하의 경우에는 축척 1/1,000이

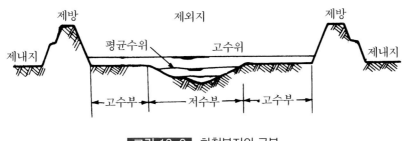

그림 12-9 하천부지의 구분

사용된다. 평면도는 개량, 그 밖에 하천계획의 기본도가 되므로, 트래버스측량에 의해서 구한 측점은 모두 직각좌표에 의해서 전개하여 이를 기준으로 정확한 지형도를 만들고, 또 접합시켜야 한다.

도면에 쓰이는 기호와 색채에 대해서는 대체로 국토지리정보원의 도식에 따르나, 그것이 대축척도라는 것, 하천이라는 특수한 목적에 사용된다는 것을 생각하여, 따로 적당한 기호를 다시 추가해야 할 때가 많다.

12.4.2 수준측량

수준측량은 하천의 종단 및 횡단면도를 만드는 것이 목적이며, 횡단측량에서는 수심측량이 필요하다. 그리고 최근에는 항공레이저측량(ALS) 등 새로운 방법에 의해 하상변동조사를 하고 있고 한강홍수통제소 사이트를 통해 제공되는 댐(한국수자원공사) 또는 저수지(한국농어촌공사) 정보를 확인할 수 있다.

수준측량의 작업은 ① 종단측량, ② 횡단측량, ③ 수심측량, ④ 하구 수심측량으로 구분한다. 수준측량을 할 때는 우선 거리표와 양수표를 설치하고, 또 양안 5 km마다 수준기표를 두어, 이 표고는 국가 수준점으로부터 1, 2급 수준점측량에 따라 정확하게 측정해야 한다.

수준기표를 설치하는데는 지반이 침하했거나 교통의 방해가 되는 곳은 피해야 한다. 그리고 하천에서는 좌안과 우안은 하류에서 상류를 보았을 때의 구분을 말한다.

(1) 거리표 설치측량

거리표는 한쪽 하안에 따라서 하구 또는 합류점부터 200 m의 간격을 표준으로 하여 설치하고, 다른 하안에는 설치된 거리표로부터 하천의 직각 방향의 선에 설치한다. 거리표에는 1 km마다 표석을 하고, 그 중간에는 나무말뚝을 사용한다. 나무말뚝에는 색칠을 한다.

(2) 종단측량

종단측량은 좌우 양안에 설치한 거리표·양수표·수문·통문, 그 밖의 중요한 장소의 높이를 측정하여 종단면도를 작성하는 것이 목적이다. 하천의 종단측량은 높은 정확도가 필요하므로 왕복 2회 이상 측정해야 하며, 그 측정오차는 5 km마다 설치된 수준점을 기준으로 하여 그 기준은 공공3급 수준측량(허용왕복차 $10\ mm\ \sqrt{S}$)을 기준으로 한다.

종단면도는 거리를 1/1,000, 높이 1/100의 축척으로 그린다. 양안의 거리표·지반고·하상고, 기왕의 최고수위, 양수표·교대고·수문 및 용배수의 통문·통관, 그 밖의 하천공작물의 위치 및 높이를 기입한다. 종단면도는 하류를 좌측으로 하여 제도한다.

(3) 횡단측량

횡단측량은 200 m마다 양안에 설치한 거리표를 기준으로 하여 시행한다. 횡단측량의 범위는 평면 측량의 범위에 준하여 실시하나 측정구역은 평면 측량할 구역을 고려하여 유제부에 있어서 제외지는 전부, 제내지는 300 m 이내로 한다.

횡단측량은 횡단선을 따라 수륙 모두 10~20 m마다 측량을 실시한다. 고저의 변화가 심한 장소에 있어서는 단거리로 하나 매 장소마다 측정한다. 횡단측량은 양수표·보·교량·갑문 등 구조물이 있는 장소에서는 특별한 측량을 실시한다.

횡단면도는 폭을 1/1,000, 높이를 1/100의 축척으로 그리는 것이 보통이다. 하천개수 및 그 밖의 공사에서는 좌안을 좌로 하고 좌안의 거리표를 기점으로 하여 제도하지만, 댐·저수지의 계획에서 배수계산할 때 사용되는 도면에서는 하류에서 상류를 보았을 때의 단면, 즉 좌안은 우, 우안은 좌가 되도록 그린다.

12.4.3 수심측량

(1) 수심측량

하천의 깊이를 측정하는 작업을 수심측량(sounding)이라 하며 횡단측량의 측선양안에 말뚝을 설치하고 하상의 수심을 측정하는 데 측정간격은 5 m를 원칙으로 한다. 일반적으로 측간과 측추를 사용하고 측간은 비교적 얕은(6 m 이하) 경우에 사용한다. 측간은 유수의 압력을 충분히 감당할 수 있는 크기의 것으로 하고, 또 유수의 저항을 적게 받는 형으로 하여, 그 선단에는 넓은 면적의 금속제의 추를 달아 두는 것이 좋다.

음향측심기에서는 30 m의 깊이를 0.5% 정도의 오차로 측정할 수 있다. 보다 정확한 결과를 요구할 때는 두 가지 방법으로 측정하여 검사한다.

수심측량의 정확도는 측정간격 5 m에 대하여 표 12-5에 의한다.

표 12-5 수심측량의 측심정확도

종별		정확도	비고
정기 횡단, 저수유량 관측		$\pm 15\,\mathrm{cm}$	
기타 횡단	급류	$\pm 30\,\mathrm{cm}$	
	완류	$\pm 20\,\mathrm{cm}$	
호수, 댐		$\pm\left(10+\dfrac{h}{100}\right)\mathrm{cm}$	h는 cm 단위의 깊이

(2) 수위관측(양수표)

수위관측은 수위표(양수표, water gauge)로 관측한다. 수위표는 아침·낮·저녁 때에 관측하는 보통 양수표와 항시 수위의 변동을 기록하는 자기양수기의 두 종류가 있다. 양수표 설치장소의 선정에는 다음 사항을 고려하여 가장 적당한 장소를 선정해야 한다.

- 양수표의 위치뿐만 아니라 그 상하류의 상당한 범위에 걸쳐 하상과 하안이 안전하고 세굴과 퇴적이 생기지 않는 곳
- 유속의 변화가 심하지 않고, 상하류 약 100 m는 직선인 곳
- 수위가 교각 및 그 밖의 구조물에 의해서 영향을 받지 않는 곳
- 홍수 때 유실·이동 또는 파손의 염려가 없는 곳
- 평상시는 물론 홍수 때에도 쉽사리 양수표를 읽을 수 있는 장소일 것
- 지천의 합류점으로 불규칙한 수위 변화가 생기지 않는 곳

수위는 cm 단위까지 읽는다. 수면경사 측정의 경우는 0.25 cm까지 읽는 것이 좋다. 평수 시 또는 저수 시의 경우는 1일에 2~3회, 홍수 시에는 주야를 통하여 1시간마다 측정한다.

(3) 유량측정

유량측정은 하천과 기타 수로의 각종 수위에 대해 유속을 측정하고 이에 따라 각 수위에 대한 유량을 계산하며, 수위와 유량의 관계를 명확히 하고 하천 계획과 댐계획 등의 기초 자료를 작성하는 데 목적이 있다. 유량측정은 일반적으로 다음 네 가지 방법에 의한다.

① 유속계를 사용하는 방법

이 방법은 일반적으로 정확히 측정되는 방법이며, 큰 하천의 유량측정에 이용된다. 횡단 면에 대해서 측점간격(예, 10 m)으로 구간을 설정하여 평균유속을 측정하고 단면적을 곱

하면 유량이 계산된다.

$$Q = \sum F_i V_i \tag{12.1}$$

② 부자를 사용하는 방법

유수가 대단히 빨라서 유속계를 이용하여 측정할 수 없을 때와 유속계나 기타의 설비가 없을 때 부자를 이용한다. 하천의 적당한 장소를 선정하고 적당한 구간에 부자를 유출시키고, 부자가 이 구간을 몇 시간에 흐르는가를 측정하여 평균단면적과 유속의 평균값을 곱하여 유량을 구하는 방법이다.

③ 수면경사를 측정하는 방법

하안에 설치된 양수표로부터 수면경사를 측정하고 평균유속을 구하는 수리공식으로부터 구간의 평균유속을 구하고 평균단면적을 곱하면 유량을 계산할 수 있다. 수면경사의 측정정확도나 계수를 취하는 방법의 정도에 따라 유량의 정도도 좌우되므로 홍수 시에 대략적인 유량을 측정할 때 사용한다.

④ 간접유량측정법

유량을 알려고 하는 하천의 유역면적을 측량하고 유역 내의 강수량을 기본으로 하고, 이 지역의 지질·지형·삼림상태·온도·건습 등의 사항을 고려하여 하천의 유출을 수문해석에 의해 추정하는 방법이다. 이 방법은 다른 유역의 유량과 비교하여 추정한다.

(4) 평균유속을 구하는 방법

한 단면 내에서도 깊이에 따라 유속이 변화하는데, 그 변화는 하저의 상태, 하폭·풍향 등에 따라 다르다. 따라서 유량을 계산하려면 각 단면의 평균유속을 구할 필요가 있다.

평균유속을 구하기 위해서는 유속분포곡선도를 정확히 그리고 이로부터 구하는 것이 좋다(그림 12-10 참조). 이 방법은 수면으로부터 하저와의 깊이, 즉 연직선상에서 2점 이상 수점의 유속을 측정하고 평균유속을 구한다.

① 1점측정일 경우

수면으로부터 수심이 0.6 되는 곳의 유속을 측정하면 이것이 평균유속이 된다. 단, 5% 정도의 차이가 있다.

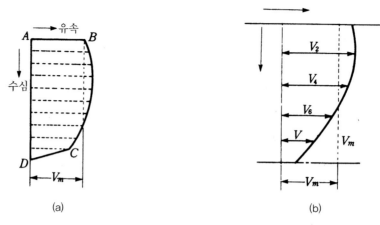

그림 12-10 유속분포도

② 2점측정일 경우

수면으로부터 수심 0.2와 0.8이 되는 곳의 유속을 측정하면 다음 식으로 구한다. 단, 2% 차이가 있다.

$$V_m = \frac{V_2 + V_8}{2} \qquad (12.2)$$

③ 3점측정일 경우

수면으로부터 수심 0.2, 0.6, 0.8이 되는 곳의 유속 V_2, V_6, V_8로부터 평균유속을 구한다. 단, V_m은 평균유속(m/sec), V_2, V_4는 수면으로부터의 깊이에서의 유속이다.

$$V_m = \frac{1}{4}(V_2 + 2V_6 + V_8) \qquad (12.3)$$

④ 평균유속계산법

보통 수심상의 각 점에서 유속을 측정하고, 그림 12-10과 같이 작성한다. 수심을 종축에 표시하고, 유속을 횡축에 표시하여 연직유속곡선을 작도하고, 이 작도의 면적을 구하여 수심 AD로 나누면 연직선상에 평균유속을 얻게 된다.

12.5 도시개발측량

12.5.1 도시개발사업

(1) 도시개발사업

도시계획사업은 도시관리계획을 시행하기 위한 사업으로서 도시계획시설사업, 「도시개발법」에 의한 도시개발사업 및 「도시 및 주거환경정비법」에 의한 정비사업 등이 있다.

도시계획시설사업은 도시계획시설을 설치 · 정비 또는 개량하는 사업을 말하며, 도시개발사업은 도시개발구역 안에서 주거 · 상업 · 산업 · 유통 · 정보통신 · 생태 · 문화 · 보건 및 복지 등의 기능을 가지는 단지 또는 시가지를 조성하기 위하여 시행하는 사업을 말한다. 또한 정비사업은 「도시 및 주거환경정비법」에서 정한 절차에 따라 도시기능을 회복하기 위하여, 정비구역 안에서 정비기반시설을 정비하고 주택 등 건축물을 개량하거나 건설하는 사업으로 주거환경개선사업, 주택재개발사업, 주택재건축사업, 도시환경정비사업을 말한다.

① 도시개발구역의 규모: 도시개발구역의 규모는 도시지역 안에서 다음 규모로 정하고 있으며, 도시계획 이외의 지역은 33만 제곱미터 이상으로 하고 있다.
  - 주거지역 및 상업지역: 1만 제곱미터 이상
  - 공업지역: 3만 제곱미터 이상
  - 자연녹지지역(건축물의 건축을 위한 경우): 1만 제곱미터 이상
② 도시개발사업 진행자: 도시개발사업 시행자는 다음과 같다.
  - 국가 또는 지방자치단체
  - 대통령령이 정하는 정부투자기관
  - 지방공기업법에 의하여 설립된 지방공사
  - 도시개발구역 안의 토지소유자
  - 수도권정비계획법에 의한 과밀억제권역에서 수도권 외의 지역으로 이전하는 법인 중 과밀억제구역 안의 사업기간 등 일정 요건에 해당되는 법인
  - 건설산업기본법에 의한 토목공사업 또는 토목건축공사업의 면허를 받는 등 개발계획에 적합하게 도시개발사업을 시행할 능력이 있다고 인정되는 자로서 일정 요건에 해당하는 자

311

(2) 도시개발사업의 시행방식

도시개발사업의 시행방식으로는 환지방식, 수용방식, 혼용방식이 있다.

① 환지방식
- 대지로서의 효용증진과 공공시설의 정비를 위하여 토지의 교환, 분할 및 기타의 구획변경, 지목 또는 형질의 변경이나 공공시설의 설치, 변경이 필요한 경우
- 도시개발사업을 시행하는 지역의 지가가 인근의 다른 지역에 비하여 현저히 높아 수용 또는 사용방식으로 시행하는 것이 어려운 경우

② 수용 또는 사용방식
- 당해 도시의 주택건설에 필요한 택지 등의 집단적인 조성 또는 공급이 필요한 경우

③ 혼용방식
- 도시개발구역으로 지정하고자 하는 지역이 부분적으로 환지방식 및 수용 또는 사용방식에 해당하는 경우

(3) 환지방식의 도시개발사업

정부수립 후 1961년 12월 31일 「토지개량사업법」과 1962년 1월 20일 「도시계획법」이 제정되면서 토지구획정리사업에 대한 체계가 이루어졌다. 또한 토지구획정리사업을 활성화시키기 위하여 1966년 8월 3일 도시계획법에서 토지구획정리사업을 독립적인 법으로 분리하였다. 그리고 1969년 12월에 농림부에서 농지의 개량, 개발, 보존 및 집단화와 농업기계화에 의한 농업생산력을 증진시키고, 농가주택의 개량 등 농촌근대화 촉진을 목적으로 「농지개량사업에 관한 법률」을 제정하였다.

그 후 토지개발사업법이 「도시개발사업법」에 흡수되면서 환지방식으로 적용되게 되었다.

12.5.2 토지구획정리측량

(1) 토지구획정리사업의 시행절차

환지방식의 도시개발사업은 그림 12-11과 같이 계획단계, 개발단계, 환지단계로 구분한다.

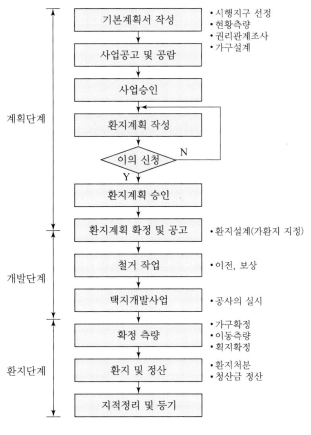

계획단계

기본계획서 작성
↓
사업공고 및 공람
↓
사업승인
↓
환지계획 작성
↓
이의 신청 —N→
↓Y
환지계획 승인

• 시행지구 선정
• 현황측량
• 권리관계조사
• 가구설계

개발단계

환지계획 확정 및 공고 • 환지설계(가환지 지정)
↓
철거 작업 • 이전, 보상
↓
택지개발사업 • 공사의 실시

환지단계

확정 측량 • 가구확정
• 이동측량
• 획지확정
↓
환지 및 정산 • 환지처분
• 청산금 정산
↓
지적정리 및 등기

그림 12-11 도시개발사업의 시행절차

① 사업계획과 시행규정의 작성

구획정리사업 전에 시행지구의 상황을 정확하게 파악하기 위하여 토지현황을 측량해야 하고, 구획정리사업은 권리조정 사업이므로 권리관계를 조사한 다음 도시계획으로 결정된 가로, 공원 등의 시설을 포함하여 시행지구 전체를 설계한다. 마지막으로 지구설계와 자금계획에 의하여 사업계획서를 작성하고, 동시에 공동시행의 경우에는 규약, 조합시행의 경우에는 정관, 지방자치단체 및 국가시행의 경우에는 시행규정을 작성해야 한다. 우리나라의 토지구획정리사업의 시행자는 개인·조합(토지소유자 7인 이상의 조합원 전원으로 총회를 조직)과 정부나 공공기관이며 사업의 대부분을 지방자치단체가 수행하고 있다.

② 환지설계

구체적인 사업계획의 작성에서 토지 각 필지에 대한 환지를 설계해야 한다. 체비지 혹은 환지예정지의 지정은 구획정리사업을 시행하기 위하여 필요할 때에 하는 것이나, 토지의 구획·형질의 변경 또는 공공시설의 신설 변경을 위한 공사시행을 위해서 설계하는 것이다.

③ 건물 등의 이전

환지예정지가 지정되면 종전의 대지에 있는 건물 및 기타 공작물 등을 환지예정지에 이전하는 단계이다. 건물 이전과 병행하여 가스, 상하수도, 철궤도, 전신주, 기타 도로의 공작물, 묘지 등도 이설할 필요가 있다.

④ 토지개발 공사시공

건물 이전을 하기 위해서는 환지선의 정지공사를 먼저 해야 하고 가로, 공원, 수로, 구거 등 공공시설용지에 대한 건축공사 등 제반공사를 시공하게 된다. 확정측량에 따라 설계된 환지예정지(가환지)를 현지에 측설하여 확정한다. 확정측량은 공사시공과 준공에 필요한 확정측량(공공측량) 그리고 지적공부 등록을 위해 작성한 지적측량성과도를 작성하기 위한 지적확정측량(지적측량)으로 구분된다.

⑤ 환지처분

모든 개발이 끝나면 관계 권리자에게 환지계획에 정해진 청산 등의 관계사항을 통지함으로써 환지처분을 한다. 공고가 되면 환지계획에서 정해진 환지는 공고가 있는 날의 다음 날부터 종전의 토지로 간주되며, 종전의 토지 위에 존재한 모든 권리는 원칙적으로 환지 상에 각각 존속하게 되고 지구 내의 권리관계가 확정된다. 환지처분의 효과와 때를 맞추어서 동계, 동명, 지번의 정리를 할 수 있다.

⑥ 청산금 및 감가보상금 정산

구획정리 전후의 대지를 평가 비교하여 각 대지 간에 불균형이 있는 경우에는 금전으로 평균화시킨다. 이 금전이 바로 청산금이며 정리 결과 비교적 좋은 환지를 얻은 자는 청산 금을 지불하고 도리어 비교적 나쁜 환지를 받은 자는 청산금을 수취하게 된다.

시행자가 행정청인 경우에 정리 후의 대지의 총 가격이 정리 전 대지의 총 가격과 비교하여 감소한 경우에는 그 차액에 상당하는 금액을 종전토지소유자 또는 권리자에 배분하게 된다. 이것이 감가보상금이다.

⑦ 지적정리 및 등기사무

정리사업의 끝맺음으로 지적정리 및 등기의 사무를 한다. 토지에 관한 대위등기, 건물에 관한 대위등기, 토지구획정리등기 등이며, 등기완료 공고를 함으로써 구획정리사업은 종결된다.

(2) 토지구획정리측량

토지구획정리측량은 토지구획정리사업, 시가지 조성사업, 도시재개발사업, 경지정리사업 등을 실시하는 데 이용되는 측량을 말한다. 구획정리측량은 작업계획, 현황측량, 지구계측량, 확정측량으로 구분한다.

토지구획정리측량의 현황측량은 평판 및 TS 등으로 지형·지물 및 토지이용상황 등을 측정하여 구획정리사업의 계획과 설계 등에 필요한 종합현황도를 작성하는 작업을 말한다. 지구계측량이란 시행지구의 지구계를 명확하게 하기 위하여 필요한 점(지구계점)을 측정하고, 지구계점의 위치 및 지구 총면적을 구하는 작업을 말한다.

확정측량이란 구획정리사업의 사업계획에서 정해진 가구 및 획지와 동 사업의 환지설계에서 정해진 가구 및 획지에 대하여 그 위치, 형상 및 면적을 확정하는 작업을 말하며, 가구확정측량과 획지확정측량으로 구분한다. 가구확정측량이란 가구점의 위치, 가구의 위치, 형상 및 면적을 산출하고, 현지에 표시해서 확정하는 작업을 말하며, 획지확정측량이란 가구확정측량의 성과를 토대로 획지점의 위치, 형상 및 면적을 산출하여 현지에 표시하는 작업을 말한다.

확정측량에서 사용하는 용어의 정의는 다음과 같다.

- 중심점: 도로, 수로 등의 중심선상의 교차점과 굴곡점을 말한다.
- 가구: 사업계획에서 정해진 공공용지 및 시행지구 지구계에 둘러싸인 택지구역을 말한다.
- 가구점: 가구가 형성하는 다각형의 정점을 말한다.
- 획지: 환지설계에서 정해진 환지 또는 환지를 사용·수익할 수 있는 권리 목적이 되는 환지를 말한다.
- 가구정점: 가구를 형성하는 두 선이 만나는 점을 말한다.
- 획지점: 가구점 이외의 획지경계를 나타내는 데 필요한 점을 말한다.
- 공공시설용지: 공공시설용으로 제공하는 토지를 말한다.
- 택지: 공공시설용지 이외의 토지를 말한다.

12.5.3 지하시설물측량

공공측량 작업규정에서 지하시설물이란 도로 및 도로부대시설물과 다음 시설물을 말한다.

① 도로법 제2조의 규정에 의한 도로 및 부속시설물

② 수도법 제3조의 규정에 의한 상수관로 및 부속시설물

③ 하수도법 제2조의 규정에 의한 하수관로 및 부속시설물

④ 도시가스사업법 제2조 규정에 의한 가스관로 및 부속시설물

⑤ 전기통신기본법 제2조 규정에 의한 통신관로 및 부속시설물

⑥ 전기사업법 제2조 규정에 의한 전력관로 및 부속시설물

⑦ 송유관안전관리법 제2조 규정에 의한 송유관로 및 부속시설물

⑧ 집단에너지사업법 제2조 규정에 의한 난방열관로 및 부속시설물

⑨ 기타 신호 및 가로등과 관련된 지하시설, 지하철 및 ITS 관련 지하시설, 지하에 설치된 케이블TV 및 유선선로, 공동구, 지하도 및 지하상가 시설 등과 같이 공공의 이해관계가 있는 지하시설물

또한 지하시설물측량은 시설물을 조사, 탐사하고 위치를 측량(시설물의 위치를 육안으로 확인할 수 있는 상태에서 측량하는 것을 포함한다)하여 도면 및 수치로 표현하고 데이터베이스로 구축하는 것을 말한다. 여기서 "조사"란 시설물의 제원과 속성을 직접 현장에서 확인하는 것을 말하며, 탐사란 지하에 매설된 시설물의 위치와 깊은 정도(심도)를 탐사기기에 의하여 측정하는 것을 말한다.

그리고 지하시설물도란 지하시설물 기본도를 기초로 일정한 기호와 축척으로 표시한 도면을 말한다. 지하시설물 기본도는 지하시설물도 작성에 기초가 되는 축척 1/1,000, 1/2,500의 수치지도 또는 이미 제작된 지하시설물도를 말한다. 다만 축척 1/1,000 수치 또는 1/2,500 수치지도가 없는 지역에 대해서는 국토지리정보원장이 간행한 수치지도 중 가장 큰 축척의 수치지도를 말한다.

지하시설물 측량의 작업절차는 다음 각 호와 같다. 다만 공공측량시행자의 필요에 따라 일부를 변경하거나 생략할 수 있다.

① 작업계획 및 준비

② 조사

③ 탐사

표 12-6 지하시설물 탐사기기 성능기준

기기		성능	판독범위
지하시설물 측량기기 (탐사기기)	금속관로 탐지기	평면위치 20 cm, 깊이 30 cm	관경 80 mm 이상 깊이 3 m 이내의 관로를 기준으로 한 것
	비금속관로 탐지기	평면위치 20 cm, 깊이 40 cm	
	맨홀탐지기	매몰된 맨홀의 탐지 50 cm 이상	

④ 시설물의 위치측량

⑤ 지하시설물 원도 작성

⑥ 대장조서 및 속성 DB 작성

⑦ 편집

⑧ 성과 등의 정리

시설물 측량에 사용되는 탐사기기는 측량법 시행규칙 제102조 별표 9에 의한 성능검사를 받은 장비를 사용하며, 기기의 성능기준은 표 12-6과 같다. 지하시설물 조사 및 탐사 대상은 다음과 같으며, 그 외에는 시설물 관리기관별로 따로 정할 수 있다.

- 폭이 4 m 이상인 도로 및 도로부대시설물
- 관경이 50 mm 이상인 상수관로 및 부속시설물
- 관경이 200 mm 이상인 하수관로 및 부속시설물
- 관경이 50 mm 이상인 가스관로 및 부속시설물
- 관경이 50 mm 이상인 통신관로 및 부속시설물
- 관경이 100 mm 이상인 전기관로 및 부속시설물
- 모든 송유관
- 모든 난방열관

12.5.4 토지이용규제선 고시측량

토지이용규제 기본법 제8조 및 같은법 시행령 제7조에 따라 작성된 지형도면등은 지역·지구등의 결정 사항을 개별필지와의 관계에 대한 사실관계를 확인하기 위하여 작성하며, 지역·지구등의 지형도면등의 작성기준, 작성방법 및 도면관리 등에 관하여는 규정[4]을 따르도록 하고 있다.

---

4 국토교통부, 지역·지구등의 지형도면 작성에 관한 지침, 국토교통부고시 제2013-45호(2013.4.12).

여기서 "지역·지구등"이란 토지이용규제 기본법 제2조 제1호에 규정된 지역·지구등을 말하며, 지역·지구·구역·권역·단지·도시·군계획시설 등 명칭에 관계없이 개발행위를 제한하거나 토지이용과 관련된 인가·허가 등을 받도록 하는 등 토지의 이용 및 보전에 관한 제한을 하는 일단(一團)의 토지로서 각종 법령에서 정한 규제선을 말한다. 토지이용규제기본법에서는 법에서 253종과 시행령에서 46종을 지정하고 있다.

"지형도면"이란 지적이 표시된 지형도에 지역·지구등을 명시한 도면, "지형도면등"이란 지형도면 또는 연속지적도 등에 지역·지구 등을 명시한 도면을 말한다. 또한 "국토이용정보체계"란 국토의 이용 및 관리를 위하여 구축한 정보시스템을 포괄하는 것으로서 한국토지정보시스템(KLIS), 도시계획정보체계(UPIS), 토지이용규제정보시스템(LURIS) 등을 말한다.

지형도면등의 작성은 ① 지형도면등은 지적이 표시된 지형도 등에 지역·지구 등의 경계선을 표시하여 작성하고, ② 지형도면등의 작성 시 기준이 되는 자료가 도면일 경우에는 스캐닝, 기하보정, 벡터라이징을 실시하여 작성하며, ③ 전산파일의 경우에는 국토이용정보체계상의 데이터베이스와 동일한 자료형식으로 변환하고, ④ 지형도면 전산파일 제작에 사용되는 소프트웨어에서 GIS 데이터베이스 및 CAD 전산파일을 활용할 수 있다.

도면의 형식은 다음을 원칙으로 하고 있다.

① 지형도면등을 작성하는 때에는 국토이용정보체계에 구축되어 있는 데이터베이스를 사용하여 축척 500분의 1부터 1,500분의 1까지로 작성해야 한다.

② 녹지지역의 임야, 관리지역, 농림지역 및 자연환경보전지역은 축척 3,000분의 1 내지 6,000분의 1로 작성할 수 있다.

③ 토지이용규제정보시스템(LURIS) 등재 시에는 JPG파일 형식을 원칙으로 한다.

④ 지형도면등이 2매 이상인 경우에는 축척 5,000분의 1 이상 50,000분의 1 이하의 총괄도를 따로 첨부할 수 있다.

⑤ 지형도면등 작성 및 출력 시 사용하는 용지의 크기는 A1(594 mm × 841 mm)을 표준으로 한다.

⑥ 지역·지구등의 표시기준은 개별법령에서 규정한 도식규정을 따른다.

⑦ 모든 지역·지구선의 수정은 원칙적으로 인정하지 아니하며, 특히 칼로 긁거나 채색 등으로 은폐하는 것을 금지한다.

연습문제

12.1 노선측량의 목적과 용도에 대하여 설명하라.

12.2 도로의 기본계획(타당성조사), 기본설계, 실시설계의 내용에 대하여 설명하라.

12.3 도로의 횡단면 설계와 토공설계를 위한 토적 계산법을 설명하라.

12.4 '하천측량' 작업공정과 내용에 대하여 설명하라.

12.5 환지방식의 도시개발사업(토지구획정리측량)에 대하여 상세히 설명하라.

12.6 지하시설물 측량의 종류와 내용에 대하여 설명하라.

12.7 토지이용규제기본법에서 지정한 규제선의 내용에 대하여 설명하라.

12.8 건설기술진흥법에 의한 건설기술용역업 등록을 위한 전문분야, 그리고 엔지니어링산업 진흥법에서 '측량·지적' 등록 전문분야에 대하여 설명하라.

참고문헌

1. 이영진, 측량정보학(개정판), 2016.
2. 이석찬, 김진호, 지계순, 황을룡, 원영희, 응용측량, 건설연구사, 1976.
3. 千葉忠二, 計劃·工事測量, 森北出版, 1964.
4. 千葉喜味夫, 應用測量, 日本測量協會, 1978.
5. 松崎彬麿, 工事測量の計劃と實例, 近代圖書, 1979.
6. Ghilani, C. D. and P. R. Wolf, Elementary Surveying: an introduction to geomatics(12th ed.), Pearson, 2008.
7. Kavanagh, B. F., Surveying: principles and applications(8th ed.), Pearson, 2009.
8. Uren, J. and W. F. Price, Surveying for Engineers(3th ed.), Macmillan, 1994.
9. 국토교통부 국토지리정보원, 공공측량작업규정(제4편 응용측량), 국토지리정보원, 2015, http:// www.ngii.go.kr/index.do
10. 국토해양부, 건설공사의 설계도서 작성기준, 2012.
11. 국토해양부, 도로설계기준/도로설계편람, 2012.
12. 법제처 법령정보센터, 토지이용규제기본법, 건설기술진흥법, 도시개발법 등
13. 한국도로공사, 고속도로공사 전문시방서(제11장 측량 및 지반조사), 2012.
14. 한국철도시설공단, 철도설계지침 및 편람(측량), 2012, KR C-03010.
15. 국토교통부, 설계공모, 기본설계 등의 시행 및 설계의 경제성 등 검토에 관한 지침, 국토교통부고시 제2018-244호(2018.4.23.)

13 지적측량·LIS

13.1 개설

13.1.1 지적(地籍)

지적측량을 이해하기 위해서는 토지조사(land survey, 土地調査)를 이해하는 것이 선결되어야 한다. 토지조사는 국가의 성립에 근본이 되는 국토(토지·임야)를 1필지별로 등록하는 모든 요소를 조사하는 것이다. 우리나라의 조선토지조사사업에서는 1필지조사, 토지측량, 토지가격조사가 이루어졌다.

"지적은 우리나라의 모든 토지인 국토(國土)의 전반에 걸쳐 일정한 사항을 국가 또는 국가의 위임을 받은 기관이 등록하여 국가 또는 국가가 지정하는 기관에 비치하는 문서(도면을 포함한다)"로 정의할 수 있으며, "사람에게 호적(戶籍)이 있듯이 토지에는 지적(地籍)이 있다고 하면 지적의 내용은 결국 토지의 위치, 형상, 종류 및 소유권(所有權)이 미치는 한계를 밝히는 제도인 것이다."[1]

토지(土地)는 국민의 사회, 경제적인 모든 활동을 지탱하고 있는 기반이며 국가로서도

---

1   이석찬, 김진호, 지계순, 황을룡, 원영희, 응용측량, 건설연구사, 1976, pp. 241-255.

귀중한 자산이다. 건설사업은 토지에 대하여 어떤 가공을 시행하는 행위가 있으므로 토지의 특성을 정확히 이해하는 것은 건설사업과 관련된 사람에게 필수적인 기초지식이다.

토지에 대해서는 다음과 같은 다양한 제도가 필요하다.

- 지적조사에 의한 경계 확정
- 등기(登記)에 의한 토지소유권 보호
- 공공복지를 우선하기 위한 소유권의 제한
- 토지가격의 평가
- 토지가격에 기초한 과세
- 개발이익의 환수 등

이 중에서 지적조사(cadastral survey)[2]는 토지단위에 대하여 소유자, 지번(地番), 지목(地目), 경계(境界), 면적(面積)을 조사·측량함으로써 지적(地籍)을 명확히 하는 것을 목적으로 하고 있으며, 지적조사에는 1필지조사(一筆地調査)와 지적측량(地籍測量)이 있다. 지적(地籍)이라는 단어는 말 그대로 토지에 대한 모든 사항을 기록한 문서를 의미한다. 따라서 지적조사의 성과는 지적도와 토지대장 등 지적공부(地籍公簿)이다.

우리나라에서는 측량법(구, 지적법)의 규정에 따라 토지에는 하나의 구획, 즉 1필지(一筆地)마다 지번을 붙이고 그 지목, 경계 및 면적을 결정하며, 기타 법령에 정한 사항과 함께 지적공부에 등록하고 있다.

"지적공부란 토지대장, 임야대장, 공유지연명부, 대지권등록부, 지적도, 임야도 및 경계점좌표등록부 등 지적측량을 통하여 조사된 토지의 표시(土地의 表示)와 해당 토지의 소유자 등을 기록한 대장 및 도면(정보처리시스템을 통하여 기록·저장된 것을 포함한다)을 말한다"고 법률에서 정의하고 있다.

13.1.2 1필지조사

국토를 관리하기 위한 기본적인 자료로서 국가의 공부를 제조하기 위한 우리나라 토지조사 체계를 나타내면 그림 13-1과 같다.

1필지조사는 하나의 필지에 대하여 그 소유자, 지번, 지목, 필지경계를 현지에서 확인,

---

2 일본의 '지적조사(地籍調査)'는 국토조사의 일부로 시행하는 것으로, 스케치맵인 자한도(字限圖)로부터 현지경계를 확정하여 지적도(地籍圖) 등 지적공부를 작성하는 것을 말하므로 우리나라와 차이가 있다.

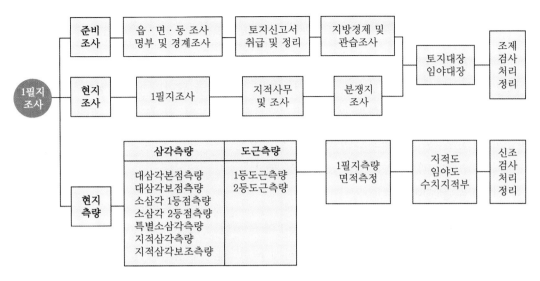

그림 13-1 우리나라의 토지조사 체계

조사하고 경계말뚝을 설치하는 것을 말하며, 원칙적으로 토지소유자의 입회를 필요로 한다. 1필지조사는 신규등록을 위한 1필지측량을 하기 위한 기초작업이며 최종성과인 지적도와 토지대장 등을 작성하기 위한 시작인 것이다.

1필지조사의 가장 큰 특징은 토지소유자의 입회라는 데 있다. 이는 소유자 등의 동의와 함께 공정하게 조사할 목적이 있으나 소유자의 협력이 어렵거나 토지거래 또는 상속에 따라 토지경계의 조사에 어려움이 있게 된다.

필지, 지번, 지목 등의 용어는 보다 명확하게 정의할 필요가 있으며, 측량법에서 정의하고 있는 내용과 이에 따른 설명을 더하면 다음과 같다.

(1) 필지(land parcel)

필지(筆地)라는 것은 구획되는 토지의 등록단위를 말하며, 소유자와 용도가 같고 지반이 연속된 토지(예외가 있다)를 1필지로 한다. 이 필지는 토지의 소재(location), 지번, 지목, 면적, 소유자(owner)에 의해 구분할 수 있게 된다. 다만 소유자를 등록하는 확정은 부동산등기법에 따르기 때문에 "토지의 표시(土地의 表示)란 지적공부에 토지의 소재, 지번, 지목, 면적, 경계 또는 좌표를 등록한 것을 말한다"로 정의하고 있다.

(2) 경계(land boundary)

경계(境界)란 필지별로 경계점들을 직선으로 연결하여 지적공부에 등록한 선을 말한다. 이는 등록된 1필지의 경계를 말하며 경계점을 연결한 선을 말한다. 즉, 법령상에서 경계점(境界點)이란 필지를 구획하는 선의 굴곡점으로서 지적도나 임야도에 도해(圖解) 형태로 등록하거나 경계점좌표등록부에 좌표 형태로 등록하는 점을 말한다.

(3) 지번(parcel number)

지번(地番)이란 필지에 부여하여 지적공부에 등록한 번호를 말한다. 지번은 지번부여지역을 기준으로 1번부터 순차적으로 부여하게 되며, 필지가 합병되면 번호가 결번이 되고 필지가 분할되면 부번을 붙이고 본번과 부번 사이에 "－"표시('의'라고 읽는다)로 연결한다. 지번부여지역이란 지번을 부여하는 단위지역으로서 동·리 또는 이에 준하는 지역을 말한다. 여기서 분할이란 지적공부에 등록된 1필지를 2필지 이상으로 나누어 등록하는 것을 말하며, 합병이란 지적공부에 등록된 2필지 이상을 1필지로 합하여 등록하는 것을 말한다.

(4) 지목(land use class)

지목(地目)이란 토지의 주된 용도에 따라 토지의 종류를 구분하여 지적공부에 등록한 것을 말한다. 주된 용도에 따라 종류별로 부여하는 명칭이 있으며 1필지에는 하나의 지목만이 부여된다. 측량법에 따르면 28종으로 지목을 구분하고 있다.

(5) 면적(area)

면적(面積)이란 지적공부에 등록한 필지의 수평면상 넓이를 말한다. 도해지적을 기반으로 한 경우에는 단순히 도면상의 면적으로 등록하게 되지만, 세계측지계를 적용하는 경우에는 기준타원체면상의 면적을 기반으로 하게 된다.

13.1.3 지적측량

"지적측량(地籍測量)이란 토지를 지적공부에 등록하거나 지적공부에 등록된 경계점을 지상에 복원하기 위하여 필지의 경계 또는 좌표와 면적을 정하는 측량을 말한다"로 법률에서 정의하고 있다.

다시 정리한다면 지적측량(cadastral surveying)은 토지조사를 통하여 토지자원의 정확한 파악과 토지에 대한 물권이 미치는 한계를 밝히고, 지적공부의 등록에 필요한 정량성과 통일성을 갖추기 위하여 1필지 토지의 소재·지번·지목·면적·경계·위치 등을 법률적으로 결정하는 행정처분에 따른 측량인 동시에 특수한 목적을 갖는 측량이라 할 수 있다.

그러므로 지적측량의 목적은 지적공부의 정리에 있으므로 법령에 정한 지적공부 정리를 수반하지 않는 측량은 지적측량으로 볼 수 없다(공공측량 또는 일반측량으로 본다). 그리고 (구)지적법을 폐지하고 측량법이 제정되면서 "측량"에 대한 용어의 정의(측량은 지도제작을 포함한다)를 수용하게 되었고 종전에 구분되어 있던 도면작성이 지적측량에 포함하게 되었다. 따라서 지적도도 넓은 의미에서 지도로 보고 있다.

우리나라의 지적공부를 작성하기 위한 토지측량은 전국적으로 통일된 삼각망을 만들어 측량한 후, 2차적인 기초측량으로 도근측량을 실시하여 지적도의 한 도엽 내에 6점 이상의 도근점을 설치하였으며, 이 도근점들을 기점으로 세부측량(평판측량)을 실시하고 토지의 법률적 등록단위인 1필지마다 경계측량을 시행하여 오늘날의 지적공부인 지적도와 임야도를 조제(도면작성의 과거 용어임)하게 된 것이다.

토지조사사업 당시의 측량은 신규로 등록하기 위한 측량이었기 때문에 기술적으로 현재의 공공측량과 거의 같은 작업방법이었으나, 시일이 경과함에 따라 토지의 형질이 변화하고 경계복원이 이루어짐에 따라 특수한 분야로 지적측량이 탄생되었다. 우리나라에서는 일반적으로 지적공부의 유지관리를 위한 측량을 지적측량이라고 말하고 있다.[3]

그러나 과세지적(fiscal cadastre)을 목적으로 토지조사사업을 신속하게 시행함에 따라 도근점 표석이나 경계점 표지가 설치되지 않아서 도상경계와 사실경계의 불일치가 발생했고, 오랫동안 경계복원에서 법지적(legal cadastre)으로 해석한 데 따른 차이가 있었을 것으로 판단된다.

지적측량은 각 나라의 사정에 따라 약간씩 다른 작업방법과 작업계통을 취하고 있으나 대체로 지상측량방법과 항공측량방법을 이용하고 있다.

---

3 이석찬, 김진호, 지계순, 황을룡, 원영희, 응용측량, 건설연구사, 1976, pp. 243-244.
　　이 책에서는 "지적측량은 토지조사사업 이후 시일이 경과함에 따라 지적도 용지의 신축이 생기고 기준점의 손상, 자연재해와 공사로 인한 형질변경으로 인해 나쁜 조건에서 측량한 결과를 합리적으로 오차를 제거하는 노력의 결과로서 지적측량이라는 기술분야가 형성되었다"고 기술하고 있다.

(1) 지상법

① 국가기준점측량: 삼각점측량

② 지적기준점측량: 지적삼각보조점측량, 도근점측량

③ 1필지 조사측량

④ 세부현황측량

⑤ 경계복원측량

⑥ 면적측량

⑦ 지적공부작성

(2) 항측법

① 필계 대공표지: 1필지 조사, 특이점 선정

② 항측법 준비작업: 전체계획, 촬영계획

③ 촬영과 사진처리

④ 표정점 측량

⑤ 필계점의 사진상 표시작업(도상표시작업)

⑥ 도화작업과 좌표측정

⑦ 지상보측

⑧ 지상측량 성과와 비교

⑨ 원도 작성

⑩ 지적도 조제

⑪ 면적측정

(3) 병용법

병용법은 지상법과 항측법을 병용하는 방식으로서 항측법에 의해 지상기준점 또는 도근점측량까지를 시행하고 필계점의 세부측량은 지상법으로 하는 방식이다. 최근에는 수치정사영상 등 신기술을 활용하는 방법이 도입되고 있다.

13.2 지적측량

13.2.1 지적측량의 대상

측량법령 제23조(지적측량의 실시 등)에서 정한 지적측량의 대상은 다음과 같다.

① 지적기준점을 정하는 경우

② 지적측량 성과를 검사하는 경우

③ 다음의 어느 하나에 해당하는 경우로서 측량을 할 필요가 있는 경우

　　가. 지적공부를 복구하는 경우

　　나. 토지를 신규등록하는 경우

　　다. 토지를 등록전환하는 경우

　　라. 토지를 분할하는 경우

　　마. 바다가 된 토지의 등록을 말소하는 경우

　　바. 축척을 변경하는 경우

　　사. 지적공부의 등록사항을 정정하는 경우

　　아. 도시개발사업 등의 시행지역에서 토지의 이동이 있는 경우

④ 경계점을 지상에 복원하는 경우

⑤ 대통령령으로 정하는 경우(지상건축물 등의 현황을 지적도 및 임야도에 등록된 경계와 대비하여 표시하는 데 필요한 경우)

13.2.2 지적기준점

(1) 지적기준점의 종류

지적기준점을 정하기 위한 기초측량은 지적삼각점측량과 지적삼각보조점측량 및 지적도근점측량으로 구분한다.[4] 지적측량은 대축척인 지적도의 성과를 얻어야 하므로 국가삼각점을 증설하고 이를 폐합점으로 하여 많은 도근점을 세부측량 지역에 분포하도록 결정

---

4 지적측량의 시행에 관한 세부사항은 「지적측량 시행규칙(국토교통부령 제192호, 2009.12.14.제정)」에 정해 두고 있다.

하는 것이다.

측량법령 시행령 제8조에서는 측량기준점의 한 종류로서 지적기준점을 다음과 같이 구분하고 있다.

- 지적삼각점(地籍三角點): 지적측량에서 수평위치 측량의 기준으로 사용하기 위하여 국가기준점을 기준으로 하여 정한 기준점
- 지적삼각보조점(地籍三角補助點): 지적측량에서 수평위치 측량의 기준으로 사용하기 위하여 국가기준점과 지적삼각점을 기준으로 하여 정한 기준점
- 지적도근점(地籍圖根點): 지적측량에서 필지에 대한 수평위치 측량 기준으로 사용하기 위하여 국가기준점, 지적삼각점, 지적삼각보조점 및 다른 지적도근점을 기초로 하여 정한 기준점

(2) 지적삼각점측량

지적삼각측량을 시행하고자 할 때는 삼각점과 지적삼각점을 기초로 하여 실시하며, 이때 지적삼각점표석을 매설해야 한다. 삼각점을 결정하기 위한 삼각망은 삽입망, 사각망, 유심다각망, 삼각쇄로 한다.

또 지적삼각점은 다음에 의하여 결정하도록 한다.

① 삼각점 간 거리는 평균 2~5 km로 한다.
② 삼각형의 내각은 30°~120° 이하로 한다.
③ 수평각 관측은 3대회의 방향관측법에 따른다.
④ 삼각점의 명칭은 측량지역이 소재하고 있는 특별시·광역시·도 또는 특별자치도(이하 "시·도"라 한다)의 명칭 중 두 글자를 선택하고 시·도 단위로 일련번호를 붙여서 정한다.
⑤ 지적삼각측량 시 각관측과 성과의 계산은 표 13-1에 의한다.

표 13-1 수평각 측정한계(지적삼각점측량)

측각공차	종별	1방향각	1측회의 폐색	삼각형 내각의 차	기지각과의 차	
	공차	30초 이내	±30초 이하	±30초 이내	±40초 이내	

계산단위	종별	각	변장	대수 또는 진수	좌표	경위도	자오선수차
	단위	초	cm	6자리 이상	cm	0.001초	0.1초

(3) 지적삼각보조점측량

지적삼각보조점은 도근점측량을 시행함에 있어서 기설 지적삼각점과의 연결이 곤란한 경우에 설치하도록 되어 있다. 또한 지적삼각보조점측량은 삼각점 또는 지적삼각점에 의하여 3방향 또는 2방향에 의한 교회망을 구성하도록 한다. 다만 지형상 부득이한 때에는 지적삼각보조점을 혼용할 수 있다.

지적삼각보조점을 표시할 때에는 그 명칭을 "보"로 하고 측량지역별로 순차적으로 일련번호를 부여하며, 보조점을 정하는 방법은 다음과 같다.

① 지적삼각보조점은 교회망 또는 교점다각망으로 구성한다.

② 지적삼각보조점 간의 거리는 평균 1~3 km로 한다. 다만 다각망도선법에 따르는 경우에는 0.5~1 km로 한다.

③ 교회는 3방향의 관측에 의한다. 다만 지형상 부득이할 경우에는 2방향에 의할 수 있으나 교각을 관측하여 각 내각의 합계와 180°와의 차이가 ±40초 이내인 때 이를 각 내각에 균등분배하여 사용해야 한다.

④ 삼각형의 협각은 30°~120° 이하로 한다.

⑤ 지적삼각보조점 측량에서 각관측과 성과의 계산은 표 13-2에 의한다.

표 13-2 지적기준점측량 제한규정 발췌표

측량 종류		지적기준점측량			
		지적삼각보조점측량		도근점측량	
기지점		위성기준점, 통합기준점, 삼각점, 지적삼각점		삼각점, 지적삼각점, 지적삼각보조점, 도근점	
측량방법		경위의 측량법	전·광파기 측량법	도선법	다각망도선법	교회법
삼각형 내각		30°~120°			
점간거리 측정			5회, 허용오차 1/10만 m	2회, 허용교차 1/3,000	
연직각 관측			정·반 2회, 허용교차 30초	앙·부각 이용 교차 90초	
경위의 정밀도		20초독 이상	표준편차 ±(5 mm+5 ppm) 이상	20초독 이상	
점간거리		1~3 km	0.5~1 km, 1도선거리 4 km 이하	50~300 m	50~500 m
망구성		3방향 교회	기지 3점 이상 결합다각	결합도선(부득이한 경우 왕복·폐합도선)	3점 이상을 포함한 결합다각
수평각의 측각공차	1방향각	40초 이내			
	1측회 폐색	±40초 이내			
	삼각형 내각의 합과 180도와의 차	±50초 이내 (2방향 ±40초)			

329

측량 종류	지적기준점측량				
	지적삼각보조점측량		도근점측량		

수평각의 측각공차

	지적삼각보조점측량	도근점측량	
기지각과의 차	±50초 이내		
1도선점수·거리 및 점간거리	5점, 4 km 이하, 0.5~1 km 이하	40점, 부득이 50점	20점 이하

수평각 관측

지적삼각보조점측량	도근점측량
2대회방향 관측법(0°, 90°)	시가지지역·축척변경시행지역·경계점좌표등록부비치지역은 배각법, 기타 지역은 배각법과 방위각법 혼용 가능

계산단위

각	변장	진수	좌표
초	cm	6자리 이상	cm

종별	각	측정횟수	거리	진수	좌표
배각법	초	3회	cm	5자리 이상	cm
방위각법	분	1회	cm	5자리 이상	cm

기지점수

지적삼각보조점측량		도근점측량
3점 (부득이 2점)	3점 이상	3점 이상

연결교차: 0.3 m 이하

1배각과 3배각의 교차: 30초 이내

폐색오차 제한

지적삼각보조점측량	도근점측량		
$+10\sqrt{n}$ 초 이내 (n: 폐색변을 포함한 변수)	배각법	1등	$\pm 20\sqrt{n}$ 초
		2등	$\pm 30\sqrt{n}$ 초
	방위각법	1등	$\pm\sqrt{n}$ 초
		2등	$\pm 1.5\sqrt{n}$ 초

측각오차 분배

지적삼각보조점측량	도근점측량	
$K = -e/R \times r$ (측선장에 반비례) K: 각측선에 분배할 초단위 각 e: 초단위 오차 r: 각 측선장의 반수 R: 폐색변을 포함한 각 측선장의 총합계	배각법	$K = -(e/R) \times r$ (측선장에 반비례, r은 반수)
	방위각법	$Kn = -(e/S) \times n$ (변수에 비례, n은 각측정순서)

연결오차의 제한

지적삼각보조점측량	도근점측량
• 명칭부여: "보"로 하고 아라비아숫자 일련번호 　– 영구표지설치: 시·군·구별 부여 　– 일시표지설치: 측량지역별 부여 • 성과계산: 교회법 또는 다각망 도선법 • 도선별 연결오차 제한: $0.05 \times S$ m 이하(S: 점간거리 총합계/1,000)	1등 = (1/100) × M × $\sqrt{n}$ 미터 이하 2등 = (1.5/100) × M × $\sqrt{n}$ 미터 이하 n: 수평거리합계를 100으로 나눈 수 M: 수치지역 500, 1/6,000 지역은 3,000

종·횡선오차 분배

지적삼각보조점측량	도근점측량	
• 종·횡선오차배부 $C = -(e/L) \times l$ 측선장에 비례하여 배분 (L: 각측선장 총 합계, l: 각측선의 측선장) • 영구표지를 설치할 경우는 지적삼각측량 규정에 준하여 관측계산	배각법	$T = -(e/L) \times l$ 길이에 비례배분(e: 오차, l: 각측선의 종횡선차, L: 절댓값의 합)
	방위각법	$C = -(e/L) \times l$ 측선장에 비례배분(L: 각측선장 총합계, l: 각측선의 측선장)

측량성과 인정한계

지적삼각보조점측량	도근점측량
0.25 m 이내	경계점좌표등록부 비치지역 0.15 m, 기타 0.25 m 이내

출처: 국토교통부, 지적측량 시행규칙

13.2.3 지적도근점측량

(1) 지적도근점측량

지적도근점측량은 세부측량의 기준이 되는 도근점을 설치할 목적으로 시행하는 측량으로서, 주로 경위의 측량 방법에 의하며 도근점의 위치를 평면직각종횡선수치로서 표시한다.[5]

도근점은 직접 세부측량의 기준으로 가장 많이 사용되는 중요한 점이다. 우리나라 지적도근점측량은 도선법과 교회법으로 나누며, 이를 다시 방위각법에 의한 도선법과 배각법(반복법)으로 구분한다. 또한 방위각이나 배각에 의하여 행하는 도선법에서도 이를 측량방법이나 정확도 그리고 폐합 기지점의 등급에 따라 1등도선과 2등도선으로 나눈다. 일반적으로 도선법에 의한 도근점측량을 실시하면서 교회법에 의한 측정을 동시에 하는 것이 보통이며 더 능률적이다.

도근점측량은 삼각점·지적삼각점·지적삼각보조점 및 도근점을 기초로 하며 시가지, 토지구획정리사업지구와 축척변경 시행지구에서는 관측 전에 도근점 표석을 매설한 후 시행한다.

① 1등도선은 삼각점, 지적삼각점 및 지적삼각보조점의 상호간을 연결하는 것으로 한다.

② 2등도선은 삼각점, 지적삼각점, 지적삼각보조점 및 도근점을 연결하는 것으로 한다.

③ 도선의 표기는 1등도선은 가·나·다순으로 표기하고, 2등도선은 ㄱ·ㄴ·ㄷ순으로 표기한다. 도근점번호는 시행지역별로 아라비아숫자의 일련번호를 부여한다.

④ 도선의 기지점 간 연결은 결합도선에 의하며, 다만 지형상 부득이한 때에는 폐합도선 또는 왕복도선에 의할 수 있다.

⑤ 1도선의 측정점수는 40점 이하로 하며, 다만 지형상 부득이할 때에는 50점까지로 할 수 있다.

⑥ 도선 점간의 거리는 50 m를 기준으로 하며 300 m 이하로 한다. 다만 다각망도선법에 의한 경우에는 500 m 이하로 할 수 있다.

⑦ 도선법으로 시행할 때 각관측과 거리측정의 오차한계와 오차에 대한 조정방식은

---

5 지적측량에서는 조선토지조사사업 당시에 사용한 용어를 그대로 유지하고 있는 경우가 많다. 예로서 경위의(현재의 데오돌라이트), 평면직각종횡선수치(현재의 평면직각좌표), 다각망(현재의 트래버스망), 도선(현재의 노선), 종선차와 횡선차(현재의 위거와 경거), 반수(현재의 역수) 등이다.

다음과 같다.

- 수평각 측정은 시가지지역, 축척변경지역 및 경계점좌표등록부 시행지역에서는 배각관측에 의하고 기타 지역에서는 배각법과 방위각법을 혼용한다.
- 각 관측 시에는 20초독 이상의 경위의를 사용한다.
- 각관측과 계산은 표 13-2에 의하여 처리한다.
- 도선 점간 거리의 측정은 2회 왕복측정하여 그 측정값의 교차가 1/3,000 m 이내 일 때에 그 평균값을 점간거리로 한다.
- 연직각은 앙각(+), 부각(−)을 측정하여 그 교차가 90초 이내인 때에는 평균값을 취한다.

(2) 측각오차의 분배

배각법에 의한 교각(내각·외각)의 오차는 측선장에 반비례하게 각 교각에 다음 식에 따라 분배한다. 여기서 K는 각 측선에 배분할 초단위의 각도, e는 초단위의 오차, R은 측선 장의 반수[6]의 합계, r는 각측선의 반수이다. 여기서 반수는 측선장 1미터에 대하여 1천을 기준으로 한 수치를 말한다.

$$K = -\frac{e}{R} \times r \qquad\qquad (13.1)$$

방위각법에 의한 기지방위각과의 폐합오차는 허용범위 내에 있을 때 변수에 비례하여 각 측선의 방위각에 다음 식에 따라 분배한다. 여기서 K는 각 측선의 순서대로 분배할 분단위 의 각도, e는 분단위의 오차, S는 폐색변을 포함한 변의 수, s는 각 측선의 순서이다.

$$K = -\frac{e}{S} \times s \qquad\qquad (13.2)$$

(3) 종횡선오차의 분배

배각법에 의한 도근점측량에서 각 측점 간의 종·횡선의 오차는 각 측선의 종선차 또는 횡선차의 길이에 비례하여 다음 식에 따라 분배한다. 여기서 T는 각 측선의 종선차 또는 횡선차에 배분할 센티미터 단위의 수치, e는 종선오차 또는 횡선오차, L은 종선차 또는

---

6 '반수'란 역수를 말한다. 거리 S에 대한 반수는 1/S이다.

횡선차의 절댓값의 합계, l은 각 측선의 종선차 또는 횡선차이다.

$$T = -\frac{e}{L} \times l \qquad\qquad (13.3)$$

방위각법에 의한 도근점측량에서 각 측점 간의 종·횡선의 오차는 각 측선의 종선차 또는 횡선차 길이에 비례하여 다음 식에 따라 분배한다. 여기서 C는 각 측선의 종선차 또는 횡선차에 배분할 센티미터 단위의 수치, e는 종선오차 또는 횡선오차, L은 각 측선장의 총합계, l은 각 측선의 측선장이다.

$$C = -\frac{e}{L} \times l \qquad\qquad (13.4)$$

13.2.4 지적세부측량

(1) 경위의 측량법

세부측량에서 경위의를 사용할 때에는 거리측정 단위를 1 m로 하고, 측량결과도는 그 토지의 지적도와 동일한 축척(수치지역은 별도)으로 하며, 다음을 유의해야 한다.

① 수평각은 1대회의 방향관측법이나 2배각 이상의 배각법에 의한다.
② 거리는 수평거리를 2회 측정한다.
③ 관측과 계산방법은 표 13-3을 준용한다.

(2) 평판측량법

세부측량을 평판측량법에 의할 때에는 교회법·도선법·방사법·지거법·비례법 등에 의하여 실시한다.

① 교회법
  • 교회법은 전방교회법 또는 측방교회법에 의한다.
  • 교회는 3방향 이상으로 결정한다.
  • 교회의 방향각은 30°~150°로 한다.
  • 방향선의 도상길이는 평판의 방위표정에 사용한 방향선의 도상길이 이하로, 10 cm 이내로 한다. 다만 광파기 또는 광파조준의를 사용하는 경우에는 30 cm 이하로

표 13-3 지적세부측량 제한규정 발췌표

측량 종류	지적세부측량				
기지점	삼각점, 지적삼각점, 지적삼각보조점, 지적도근점				
측량방법	경위의 측량법		평판 측량법		
	도선법	방사법	교회법	도선법	방사법
삼각형 내각					
점간거리 측정	2회, 1/3,000				
연직각 관측	20초독 이상				
경위의 정밀도					
점간거리			전방·측방의 3방향 이상 교회	지적측량기준점· 기지점 상호 연결	
망구성					
수평각의 측각공차 / 1방향각	2배각 평균, 허용교차 40초				
수평각의 측각공차 / 1측회폐색					
수평각의 측각공차 / 삼각형 내각의 합과 180도와의 차	60초 이내				
수평각의 측각공차 / 기지각과의 차					
수평각의 측각공차 / 1도선점수·거리 및 점간거리					
수평각 관측	1대회방향관측(폐색 불필요) 또는 2배각 관측				
계산단위	각		변장	진수	좌표
	초		cm	5자리 이상	cm
기지점수	변수		20변 이하		
연결교차	방향선/측선/지거길이		10 cm (광파 30 cm) 이하	8 cm (광파 30 cm) 이하	10 cm (광파 30 cm) 이하
1배각과 3배각의 교차	폐색오차(도상)		$\dfrac{\sqrt{N}}{3}$ (N: 변의 수)		
폐색오차 제한	오차 분배		$Mn = -(e/N) \times n$ (n은 변의 수)		

측각오차 분배	평판측량: 거리측정단위: 지적도 5 cm, 임야도 50 cm
연결오차의 제한	면적측정

종·횡선오차 분배	• 거리측정단위: 1 cm
	• 측량결과도 축척
	  − 도시개발사업시행지역과 축척변경 시행지역은 1/500
	  − 농지구획정리지역은 1/1,000로 하되 필요한 경우는 미리 시·도지사의 승인을 얻어 1/6,000까지 작성 가능
	• 곡선의 중앙종거길이 5~10 cm
	• 경계점 실측거리와 좌표계산거리 교차=3+L/10 cm (L은 실측거리로 m 단위로 표시할 것)
		• 좌표면적계산법에 의한 면적측정
		 1. 경위의 측량으로 세부측량한 지역: 경계점좌표에 의함
		 2. 산출면적은 1/1000제곱미터까지 계산하여 1/10제곱미터 단위로 결정
		• 전자면적계에 의한 면적측정
		 1. 도상 2회 측정하여 허용교차 이내면 그 평균간
		  $A = 0.0232 \times M\sqrt{F}$
		  (A: 허용면적, M: 축척분모, F: 2회측정면적합/2)
		 2. 1/1000제곱미터까지 계산, 1/10제곱미터 단위로 결정
		• 도곽선 길이에 0.5 mm 이상의 신축이 있을 경우 보정
		  $S = (\Delta X1 + \Delta X2 + \Delta Y1 + \Delta Y2)/4$
		  (S: 신축량, ΔX1, ΔX2: 왼쪽, 오른쪽 종선의 신축된 차, ΔY1, ΔY2: 위쪽, 아래쪽 횡선의 신축된 차)
		• 도곽선보정계수 $Z = (X \cdot Y)/(\Delta X \cdot \Delta Y)$ (X, Y 도곽선종횡선 길이)
		• 등록전환 및 분할에 따른 면적오차의 허용범위 및 분할 $A = 0.0262 M\sqrt{F}$(단, 1/3,000 지역에서 M은 6,000으로)

측량성과 인정한계	경계점좌표등록부 비치지역 0.10 m, 기타 $M \times (3/10)$ (mm)

출처: 법제처, 지적측량 시행규칙

할 수 있다.

- 시오삼각형이 생겼을 때는 내접원의 지름이 1 mm 이하일 때 그 중심점을 취한다.

② 도선법

- 지적기준점 또는 기타 명확한 기지점을 서로 연결한다.

- 도선의 측선장은 도상 8 cm 이하로 한다. 다만 광파기 또는 광파조준의를 사용하는 경우에는 30 cm 이하로 할 수 있다.

- 도선의 변수는 20변 이하로 한다.

- 도선의 폐색오차는 도상 $\dfrac{\sqrt{N}}{3}$ mm 이하인 때에는 다음 식에 따라 각 점에 분배하여 점의 위치로 한다.

$$M_n = \frac{e}{N} \times n \qquad\qquad (13.5)$$

여기서, N은 변의 수, n은 변의 순서, e는 폐색오차(도상거리), M_n은 각 점에 순서대로 배분해야 할 도상길이이다.

③ 방사법

평판측량을 방사법에 의하여 실시할 때에는 1방향선의 도상 길이가 10 cm를 넘지 않도록 한다. 다만 광파기의 경우에는 30 cm 이하로 할 수 있다.

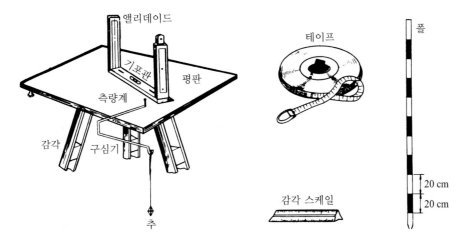

그림 13-2 평판측량용 기구

④ 평판측량용 기구

평판측량(plane table surveying)은 평판(board)[7]을 삼각의 상부에 고정시켜 세우고 도지를 붙인 후 앨리데이드(alidade)를 사용하여 방향을 정함과 동시에 지물(또는 경계점)까지의 거리를 측정하여 현장에서 직접 도시하는 방법으로서 지적측량(도해지적)에 이용되고 있다.

평판측량에 사용되는 기구는 평판, 삼각, 앨리데이드, 구심기와 추로 구성된다. 교회법, 도선법, 방사법에 따라 측량한다. 평판위치는 도근점을 원칙으로 한다.

(3) 경계점의 거리측량기준

경계점 간의 거리측정은 지적도 시행지역에서는 5 cm 단위로, 임야도 시행지역에서는 50 cm 단위로 측정한다. 또한 측량결과도는 그 토지가 등록된 도면과 동일한 축척으로 작성해야 하며, 지적기준점 및 기지점이 부족한 경우에는 보조점을 설치하여 활용한다.

소도에 의하여 평판측량을 시행할 때 거리측정에 있어서 도곽선에 0.5 mm 이상의 신축이 있을 때 다음 식에서 보정량을 구해 실측거리에 보정(도곽선이 늘었을 때는 (+), 도곽선이 줄었을 때는 (−))을 해야 한다.

$$보정량 = \frac{신축량(지상거리) \times 4}{도곽선\ 길이의\ 총계(지상거리)} \times 실측거리 \tag{13.6}$$

그리고 경계위치는 기지점을 기준으로 하여 지상경계와 도상경계의 부합 여부는 현형법, 도상원호교회법, 지상원호교회법, 거리비교확인법 등으로 확인한다. 이와 같이 평판측량 중 거리측정에 있어서 도상의 영향을 미치지 않는 지상거리는 축척에 따라 그 한계는 $M/10$ mm(M은 축척분모)이다.

---

7 '측판'은 1910년대부터 사용해 오고 있는 용어이며 공공측량분야에서 사용해온 "평판"과 같다. 이 측판측량방법은 도해법이므로 지적측량에서 도해지역의 경계복원에 사용된다.

13.3 이동지측량

13.3.1 이동지측량(도해지적)

측량법에서 토지의 이동(異動)이란 토지의 표시를 새로 정하거나 변경 또는 말소하는 것을 말한다. 따라서 이동지측량(re-survey)이란 지적도(임야도 포함)에 등록된 기 등록지의 분할, 경계정정 등 토지경계점의 변동 또는 새로 토지를 지적공부에 등록할 때 행하는 세부측량을 말한다.

지적공부상 등록사항이 이동되는 경우에 이동측량이 수반되므로 이동측량을 실시하기 위해서는 지적공부상에 경계점을 등록할 당시의 측량방법에 따라 기초점을 기준으로 하는 것보다 기 지적도상의 기지점을 기준으로 하는 것이 통례이므로, 소도와 실지와의 정확한 조사와 숙련 및 정확도에 따라 측량성과가 결정되는 것이다.

따라서 토지의 역사에 대한 오랜 경험과 숙달을 절대로 필요로 하는 특수성을 갖는 측량이다. 이동측량의 순서는 다음과 같다.

① 해당 토지의 소재지역의 지적도에 의하여 소도를 작성한다.
② 소도에 의하여 실지 조사한다.
③ 토지이동사항에 따른 현지측량에 의거 신경계점을 확정한다.
④ 측량 결과에 따라 성과도(측량원도)를 작성한다.

13.3.2 지적확정측량(수치지적)

지적확정측량은 도시개발사업, 경지정리사업, 공업단지 조성사업 또는 산업기지개발사업 등으로 토지의 구획이 변경되어 토지표시 사항들이 이동할 때 시행하는 세부측량으로서, 삼각점, 삼각보조점, 도근점 또는 기지경계점을 기준으로 하여 지구계·가구계 및 1필지경계와 행정구역경계를 측정하는 측량이다. 시가지에서는 축척 1/500로, 농경지에서는 축척 1/1,000로 시행한다.

경계결정 및 지구계점, 가구계점 및 필지경계점과 지구 내의 기초점에 설치하는 표지는 공사로 손실이 되더라도 다시 설치하기가 용이하도록 영구표지를 설치하고, 이 영구표지인 도근점과 실제거리 방향관계를 명시해 복원이 가능하도록 한다.

확정측량원도에는 가구점 간 경계점과 필지별 경계점 간의 실측거리(또는 좌표에 의한

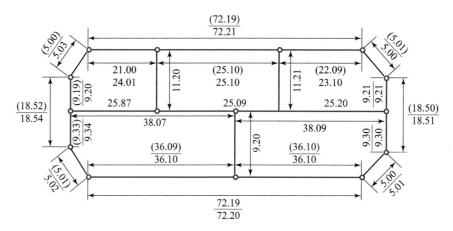

※ 실측거리는 분모에, 도상거리는 분자 (　)에 표시한다.

그림 13-3 지적확정측량원도

거리)를 예시와 같이 기재하고 면적측정이나 후속측량에 활용한다(그림 13-3 참조).

토지의 경계에 대한 공신력을 높이기 위해서는 지적기준점을 기준으로 수치측량 방식으로 필지경계의 위치를 등록해야 한다. 즉, 이러한 원도는 그 축척으로서 최상급의 지적도이지만 소정의 경계점의 위치의 정확도가 표현되어 있지 않으므로 소정의 정확도를 갖는 수치로서(좌표) 필계점의 좌표를 명시한 성과부를 비치하도록 하는 것이다. 수치지적부를 비치하는 지역에 있어서는 토지의 경계결정과 지표상의 복원측량은 좌표에 의한다고 규정하고 있다.

수치지적측량을 시행할 지역 내에서는 축척 1/500로 시행하며 지구계, 가구계, 필지계의 경계측정은 경위의를 사용하여 방사법, 도선법, 교회법, 거리법 등에 의하여 좌표를 산출한다. 다만 경계점이 지형·지물에 차단되어 경위의를 사용할 수 없을 때에는 도해적으로 측정한 후에 간접적으로 필지의 경계점 좌표를 구할 수도 있다.

13.3.3 신규등록측량

토지의 신규등록은 새로 조성된 토지와 지적공부에 등록되어 있지 아니한 토지를 지적공부에 등록하는 것을 말한다. 따라서 신규등록측량은 지적공부에 새로 등록할 토지가 생겼을 때 시행하는 측량이다. 그러므로 신규측량은 삼각점이나 도근점을 기준으로 하여 도근측량을 실시한 후 세부측량을 한다. 특히 대상토지가 해면에 접할 때에는 해수의 최대만조수위를 측정하여 신규등록 토지의 경계로 한다.

13.4.1 Cadastre 2014

(1) 기본개념

1995년 Delft 세미나에서 발표된 Jo Henssen 교수의 지적관련용어인 land, cadastre, land registration, land recording의 정의를 토대로 Cadastre 2014 작업이 이루어졌으며, 장기 비전의 제시를 위하여 새로운 두 가지 용어와 개념(land object, cadastre 2014)이 도입되어 확장되었다.

land objects(토지객체)는 그 외곽선 내에 동일한 조건이 존재하는 토지의 조각(단위)이며, land objects는 필지(land parcel)의 개념이 확장된 것이며, cadastre 2014는 cadastre의 개념이 확장된 것이다. Legal land objects는 권리와 규제의 법률적 내용 및 권리와 규제가 적용되는 한계영역에 의해 나타내며 그 예는 다음과 같다.

- 개인의 필지
- 행정단위(국가, 구, 시, 군)
- 토지이용지구
- 지역권
- 보호구역(수자원, 자연, 소음, 공해 등)
- 자연자원 개발지구(광구, 온천 등)

(2) Cadastre 2014의 원리

Cadastre 2014에 적용되는 원리에는 다음 7가지가 있다.

① Land object에 대하여 공법, 사법적으로 동등한 절차가 따른다.

Cadastre 2014에서는 모든 권리가 공적으로 등록되기 때문에 법률적으로 동등한 절차가 따르게 된다. 다만 기존의 사법에 의한 토지등기에서는 권리 또는 증서를 등기해야만 법률적으로 유효한 데 비하여, 공법에 의한 경우에는 법률적인 힘에 따라 결정을 내리면 법률적으로 유효하게 된다.

② 토지보유권(land tenure)은 기존체계를 유지한다.

통합토지등록시스템에서는 토지보유권이 중요한 역할을 하게 된다. 토지보유권이란 토지에 대한 법률적 자산의 현황으로 정의된다. 만일 범위가 토지이용에까지 확대되면 토지이용자와 생산물에 대한 제도적인 관계로 정의될 수 있다.

③ 권리등기(title registration)는 토지중심의 필지에 관한 권리를 등기한다.

등기시스템에는 증서등기시스템과 권리등기시스템이 있으나 보다 발전되고 효율적인 권리등기방식이 적용된다. 공법에 의한 land object의 등록은 증서보다 권리에 의하는 것이 훨씬 간편하다.

④ 토지등기에 관한 법률적 4원칙이 유지된다.
- 등재원칙(booking principle): 등기부
- 동의원칙(consent principle): 소유자
- 공시원칙(publicity principle): 공람
- 특정원칙(special principle): 사람과 토지의 지정

⑤ 법률적 독립성의 원칙이 유지된다.

이 원리는 Cadastre 2014의 구현에서 핵심이 되는 사항이다. 같은 법률에 따라 같은 절차를 취하는 legal land object는 하나의 개별 레이어(layer)로 구성되어야 한다. 그러므로 Cadastre 2014는 서로 다른 legal land object에 대하여 법률에 따라 구성된 데이터모델을 기본으로 한다.

⑥ 고정된(fixed) 경계 시스템을 기초로 한다.

Cadastre 2014는 고정된 경계시스템을 기초로 하는데, 이는 측량된 좌표에 의해 경계가 설정됨을 의미한다.

⑦ 통일된 좌표계가 필요하다.

법률적으로 서로 독립된 land object가 상호간에 조합, 비교, 이동하기 위해서는 통일된 좌표계에 위치해야 하고 중첩분석(overlaying)이 가능할 수 있는 경우가 Cadastre 2014에 해당된다.

13.4.2 지적재조사[8]

현재 우리나라에서 운영하고 있는 지적제도는 일제강점기 시대에 조선총독부의 식민지 정책에 따라 토지수탈 및 토지세 징수를 목적으로 하여 행한 토지조사사업(1910~1918년)과 임야조사사업(1916~1924년)을 통해 작성된 토지·임야대장과 지적·임야도를 근간으로 현재에 이르고 있다.

지적시스템은 국토를 개발·활용하기 위한 계획을 세우고 효율적으로 이용하는 데 필요한 기초자료이며, 토지의 질과 용도 등 가치를 평가하여 토지를 사고 팔 때 거래의 기준이 되고, 토지 등기와 토지 과세의 기준이 되는 등 국가토지행정의 기초로서 토지의 물리적 현황과 권리적 사항 등을 정확하게 표시하고 있어야 한다.

따라서 「지적재조사에 관한 특별법」은 현행 문제점을 개선하고 지적측량 기술, 지적공부관리, 대민서비스의 혁신을 위한 것으로, 지적공부의 등록사항을 조사·측량하여 디지털에 의한 새로운 지적공부로 전환하고, 토지의 실제현황에 맞게 지적공부의 등록사항을 바로잡아 국토를 효율적으로 관리하는 데 그 취지가 있다.

「지적재조사에 관한 특별법」제2조(정의) 2호에 따르면, "지적재조사사업이란 전 국토를 대상으로 「공간정보의 구축 및 관리등에 관한 법률」제71조부터 제73조까지의 규정에 따른 지적공부의 등록사항을 조사·측량하여 기존의 지적공부를 디지털에 의한 새로운 지적공부로 대체함과 동시에 지적공부의 등록사항이 토지의 실제 현황과 일치하지 아니하는 경우 이를 바로잡기 위하여 실시하는 국가사업을 말한다."로 정의하고 있다.

현재 전 국토면적은 100,037 km^2로 필지는 총 3,743만 필에 이르고 있고, 이 중 100년 전 기술로 만든 종이도면의 지적을 계속 사용하여 지적도상 경계와 실제 경계가 불일치하는 지적불부합지가 전체 국토의 14.8%(554만 필지)로 추정되고 있다.

국토교통부에서는 사회갈등 유발과 재정적 부담을 최소화하기 위하여 지적재조사사업의 대상 범위를 지적불부합지를 대상으로 사업지구를 한정하되, 나머지 지역은 세계측지계 기준의 디지털화를 추진하는 다음 방안을 제시하고 있다(국회 국토해양위원회(2011), 이영진(2002) 참조).

① 도시개발사업 등 신규 개발지역은 매년 실시되는 지적확정측량에 의해 점진적 디지털화를 추진한다.

---

8 이하는 지적재조사 특별법 제정과 관련된 국회 등의 자료를 발췌한 것이다.

② 경계분쟁 및 민원이 유발되고 있는 집단적 지적불부합지 지역은 동 사업의 주요 대상으로 지적재조사사업을 거쳐 디지털화를 추진한다.

③ 지적의 정확도가 유지되고 있는 지역에 대해서는 기존의 동경측지계 기준의 지적좌표계를 세계측지계 기준으로 디지털화한다.

13.4.3 지적재조사측량

「지적재조사법 시행규칙」 제5조(지적재조사측량)에서는 지적재조사측량은 기초측량과 세부측량으로 구분하고 지적측량 방법과 절차에 따르도록 정하고 있다. 그 외의 지적재조사측량의 기준, 방법 및 절차 등에 관하여 필요한 사항은 지적재조사측량규정(국토교통부장관 고시)에 정하고 있다.

지적재조사측량규정 제4조에서는 지적기준점 및 경계점을 측량하는 경우 다음의 측량 방법에 의하는 것으로 규정하고 있다.

① 정지측량
② 다중기준국실시간이동측량
③ 단일기준국실시간이동측량
④ 토털스테이션측량

또한 지적재조사측량을 수행하는 지적측량수행자는 지적재조사측량 수행계획서를 제출하고 다음의 절차에 따라 지적재조사측량을 시행해야 한다.

① 측량계획 수립
② 지적기준점측량
③ 사업지구의 내·외 경계측량
④ 임시경계점표지 설치
⑤ 경계점의 측정
⑥ 측량성과의 계산 및 점검
⑦ 측량성과의 작성
⑧ 면적의 산정

13.5 토지정보시스템(LIS)

13.5.1 지적전산자료

측량법 제76조(지적전산자료의 이용 등)에서는 지적공부에 관한 전산자료와 연속지적도를 지적전산자료로 보며, 지적전산자료를 이용하거나 활용하려는 자는 국토교통부장관, 시·도지사 또는 지적소관청에 지적전산자료를 신청하도록 하고 있다.

지적공부는 같은법 제69조(지적공부의 보존 등)에 따라, '지적소관청은 지적공부를 정보처리시스템을 통하여 기록·저장한 경우 관할 시·도지사, 시장·군수 또는 구청장은 그 지적공부를 지적정보관리체계에 영구히 보존하여야 하고, 멸실되거나 훼손될 경우를 대비

표 13-4 지적전산시스템 주요 메뉴구성

구분	업무처리절차(KRAS 메뉴구성)
토지이동	• 토지이동접수(신규등록, 등록전환 등) • 지적공부정리관리부(지적공부정리관리부 조회, 지적공부정리내역 등) • 토지이동 정리(신규등록, 분할 등) • 변동자료 정비(필지생성/수정/분할, 필지합병/삭제 등) • 민원접수현황, 자료정비
대단위 토지이동	• 대단위토지이동관리부(내역조회, 사업시행지 등록 등) • 구획정리, 경지정리, 토지개발사업, 축척변경 • 지번/행정구역변경 • 지적재조사사업 관리부(사업관리 등, 시행신고 접수/정리, 시행완료 접수/정리)
소유권 변동	• 소유권개별처리, 대법원 등기 연계, 등기촉탁관리, 등기부등본관리
종합공부 조회	• 토지(임야)기본 조회(일필지기본사항 조회, 토지이동연혁 조회) • 지적기준점(지적기준점관리, 지적기준점 목록) • 도곽, 통합지적공부 오기 정정 • 개별소유현황 조회(개인별 소유현황(건물-대지권) 조회) • 지적정보 이용현황 조회 • 건축물정보 조회, 건축물-대지권 조회 • 통계관리, 도면관련 통계관리, 정책지원
지적측량업무	• 지적측량업무관리부(정보이용시청관리, 측량준비도처리, 민간측량신청정보관리, 측량검사정보관리, 측량필지정보관리, 측량대행사관리 등) • 바로처리센터 연계현황(측량준비도 연계, 성과검사 연계, 토지이용 연계, 공간정보 연계, 연계실적 조회) • 지적측량성과관리(공통기능, 성과검사, 성과작성, 기초점 측량계산, 설치환경)

출처: 국토교통부, 2015 부동산종합공부시스템 사용자 지침서(행정업무), 2015.

하여 지적공부를 복제하여 관리하는 정보관리체계를 구축하여야 한다.'고 규정하고 있다.

PBLIS(Pacel Based Land Information System)는 필지(대장＋도면)를 기반으로 토지의 모든 정보를 전산화로 등록하고 제공하는 시스템으로 지적공부관리, 지적측량성과작성, 지적측량계산시스템으로 구성되어 있다. PBLIS는 행정자치부에서 개발한 시스템으로 지적관련 업무인 지적도면관리, 토지대장관리, 지적측량, 지적측량기준점 관리, 측량성과관리업무 등에 활용해오고 있다.

PBLIS에 포함된 지적전산시스템은 2015년 이후 부동산종합공부시스템의 세부시스템으로 구성되어 운영되고 있다. 표 13-4에서는 지적공부관리시스템(측량법 제69조에 의한 지적정보관리체계에 해당된다)인 지적전산시스템의 내용(메뉴)을 보여주고 있다.

13.5.2 토지정보시스템

부동산관련자료는 국가공간정보센터 운영규정 제2조(정의)에서 "부동산관련자료"란 지적공부를 과세나 부동산정책자료 등으로 활용하기 위한 전산자료로 정의하고, 시장·군수 또는 행정안전부장관 등 관련 기관의 장의 제출을 의무화하고 있다.

- 주민등록 전산자료
- 가족관계등록 전산자료
- 부동산등기 전산자료
- 공시지가 전산자료 등

연속지적도는 같은법 제2조(정의)에서 "연속지적도"란 지적측량을 하지 아니하고 전산화된 지적도 및 임야도 파일을 이용하여, 도면상 경계점들을 연결하여 작성한 도면으로서 측량에 활용할 수 없는 도면을 말한다. 이 연속지적도는 지적측량 성과가 아니므로 지적측량에 사용할 수 없다. 따라서 "토지이용규제기본법에 따른 국토이용정보체계"에 지적이 표시된 지형도면 작성에 적용된 경우에는 당해 성과로 볼 수 있다.

한국토지정보시스템[9](Korea Land Information System, KLIS)은 필지중심의 행정자치부 토지정보시스템(PBLIS)과 연속지적도 기반의 국토교통부 토지관리정보시스템(LMIS)을 통합하여 자료의 일관성 확보와 사용자 편의성을 제고하기 위한 시스템이다. 이 KLIS는 시·도별로 한국토지정보시스템을 통해 부동산중개업, 부동산개발업, 토지거래허가, 개발부담금, 공시지가, 개별주택가격 관련 등의 관련 민원을 온라인으로 제공한다.

9 전국 시도의 KLIS '부동산정보 통합열람' 링크사이트, 서울시 KLIS 웹사이트 http://klis.seoul.go.kr/sis/main.do

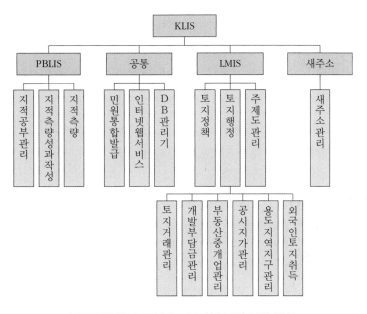

그림 13-4 한국토지정보시스템(KLIS) 구성

그림 13-4는 필지중심토지정보시스템(PBLIS)과 통합된 한국토지정보시스템의 세부시스템을 보여주고 있다.

13.5.3 부동산종합공부

(1) 부동산종합공부

법령의 개정에 따라 용어에 "부동산종합공부"가 추가되었다. 법 제2조(정의) 19의 3에 따르면 부동산종합공부란 "토지의 표시와 소유자에 관한 사항, 건축물의 표시와 소유자에 관한 사항, 토지의 이용 및 규제에 관한 사항, 부동산의 가격에 관한 사항 등 부동산에 관한 종합정보를 정보관리체계를 통하여 기록·저장한 것을 말한다"고 정의하고, 지적소관청은 부동산종합공부에 다음을 등록해야 한다고 규정하여 민원서비스가 가능하도록 하고 있다.[10]

- 토지의 표시와 소유자에 관한 사항: 지적공부의 내용
- 건축물의 표시와 소유자에 관한 사항(토지에 건축물이 있는 경우만 해당한다): 「건축법」 제38조에 따른 건축물대장의 내용

---

10 법제처, 공간정보의 구축 및 관리 등에 관한 법률, 제11943호(2013.7.17.), 제76조의 3(부동산종합공부의 등록사항 등)

- 토지의 이용 및 규제에 관한 사항: 「토지이용규제 기본법」에 따른 토지이용계획확인 서의 내용
- 부동산의 가격에 관한 사항: 「부동산 가격공시 및 감정평가에 관한 법률」에 따른 개별공시지가, 개별주택가격 및 공동주택가격 공시내용
- 그 밖에 부동산의 효율적 이용과 부동산과 관련된 정보의 종합적 관리·운영을 위 하여 필요한 사항으로서 대통령령으로 정하는 사항

(2) 부동산종합공부시스템

부동산종합공부시스템[11](Korea Real estate Administration intelligence System, KRAS)은 지방자치단체가 지적공부 및 부동산종합공부 정보를 전자적으로 관리·운영하는 시스템을 말하며, 부동산종합공부시스템이 설치되어 유지관리의 책임을 지는 지방자치단체에서 운 영한다.

KRIS에서는 종래 PBLIS에서 사용해오던 지적공부관리, 지적측량성과관리 업무 외에도 연속지적도관리, 용도지역지구관리, 개별공시지가관리, 개별주택가격관리, 통합민원발급 관리, 시·도 통합정보열람관리, 일사편리포털 관리 등의 단위 업무를 포함하고 있다.

우리나라는 공부의 권리에 대한 공신력이 없음으로 인해 문제가 발생(특히 비도시지역) 할 수 있으므로 각종 공부(公簿)와 현장을 철저히 확인해야 한다. 부동산 거래에서 꼭 확인 해야 할 공부로는 등기부등본(법원과 인터넷), 토지대장(임야대장), 지적도(임야도), 건축 물대장, 토지이용계획확인서 등이며, 국토교통부와 시도 일사편리[12] 포털사이트(부동산통 합민원 창구)에서 발급받을 수 있다.

연습문제

13.1 우리나라 대한제국 토지조사사업과 조선총독부 토지조사사업에 대해 비교, 설명하라.

13.2 '지적공부'와 '토지의 표시'에 대하여 설명하라.

13.3 지적측량에서 항측법을 적용하는 과정을 설명하고 이에 대한 장점과 단점을 설명하라.

---

11 부동산종합공부시스템 운영 및 관리규정, 국토교통부 훈령 제813호(2017.3.6.)

12 https://kras.go.kr:444/cmmmain/

13.4 도근점측량에서 측각오차의 조정법(방위각법과 배각법)을 설명하라.

13.5 측량기준점을 법령에 따라 구분하고 목적과 표지에 대해 비교, 설명하라.

13.6 Cadasre 2014의 원리와 적용에 대하여 설명하라.

13.7 '지적재조사'를 정의하고 지적재조사측량의 작업공정을 설명하라.

13.8 부동산종합공부의 내용을 설명하고 '일사천리' 포털사이트 활용을 설명하라.

참고문헌

1. 백은기 외, 측량학(2판), 청문각, 1993.
2. 백은기, 한국지적에 항측활용의 효과적인 방안, 지적, 1979.
3. 이부발, 지적세부측량, 신라출판사, 1984.
4. 이석찬, 김진호, 지계순, 황을룡, 원영희, 응용측량, 건설연구사, 1976.
5. 이영진, 토지측량학, 경일대학교 출판부, 2008.
6. 이영진, 지적도면의 정확도 향상을 위한 점진적인 지적재조사 방안, 한국지적학회지, 18(2), 2002.
7. 이영진, 좌표지적시스템의 도입방안에 관한 연구, 한국지적학회지, 18(1), 2002.
8. 최용규, 이진호, 강석진, 권규태, 박상진, 김정호, 강태석, 서울 地籍沿革誌, 서울특별시, 1993.
9. 朝鮮總督府 臨時土地調査局, 朝鮮土地調査事業報告書, 2018.
10. 國見 利夫. 新田 浩, 渡辺 秀喜, 教程 地籍測量, 山海堂, 2002.
11. 林一見, 土地測量, 中外印刷株式會社, 1939.
12. 中川德郞, 登記測量, 山海堂, 1982.
13. 中村英夫·淸水英範, 測量學, 技報堂, 2000.
14. 국회 국토해양위원회, 지적재조사에 관한 특별법 심사보고서, 2011. 8.
15. 법제처 국가법령정보센터, http://www.law.go.kr/main.html
16. 국토교통부, 지적사무전산처리규정, 국토교통부 예규 제107호(2009.8.21).
17. 국토교통부, 부동산종합공부 보도자료. 2014.
18. 국토교통부, 2015 부동산종합공부시스템 사용자 지침서(행정업무), 2015.

14 지리정보시스템(GIS)

14.1 개설

14.1.1 GIS의 정의

정보화 사회에서 인간의 의사결정(decision making)에는 많은 요소들이 좌우하게 되며 또한 자료의 방대함으로 인해 많은 시간이 소요된다. 입지확보에 있어서도 "해안선으로부터는 300 m 이상 떨어져 있어야 하며, 강으로부터는 100 m 이내이고, 침수지역이 아니어야 하며, 해발 300 m 이내에 위치한 지역 중 면적이 5,000 m^2 이상인 지역이고, 사질토로 구성된 지역"을 전국적으로 조사해야 할 경우에 컴퓨터의 도움 없이는 거의 불가능할 것이다.

일반적으로 정보시스템(information system)이란 현상을 관측하고 자료를 수집, 저장, 분석하여 의사결정에 유용한 정보로 압축하는 일련의 처리과정 및 조직을 뜻하는 것으로, 정보원에서 정보의 사용까지의 일체의 활동범위를 포함하고 있다.

지리정보시스템(Geographic Information System, GIS)[1]의 근본적인 개념은 지도와 통계

---

1   더 좁은 의미의 GIS는 판매 또는 구축된 소프트웨어를 말하기도 한다.

정보로 대표되는 모든 위치정보와 속성정보를 다루는 일체의 행위라고 볼 수 있다. 지리정보시스템을 이용하면 지도 이외의 행정, 통계, 도시데이터 등의 다양한 속성정보(attribute)를 지도데이터베이스에 조합시켜 여러 가지 통계분석과 공간분석을 통하여 의사결정을 지원할 수 있다.

따라서 GIS는 "지구표면상의 모든 형태의 위치정보와 속성정보를 효율적으로 수집, 저장, 갱신, 처리, 분석, 표시하기 위한 일체의 컴퓨터시스템"이라고 말할 수 있다. 이 14장에서는 GIS(지리정보시스템)이란 "측량의 성과물인 지도 등을 활용하기 위한 시스템"으로 정의하고 적용한다.

국가공간정보기본법 제2조(정의)에서는 "공간정보체계란 공간정보를 효과적으로 수집·저장·가공·분석·표현할 수 있도록 서로 유기적으로 연계된 컴퓨터의 하드웨어, 소프트웨어, 데이터베이스 및 인적자원의 결합체를 말한다."로 정의하고 있다.

GIS는 다른 정보시스템과 비교하여 볼 때, 첫째, GIS는 의사결정을 위한 분석도구로 사용된다는 점이며, 둘째, 공간정보에 관한 데이터베이스가 존재하며, 셋째, 정보의 성격(위치정보를 기반)에 차이가 있고, 넷째 응용분야의 차이가 뚜렷하다는 점을 들 수 있다.

대표적인 GIS 소프트웨어로는 수많은 데스크톱형이나 WebGIS형이 보급되고 있다.

- ArcGIS(ESRI사)
- MapInfo(MapInfo사)
- SIS(Cadcorp사)
- PC-MAPPING(Mapcom사)
- SuperMap(SuperMap사)

최근 오픈소스 소프트웨어가 제공되고 있는데 이를 총칭하여 FOSS4G(Free and Open Source Software for Geospatial)라고 부르며 OSGeo가 주도하고 있고, 대표적으로 Map Server, GeoServer, GRASS GIS, QGIS(Quantum GIS)가 있다.

14.1.2 GIS 데이터와 구분

GIS는 각국의 개발배경에 따라 차이가 있으나 원래 구역(면)단위(area-based) 정보로서 소축척인 주제도 데이터(토양, 인구조사, 경제분류 등)에 적용하기 위하여 사용한 시스템으로부터 출발하고 있다.

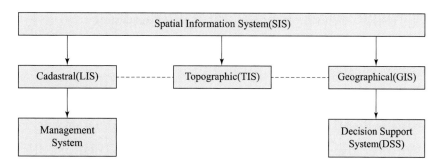

그림 14-1 속성정보에 따른 GIS의 종류

　넓은 의미의 공간정보시스템은 속성정보의 기반 데이터에 따라 지형정보, 지적정보, 지리정보로 나눌 수 있으며(그림 14-1 참조), 또한 주된 데이터는 표 14-1에서와 같이 구분할 수 있다.

　그러나 현재에는 위치정보와 지도 중심의 지형정보시스템(Topographic Information System, TIS)을 기초로 하며, 주로 사용하는 속성정보에 따라 토지관리 중심의 토지정보시스템(Land Information System, LIS), 인프라 시설물관리 중심의 시설물관리(Automated Mapping/Facility Management, AM/FM), 좁은 의미의 의사결정 지원을 위한 지리정보시스템(Geographic Transportation System, GIS)으로 구분하고 있다.

표 14-1 데이터에 따른 구분[2]

기준점 데이터	지적 데이터	시설물 데이터	지형 데이터	자연자원 데이터
• 수평기준점 • 표고기준점 • 중력 데이터 • 지자기 데이터	• 소유자 • 소유형태 • 필지 　– 지번 　– 경계 　– 면적 　– 좌표 등 • 토지등급(지가) • 등기 데이터	• 도로대장(평면도) • 지하시설물 　– 상수도 　– 하수도 　– 가스 　– 통신망 　– 전력, 난방 • 하천대장 • 건축물	• 수계 • 교통망 • 건물 • 기복(지형) • 행정계 • 식생(지류) • 인공지물 • 지명	• 토양 • 지질 • 지형특성 • 식생 • 토지이용 • 수문 • 기후
• 측위 데이터 • 교통항법 데이터 • 계측센서 데이터	• 권리경계	• 도시공원 • 공공시설 • 주소	• POI • DEM • 정사영상	• 환경규제 • 자연재해

---

2 출처: 이영진(2001), "Geomatics: 배경과 역할", 제1회 Geomatics Forum
　　이영진(2013), "공공부문 공간데이터관리와 SDI혁신방향", 제3차 GGIM-Korea포럼.

LIS는 필지단위를 기반으로 부동산에 대한 지적등록(cadastre), 소유권에 대한 등기 (register), 토지가격(value) 등 토지정보를 다루며, 필지분할이나 부동산개발 업무를 포함하고 있다.

또한 AM/FM은 도면관리를 기본으로 하고 있는데 도로대장, 하천대장, 상하수도, 통신선로, 가스관 등의 유지관리(maintenance)가 주목적이며, 이는 수시로 도면을 수정하여 현황을 파악해야 하는 점을 제외하면 수치지도작성과 동일하다. 그래서 자동지도작성과 시설물관리는 같은 속성정보를 다루는 것으로 취급할 수 있다. FM에 대하여 데이터베이스시스템(DBMS)과 해석의 기능이 추가되면 대축척으로 처리되는 LIS의 역할을 병용할 수 있게 된다.

GIS는 주로 지형데이터와 자연자원 데이터를 중심으로 의사결정 지원을 목적으로 한다. 교통망을 기반으로 점단위 또는 선단위(point/line base) 정보로서 전국 또는 지역별 교통정보의 분석과 관리를 하는 ITS는 공간데이터의 관리와 분석, 처리방법에서 GIS와 유사하다. 현재 웹기반의 GIS와 연동될 수 있으며, 수치지도 데이터베이스를 기반으로 GPS기술, 운행관리시스템(fleet management system), 차량항법시스템(car navigation system), 텔레매틱스(telematics)와 통행관리 분야에 활용되고 있다.

14.1.3 공간참조

공간참조(spatial reference)란 공간데이터를 지구상의 위치와 관련지우는 것을 말한다. 그 방법으로는 좌표에 의한 참조(georeferencing by coordinates)와 지리식별자에 의한 참조(georeferencing by geographic identifiers)의 2종으로 대별된다.

좌표에 의한 참조는 GPS를 사용하여 자신의 경위도를 획득하고 이 수치로부터 주변의 지도를 표시하고, 목적지까지의 경로를 탐색하는 조작 등 직접적으로 위치를 참조하는 방법을 지칭한다. 시스템에서 사용하는 좌표계와 참조하는 좌표계가 다른 경우에는 좌표변환이 필요하다.

지리식별자에 의한 참조는 주소, 지번, 우편번호, 건물명칭 등 지구상의 위치와 관련되어 붙여진 지리식별자를 이용하여 위치를 참조하는 방법이다. 지리식별자와 그 장소의 대표적인 위치좌표의 환산표(대비표)를 지명사전(gazatteer)이라 하고, 이는 GIS 운용 시 매우 중요하다. 특히 주소와 관련되어 나타낸 것을 주소사전이라고 한다. 주소를 위치좌표로 변환하는 처리를 지오코딩(geocoding 또는 address matching)이라고 한다. 지오코딩되어 있는 주소는 그대로 공간데이터로 사용할 수가 있다.

지명사전을 사용하지 않고도 숫자의 조합으로 이루어진 위치좌표를 획득하는 수단이 지역매쉬코드(grid square code)이다. 이 코드와 기준이 되는 지역매쉬는 각종 통계데이터에 이용될 수 있다. 매쉬격자는 경위도 또는 직각좌표 단위로 세분화할 수 있다.

14.2 지리정보시스템의 구성

14.2.1 실세계의 축소(가상공간)

지리정보시스템(GIS)은 하드웨어, 소프트웨어, 데이터웨어 그리고 관리자의 네 가지 요소로 구성된다. GIS의 기능을 발휘하기 위해서는 이들 네 가지 요소가 균형을 이루어야 한다. 기능적인 측면에서 본다면 크게 자료획득(data acquisition), 전처리(preprocessing), 자료관리(data management), 처리 및 분석(manipulation & analysis) 등의 다섯 가지 기능을 포함하고 있다.

그림 14-2는 실세계(real world)를 GIS로 관리하고 개선하려는 의도를 갖고 있음을 보여주고 있다. 따라서 응용 또는 적용되는 분야에 따라 강조되고 확장되는 요소가 다르지만 지리정보시스템의 네 요소는 서로 연관된 과정으로 파악되어야 한다.

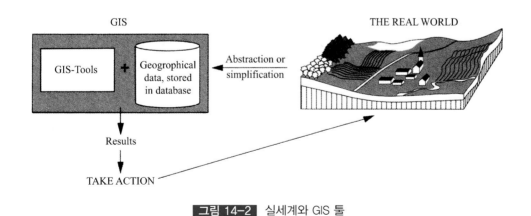

그림 14-2 실세계와 GIS 툴

14.2.2 모델링 프로세스

지하시설물의 경우에 데이터의 구조화 문제가 GIS사업의 성패를 좌우하게 되며, 이는

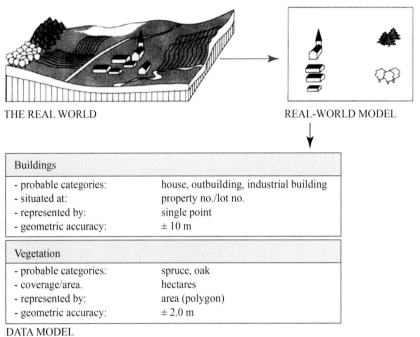

THE REAL WORLD   REAL-WORLD MODEL

Buildings	
- probable categories:	house, outbuilding, industrial building
- situated at:	property no./lot no.
- represented by:	single point
- geometric accuracy:	± 10 m

Vegetation	
- probable categories:	spruce, oak
- coverage/area.	hectares
- represented by:	area (polygon)
- geometric accuracy:	± 2.0 m

DATA MODEL

ID	Type	Property No.	X	Y	Accuracy
1	House	44 113	350	575	± 10.0
2	Outbuilding	45 6	375	600	± 10.0
3	Industrial	45 11	345	630	± 10.0

ID	Type	Area	Coordinates	Accuracy
10	Spruce	100	250,420 250,455 370,475 360,420 250,420	± 2.0
20	Oak	50	360,420 370,475 425,395 425,420 360,420	± 2.0

DATA BASE

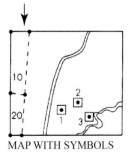

MAP WITH SYMBOLS

그림 14-3 실세계의 모델링 프로세스

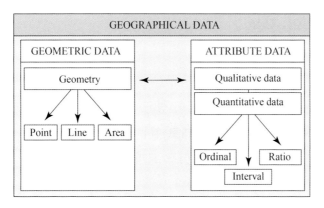

그림 14-4 데이터의 구분

지도(map)와 대장(register)에 내재되어 있는 데이터의 특성이 된다. 실세계에 대한 관측 데이터를 GIS에서 의미 있는 데이터로 변환하기 위해 필요한 모델(model; the concept and procedure)에 따라 실세계를 나타내게 된다.

실세계와 데이터 모델에 의해 현실(reality)을 설명하기 위한 프로세스를 모델링(medeling) 이라고 한다. 실세계를 GIS 성과품으로 변환하는 과정은 지도형식으로 단순화와 모델링 에 의해 이루지며, 그림 14-3은 그 모델링 프로세스를 보여준다.

실세계를 축약하여 가상화하기 위해서는 각종 지형·지물의 위치, 형태, 공간상의 상대 적 위치 등이 규정되어야 하고, 그 특성을 명확히 설명해 줄 수 있는 속성정보가 있어야 한다. 모든 지형·지물(feature)은 위상데이터모델(topological data model)로서 표현될 수 있 는데, 점(point), 선(line), 면(area)에 의한 기하구조와 인접된 지물과의 연결에 의해 구성된 다. 또한 이 데이터에는 각 형상에 대한 속성(descriptive attribute)을 추가시켜야 한다.

그림 14-4는 데이터가 기하데이터와 속성데이터로 구분할 수 있고 속성데이터는 다시 정량적인 데이터와 정성적인 데이터로 구분할 수 있음을 보여준다.

각 지물에 대해서는 하나의 코드를 부여하는 것이 일반적이며, 수치지도의 지형코드가 여기에 해당된다. 지도에서의 속성은 선호의 굵기와 크기 등 주기, 기호를 나타내게 된다. 그러나 GIS의 경우에는 하나의 코드만으로는 부족하므로 개개의 형상(지형·지물)에 대해 고유번호를 부여하여 위치정보(공간정보)와 결합하고 상호참조(cross-referencing)될 수 있 도록 해야 한다. 따라서 데이터베이스의 구조가 대단히 복잡한 형태가 되지만 정보의 변 환과 해석이 용이한 특징이 있다.

14.2.3 GIS툴의 구성

(1) 하드웨어

GIS에서 사용되는 일반적인 하드웨어 구성은 컴퓨터(CPU)와 디스크 드라이브, 지도나 문서에서 자료를 추출하여 디지털의 형태로 컴퓨터에 저장할 수 있는 디지타이저, 자료를 도해적으로 표현할 수 있는 플로터, 테이프 드라이브와 같이 자료나 프로그램을 기록할 수 있는 2차적인 기억매체 등이 필요하다.

(2) 소프트웨어

소프트웨어는 고가인 것부터 프리소프트웨어까지 다양한 종류가 있고, 사용목적에 따라 개인용 수준에서부터 지방자체단체 수준, 국가 수준 등으로 구축되고 있다. 지리정보시스템에서 필수적으로 요구되는 소프트웨어의 기본적인 기능은 다음과 같이 5가지 유형으로 구분할 수 있다. 여기서 데이터베이스 관리 모듈이 핵심이며 변환모듈은 응용분야별로 다양하고 추가와 삭제가 가능하다.

- 데이터 입력 및 확인
- 데이터 저장 및 데이터베이스 관리
- 데이터 출력 및 표현
- 데이터 변환(지도중첩, 정보의 모델링, 해석)
- 사용자 인터페이스

(3) 데이터웨어

데이터웨어(data ware)는 위치데이터와 속성데이터를 합친 공간데이터를 말한다. 국토지리정보원에서 제공하고 있는 각종 수치지도, 국가와 공공기관에서 제공하고 있는 기본공간정보와 주제도 그리고 민간에서 제공 또는 판매하고 있는 지도가 있다.

지도는 기본공간정보(core data)와 기타 주제도정보로 구분할 수 있으나 모두 주제별로 레이어(layer)로 구분하여 관리하게 된다. 다시 말해서 데이터의 종류별로 레이어(층)로 구분하여 저장해 두고 필요에 따라 중첩 또는 합성하여 사용하게 된다. 그림 14-3에서는 이를 잘 나타내고 있다.

(4) 관리자

관리자(viewer-man ware)는 위의 하드웨어, 소프트웨어, 데이터웨어를 다룰 수 있는 기술자 또는 사용자(end user)를 지칭한다. GIS를 냉장차와 비교해 본다면 냉장차량은 하드웨어, 식품은 데이터웨어, 조리법은 소프트웨어, 요리사는 관리자에 비교되며, 이들 4가지를 모두 갖추어야만 원하는 요리(GIS 성과물)가 가능할 것이다.

14.3 위치정보의 표현방법

14.3.1 GIS 데이터모델

위치정보에 대해서는 다양한 표현방법이 있고, 이에 따른 GIS 데이터 모델이 있다.

지진의 상태를 나타내는 위치정보는 진원의 위치를 나타내는 위도와 경도의 좌표이고, 속성정보는 지진의 규모, 발생 일시 등의 정보이다. 위치정보가 있기에 지도 또는 GIS에서 진원의 위치를 점으로 나타낼 수 있으며, 속성정보(예: 규모 5)가 있기에 그 수치에 따라 점의 크기나 색을 바꾸어 표현할 수 있다.

지진의 진원이나 신호 등의 위치는 점으로 나타낼 수 있으나, 그 이외에 도로와 같은 선의 형상으로 나타나는 것, 건물과 같이 면으로 드러나는 것이 있기 때문에 점, 선, 면으로 드러나는 정보에는 일반적으로 벡터 데이터라는 데이터 모델이 적용된다. 또, 명확한 형상으로서 구분할 수 없는 연속적으로 변화하는 상태나 확장하는 것(예: 표고, 기온 등)도 있기 때문에 여기에는 일반적으로 래스터 데이터라는 데이터 모델이 적용된다. 또한 지물 또는 사물에 대한 높이의 정보를 3차원적으로 표현하기 위한 3D데이터 모델도 있다.

기존의 지도를 입력하거나 데이터를 수정할 경우에는 간편한 점과 선만으로 구성된 모델(link-node model)이 편리하므로 면을 점과 선의 연결로서 표현하는 방식이 널리 사용되며, 토지이용이나 식생의 경우에는 면요소만으로도 충분하기 때문에 면모델(area model)이 사용된다. 지형도를 수치화할 경우에는 레이어 또는 축척별로 구성하는 것이 보통이므로 해당 범위 내에서만 상호 참조가 가능하고 다른 레이어와의 연결성은 제외된다.

GIS의 핵심적인 요소는 공간상의 대상물과 이와 연관된 속성으로 구성된 데이터베이스

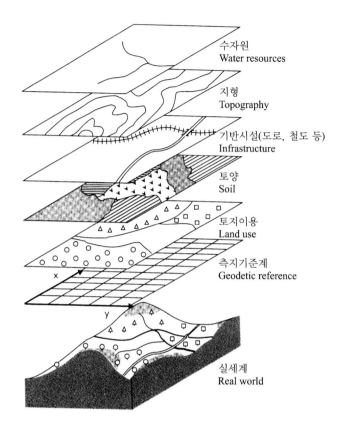

수자원
Water resources

지형
Topography

기반시설(도로, 철도 등)
Infrastructure

토양
Soil

토지이용
Land use

측지기준계
Geodetic reference

실세계
Real world

그림 14-5 컴퓨터 내에 저장된 주제별 레이어와 시각화(데이터베이스)

라고 볼 수 있다. 지리정보를 디지털 정보로서 GIS로 취급할 수 있는 데이터로 만들려면 어느 GIS 데이터모델을 적용하는 경우라도 지리정보를 주제별(예: 건물, 도로 등) 층으로 분류하여 이를 파일이나 DBMS에 저장해야 하고 DBMS에 모두 공통의 ID로 관련지어 관리해야 한다.

현실세계에서 복잡하게 얽혀 존재하는 다양한 지리정보를 추상화, 분류화, 간략화하여 GIS 데이터화함으로써 GIS 상에서 그것들을 가시화하고 자유롭게 중첩하거나 해석할 수 있다.

그림 14-5는 실세계를 GIS로 관리하기 위하여 주제별 레이어별로 컴퓨터 내에 저장하고 이를 시각화하기 위한 데이터베이스 모델을 보여주고 있다. 데이터베이스는 대상물의 표현을 실체화시키기 위한 것으로 지리정보시스템에서는 기본적으로 두 가지의 데이터베이스 구조형태가 이용되는데, 벡터(vector)와 래스터(raster)를 들 수 있다. 이들 두 가지 데이터 모델에서 어떤 쪽을 택하느냐에 따라 후에 처리되는 각종 기능의 활용에 많은 영향

표 14-2 데이터 구조의 비교

	벡터 데이터 구조	래스터·그리드 데이터의 구조
장점	• 사용자 관점에 가까운 데이터 구조이다. • 데이터 구조가 압축된 형태이다. • 위상관계에 의한 연결을 할 수 있다. • 출력정확도가 높다. • 위치와 속성에 대한 검색, 갱신, 일반화가 가능하다. • 소프트웨어와 하드웨어가 높은 가격이다.	• 데이터 구조가 간단하다. • 지도중첩이 용이하다. • 원격탐사자료와의 결합이 쉽다. • 공간분석이 쉽다. • 요소의 크기가 같으므로 시뮬레이션이 쉽다. • 소프트웨어와 하드웨어의 가격이 저렴하다.
단점	• 데이터 구조가 복잡하다. • 지도중첩이 어렵다. • 시뮬레이션이 곤란하다. • 출력장비가 상대적으로 비싸다. • 다각형 내의 공간분석이 불가능하다.	• 그래픽 자료의 양이 많다. • 셀을 크게 하면 구조와 정보가 손실될 수 있다. • 출력의 질이 낮다. • 네트워크 연결에 의한 참조가 어렵다. • 좌표계 변환에 시간이 많이 걸린다.

을 끼치게 된다.

표 14-2에서는 벡터 데이터 구조와 래스터 데이터 구조에 대한 장단점을 요약하고 있다.

14.3.2 벡터 데이터 구조

벡터 데이터 구조(vector data structure)에 의한 벡터식 표현의 목적은 사상(entity)을 정확하게 표현하는 데 있으며, 좌표공간을 래스터 공간과 분할한 것이 아니라 위치, 길이, 차원을 정확하게 표현할 수 있는 연속적인 것으로 가정한다.

모든 지형데이터는 세 가지의 형태, 즉 점·선·면으로서 위상학적 관계(topological relation)를 형성할 수 있으며 모든 지형·지물은 기하학적 성질과 이것이 내포하고 있는 특성을 지니고 있다.

예를 들어, 지도상에 표현된 우물의 경우 단순히 XY좌표와 우물이라는 내용만으로서 이를 표현할 수 있으며, 도로의 노선은 시점과 종점의 XY좌표로 구성된 선과 속성(attribute)인 '도로'만으로 이를 표현할 수 있다. 또한 주거지인 경우 이를 표현하기 위한 XY좌표로 구성된 면과 '주거지'라는 속성으로 표현 가능하다. 여기서 속성이라고 칭하는 것은 실제의 성질을 나타내는 이름이나 지도상에 표현되는 범례의 수치 또는 특정 주기 등이 될 수 있다.

지리적인 구조를 GIS로 파악하고자 할 때, 무엇이 어디에 있는가? 무엇과 무엇이 인접하고 있는가? 등의 정보가 중요하다. 벡터 데이터는 이를 점, 선, 면의 3요소로 나타낸다.

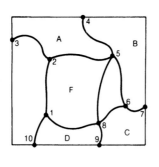

A(2,3) (3,4) (4,5) (5,2)
B (4,5) (5,6) (6,7) (7,4)
C (6,7) (7,9) (9,8) (8,6)
D (8,9) (9,10) (10,1) (1,8)
E (10,3) (3,2) (2,1) (1,10)
F (1,2) (2,5) (5,8) (8,1)
G (5,6) (6,8) (8,5)

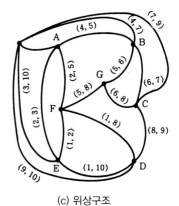

(a) 점, 선, 면의 구분　　　　(b) 면의 표현　　　　(c) 위상구조

그림 14-6(a) 벡터 데이터 구조

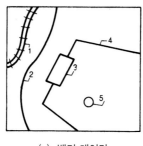

1 Railway tracks
　　(x, y, a d)
2 River (x, y, a d)

3 House (x, y, a d)

4 Fence (x, y, a d)

5 Tree (x, y, a d)

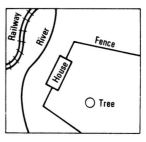

(a) 벡터 데이터　　　　(b) 코드와 속성　　　　(c) 도면화

그림 14-6(b) 벡터 데이터의 코드와 속성

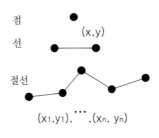

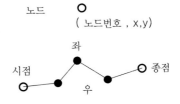

(a) 기하학　　　　(b) 위상구조

그림 14-6(c) 벡터 데이터에 의한 위상구조

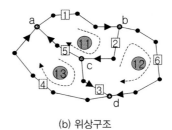

도형의 기하학을 위상구조로 나타낼 때 다음의 용어가 사용된다(그림 14-6 참조).

① 노드(node)는 직선이나 굴곡된 선의 교점을 의미한다. 노드번호와 좌표로 나타낸다.

② 체인(chain)은 시점과 종점을 갖는 굴곡선을 의미한다. 체인번호, 시점 및 종점의 노드번호, 진행 방향 좌우의 폴리곤(다각형) 번호로 나타낸다.

③ 폴리곤(polygon)은 복수의 체인으로 구성된 면을 의미하며, 시계 방향(또는 반시계 방향)으로 부호를 붙인 체인번호에 의해 나타낸다.

14.3.3 래스터 데이터 구조

항공사진이나 위성영상 그리고 디지털카메라에 의해 촬영된 데이터와 같이 농담(grey level)이 있는 영상 데이터를 최소단위(이를 픽셀(pixel)이라고 한다)로 수치화한 것을 래스터 데이터라고 한다.

같은 면적의 영상에서 픽셀수가 많으면 해상도가 높은 래스터 데이터가 되어 원래의 상황을 재현할 수 있게 된다.

래스터 데이터 구조(raster data structure)의 가장 간단한 형태는 픽셀에 대한 배열로서 격자의 위치는 행과 열의 값으로 참조되며, 지도화되는 속성값이나 유형화(grey level)되는 수치를 나타내고 있다. 래스터 데이터 구조에서 점은 하나의 셀로 표현되며, 선은 인접하고 있는 셀의 배열로서 표현될 수 있고, 면은 사방으로 인접하고 있는 셀의 집합으로 표현된다.

이 래스터 데이터 구조는 지형정보를 표현한 2차원 공간데이터를 연속적인 개념으로 보지 않기 때문에 셀의 크기에 따라 길이와 면적의 계산에 많은 영향을 주게 된다.

셀의 크기에 따라 정확도에 영향을 미치므로 영상처리 분야에서는 분할된 표면을 연속적인 것으로 취급하여 미분가능함수를 적용하고 있다. 래스터 데이터의 해상력과 축척은 데이터베이스에서 차지하는 셀의 크기와 실제 지표면상에서 차지하는 면적의 관계에 따라 정해진다.

이 래스터 데이터와 다음에 설명할 격자 데이터는 구조가 단순하기 때문에 데이터의 해석과 처리용 프로그램 개발이 용이하다. 래스터 데이터의 셀을 분할하기 위해서는 주로 사각형 격자와 정육각형 또는 삼각형 등을 생각할 수 있으나 사각형 격자가 주로 이용된다.

래스터 데이터는 자료의 방대함으로 인하여 압축기법이 사용되고 있는데, 주로 ① chain-code, ② run-length code, ③ block code, ④ quad-tree 등이 사용된다.

그림 14-7은 run-length법의 예를 도시한 것이다.

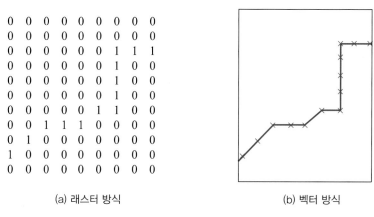

A	A	A	A	B	B	B	B	Run Length법
A	A	A	A	B	B	B	B	(4A, 4B)
A	A	A	C	C	B	B	B	(4A, 4B)
A	A	A	C	C	C	B	B	(3A, 2C, 3B)
A	A	C	C	C	C	C	C	(3A, 3C, 2B)
A	A	C	C	C	C	C	C	(2A, 6C)
								(2A, 6C)

그림 14-7(a) 래스터 데이터에 의한 면의 표현(run-length법)

```
0 0 0 0 0 0 0 0 0
0 0 0 0 0 0 0 0 0
0 0 0 0 0 0 1 1 1
0 0 0 0 0 0 1 0 0
0 0 0 0 0 0 1 0 0
0 0 0 0 0 0 1 0 0
0 0 0 0 0 1 1 0 0
0 0 1 1 1 0 0 0 0
0 1 0 0 0 0 0 0 0
1 0 0 0 0 0 0 0 0
0 0 0 0 0 0 0 0 0
```

(a) 래스터 방식   (b) 벡터 방식

그림 14-7(b) 래스터 데이터와 벡터 데이터

14.3.4 격자 데이터 구조

도면을 등간격의 격자(셀, cell)로 구분하고 순서대로 나열한 데이터를 그리드 데이터 (grid data) 또는 매쉬 데이터(mesh data)라고 한다. 예로서 등고선 지도로부터 셀단위로 구획하고 셀마다의 평균표고를 속성정보로 입력한 지도 또는 이를 영상으로 출력한 것을 들 수 있다. 또한 매쉬(mesh) 데이터는 래스터 데이터의 정보량을 축소하여 수치화한 것을 말하기도 한다.

래스터 데이터는 정보량이 많기 때문에 픽셀마다 속성정보를 부가하는 것이 곤란하지 만, 그리드 데이터는 속성정보의 부가가 비교적 간단하기 때문에 활용가치가 높다.

14.4 공간분석

14.4.1 공간분석 기능

GIS의 특징은 지물에 대한 지리적 위치인 경위도(또는 평면직각좌표 등)에 추가하여 속성정보로서 인구, 주택정보, 지적, 토지이용, 문화 등의 세부정보(entity, 사상)를 함께 다룰수 있다는 점이다.

공간분석(spatial analysis)을 하기 위한 GIS 데이터의 조작을 위하여 소프트웨어에서 기본적으로 제공된 모듈을 사용하게 된다. 고도의 분석이 필요하거나 전문적으로 특화된 모듈은 독자적으로 개발하거나 추가, 도입하여 사용하게 된다.

(1) 공간분석의 기본기능

공간분석에 필요한 기본적인 기능은 다음과 같다.

① 검색 기능(location)

데이터 자체의 변경은 하지 않고 속성 데이터를 조사하는 것을 말한다. 논리연산 등을 사용하여 조건검색을 한다. 주로 관련 데이터베이스에 의하여 표의 형식으로 표현된 속성 데이터를 선정한다.

② 중첩 기능(overlay analysis)

둘 이상의 레이어를 포개어 합성한 점, 선, 면의 도형, 위상 및 속성데이터 세트를 재구축한다. 점과 면, 선과 면, 면과 면의 세 가지 경우의 중첩을 생각할 수 있다.

③ 도형변경 기능(coordinate transformation)

도형의 갱신, 삭제, 절취, 분할, 추가, 접합 등의 처리를 한다. GIS소프트웨어에는 이와 같은 기능이 내장되어 있다.

④ 재분류 기능(reclassification)

데이터를 대분류하거나 세분류한다. 경계선 일부의 추가나 삭제를 수반한다.

⑤ 네트워크 권역분석 기능(connectivity/adjacency)

세력권 분석, 최적경로탐색, 네트워크 분석 등이 있다. 예로서 도로 최단경로 분석, 인접 범위 분석 등을 수행한다.

(2) 벡터데이터의 중첩분석

공간분석 기능 중에서 벡터 데이터의 중첩은 가장 힘겨운 작업이다. 중첩에 의하여 점·선·면의 위상 및 속성이 어떻게 재구축되는가를 점과 면, 선과 면, 면과 면의 세 가지 경우에 대하여 도해적으로 설명하기로 한다.

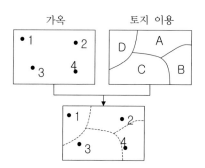

(a) 점의 폴리곤에의 중첩

ID	소유주	토지 이용
1	홍길동	D
2	박찬호	A
3	차범근	C
4	김미현	B

점의 위상구조

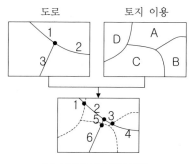

(b) 선의 폴리곤에의 중첩

ID	번호	토지 이용
1	1	D
2	1	A
3	2	A
4	2	B
5	3	A
6	3	C

선의 위상구조

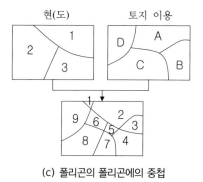

(c) 폴리곤의 폴리곤에의 중첩

ID	도	토지 이용
1	1	D
2	1	A
3	1	B
4	3	B
5	3	A
6	2	A
7	3	C
8	2	C
9	2	D

폴리곤의 위상구조

그림 14-8 벡터 데이터의 중첩

① 점과 면의 중첩

점과 면의 위상관계는 "~의 안에 포함된다"라고 하는 포함관계이다. 점의 데이터와 면과의 관계를 나타내는 표가 만들어진다(그림 14-8(a) 참조).

② 선과 면의 중첩

선이 면을 가로지르기 때문에 분단된다. 선과 면과의 교점을 포함하여 분단된 선이 어느 면에 속하는가를 나타내는 표가 만들어진다(그림 14-8(b) 참조).

③ 면과 면의 중첩

면과 면의 중첩에 의하여 새로운 폴리곤이 생성된다. 새로이 생성된 폴리곤이 어떤 면과 어떤 면의 중첩인가를 나타내는 표가 만들어진다(그림 14-8(c) 참조).

14.4.2 수치지형모델링

구조화된 수치지도는 지리정보시스템이나 수치지형모델에서 필수적이며 가장 기초적인 자료(데이터베이스)이므로 그 역할이 중요하다. 수치지형모델(Digital Terrain Model, DTM)은 지형도의 등고선이나 격자점의 표고에 의하여 구성되는데, 지형의 기복과 형상을 수치화시켜 건설공사를 위한 상세설계와 계획에 이용하며 컴퓨터 응용설계(Computer Aided Design, CAD) 또는 3차원 시각화의 기본요소가 된다.

수치지형모델은 지구상의 표면을 수치적으로 표현하고자 하는 표면모델링(surface modeling)의 특이한 형태로서, 1950년대 MIT의 Miller 교수가 도로설계에 있어 지형을 수량화할 목적으로 그 필요성과 유용성을 제시한 것이 그 시초라 볼 수 있다.

수치지형모델이란 처음에는 지형의 수치적 표현에 따른 횡단면의 높이만을 뜻했으나, 현재에 와서 DTM은 보다 일반화되어 격자 및 비격자 데이터 모두를 언급하게 되었으며, 2차원 표면에서 높이 값 이외에 다양한 속성을 부여하여 도로설계와 같은 대단위 토목공사에서의 이용은 물론 미세한 형상의 모델링에도 사용할 수 있다.

DTM이란 지표면상에서 관측된 모든 불연속점의 좌표와 이에 연관된 보간법을 이용하여 불규칙한 지표면을 수치적으로 해석하는 절차, 즉 지표면상에 있는 점들의 3차원 좌표를 획득한 후 그 좌표로부터 표면의 한 단면을 기하학적으로 재현, 묘사하는 것을 뜻한다.

이러한 의미에서 수치지형 데이터가 주로 사용되는 분야는 다음과 같다.

- 수치지형도의 데이터베이스에 대한 표고데이터의 저장
- 도로설계상의 절토 및 성토와 토목 및 군사적 측면의 엔지니어링 프로젝트

- 3차원 지형 표현(비행사 모의훈련, 적지분석 등)과 경관설계 및 계획
- 야지기동(cross-country) 가능성의 분석
- 여러 종류의 지형에 대한 통계적 분석 및 비교
- 경사도, 최대경사와 방향 및 경사단면 등의 계산을 통해 음영기복, 침식 및 강우 유출량의 계산
- 주제별 정보(thematic information)의 표현 또는 토질, 토지이용 및 식물과 같은 주제별 데이터와 기복 데이터를 합성한 기초 데이터 생성
- 경관모델의 화상, 모의실험(simulation) 등에 대한 기초 데이터 제공
- DEM이 지니고 있는 표고값 대신에 차량의 운행시간, 인구, 오염분포, 지하수 분포 등 각종 자료에 대한 기하학적 3차원 표현 등

수치지형모델은 방대한 양의 데이터 처리가 요구되므로, 첫째, 지형 데이터가 가장 효율적인 방법으로 획득되어야 하고, 둘째, 가능한 한 최소의 표본점으로 구성되어야 하며, 셋째, 참값과 비교하여 충분하고도 높은 정확도로서 단시간에 처리할 수 있어야 하며, 넷째, 추출된 표본자료는 컴퓨터 처리에 적합해야 하므로 자료획득 및 추출과정은 DTM의 정확도와 효율성에 많은 영향을 미치게 된다.

수치지형모델에 의하면 3차원 시각화가 가능하게 되며, 디지털 정사영상과 조합하게 되면 3차원 동영상에 의한 시뮬레이션도 가능하다.

14.4.3 지리정보/측량 표준

표준(standard)은 시장(생산자, 공급자, 수요자) 주도로 개발되어 자발적으로 활용되며, 국제표준은 국제표준화기구(International Standard Organization, ISO)의 국제표준과 정보통신표준(TTA) 등의 단체표준이 있으며, 국가표준은 국가표준기본법과 산업표준화법에 따라 국가산업표준(KS)을 제정, 관리하고 있다.

지리정보/측량표준(geographic information/geomatics)은 크게 ISO/TC211의 국제표준과 개방형 표준기구(Open Geospatial Consortium, OGC)의 단체표준이 있으며 국가공간정보위원회(표준/기술기준분과위원회)에서 산업표준의 제정을 지원하고 있다.[3]

표 14-3은 국가 지리정보/측량표준을 보여주고 있다.

---

3 국가표준은 지식경제부 기술표준원에서 담당하며 지리정보/측량표준은 국가공간정보위원회 표준/기술기준분과위원회에서 그리고 기술기준은 주로 국토지리정보원에서 담당하고 있다.

표 14-3 지리정보/측량 국가표준(KS) 리스트

번호	표준번호	표준명	제정	개정
1	KS×ISO 19101-1	지리정보-참조모델-제1부: 기본사항	2004	2018
2	KS×ISO/TS19101-2	지리정보-참조모델-영상	2009	2014
3	KS×ISO 19103	지리정보-개념적 스키마 언어	2004	2018
4	KS×ISO 19104	지리정보(GIS)-제4부: 용어	1999	2018
5	KS×ISO 19105	지리정보-적합성 및 시험	2002	2011
6	KS×ISO 19106	지리정보-프로파일	2004	2014
7	KS×ISO 19107	지리정보-공간객체 스키마표준	2004	2014
8	KS×ISO 19108	지리정보-시간스키마	2002	2011
9	KS×ISO 19109	지리정보-응용스키마 규칙	2006	2018
10	KS×ISO 19110	지리정보-지형지물 목록작성 방법론	2006	2018
11	KS×ISO 19111	지리정보-좌표에 의한 공간참조	2002	2011
12	KS×ISO 19112	지리정보-지리식별인자에 의한 공간 참조	2002	2014
13	KS×ISO 19115-1	지리정보-메타데이터-제1부: 기본 원칙	2004	2018
14	KS×ISO 19116	지리정보-위치결정 서비스	2004	2010
15	KS×ISO 19117	지리정보-묘화	2006	2018
16	KS×ISO 19118	지리정보-인코딩	2004	2018
17	KS×ISO 19119	지리정보-서비스	2004	2018
18	KS×ISO TR19120	지리정보-기능표준	2002	2007
19	KS×ISO TR19121	지리정보-영상과 그리드 데이터	2002	2007
20	KS×ISO 19123	지리정보-커버리지기하 및 함수에 대한 스키마	2006	2007
21	KS×ISO 19125-1	지리정보-단순 피처(특징) 접근-제1부: 공통구조(아키텍처)	2002	2007
22	KS×ISO 19125-2	지리정보-단순지형지물 연결-제2부: SQL옵션	2006	2014
23	KS×ISO 19128	지리정보-웹맵서버인터페이스	2004	2014
24	KS×ISO 19131	지리정보-데이터 제품 사양	2008	
25	KS×ISO 19132	지리정보-위치기반서비스-참조모델	2006	2014
26	KS×ISO 19133	지리정보-위치기반서비스-트래킹 및 네비게이션	2006	2010
27	KS×ISO 19134	지리정보-위치기반서비스-복합교통수단 경로탐색 및 네비게이션	2007	
28	KS×ISO 19135	지리정보-지리정보항목등록절차	2006	2014
29	KS×ISO 19136	지리정보-지리 마크업 언어	2006	2014
30	KS×ISO 19137	지리정보-공간스키마의 핵심 프로파일	2008	
31	KS×ISO 19139	지리정보-메타데이터-XML스키마 구현	2012	
32	KS×ISO/TS19139-2	지리정보-메타데이터-XML스키마 구현-제2부: 영상과 그리드 데이터를 위한 확장	2018	
33	KS×ISO 19141	지리정보-이동지형지물 스키마	2009	2014
34	KS×ISO 19142	지리정보-웹지형지물 서비스	2018	
35	KS×ISO 19150-1	지리정보-온톨로지-제1부: 프레임워크	2018	
36	KS×ISO 19150-2	지리정보-온톨로지-제2부: 웹 온톨로지 언어(OWL)에서 온톨로지를 개발하는 규칙	2018	
37	KS×ISO 19152	토지행정 도메인모델(LADM)	2014	
38	KS×ISO 19154	지리정보-유비쿼터스 공공 접근-참조모델	2018	
39	KS×ISO 19157	지리정보-데이터 품질	2018	
40	KS×ISO/TS 19158	지리정보-데이터 제공의 품질보증	2018	
41	KS×ISO 19160-1	주소-제1부: 개념모델	2018	
42	KS×ISO 6709	좌표에 의한 지리적 점 위치의 표준표시	1994	2011
43	KS×6803	지리정보-지오코더 서비스 규격	2003	

출처: 국토교통부, 공간정보표준(KS표준 43종, 2019.8.30.기준) 국가공간정보포털 http://www.nsdi.go.kr/

367

기술기준(technical regulation)은 정부기관에 의해 개발된 것으로서, 법령과 연계되어 사용이 의무화된 것이다. 법령에 근거를 둔 측량작업규정이나 지형 코드 등이 기술기준에 해당된다. 표준이 법령에 의해 인용된 경우에는 기술기준화된 것으로 볼 수 있다. 지리정보/측량 표준화는 국가가 주도적으로 개발해야 하므로 일반에게 공모를 거쳐서 제안을 받고, 개발된 표준(안)에 대한 평가를 실시하는 등의 지리정보/측량 표준화 절차를 따르고 있다.

14.5 GIS 응용

14.5.1 통합형GIS

GIS는 국가 레벨, 지방자치단체 레벨, 공공법인 레벨, 민간기업 레벨 및 개인 레벨에서 이용자와 응용분야를 구분할 수 있으며, 표 14-4는 이를 종합한 것이다.

(1) 국가 레벨

국토종합개발계획 입안을 위하여 국토수치정보로서 250 m～1 km의 매쉬(mesh)데이터를 사용한 공간분석과 모델링이 가능하며 정부부처의 통계 데이터나 지도를 수치화하여 데이터베이스를 구축하고, 전 국가적 공동이용을 모색하고 있다.

특히 국토지리정보원은 국가기본도와 정사영상 등 기본공간정보를 구축하고 있고 실측도인 지형도 1/5,000를 중심으로 기본도 관리에 주력하고 있다. 해안선, 행정계 및 등고선으로부터 구한 매쉬 표고데이터는 거의 전국을 커버하고 있다.

(2) 지방자치단체 레벨

많은 지방자치단체가 공통의 기본도(지형도 1/1,000 등)를 사용하여 지방세과, 토지정보과, 도로관리과, 수도과, 하수도과, 도시계획과, 건축지도과 등이 행정에 GIS를 이용하고 있다. 1/1,000 대축척 지형도가 기본도로 사용되고 있고, 도시계획도는 축척 1/1,000나 1/2,500 지도가 사용되고 있다. 안내도는 축척 1/10,000 지도나 1/25,000 지도가 사용되고 있다.

표 14-4 통합형 GIS의 응용분야

레벨	분야	구체적 사례
국가	국토계획	공업단지개발 적지 선정, 토지이용 기본계획
	건설행정	도로/하천정보시스템, 재해정보시스템
	환경행정	녹지국세조사, 환경이용안내도
	농림행정	산림계획도, 산림토양도
	측량/지도	수치지도, 기본도/국토기본도의 수치화
지방자치단체	부동산세	현황지형도, 지번도, 가옥도, 주거 표시
	도시계획	도시계획도, 개발허가, 건축확인
	도로관리	도로대장, 점용물 관리
	상수도관리	상수도시설도, 각종 대장
	하수도관리	하수도시설도, 각종 대장
공공법인	가스관관리	가스관도면관리, 영업설비정보, 판매전략
	도로관리	도로관리시스템, 지하매설관, 도로공사
	전통신, 전화	전화번호의 GIS데이터베이스화
	여객철도	고객지역 분포, 카드가동률, 매상금액정보
	도로교통정보	자동항법장치용 전자지도, 도로교통정보통신시스템
민간기업	은행/금융	ATM설치계획, 고객관리, 상권분석
	신문판매	고객분포, 사업소판매실적, 경쟁자와의 공유
	외식산업	개점계획, 상권분석, 판매실적관리
	택배	최적운송로계획, 배차계획
개인	여행	여행안내도, 철도, 버스, 항공기 시각표
	지도	각종 전자지도
	자동항법장치	자동항법장치용 전자지도
	쇼핑	쇼핑안내도

(3) 공공법인 레벨

가스회사, 전력공급회사, 전화·통신회사 등 공익법인은 주로 관로나 케이블과 같은 시설물 관리에 GIS를 이용하고 있다. 고객이 수백만에서 천만에 가까워 수치화할 도면도 수만 장에서 수십만 장으로 방대한 양에 이른다. 도면검색의 고속화만으로도 GIS 응용에 큰 장점이 있다.

(4) 민간기업 레벨

은행, 택배회사, 신문사, 음식점, 교통운수회사 등이 고객관리, 판매전략, 상점위치 선정 등에 GIS를 이용하고 있다. 이것은 Area Marketing이라고 하며 매우 큰 효과가 있는 것으로 보고되고 있다.

(5) 개인 레벨

차량자동항법장치, 여행안내, 쇼핑이나 음식점 안내 등 개인차원에서도 모바일 GIS 이용이 되고 있다.

14.5.2 시설물 통합관리

(1) 시설물관리시스템

수치지도의 작성시스템에서는 정위치 데이터, 구조화 데이터, 도면작성 데이터 등 대용량의 데이터를 보관하는 데 있어 도면의 간략화가 곤란하기 때문에 방대한 양이 되므로 관리에 어려움이 따른다.

따라서 모든 주제도의 정보를 수치화하기란 이용자 측면에서 불가능한 일이므로, 국가에서 종합적으로 처리하는 기본도를 제외하고 대부분의 경우에는 축척 1/500~1/1,000의 주제도인 평면도만을 다루는 것이 일반적이다.

시설물관리시스템(FMS)은 주로 대축척인 1/500 또는 1/1,000의 시설물관리 도면을 대상으로 하고 있으므로, 더 효율적인 관리를 위하여 데이터베이스의 확장성(데이터 종류와

표 14-5 시설물관리시스템의 이용분야

분야	용도(도면관리, 정보모델링)	비고
상수도	배수관리, 급수관리, 수질보전	
하수도	인입관, 관거의 유지관리	
전력	배전선로의 유지관리	6대 지하시설물 통합DB
통신	통신선로의 유지관리	
가스	가스선로의 유지관리	
열수송	난방열관로의 유지관리	
도로	도로 및 부대설비(시설물, 점용물)의 유지관리	
철도	철도선로 및 부대설비(전력선로, 통신선로)의 유지관리	인프라시설물 도면관리
건축물	고층건물의 층별 유지관리	
지하도상가	지하상가의 유지관리	
공항	공항설비의 유지관리	
항만	항만설비의 유지관리	
공장	공장시설물의 유지관리	

그림 14-9 지하시설물의 3차원 관리-VR(출처: SPAR2013)

항목의 추가)이 쉽도록 구현하여 많은 양의 완성도(준공도)와 구조물도를 관리하기 위한 3차원 모델링도 고려해야 한다(표 14-5 참조).

도면정보의 관리를 주요 목적으로 하는 시설물관리시스템의 응용분야는 표 14-5와 같으며, 시설물관리시스템(FMS)을 도입하면 다음의 효과를 기대할 수 있다.

- 도면관리를 수치화하여 도면과 보고서를 집중관리할 수 있으며, 필요시 즉각적인 정보제공이 가능하고 도면의 상태와 실제의 시설물이 일치하는 특징이 있다.
- 시설물의 개선, 수리, 확장, 이동의 경우에는 그 즉시 도면의 수정이 가능하므로 공공사업의 경우에 서비스의 개선이 가능하다.
- 종래 수작업으로 실시되던 집계, 분류, 분석, 설계, 적산, 계획 등이 효율적으로 수행되어 업무의 고도화가 가능하다.
- 정확한 정보를 기초로 하여 시설계획을 하므로 용량부족에 따른 재시공 방지 등 시설의 최적화를 기할 수 있다.

그림 14-9는 지하시설물을 3차원으로 관리하는 예이며, 현장에서 실시간으로 대응할 수 있도록 하고 있다.

(2) 지하공간통합지도

지하공간통합지도는 「지하안전관리 특별법 제2조(정의)」에서 "지하를 개발·이용·관리하기 위하여 필요한 지하정보를 통합한 지도를 말한다."고 정의하고 있다. 지하공간통합지도[4]에서는 표 14-5의 6종의 지하시설물 이외에 다음을 통합 구축하고 있다.

① 6종의 구조물정보(지하철, 공동구, 지하보도, 지하차도, 지하상가, 지하주차장)

② 지하지층(토층, 암층)에 관한 3종의 지반정보(시추, 지질, 관정)

국토교통부 주관으로 소관부처(과기부, 산업부, 환경부, 소방청 등), 지자체, 관리기관(가스·난방공사, 한전, KT 등), 지하정보 활용지원센터 등 206개 유관기관이 참여하는 협의체를 운영한다.

14.5.3 건설정보모델링(BIM)

최근에는 3차원 모델링기법으로서 건물, 도로, 교량, 터널, 철도, 공항 등의 건설공사 부문에 건설정보모델링(Building Information Modelling, BIM)[5]이 도입되고 있으며, 이는 평면직각좌표와 높이(표고)를 기반으로 하는 수치지형모델을 기초로 하고 있다.

그리고 BIM에서 도면축척은 1/100 또는 1/200을 표준으로 한다. 통상 지도축척 1/500~1/5,000을 사용하는 것과 대비될 수 있으며, 건물 그리고 교량/터널/플랜트 등의 구조물이 주요 활용 대상이다.

BIM은 자재, 공정 및 공사비 등이 입력된 3차원 입체모델로 시뮬레이션을 통해 설계, 시공 및 유지보수 등을 수행, 오류·결함을 최소화하여 생산성을 배가할 수 있고 유지보수·안전관리 프로그램 등의 기초자료로 사용될 수 있다.

현행 건설 사업은 평면으로 설계하다 보니 잦은 설계 변경과 시공상의 오류가 발생하며, 유지보수 시에도 내부 구조물에 대한 입체 확인이 어려워 안전 문제가 발생하고 있는데 건설공사 전 공정에 BIM을 활용하면 다음이 가능하다.

① 기획단계: 3차원 계획, 노선선정, 환경 및 경제성 등 타당성 검토

② 설계단계: 공법선정, 가상 시뮬레이션, 물량산정 등 설계완성도 극대화

③ 시공단계: 정밀시공, 정보화 계측시공, 공정관리 및 준공측량, 투명한 사업비 집행

---

4 지하안전관리에 관한 특별법 제2조(정의) 12호 참조. 4. "지하시설물"이란 상수도, 하수도, 전력시설물, 전기통신설비, 가스공급시설, 공동구, 지하차도, 지하철 등 지하를 개발·이용하는 시설물로서 대통령령으로 정하는 시설물을 말한다.

5 "BIM"이라 함은 건축, 토목, 플랜트를 포함한 건설 전 분야에서 시설물 객체의 물리적 혹은 기능적 특성에 의하여 시설물 수명주기 동안 의사결정을 하는데 신뢰할 수 있는 근거를 제공하는 디지털 모델과 그의 작성을 위한 업무절차를 포함하여 지칭한다. (출처: 국토해양부, 건축분야 BIM적용가이드, 2010.1)

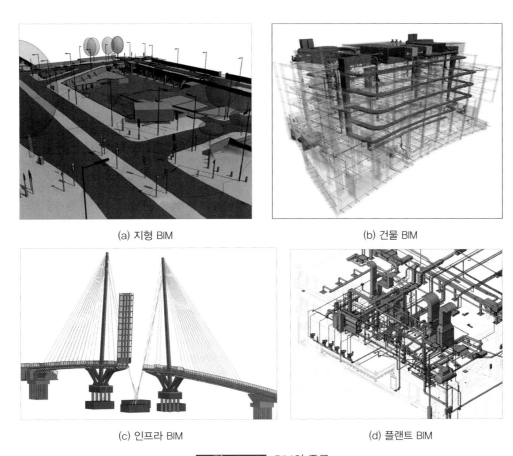

(a) 지형 BIM   (b) 건물 BIM

(c) 인프라 BIM   (d) 플랜트 BIM

그림 14-10 BIM의 종류

④ 유지관리: 계측센서관리, 시설물 점검·진단시 자재, 사용연한 등 속성정보 제공

BIM의 종류로는 크게 지형 BIM, 건물 BIM, 인프라 BIM, 플랜트 BIM으로 구분할 수 있으며, 다양한 세부 모델이 준비되고 있다. 그림 14-10은 BIM의 종류로서 지형 BIM, 건물 BIM, 인프라 BIM, 플랜트 BIM을 예시한 것이다.

앞서 지하통합지도에 포함되어야 할 6종의 구조물정보(지하철, 공동구, 지하보도, 지하차도, 지하상가, 지하주차장)의 경우에도 지형 BIM 기반으로 건물 BIM과 인프라 BIM을 적용할 필요가 있다.

3차원 모델은 다양한 종류의 BIM소프트웨어를 통해 제작하며 국내에서는 주로 Revit을 사용 중이나 건물에서부터 교량, 터널 등 다른 토목공사용 SW로 확대되고 있다. 주요한 BIM 소프트웨어는 다음과 같다.

- Revit(Autodesk사)
- Microstation(Bently사)
- ArchiCAD(Graphisoft사) 등

14.5.4 차량항법시스템

차량항법시스템(car navigation system)으로서 내비게이션의 데이터베이스(지도)는 현재 GIS의 그것과 차이가 없게 되었다. 차량항법시스템을 구성하는 기능에는 지도표시기능, 자기위치 산출기능, 목적지까지 경로탐색기능, 목적지까지 유도기능, 주소·위치 특정기능, 서비스정보 참조기능 등이 있다.

지도표시기능은 GIS의 기본기능이며, 주소·위치 특정기능은 지오코딩(geocoding) 또는 주소확인(address checking)이라고 하며, 서비스정보 참조기능은 속성정보의 참조라는 GIS의 일반기능과 동일하다.

그러나 차량항법 특유의 기능으로는 자기위치 산출기능, 목적지까지 경로탐색기능, 목적지까지 유도기능이 있다. 자기위치 산출기능은 GPS와 각종 센서정보를 이용하여 지도 상에서 위치를 특정하는 맵매칭(map matching) 기술에 의해 구현된다는 특징이 있다. 또한 경로탐색은 자기위치와 지정한 목적지를 연결시켜 경로탐색 문제를 구해서 정해진다. 이 두 기능을 합하면 유도기능도 구현될 수 있다.

최근 도로교통정보통신시스템(Vehicle Information and Communication System, VICS)의 운용에 따라 정체 또는 교통통제 등의 도로교통정보가 VICS 센터를 통해 실시간으로 제공될 수 있게 되었다. 그래서 GPS가 장착된 스마트폰에서는 차량항법시스템 어플을 제

그림 14-11 정밀도로지도 구축시스템(좌: 유럽 here, 우: REAL)

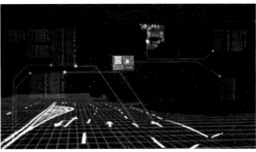

그림 14-12 초정밀 도로지도 구축시스템(출처: 현대엠엔소프트)

공받아 차량에 탑재된 것보다 더 보편적으로 이용하는 단계에 와 있고, 인터넷 접속에 의해 쌍방향 서비스도 가능하게 되어 차량항법시스템을 통해 수집된 차량의 주행궤적과 속도 등의 빅데이터를 분석하는 새로운 위치정보서비스가 창출되고 있다.

차량항법 기술은 지도 데이터베이스, GPS측위 및 자율항법, 차량항법 시스템 소프트웨어, 차량항법 시스템 하드웨어 등이 있다. 내비게이션은 한국자동차부품연구원, 만도소프트, 현대엠엔소프트에서 개발하였고, 최근 내비게이션 어플은 SK텔레콤 등 통신사에서 제공하고 있다.

최근 자율주행자동차(self-driving vehicle)의 자율주행과 자동운전을 위한 기반으로서 3차원 정밀도로지도가 제작되고 있으며, 그림 14-11은 모바일레이저스캐닝 기반의 정밀도로지도 구축시스템을 보여주고, 그림 14-12는 초정밀 도로지도의 구축 사례를 보여주고 있다.

연습문제

14.1 GIS 소프트웨어를 조사하고 주요기능과 특징을 설명하라.

14.2 래스터 데이터 구조와 벡터 데이터 구조의 차이점을 설명하라.

14.3 GIS 응용분야를 조사하고 국가차원의 활용사례를 조사하라.

14.4 수치지형모델을 이용한 토목설계용 패키지에 대하여 조사하고 비교하라.

14.5 차량항법시스템(내비게이션)의 종류를 조사하고, 향후 발전방향을 설명하라.

14.6 Google Map, Naver Map 등 포털에서의 지도기반의 활용사례를 설명하라.

참고문헌

1. 이영진, 등고선도의 자동작성에 관한 실험적 연구, 한국측지학회지, 1984.

2. 이영진, 정의훈, 이준혁, 공간정보의 위치정확도 평가기법에 관한 연구, 한국지적학회지, 2005.

3. 이영진, 공공부문 공간데이터관리와 SDI혁신방향, 제3차 GGIM-Korea포럼, 2013.

4. 村井俊治, 空間情報工學(改訂版), 日本測量協會, 2002.

5. 須崎純一, 空間情報學, コロナ, 2013.

6. Bernhardsen, T., Geographic Information Systems: an introduction(2nd ed.), Wiley, 1999.

7. Burrough, P. A. and R. A. McDonnel, Principles of Geographical Information Systems, Oxford, 1998.

8. Ghilani, C. D. and P. R. Wolf, Elementary Surveying: an introduction to geomatics(12th ed.), Pearson, 2008.

9. Gomarasca, M. A., Basics of Geomatics, Springer, 2009.

10. Kavanagh, B. F., Surveying: principles and applications(8th ed.), Pearson, 2009.

11. 현대엠엔소프트 블로그, 내비게이션지도, 2015, blog.hyundai-mnsoft.com.

12. 국토교통부, 공간정보표준, 2019, 공간정보포털 http://www.nsdi.go.kr/

13. 국토교통부, 지하공간통합지도 구축방안, 2019.

15 드론(멀티콥터)측량·계측

15.1 개설

15.1.1 드론(멀티콥터)

(1) 드론의 종류

무인항공기(Unmanned Aerial Vehicle, UAV)[1]는 사람이 원격 조작이나 자동 제어에 의해서 비행할 수 있는 항공기를 말한다. 무인항공기의 종류에는 형상적으로는 멀티콥터,[2] 비행기, 헬리콥터, 글라이더 등이 있다. 무인이라는 단어는 조종사가 탑승하지 아니하고 지상에 있는 상태를 의미한다.

이 장에서는 무인항공기 중 '다수의 프로펠러를 가진 헬리콥터'로서 "멀티콥터"인 회전익 카메라드론에 의한 측량에 대해 기술하며, 고정익 카메라드론에 의한 매핑은 항공사진

1 　항공안전법 제2조(정의)에서 "항공기란 공기의 반작용(지표면 또는 수면에 대한 공기의 반작용은 제외한다. 이하 같다)으로 뜰 수 있는 기기로서 비행기, 헬리콥터, 비행선, 활공기(滑空機)"로 정의하고 있으며, "초경량비행장치란 항공기와 경량항공기 외에 공기의 반작용으로 뜰 수 있는 장치로서 동력비행장치, 행글라이더, 패러글라이더, 기구류 및 무인비행장치"로 정의하고 있다.

2 　멀티콥터 무인비행장치는 프로펠러(회전날개)가 4개인 쿼드콥터, 6개인 헥사콥터, 8개인 옥토콥터로 구분한다.

그림 15-1 DJI PHANTOM4 카메라드론(좌)와 MATRICE600(레이저스캐너)(우)

측량(16장)을 적용하는 것으로 한다.

무인항공기의 원격조작의 통신방법으로는 전파를 사용하는 것과 적외선을 사용하는 것이 있으나 주로 전파를 사용한다. 독자적으로 수평상태를 유지하는 것이 대부분이지만 자동제어 방법으로서 각종 센서로부터의 신호변화를 받은 컴퓨터가 수평 자세를 유지한다.

항공안전법의 구분에 따르면, 무인멀티콥터는 사람이 탑승하지 아니하고 '연료의 중량을 제외한 자체중량이 150킬로그램 이하인 무인비행장치'를 말한다. 무인멀티콥터 또는 멀티콥터 무인비행장치에는 국가조종자격증이 있고 고도 150 m 비행제한이 있는 점을 고려한다면 실용적인 측면에서 이를 "드론"이라는 용어로 사용하는 것이 일반적이다.

영어의 "드론(drone)"은 "무선조종 무인기" 또는 윙윙 소리를 내는 "벌떼"라는 의미로서, 원래 무선으로 원격조종되는 무인비행기에 사용하기 시작하였으나 현재는 멀티콥터를 가리키는 경우가 많으므로 주로 멀티콥터 무인항공기(무인비행장치)를 지칭하는 데 사용한다.

(2) 드론 업무

① 공중촬영

드론은 공중에서 호버링 상태를 유지하는 기능이 있어서 비행에 익숙하면 비행하면서도 촬영영상도 보낼 수 있다. 드론을 정지상태 또는 이동상태에서 정지화면 또는 동영상 촬영이 가능하다.

② 입체모델 작성

드론은 비행 전에 미리 설정된 코스를 자동 조종해서 비행할 수 있는 기능이 있어, 촬영 대상의 상공을 자동으로 비행하고 인터벌 촬영을 할 수 있는 기능이 있다. 인터벌 촬영이란 사전에 설정된 일정한 간격(예를 들면, 2초마다 1매 셔터를 누르는 등)으로 연속해 사진을 촬영하는 것을 말한다. 메모리카드에 저장해 둔 많은 정지영상 데이터를 착륙후에

378

개인컴퓨터에 저장하고 전용 소프트웨어로 처리하여 3D모델 데이터를 작성할 수 있다.

③ 항공사진측량

드론 항공사진을 중첩해서 촬영하게 되면 정사영상이나 수치지형도를 작성할 수 있고, 촬영 카메라의 위치나 촬영각도, 촬영 인터벌 등의 데이터를 취득해서 보다 상세한 표고 데이터를 얻을 수 있다. 또한 지표면에 설치한 대공표지를 사진에 찍어 데이터 오차를 보정해서 정확도를 높일 수 있다.

④ 드론측량·계측

드론을 사용하여 규칙적으로 비행시키고 위치 데이터를 포함한 정지화면을 수집하게 되면, 3차원 점군 데이터를 구할 수 있고 거리와 표고 데이터를 산출하고, 면적이나 체적 산출이 가능하여 시공검측 등에 적용된다.

15.1.2 드론사진측량

드론사진측량이라는 말은 무인항공기인 드론을 측량에 활용하는 방법이다.

기존 지상측량 방법이 정확도가 매우 높지만 광범위한 지역의 측량에 한계가 있고 항공 사진측량은 촬영용 항공기(세스나기 등)의 보유와 촬영일정의 조정에 어려움이 있다. 그러나 드론을 사진측량에 활용하면 적은 인원으로 단기간의 공정에 맞춘 최적의 측량이 가능하고 비용절감 등 "생산성 향상"이 가능하다는 장점이 있다.

드론사진측량은 수치지형도 작성을 위한 드론 항공사진측량, 그리고 3차원 점군측량에 의한 시공검측의 드론측량으로 구분할 수 있다. 표 15-1에서는 이 책에서 드론측량과 항공 사진측량의 적용범위에 대한 구분을 보여주고 있다.

그림 15-2에서는 드론사진측량의 촬영 및 모델링 개념을 보여주고 있다.

표 15-1 드론측량과 항공사진측량의 적용범위 구분

촬영비행		기체	주요 용도	적용 (교재)
촬영중복도(예)	비행고도			
종 80%, 횡 80%	150 m 이내	멀티콥터드론	3차원 점군, 시공측량	15장 드론
종 60%, 횡 60%	150 m 이내	멀티콥터드론	3차원 지도, 조사설계측량	
종 60%, 횡 30%	300 m 이내	(고정익 드론)	정사영상, 수치표고모델	16장 항측
종 60%, 횡 30%	300 m 이상 (산악 600 m 이상)	항공기	정사영상, 수치지형도	

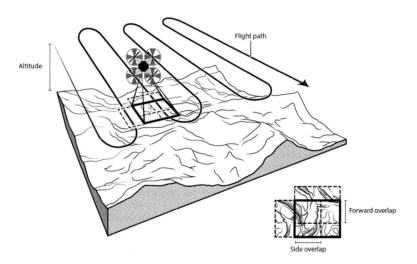

UAV mapping missions are designed to ensure each image adequately overlaps with subsequent images, making it possible for processing software to merge the images.

그림 15-2(a) 드론사진측량의 촬영 개념도

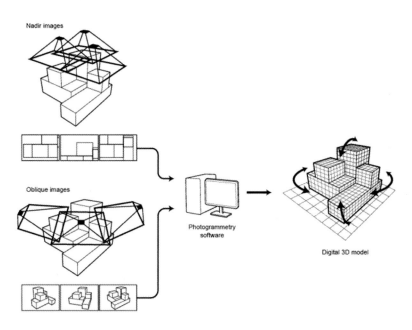

Photogrammetry software combines information from multiple images taken from both overhead and to the side to create 3D models.

그림 15-2(b) 드론사진측량의 모델링 개념도

(1) 드론 항공사진측량

드론 항공사진측량을 시행할 경우에는 국토지리정보원에서 제정한 「무인비행장치 이용 공공측량 지침(2019. 3. 30)」에 따르며, 이 지침은 공공측량을 대상으로 하고 있다. "무인 비행장치 측량이란 무인비행장치로 촬영된 무인항공사진 등을 이용하여 정사영상, 수치표 면모델 및 수치지형도 등을 제작하는 과정을 말한다."로 정의하고 있어 무인비행장치 측량이 드론 항공사진측량에 해당된다.

따라서 무인비행장치 측량의 경우 또는 고정익 드론을 사용하거나 고도 150 m 이상을 적용하는 경우에는 항공사진측량의 방법(16장 참조)을 적용하여 정사영상 등을 제작한다. 다만, 드론촬영과 촬영사진의 중복도가 다르게 되고 좁은 범위의 촬영으로 수치지형도의 수정, 갱신에 활용되고 있으므로 적용에 주의가 필요하다. 정사영상은 정사변환한 것으로 지도와 동일한 형식이므로 영상에서 위치, 면적 및 거리 등을 정확하게 계측할 수 있고 지도데이터와 중첩해서 활용할 수 있다.

(2) 드론측량

드론측량(또는 드론 3차원 점군측량)에 의한 시공검사측량을 시행할 경우에는 보통 "드론사진에 의한 3차원 점군측량"을 말하는 경우가 많으며, 시공검측 또는 건설정보모델링 (BIM)에도 적용이 가능하다. 여기서 "3차원 점군"이란 지형에 관계되는 정보의 수평위치와 표고에 추가하여 드론사진의 색 정보를 속성으로 해서 계산처리가 가능한 상태로 표현한 것을 말한다.

국내에는 스마트건설을 위한 신기술로서 3차원 점군측량 반영을 추진 중에 있다. 이하에서는 "드론사진에 의한 3차원 점군측량"이 새로운 스마트건설분야에서 토량 관리 등을 정한 측량작업 메뉴얼이 되고 있다.

15.1.3 지상표본거리

3차원 공간의 대상물에서 나온 광선은 카메라 렌즈를 거쳐 CCD(Charge Coupled Device) 및 CMOS 이미지 센서에 상이 맺힌다. 이미지 센서에는 수광소자가 배열되어 있어 각 소자에 빛의 파장과 세기에 따라 전하가 축적되고 이 전하를 전기신호로 순차 전송해서 각 소자에서 검출된 빛을 평면좌표로 재현하면 영상이 생성된다.

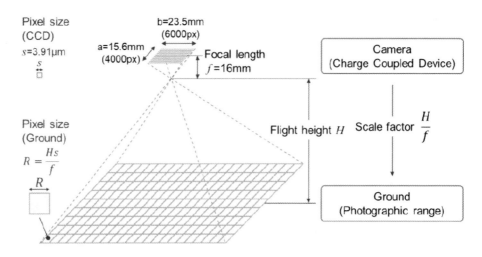

그림 15-3 드론사진 촬영범위와 영상소(pixel) 크기의 관계

　　이러한 카메라 영상생성의 원리로부터 영상을 재현해서 수광소자 1영상소의 크기가 검지 가능한 최소크기인 공간분해능(spatial resolution)이 되며, 1영상소의 크기가 작으면 매우 상세한 촬영영상을 취득할 수 있다.

　　카메라 촬영에 의한 3차원 공간의 촬영범위와 이미지 센서에 맺힌 영상의 기하학적 관계는 그림 15-3과 같다. 카메라 렌즈의 초점거리 f, 촬영고도 H라면 3차원 공간의 촬영범위는 축척 f/H로 상사적으로 재현되며, 반대로 실제의 3차원 공간의 촬영범위는 촬영영상의 배율 H/f 비율로 확대되는 것에 대응된다.

　　이때 카메라의 영상소 크기의 H/f 배율은 3차원 공간의 촬영범위에서 판별 가능한 최소크기인 지상영상소크기인 지상표본거리(Ground Sample Distance, GSD) R이 된다. 작성할 3차원 점군의 위치정확도에 따라 촬영사진의 지상영상소 크기의 표준은 표 15-1과 같다.

　　카메라 1영상소(pixel) 크기 s, 이에 대응되는 지상영상소 크기 R과의 관계식은 다음과 같이 나타낸다. 즉, H는 촬영고도(대지고도), 카메라렌즈 초점거리 f라고 하면

$$H = \frac{R}{s} f \tag{15.1}$$

　　예를 들면, 그림 15-3에서 카메라 SONYα600은 a=15.6 mm(4000 pixel), b=23.5 mm (6000 pixel) 크기라고 한다. 이때 카메라 1영상소(pixel) 크기 s=3.91 μm 및 카메라렌즈 초점거리 f=16 mm이므로 지상영상소 크기 R=0.01 m일 때의 촬영고도는 H=41 m로 산정된다.

예제 15.1

DJI 팬텀4 Pro UAS가 $Ps = 2.3 \ \mu m$, f =8.6 mm로 비행한다고 할 때, 고도 100 m에서 GSD 는 몇 cm인지 구하라.

풀이   식 (15.1)로부터 구하면,

$$R = \frac{H}{f}s$$

$$R = \frac{100 \text{ m}}{8.6 \text{ mm}}(2.3 \ \mu m) = (\frac{100 \text{ m}}{0.0086 \text{ m}})(2.3*10^{-6} \text{ m}) = 0.0267 \text{ m} = 2.67 \text{ cm} \quad \blacksquare$$

15.2 드론 조종술

15.2.1 드론의 구조

① 모터, 비행날개(블레이드)

모터는 구동부가 없고 강력한 브러시리스 모터가 주로 사용된다. 브러시리스 모터는 리드선이 3개로 샤프트뿐만 아니라 원통커버도 회전하며, 토크가 크고 마모되는 부품이 없기 때문에 긴 수명을 갖는다. 드론의 회전날개(블레이드)는 4개, 6개, 8개가 대부분이며, 블레이드에 인접하고 있는 것끼리는 서로 회전방향이 반대이다. 블레이드 표면에 회전방향의 화살표 마크나 글자가 새겨진 부분이 윗면이다.

② 배터리

중력을 거슬러 비행하는 드론은 매우 큰 동력을 필요로 하기 때문에 리튬폴리머 배터리가 필수적이며, 비행 직후에는 리튬폴리머 배터리의 열이 식을 때까지 기다렸다 충전해야 하는 등의 주의가 필요하다. 눈으로 봐서 볼록한 부분이 발견되면 내부 이상의 증거이므로 교체시기이다. 폐기할 때는 큰 양동이에 3~5%의 식염수를 만들어 배터리를 넣고 환기상태가 좋은 장소에서 3일 이상 방치하여 방전시킨다.

③ ESC

속도제어기(Electronic Speed Controller, ESC)는 모터전자 코일의 자계를 제어하여 모터의 회전수를 제어한다. ESC에 연결되어 있는 코드는 전원공급측에 2개, 모터측에 3개, 회전수통제 신호용으로 수신기에 삽입 커넥터가 붙어 있는 것의 3종류이다.

④ 조종기

RC용 송신기(조종기)를 일반적으로 "프로포(propotional controller)"[3]라고 부르고 있다. 드론을 조종하기 위해 프로포에서 스틱의 조작량을 전파로 바꾸어 보내고 이 전파를 받아 전파된 신호를 해독하여 조작내용을 ESC에 전달하며, 수신기로부터의 신호에 따라 모터의 회전수를 제어해서 ESC를 동작시키는 과정이 무선조종 구조이다. 무선조종기 전파대는 현재 2.4 GHz대가 주류가 되고 있다.

⑤ 비행제어장치

비행제어장치(Flight Controller, FC)는 안정적으로 비행하기 위한 제어를 해주는 장치이며 자율비행을 할 수 있다. FC에는 GPS나 자이로, 가속도, 자기 등의 여러 센서로부터 신호를 받아서, 자체 비행에 필요한 연산을 하는 소형 컴퓨터가 탑재되어 있다.

⑥ GPS, IMU

드론에서 GNSS위성이 발하고 있는 신호를 수신하며, GPS안테나 내부에는 자기방위 센서가 탑재되어 있어 자성체와 자기에 반응하기 때문에 GPS안테나의 근처에는 자석 등을 가까이 하지 말아야 한다.

IMU(Inertial Measurement Unit)는 운동을 관장하는 3축의 각속도(또는 각도)와 가속도를 검출하는 장치이다. 지구의 중력 속도를 감지함으로써 기체를 수평으로 유지할 수 있고 각속도제어, 각도제어 기능이 있다. IMU는 충격에 약하고 하드랜딩이나 전도 등으로 인해 파손되거나 넘어져 뒤집히면 기체가 안정되지 않고 콤파스가 경사진다. 이는 IMU 캘리브레이션을 통해 개선하거나 또는 FC의 교환이 필요하다.

15.2.2 드론의 안전기능

(1) 드론의 안전 기능

드론은 잘못된 비행법을 사용하면 사고로 이어질 위험성이 있다. 사고를 예방하기 위한 드론의 안전기능은 조종자, 주위 사람, 물건, 드론 본체 등의 안전을 지키기 위해 장비되어

---

3 드론조종기. propotional controller의 약어로서 조작에 비례해서 움직이는 비례제어를 프로포라고 부른다. 무선기술을 이용해서 전파통신으로 조작하므로 원격제어 또는 무선제어하는 리모콘(remote controller)과 같은 역할이다.

있다. 드론에 탑재되어 있는 안전 기능은 아래와 같다.

① 비행 범위, 고도를 일탈하지 않도록 비행 지역을 설정한다.

② 조종기(프로포)에서 손을 떼면 자동으로 공중정지한다.

③ 바람의 영향으로 기체가 흐르지 않도록 GPS에 의한 위치보정이 가능하다.

④ GPS전파가 없는 곳에서는 초음파 센서와 카메라로 공중 정지한다.

⑤ 장애물 앞에서 자동정지하거나 회피한다.

⑥ 귀환 스위치를 장비하고 있어 이륙한 장소에 자동으로 귀환한다.

⑦ 배터리의 감소나 전파가 도달하지 않으면 자동으로 귀환한다.

⑧ 지도 정보에서 비행 금지구역을 구분하고 금지구역에서는 비행하지 않는다.

드론에서 말하는 페일세이프(fail safe)에는 대표적으로 "배터리가 없다"와 "전파 장애"의 2종류가 있다.

① "배터리가 없다"는 배터리의 전압이 저하했을 때에 갑작스런 노콘(No Control)에 의해 추락이나 조종 불능을 막기 위해서 사전에 지정한 전압까지 배터리 잔량이 줄었을 경우에는 불시착 혹은 RTH(Return To Home) 설정을 해 둔다.

② "전파 장애"는 드론이 조종기(프로포)의 조종범위를 벗어난 경우나 주위 환경에 의해 혼선이 발생하거나 통신이 차단된 경우에는 불시착 혹은 RTH의 설정을 해 둔다.

(2) 드론의 일상 점검 항목

드론 일상 점검이나 정비는 중요하다. 드론은 모든 부품이 정상으로 움직이는 것으로 비로소 안정된 비행할 수 있으나, 하나의 부품에서 불량이 있으면 추락할 위험이 있다. 드론을 일상적으로 점검하고 기록해 두면 어느 시기부터 드론 상태가 안 좋아졌는지를 파악할 수 있다.

15.2.3 드론 조종

(1) 조종기(송신기)의 조작 방법

그림 15-4는 조종기의 기본조작 방법을 보여주고 있다.

기체는 상승/하강, 오른쪽 이동/왼쪽 이동, 전진/후진, 오른쪽 회전/왼쪽 회전의 4개의

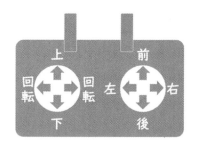

(a) 스위치 온   (b) 상승/하강/좌우회전(좌), 전진/후진/좌우이동(우)

그림 15-4 드론조종기의 기본조작 (모드 2인 경우)

이동이 있다. 이 이동은 여러 개 있는 모터의 회전수를 바꾸어서 이루어진다. 이 동작을 하기 위해서는 그림 15-4에서 주로 송신기(이하, 조종기라 한다)의 좌우 2개의 스틱으로 조종한다(모드 2인 경우임).[4]

① 오른쪽 스틱을 뒤로 밀면 전진, 앞으로 당기면 후진

② 오른쪽 스틱을 오른쪽(왼쪽)에 누르면 오른쪽(왼쪽) 이동

③ 왼쪽 스틱을 오른쪽(왼쪽)에 누르면 오른쪽(왼쪽) 회전

④ 왼쪽 스틱을 뒤로 밀면 상승, 앞으로 당기면 하강

⑤ 보다 편리한 기능으로는 일정 위치에서의 호버링, 자동이륙, 자동착륙, 장애물 피신, 촬영대상을 계속 추적하는 기능, 사전에 지정한 코스대로 비행 기능 등이 있다.

(2) 자동조종시스템

자동조종시스템은 드론이 나아가는 방향과 속도 등을 사람의 손 대신 기계가 제어하는 시스템으로 오토 파일럿이라고도 한다. 자동조종에 관계되는 센서 등이 안정되어 있는 한 계속 비행이 가능하다. 반대로 이상이 보이면 즉시 수동조작으로 전환이 필요하다. 자동조종에서는 안전 확보를 최우선으로 하고, 선택 가능한 상황, 모순되는 상황에서는 보다 안전성이 높은 행동을 취하도록 설계되어 있다.

자동조종으로는 IMU나 GPS 등으로부터 목적지 등에 대한 자신의 상대위치를 산출해서 예정된 이동 경로와의 오차를 자동적으로 보정한다. 단순하게 방향과 고도만을 유지하는 것으로부터, 집단 프로그래밍 입력된 비행 계획에 따라 방향, 고도뿐만 아니라 속도도

---

4 드론조종기(프로포)에는 모드 1, 모드 2가 있고 국제적으로 모드 2가 통용되고 있다. 모드 1은 왼손잡이 전용모드(헬기조종사)이다. 혼동된다면 현장에서 테스트해보면 된다.

조정하거나 카메라 센서, 적외선 센서, 초음파 센서, GPS 센서 등과 조합하여 촬영대상을 끊김 없이 계속 추적비행하는 등의 고도의 자동조정 기능이 있다.

다만, 관련된 센서류의 작동 불량이나 제어 불능에 빠질 위험이 있어 자동조종시스템을 과신하지 말아야 한다.

15.2.4 드론 비행절차

(1) 드론 비행절차

무인비행장치를 안전하게 비행하는 절차는 그림 15-5와 같다. 자체중량 25 kg을 초과하는 경우 비사업용 및 모든 사업용은 장치(드론기체)를 신고해야 하며, 25 kg을 초과하는 모든 사업용의 경우에는 조종자증명 취득이 필요하다.

비행금지구역(서울 강북지역, 휴전선, 원전 주변), 관제권(공항 주변 반경 9.3 km), 고도

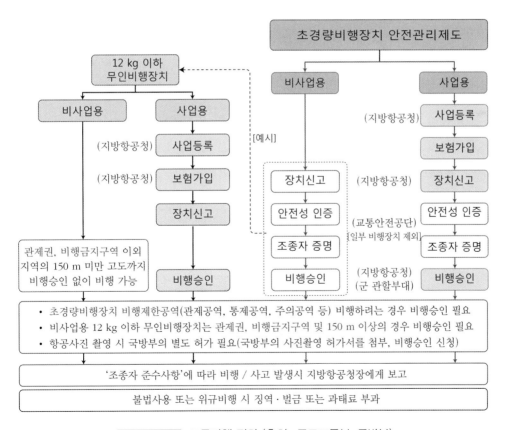

그림 15-5 드론비행 절차 (출처: 국토교통부, 국방부)

387

150 m 이상에서 비행할 경우에도 무게나 비행 목적에 관계없이 비행승인이 필요하다. 그리고 항공안전법 제129조제5항에 따라 무인비행장치 조종자로서 야간에 비행하거나 육안으로 확인할 수 없는 범위에서 비행하려는 자는 특별비행승인을 받아 그 승인 범위 내에서 비행 가능하다. 실내 공간에서의 비행은 승인이 필요하지 않다(그림 15-5 참조).

국토교통부와 (사)한국드론협회가 공동 개발한 스마트폰 어플(명칭: Ready to fly)을 다운받으면 전국 비행금지구역, 관제권 등 공역현황 및 지역별 기상정보, 일출·일몰시각, 지역별 비행허가 소관기관과 연락처 등을 간편하게 조회할 수 있다.

(2) 드론 조종자 준수사항

모든 조종자가 준수해야 할 안전수칙을 항공안전법에 정하고 있고 비행장치의 무게나 용도와 관계없이 무인비행장치를 조종하는 사람 모두에게 적용된다. 취미활동으로 무인비행장치를 이용하는 경우라도 조종자 준수사항은 반드시 지켜야 하며, 이는 타 비행체와의 충돌을 방지하고 추락으로 인한 지상의 제3자 피해를 예방하기 위한 최소한의 안전장치이기 때문이다.

조종자 준수사항을 위반할 경우 과태료가 부과된다. 조종자 준수사항(항공안전법 제129조, 시행규칙 제310조)은 다음과 같다.

① 비행금지 시간대: 야간비행(일몰 후부터 일출 전까지)
② 비행금지 장소
  • 비행장으로부터 반경 9.3 km 이내인 곳(이착륙 항공기 관제권)
  • 비행금지구역(휴전선 인근, 서울도심 상공 일부 보안지역)
  • 150 m 이상의 고도(항공기 비행항로가 설치된 공역)
  • 인구밀집지역 또는 사람이 많이 모인 곳의 상공(예, 스포츠 경기장, 각종 페스티벌 등 인파가 많이 모인 곳)
③ 비행금지 장소에서 비행하려는 경우 지방항공청 또는 국방부의 허가 필요(타 항공기 비행계획 등과 비교하여 가능할 경우에는 허가)
④ 비행 중 금지행위
  • 비행 중 낙하물 투하 금지, 조종자 음주 상태에서 비행 금지
  • 조종자가 육안으로 장치를 직접 볼 수 없을 때 비행 금지

(3) 비행제한구역 비행승인

초경량비행장치 비행제한구역에서 비행하려는 사람은 비행계획 이전에 「항공법」에서 정한 바와 따라 소유한 비행장치를 등록 및 보험에 가입(영리 목적으로 비행시)하고 안전성 인증, 보유 신고 및 조종자 증명을 발급받아 공역별 관할기관(지방항공청 또는 관할 군부대 등)으로부터 비행승인을 받아 비행해야 한다.

비행 중에는 조종자 준수사항을 준수하고 사고발생 시에는 관련절차에 따라 지방항공청장에게 보고해야 한다.

비행장 주변 관제권	비행금지구역	고도 150 m 이상
(반경 9.3 km)	(서울 강북지역, 휴전선 · 원전 주변)	

그림 15-6 드론비행 승인이 필요한 경우

15.3 드론측량 계획 및 촬영

15.3.1 작업계획

(1) 드론측량 작업 흐름도

드론사진을 이용한 3차원 점군측량 작업의 공정별 작업 구분 및 순서는 그림 15-7과 같이 다음을 표준으로 한다.

① 작업계획
② 표정점 및 검증점의 설치
③ 촬영
④ 3차원 형상복원계산
⑤ 점군 편집

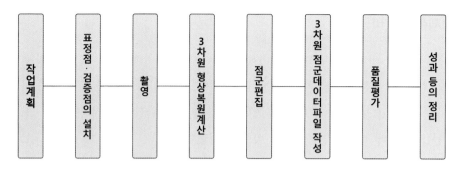

작업계획 — 표정점 · 검증점의 설치 — 촬영 — 3차원 형상복원계산 — 점군편집 — 3차원 점군데이터파일 작성 — 품질평가 — 성과 등의 정리

그림 15-7 드론사진을 이용한 3차원 점군작성 흐름도

⑥ 3차원 점군 데이터파일 작성

⑦ 품질평가

⑧ 성과의 정리

작성하는 3차원 점군의 위치정확도는 표 15-2에서와 같이 0.05 m 이내, 0.10 m 이내 또는 0.20 m 이내의 하나를 표준으로 한다. 또한 여기서 말하는 위치정확도는 작업 범위에서 관측한 검증점의 좌표와 이 지점에 해당하는 3차원 점군이 나타내는 좌표의 X, Y, Z 각각 성분의 교차 허용 범위를 말한다.

(2) 작업계획

먼저 작업계획에서는 사용기재, 인원 배치, 일정, 자동비행을 위한 비행계획 등을 결정한다. 미리 비행계획을 작성해 놓으면 현장에서의 작업도 쉽다. 계획 시 중요한 점으로는 첫째로 예비일을 확실히 정해 두는 것이다. 드론은 기상 조건에 큰 영향을 받기 때문에 예정일에 비행할 수 없는 일이 의외로 많아서 예비일이 꼭 필요하다.

또 다른 하나는 허가 · 승인 등을 제대로 취득해 두는 것이다. 특히 항공법에 관계된 수속은 필수이므로 사전에 확인 · 준비해야 한다. 항공법에서는 "비행금지 구역", "고도제한", "시야선 밖", "30 m 룰" 등 드론을 비행하기 위한 규제가 많으므로 주의가 필요하다. 또, 항공법 이외에도 토지 소유자의 허가 · 동의가 필요하거나 인근 주민 등에 대한 배려 등 비행계획 이외에의 안전 대책이 필요하다.

작성하는 3차원 점군의 위치정확도는 그 목적에 따라 설정하고, 각각의 위치정확도에 필요한 작업을 실시한다. 드론사진측량(멀티콥터)의 경우, 기성규격관리에서는 위치정확도 0.05 m 이내의 3차원 점군을 이용하며, 공사착수 전 착공측량 또는 암반선 계측에서는

표 15-2 3차원 점군작성에서 지상영상소 크기(GSD)와 위치정확도 기준(예)

요구 위치정확도	0.05 m	0.10 m	0.20 m	비고
지상영상소 크기 (GSD)	0.01 m	0.02 m	0.03 m	
촬영중복도	종중복도 80%, 횡중복도 60%			
지상기준점(GCP) 배치간격	외측 100 m 내측 200 m	외측 100 m 내측 400 m	외측 200 m 내측 600 m	외측기준점 3점 이상, 내측기준점 1점 이상
검사점(CP) 수	지상기준점(GCP)의 1/2			
GCP/CP 관측방법	TS측량	TS측량 또는 RTK측량		2세트 관측
점군밀도	(저밀도) 1점/100 m^2 (표준밀도) 1점/0.25 m^2 (고밀도) 1점/0.01 m^2			
적용대상	기성형상 계측	착공측량/암반선 계측	부분 기성고계측	

위치정확도 0.10 m 이내의 3차원 점군을 이용하고, 부분 기성고 계측에서는 위치정확도 0.20 m 이내의 3차원 점군을 이용하고 있다.

표 15-2는 3차원 점군작성에서 요구 정확별 지상영상소의 지상표본거리(GSD)와 지상 기준점의 배치간격과 관측방법, 작성할 점군의 밀도 등을 요약한 것이다. 요구되는 위치정확 도 0.05 m인 경우에는 특별한 주의가 필요하고 지상기준점/검사점 측량도 TS방식에 따라 야 한다.

(3) 중복도

실제로 드론을 비행시켜 공중사진을 촬영을 하기 위해서는 사진은 전후 좌우의 사진과 겹쳐지게 촬영할 필요가 있으며, 보통의 기준으로는 종방향(비행방향)의 중복도가 80% 이 상, 횡방향의 중복도 60% 이상으로 규정되어 있다.

비행 진행방향에서 촬영한 두 장의 중복사진에서 종중복거리를 A, 비행코스 간의 횡중 복거리를 B라고 할 때 지상촬영유효면적(범위) A_o는 다음과 같이 된다.

$$A_o = A(1-0.8) \times B(1-0.6) \tag{15.2}$$

여기서, 종중복도의 비행조건은 드론의 비행속도와 카메라의 촬영시간간격(interval)을 조 정함으로써 촬영영상을 취득할 수 있다.

예로서, 그림 15-3에서 카메라 SONYα600를 사용할 때, 지상영상소크기 R = 0.01 m, 촬영고도 H = 41 m일 때 종중복도 90%, 80%, 70%로 촬영거리 간격은 각각 4 m, 8 m, 12 m로 되어, 10%씩 감소함에 따라 2배, 3배로 커지게 된다. 따라서 비행속도 4 m/sec, 촬영시간간격 1 sec/회로 설정한다면 종중복거리 15.6 mm*(41 m/16 mm)(1 − 0.9) = 4 m인 관측데이터를 취득할 수 있다.

비행 앱에 따라서는 중복도를 자동계산 해주는 경우도 있으나 드론의 비행 고도와 카메라 해상도, 비행 속도 등으로부터 셔터 간격을 계산해 비행할 필요가 있다. 사진의 중복도가 높은(사진이 많다) 만큼 정밀도는 높아지는 경향에 있으나, 사진 매수가 많아지면 그에 비례해서 점군 작성에 시간이 걸리므로 주의가 필요하다.

예제 15.2

그림 15-3에서 카메라 SONYα600를 사용할 때, 촬영고도 H = 41 m이고 비행방향 80% 중중복도, 코스 간 60% 횡중복도인 경우에 촬영유효면적을 구하라.

풀이 식 (15-2)로부터 계산해 보면,

$$a_o = 15.6 \text{ mm} * (41 \text{ m}/16 \text{ mm})(1 − 0.8) = 8.00 \text{ m}$$
$$b_o = 23.5 \text{ mm} * (41 \text{ m}/16 \text{ mm})(1 − 0.6) = 24.09 \text{ m}$$
$$A_o = 8.00 * 24.09 = 192.7 \text{ m}^2$$

15.3.2 드론 촬영허가 등

(1) 항공사진 촬영허가

항공사진 촬영허가는 국가정보원법 제3조 및 보안업무규정 제37조의 규정에 의한 국가보안시설 및 보호장비 관리지침 제32조, 제33조의 항공사진촬영 허가업무 수행에 관하여 필요한 사항을 규정하고 있다.

항공사진 촬영신청자는 촬영 7일 전(천재지변에 의한 긴급보도 등 부득이한 경우는 제외)까지 국방부장관(정보본부)에게 촬영대상·일시·목적·촬영자, 인적사항 등을 명시한 항공사진 촬영허가신청서(별지 서식)를 제출한다. 국방부장관은 촬영목적·용도 및 대상시설·지역의 보안상 중요도 등을 검토하여 항공촬영 허가여부를 결정하되, 다음 각 호에 해당되는 시설에 대하여는 항공사진 촬영을 금지한다.

① 국가보안목표 시설 및 군사보안목표 시설

② 비행장, 군항, 유도탄 기지 등 군사시설

③ 기타 군수산업시설 등 국가안보상 중요한 시설·지역

(2) 사유지 촬영승낙 등

사유지 상공의 하늘에서의 드론촬영은 그 토지 소유자로부터 승낙을 받는 것이 원칙이다. 드론은 카메라가 달려 있기 때문에 개인 프라이버시가 침해되고 초상권 등이 문제가 될 수 있으므로 주의해야 한다. 판례에 따르면 상공 30 m 이내, 지하 20 m 이내는 토지 사유권이 인정되어 보상이 이루어지는 영역이라는 점도 고려해야 한다.

또한 주변에 전파탑이나 전자기기 등이 있어 전파가 강하게 발생하면 컨트롤러의 신호 혼신으로 조종이 불가능할 가능성이 있다. 드론이 비에 젖으면 고장 날 확률이 높고 사고로도 이어지기 때문에 악천후 비행을 삼가야 하며, 모래사장 등에서는 기체 내부에 모래가 들어갈 가능성 때문에 주의가 필요하다.

15.3.3 표정점과 검증점의 설치

드론으로 사진측량을 실시하려면 미리 정확한 좌표가 판명되어 있는 '지상기준점(표정점)'이 필요하며, 완성한 점군 모델에 대해 측량한 좌표가 정확한지 아닌지를 검증하기 위해서 '검증점'도 필요하다. 표정점은 드론측량에서 위치 기준이 되고 사진에 좌표를 부여하기 위해 필요한 점이며, 검증점은 정확도를 검증하기 위한 점이다.

표정점 및 검증점의 측정은 종래의 토털스테이션(TS)이나 GPS위성측량을 이용한다. 촬영한 사진은 광범위하기 때문에 드론에 의한 항공 촬영을 실시하기 전에 대공표지를 설치하여 드론에서 찍은 사진에서 각 점을 쉽게 확인할 수 있도록 한다.

그림 15-8은 대공표지의 예이며, 대공표지판의 색상은 흑백이 기본이다. 대공표지는 "GCP(Ground Control Point)"라고도 부르며, 대공표지 중앙부의 십자선의 교점이 표정점 또는 검증점이다.

대공표지는 "변장 또는 원형의 지름은 15픽셀 이상으로 찍힌 크기를 표준으로 한다."는 크기에 대한 규정이 일반적이다. 공중사진 측량에서의 1픽셀은 지상영상 치수에서 1 cm 이하이면 좋다고 알려져 있으므로 30 cm 크기의 대공표지를 쓰는 것이 바람직하다.

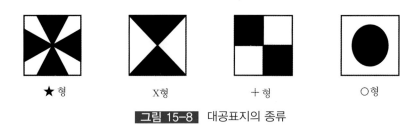

★형   X형   +형   ○형

그림 15-8 대공표지의 종류

표정점·검증점의 배치수 및 장소에 대해서는 '무인비행장치 이용 공공측량 지침'에 따른다. 표정점·검증점의 측량은 비행일이 아니어도 계획에 따라 미리 시행하여 당일 작업을 단축할 수 있다. 소프트웨어에 따라서는 대공표지를 자동인식할 수 있는 기능이 있어 각 점의 좌표입력이 쉽다는 장점도 있다.

15.3.4 드론비행 및 촬영

기본적으로 카메라는 수직으로 하향으로 촬영하며, 일정한 속도로 비행하면서 일정한 간격마다 사진을 촬영한다. 일정한 비행 거리마다 자동으로 정지해 촬영해 주는 앱(DJI "GO PRO" 등)도 있다.

드론측량에 가장 적합한 날씨는 흐린 날이며, 햇빛이 강하면 그림자에 따른 영향으로 3차원 모델링에서 품질저하가 있으므로 주의가 필요하다. 또한 사진 촬영 후에 현장에서

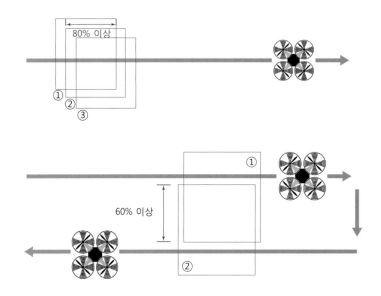

그림 15-9 드론사진의 종중복도 및 횡중복도 촬영

꼭 "촬영한 사진의 확인"을 해야 한다. 의외로 연속 사진에 누락이 있거나 초점 불일치나 흔들림이 발생할 수도 있다.

작성하는 점군의 정확도가 저하되거나 최악의 경우에는 점군이 없는 공백이 되는 일이 있기 때문에, 현장을 떠나기 전에 반드시 촬영한 사진을 확인해야 한다.

15.4 드론측량 영상처리

15.4.1 3차원 점군작성 원리

(1) 3차원 형상복원(SfM) 원리

영상을 취득하면 여기에는 3차원 공간을 반영하여 다양한 정보가 포함된다. 영상에 촬영된 대상물의 3차원 형상을 영상으로부터 얻는 방법으로는 그림자를 이용하는 방법(Shape from Shading), 디포커스를 이용하는 방법(Shape from Defocus) 등이 있고, 이들을 통합한 것이 Shape from X라는 개념이다.

이동하는 카메라에서 취득한 영상으로부터 형상을 복원하는 것이 3차원 형상복원(SfM, Shape from Motion)이다. 다른 용어로서 SfM(Structure from Motion)은 영상에 촬영된 대상물의 기하학적인 형상과 카메라의 이동을 동시에 복원하는 기법이라는 의미가 강하며, 이하에서는 이런 의미로 SfM을 사용한다.

SfM은 원래 컴퓨터비전(computer vision)이나 로봇비전에서 온 개념이다. 카메라의 위치 자세와 대상물의 좌표 취득은 사진측량에서 공중삼각측량과 SfM 사이의 차이는 없어 보인다. 다만 SfM은 본질적으로 센서나 컴퓨터를 이용해서 외계 정보를 파악하는 데 있다. 명확히 정의되어 있는 것은 아니나 기본적으로 SfM은 "자동적"으로 처리하는 것을 전제로 하고 있고, SfM은 컴퓨터나 로봇의 시각으로도 이용할 수 있다.

로봇비전에서는 주위의 3차원 구조와 자신의 위치를 추정하는 기술을 SLAM(Simultaneous Localization And Mapping)이라고 부르고 있다. SLAM에서 레이저센서를 이용한 것도 있지만 영상을 사용하는 Visual SLAM의 계측원리는 SfM과 동일하다고 말할 수 있다.

(2) SfM 소프트웨어 처리과정

SfM 소프트웨어의 전형적인 처리 과정은 크게 다음의 절차에 따르게 된다.

① 특징점(타이포인트) 자동추출
② 번들법에 의한 자세 · 위치 및 특징점의 3차원 좌표 추출
③ 다시점 영상계측에 의한 점군 생성
④ 표면형상 모델링

카메라의 위치 · 자세추정과 특징점(타이포인트)의 3차원 좌표 산출 시 중심이 되는 것은 번들조정이다. 즉, 사진 측량의 공중삼각측량(Aerial Triangulation)과 같다. 소프트웨어에 따라서는 매뉴얼에서 기준점 위치와 특징점 입력을 실시할 수 있으나 기본적으로 모든 처리가 자동적으로 이루어진다. 여기까지의 처리를 SfM이라고 말하는 경우도 많다

카메라의 위치 · 자세 추정이 끝나면 다시점 영상계측(Multi-View Stereopsis, MVS)을 통한 점군계측(dense stereo matching)이 이루어진다. 3매 이상의 영상도 동시에 이용하면서 자동매칭을 하기 때문에 2매의 영상을 이용한 자동매칭보다 폐색구역(occlusion), 건물 등에서 지표면상에 보이지 않는 부분이 나타날 수 있다. 결과적으로 색상이 입혀진 3차원 점군을 얻을 수 있다.

소프트웨어에 따라서는 표면형상모델링을 실시하여 질감(texture)이 입혀진 다각형모델로 출력한다. SfM에서는 자동적으로 처리하지만, 영상의 촬영 조건에 따라서는 자동처리가 실패하는 경우가 있다. 예를 들어 종중복도 · 횡중복도가 적은 경우, 영상내부에 질감이 극히 적은 경우, 큰 수면지역이 포함되어 있는 경우 등이다. 자동처리에 실패하게 되면 절차를 진행할 수 없기 때문에 주의가 필요하다.

15.4.2 3차원 점군작성 작업공정

드론측량 영상처리에서 3차원 점군작성 흐름도는 그림 15-10과 같다.

여기서 촬영계획과 야외 관측작업을 제외한 부분이 영상처리에 해당되며, 드론영상은 영상처리 전처리(pre-processing), 3차원 형상복원(SfM), 다시점 영상계측(MVS)의 절차를 따르는 것이 보통이다.

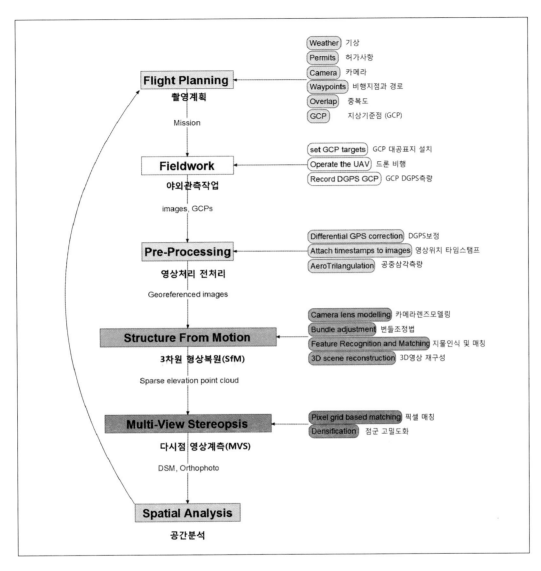

그림 15-10 드론 3차원 점군작성 흐름도

(1) 3차원 형상복원계산

3차원 형상복원계산은 촬영한 드론사진 및 표정점을 이용하여 사진의 외부표정 요소 및 항공사진에 촬영된 지점(이하 "특징점"이라 한다.)의 위치 좌표를 구하고, 지형·지물의 3차원 형상을 복원하고 원본 데이터를 작성하는 작업을 말한다. 즉, 3차원 형상복원계산은 특징점의 추출, 표정점의 관측, 외부표정 요소의 산출, 3차원 점군의 생성까지 일련의 처리를 포함한다.

연속사진이 촬영 완료되었다면 3차원 형상복원소프트(Structure from Motion Software, SfM 소프트웨어)로 해석하여 3차원 점군모델을 작성한다. SfM은 다른 방향에서 촬영된 사진에서 카메라와 대상물과의 3차원 구조를 복원하는 방법이다. 여기에서 "드론측량에는 SfM 소프트웨어가 필요하고 이를 이용하여 3차원 점군을 작성한다"는 점을 기억하기 바란다.

사용하는 형상복원소프트에는 제작사에 따라 가격, 모델의 완성도, 품질에서 각각 특징이 있으므로 목적과 예산에 맞추어 선택한다. 대표적인 SfM 소프트웨어는 다음과 같다.

- Pix4D사의 "Pix4D"
- Agisoft사의 "Photoscan"
- Bently사의 "Context Capture"

이러한 소프트웨어는 각 사진의 특징이 되는 점을 찾아내서 계산을 하고 점군을 작성한다. 나름대로 성능이 있는 PC가 필요하다. 이 시점에서 나오는 점군은 특징점뿐이어서 아직 엉성한 상태이므로 각 점과 점 사이를 보완하는 고밀도 클라우드를 작성하면 고밀도 3차원 모델인 점군이 완성된다.

(2) 점군 편집

엄밀하게는 점군 모델은 틈이 있기 때문에 3차원 모델과는 별도이다. 따라서 점과 점을 연결하여 "면"이 되는 매쉬구축 처리를 한다. 그래서 3차원 모델이 완성되면 각 측정점이나 검증점에 미리 측량했던 좌표를 입력한다. 이로부터 각 기준점의 좌표를 알 수 있기 때문에 상대적으로 어느 점을 잡아도 실제의 스케일로 좌표, 거리, 면적, 체적이 구해진다.

점군편집은 원본 데이터에서 필요에 따라서 이상점의 제거, 혹은 점군의 보완 등의 편집을 실시하고 지면 데이터를 작성하여 소정의 구조로 구조화하는 작업을 말한다. 따라서 점군편집에서는 SfM 소프트웨어로 작성한 원천 데이터로부터 필요에 따라 이상점의 제거나 점군의 보간 등을 실시하고 그라운드 데이터나 TIN 데이터(지면 모델)나 DEM 데이터(일정한 격자 간격으로 지형의 형상을 나타낸다)를 작성한다.

(3) 3차원 점군 데이터 파일 작성

3차원 점군 데이터 파일의 작성은 지면 데이터 또는 변환된 구조화 데이터로부터 3차원 점군 데이터 파일을 작성하고 전자적 기록 매체에 기록하는 작업을 말한다. 따라서 3차원 데이터 파일의 작성에서는 지면 데이터 또는 변환된 구조화 데이터에서 3차원 점군 데이터 파일(LAS형식, CSV형식, TXT형식, LandXML형식, TIN형식 등)을 작성하여 전자적 기록 매체에 기록한다.

15.5 드론에 의한 검사측량

15.5.1 건설공사에서 드론 활용

조사측량·설계에 사용하는 데이터를 취득하기 위해 드론측량을 공공측량 절차에 따라 실시한다. 종래에는 2차원 데이터를 바탕으로 시공 토량을 산출할 필요가 있었으나 이 토공설계 단계에서 드론측량한 3차원 데이터가 있으면 자동으로 토공 시공량을 산출할 수 있다.

시공단계에서는 데이터를 기초로 ICT 건설기계를 자동이나 반자동에서 제어하거나 또는 조종자를 지원할 수 있다. 드론은 시공 중에 얼마나 진척이 되는지를 파악하기 위한 기성측량에 사용한다. 보통 건설공사는 수개월 또는 수년 이상에 걸쳐 이루어지므로 현장에서 공사 진척관리를 통해 파악해야 한다. 또한 시공업자에게는 일정기간 동안에 만들어진 부분만큼을 지불하는 구조이기 때문에 진척을 정확하게 계측하는 기성측량은 매우 중요하다.

시공이 설계대로 이루어졌는지 준공검사하기 위해 드론측량을 한다. 종래는 토털스테이션 등을 사용해서 측량하고 이를 2차원 평면도나 설계도 등 서면으로 제출하고 공사를 진행하였고, 시공 후에는 검사측량에 의해서 작성된 방대한 서류를 기초로 설계대로 완성되었는지 검사가 이루어진다.

그러나 현재 드론측량을 바탕으로 작성한 데이터는 3차원 데이터이므로 시공 후에는 또다시 드론측량한 데이터와 비교해서 위치와 경사, 부족 부분 등을 확인할 수 있다. 서류 자료를 바탕으로 검사하는 것보다 정밀하고 검사 항목도 줄일 수 있으므로 검사기준·정밀도 등이 정해지면 향후 활용이 기대된다. 2 km 정도의 하천 제방 공사에서는 검사 일수를 5분의 1로 단축할 수 있다고 알려지고 있다.

15.5.2 3차원 점군측량

"드론사진에 의한 3차원 점군측량"을 시공측량에서 사용하기 위하여 지켜야 할 부분을 요약하면 대체로 다음과 같다.

① 요구 정확도

3차원 점군의 위치정확도는 그 목적에 맞추어 설정하고, 각각의 위치정확도에 필요한 작업을 한다. 사진측량을 이용한 기성 규격관리의 경우에는, 위치정확도 0.05 m 이내의 3차원 점군은 기성 규격관리에 적용하고, 위치정확도 0.1 m 이내의 3차원 점군은 착공(확인)측량 또는 암반선 계측에 적용하며, 위치정확도 0.20 m 이내의 3차원 점군은 기성고 규격관리 계측에 적용한다.

② 표정점
  • 외부 표정점: 100 m 이내
  • 내부 표정점: 200 m 이내

③ 소프트웨어

3차원 형상복원 소프트웨어 검정은 규정되지 않는 대신에 다음 촬영방법을 규정한다.
  • 지상영상소 크기 0.01 m(요구 정확도 0.05 m 이내의 경우)
  • 사진의 중복도: 종중복도 80% 이상, 횡중복도 60% 이상

④ 캘리브레이션

사용하는 카메라는 캘리브레이션이 필요하지만 셀프 캘리브레이션을 허용한다.

15.5.3 시공검사측량(시공검측)

토목공사 시공현장은 드론측량이 가장 적합한 현장이라고 할 수 있다. 대형건설기계가 들어갈 만한 토목공사 현장은 작업범위가 넓은 경우도 많지만 드론으로 단시간에 촬영을 마칠 수 있기 때문이다. 취득한 3차원 점군 데이터로부터 다음이 산출 가능하다.

① 좌표의 산출
② 거리의 산출
③ 면적의 산출

④ 경사 산출

⑤ 체적의 산출

체적을 알면 토공량을 알 수 있고, "덤프트럭을 필요한 만큼 낭비 없이 배치한다"는 다른 목적으로의 활용도 가능해진다. 취득한 점군 데이터, 3차원 모델은 그대로 3차원 설계에 활용할 수 있다. 따라서 설계 데이터를 중장비에 입력하고 자동 및 반자동으로 시공하는 ICT 기반의 스마트시공도 가능하다. 작업 효율을 대폭 향상시켜 현장에 활용되고 있다.

다음은 건설회사에서 공사를 수주한 이후에 드론에 의한 준공규격검사 절차를 나열한 것이다.

① 시공계획서의 작성

② 준비공
  • 기기 준비(드론 등)
  • SW 준비(사진측량SW, 점군처리SW, 3차원설계데이터SW, 준공규격관리SW)
  • 공사기준점의 설치

③ 3차원 설계데이터 입력
  • 3차원 설계데이터 작성(3차원 설계데이터작성SW 사용)

④ 시공 및 측설측량

⑤ 준공규격검사 계측
  • 카메라 캘리브레이션, 대공표지(표정점) 설치, 정확도 확인시험
  • 드론에 의한 시공검측
  • 사진측량 및 점군 영상처리
  • 시공규격검사 측량 및 확인대장

⑥ 전자성과품 납품

드론을 이용한 규격검사는 계측대상인 지형·지물의 드론사진을 촬영하여 드론에 의한 3차원의 형상을 취득하고 완성 규격과 수량을 면(area)적으로 파악, 산출하는 관리기법이다.

기존의 규격검사는 주요한 관리단면에서의 높이, 폭, 길이를 측정해서 평가하는 방식이다. 새로운 드론을 이용한 규격검사는 드론측량에서 얻어진 3차원 점군데이터로부터 면(area)적인 준공형상으로 평가하는 방식이다.

기성이나 준공규격검사에서 각 공정별 구체적인 내용이나 방법을 예시한 것이 표 15-3과 같으며, 공사작업의 특성에 따라 요건에 대해 적절한 반영이 필요하다.

표 15-3 드론을 이용한 준공규격검사의 예시

구분	요건 등	규격
드론 기체	기능요건	촬영계획을 만족하는 능력 및 비행시간 확보(연 1회 제조사 점검)
디지털카메라	기능요건	등간격촬영 또는 원격으로 셔터 조작이 가능한 기능 보유 (필요에 따라 제조사 점검)
	계측성능	지상표본거리 10 mm/픽셀당
	측정정확도	±50 mm 이내
캘리브레이션	요건	사전 캘리브레이션에 의한다. 점군처리 시에는 셀프캘리브레이션 항목을 이용한다.
지상표본거리	요구정확도 (±5 cm 이내)	지상표본거리 1 cm 이내
	요구정확도 (±10 cm 이내)	지상표본거리 2 cm 이내
중복도	코스 내	코스 내 종중복도 90%(실제 확인되면 80% 가능)
	인접 코스 간	인접 코스 간의 횡중복도 60%
정확도(dX, dY, dZ)	기성규격	5 cm
	착공측량	10 cm
	중간 기성고	20 cm
점군밀도	기성규격	0.01 m^2당 1점 이상 (10 cm×10 cm당)
	착공측량	0.25 m^2당 1점 이상 (50 cm×50 cm당)
	중간 기성고	0.25 m^2당 1점 이상 (50 cm×50 cm당)
표정점 배치	외부 표정점	촬영구역 외곽선을 따라 100 m 이내 간격(3점 이상)
	내부 표정점	촬영구역 내에 200 m 간격(1점 이상)
	검증점	촬영구역 내에 200 m 간격(표정점 수의 1/2 이상)
표정점 계측방법	기준점측량	4급기준점, 3급기준점 상당의 TS측량
		요구정확도 수평 ±1 cm
	RTK법 사용	착공측량과 기성규격고에 RTK법 사용 가능
		요구정확도 수평 ±2 cm, 수직 ±3 cm

일본의 시공측량·계측 규격을 참고하여 작성한 것임.

연습문제

15.1 보통의 드론과 카메라 드론의 활용사례를 조사하고 활용방향에 대해 설명하라.

15.2 국내 법령에서 드론비행의 규제사항을 조사하고 드론촬영 시 고려해야 할 비행허가와 토지사유권의 범위에 대해 설명하라.

15.3 드론에 의한 항공사진측량 작업공정(정사영상, 수치표고모델)에 대해 설명하고 항공기에 의한 항공사진측량과 비교하라.

15.4 드론에 의한 3차원 점군측량 작업절차에 대해 설명하라.

15.5 드론에 의한 3차원 점군측량 결과를 이용하여 토목시공 토공사 활용사례를 조사하라.

15.6 드론에 의한 3차원 점군측량 결과를 이용하여 건물에 건설정보모델링(BIM) 방법을 조사하고, 그 원리를 설명하라.

15.7 드론에 의한 3차원 점군측량 결과를 이용하여 준공검사 적용사례를 조사하라.

참고문헌

1. 국방부, 군 관할공역 내 민간 초경량비행장치 비행승인업무 지침서, 2015.
2. 국토교통부, 무인비행장치-질문답변, 국토교통부 정책 Q&A, 2018.
3. 국토지리정보원, 무인비행장치(UAV) 이용 공공측량 작업지침, 국토지리정보원, 2018.
4. 이영진, 드론측량 법제도와 신산업 발전방향, 2016한국측량학회 하계Workshop, 2016.
5. 国土交通省, 空中写真測量(無人航空機)を用いた 出来形管理要領(土工編)(案), 2018.
6. 国土地理院, ＵＡＶを用いた公共測量マ}ニュアル(案), 2018.
7. 国土地理院, 公共測量におけるUAVの使用に関する安全基準(案), 2018.
8. 小屋畑勝太, 藤原広和, UAVとSfM多視点ステレオ写真測量を題材とした 教育教材 モデルの 開発, 国土地理協会 第17回学術研究助成, 2018.
9. Sky Knowledge, UAV(ドローン) 写真測量の流れ, UAV(ドローン)レーザー測量について, 2018.
10. CSS技術開發, 3Dレーザー測量, CSS技術開發, 2019.
11. Helsel, Pix4D 및 활용사례, 공간정보산업협회 세미나, 2019.

16 항공사진측량

16.1 개설

16.1.1 항공사진측량

사진측량(photogrammetry)[1]이란 사진상의 형태로 피사체가 갖고 있는 형상, 색조 등의 정보를 얻고 목적에 따라 필요한 형태의 도면 또는 수치로 표현하는 일종의 정보처리기술이다. 좁은 의미로서 항공사진측량은 항공사진[2]을 활용하여 피사체의 위치, 형상 등을 정량적으로 측정하는 방법(metric photogrammetry)을 뜻하며, 사진판독은 피사체 사진상의 색조, 형상 등을 정성적으로 분석하여 피사체의 정성적 특징을 조사하는 방법(interpretative photogrammetry)이다.

국토지리정보원 항공사진측량 작업규정[3]에서는 "항공사진측량이라 함은 대공표지설치, 항공사진촬영, 지상기준점측량, 항공삼각측량, 세부도화 등을 포함하여 수치지형도 제작

---

1 photogrammetry = photo(빛) + gram(피사체) + metry(측정)
2 항공사진은 "항공사진측량용 카메라로 촬영한 영상" 또는 "항공사진측량용 카메라로 촬영한 필름을 항공사진전용스캐너로 독취한 영상"을 말하며, 측량의 용어의 정의에 따른 "측량용 사진"에 해당된다.
3 국토지리정보원, 항공사진측량 작업규정, 국토지리정보원 고시 제2016-2609호(2016.11.17.)

용 도화원도 및 도화파일이 제작되기까지의 과정을 말한다."로 정의하고 있다. 항공사진 측량에는 수치지형도 작성을 위하여 실시하는 '드론 항공사진측량'을 포함한다고 볼 수 있다.

항공사진측량은 지형도 제작을 비롯한 여러 분야에서 이용되고 있는데 다음과 같은 특 징이 있기 때문이다.

① 작업은 촬영, 지상측량, 도화 등으로 분업화할 수 있고 거의 내업이어서 능률적이므 로 단기간에 어떤 지역의 측량조사가 가능하다.

② 측량 정확도가 매우 높은 것은 바랄 수 없으나 통상 목적에 대해서는 충분한 정확 도를 가지며 전체적으로 균일하다.

③ 항공사진은 촬영시점에 있어서 존재하는 눈에 보이는 모든 상황을 기록하고 있다. 따라서 도시의 발전과정이나 재해의 기록 등에도 적합하다.

④ 3차원적 측량이므로 복잡한 형상의 대상물 측량에 널리 이용된다.

⑤ 항공사진측량은 항공사진 카메라(또는 고정익드론 카메라)로 촬영한 항공사진(또는 드론 항공사진)을 이용하여 임의의 지점의 평면위치와 높이를 동시에 측정하는 것으로 지상측량방법을 완전히 대체할 수 있는 것은 아니지만 서로의 장단점을 보완하면서 사용 하는 것이다.

피사체는 물리, 화학적 특성에 따라 가시광선이 아닌 다른 파장의 전자파도 반사 또는 방사하고 있다. 예를 들면, 가열된 물체는 열적외선이라고 하는 $10 \sim 100 \; \mu\mathrm{m}$의 전자파를 방사하고 있고, 이 열적외선은 우리 눈으로는 감지할 수 없으나 우리의 피부가 그 방사열 을 감지할 수 있다.

16.1.2 중심투영

항공사진에서 빌딩의 모서리와 같은 연직선은 지도에서 하나의 점으로 표현되나 사진 에서는 선으로 나타나 있다. 이것은 사진이 지도와 같이 정사투영(orthogonal projection)이 아니고 광선이 그림 16-1과 같이 투영중심 O에 집중되는 형태인 중심투영(perspective projection)이기 때문이다.

중심투영으로 만들어지는 사진은 일정한 축척이 아니다. 따라서 항공사진이 수직한 것 으로 가정하고 그 사진에 찍힌 구역의 평균적 높이에 대한 축척을 편의상 사진축척(photo

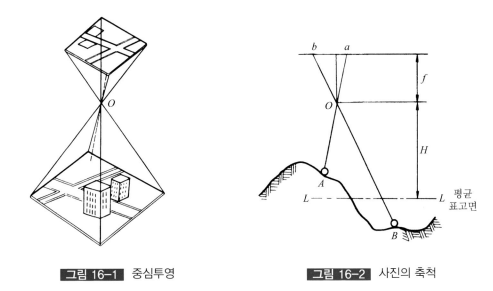

그림 16-1 중심투영   **그림 16-2** 사진의 축척

scale)이라 한다. 그림 16-2에서 $L-L$의 높이를 평균높이라 하고 사진의 축척을 M이라 하면 다음의 관계가 성립된다.

$$\frac{1}{M} = \frac{f}{H} \tag{16.1}$$

항공사진의 축척은 조사지역이 넓을 때에는 될 수 있는 한 축척이 작은 편이 한 장의 사진에 포함되는 면적이 넓어서 좋으나 필요로 하는 정확도가 낮고 조사할 내용이 분명치 않으므로 축척을 올바르게 결정하는 일이 매우 중요하다.

예제 16.1

$f=153\,\mathrm{mm}$의 카메라로 h(표고) 150 m를 평균표고면으로 하고 $1/M$(축척)$=1/20{,}000$로 촬영한 사진에서 h(표고) 400 m인 지점의 M과 평균해면으로부터 절대촬영고도 H_0를 구하라.

풀이 $H = f \cdot M = 0.153\,\mathrm{m} \times 20{,}000 = 3{,}060\,\mathrm{m}$ …… 촬영고도

$H_0 = H + h = 3060 + 150 = 3{,}210\,\mathrm{m}$ ………… 절대촬영고도

$H'_{(400)} = H - (400 - 150) = 2{,}810\,\mathrm{m}$ ………… $h = 400\,\mathrm{m}$인 지점의 촬영고도

$M_{(400)} = H'/f = 2810 \div 0.153 = 18{,}366$ ……… $h = 400\,\mathrm{m}$에 대한 M

$\therefore\ 1/M = 1/18{,}366$

예제 16.2

f =153 mm의 항공카메라로 촬영된 사진을 정확히 2배 확대한 사진상에서 A, B 두 점 간의 거리가 384.0 mm이고, 이 두 점을 1/25,000 지도에서 찾아 재어보니 72.0 mm였다. 사진축척과 촬영고도를 계산하라.

풀이 A, B 간의 실거리= $0.072 \times 25,000 = 1,800$ m

$$M = L/l = 1,800 \div 0.384 = 4,688$$

$$H = f \cdot M = 0.153 \times 2 \times 4,688 = 1,435 \text{ m}$$

사진을 2배 확대했으므로 f는 $153 \text{ mm} \times 2 = 306 \text{ mm}$가 된다. ■

16.1.3 기복변위

항공기에서 수직선을 향하여 촬영된 사진을 수직사진이라고 한다. 이때 연직 방향에서의 편차는 2~3° 이내이다.

항공카메라는 보통 사진지표(fiducial marks)라는 지표를 가지고 있으며 그 상이 사진면 네 변에 그림 16-3에 나타나 있는 것과 같이 찍히고, 이를 연결한 십자선의 교점이 사진의 주점이 되어 사진좌표계(image coordinate system)의 원점이 된다.

그림 16-4에서 $P - P$는 완전한 연직사진의 사진면이고 f는 렌즈 중심에서 주점까지의

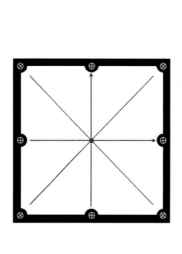

그림 16-3 사진좌표계

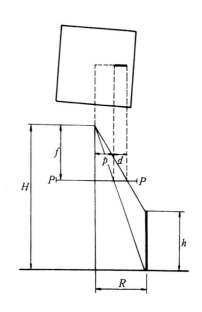

그림 16-4 단사진의 기하학적 관계

거리이며 화면거리라 한다. 항공사진의 경우 피사체까지의 거리가 크므로 f는 대략 렌즈의 초점거리와 같다. 이때 삼각형의 비례관계로부터

$$\frac{f}{H} = \frac{p}{R} \tag{16.2}$$

$$\frac{f}{H-h} = \frac{p+d}{R} \tag{16.3}$$

의 관계가 성립하므로 이로부터

$$h = \frac{dH}{p+d} \tag{16.4}$$

그러므로 촬영고도 H, 주점에서 나무뿌리의 사진상까지의 거리 p, 나무의 사진상의 길이 d를 알면 높이를 구할 수 있다. d는 기복변위(relief displacement)라 하며 피사체의 고저차가 사진상에서 상위치의 편차로 나타난 것이다. 이것은 명확히 주점을 중심으로 방사선 방향으로의 이동량이다.

예제 16.3

$f = $ 153 mm의 항공카메라로 촬영한 사진이 있다. 연직점 n으로부터 사진상에서 50 mm인 곳에 찍힌 높이 200 m 탑의 측면이 10 mm로 나타났다. 이 사진의 사진축척과 촬영고도를 구하라.

풀이 $h = \dfrac{d \cdot H}{p+d}$ $200 = \dfrac{10 \cdot H}{50+10}$ $H = 200 \times \dfrac{50+10}{10} = 1,200$ m

$\dfrac{1}{M} = \dfrac{f}{H} = \dfrac{0.153}{1200} \doteqdot \dfrac{1}{7,843}$

예제 16.4

예제 16.3에서 사진에서 n점으로부터 85 mm 떨어진 곳에 찍힌 굴뚝의 측면이 5 mm이면 굴뚝의 높이는 얼마인가?

풀이 $h = \dfrac{d \cdot H}{p+d} = \dfrac{5 \cdot 1200}{85+5} = \dfrac{6000}{90} = 66.7 (\mathrm{m})$

16.2 사진측량의 기초

16.2.1 입체시

어떤 물체를 보고 그것이 자기로부터 어느 정도 떨어진 위치에 있는가를 판단할 수 있는 사람의 원근감 능력은 원거리에 있는 것일수록 작게 보인다고 하는 경험에 기초한 것이다.

사진은 중심투영된 것이며 그것은 한 눈으로 볼 때 망막상의 상을 나타낸다. 같은 대상물을 두 개의 다른 위치에서 촬영한 두 장의 사진을 만들면 이 사진은 두 눈의 망막상의 상과 같은 의미를 갖는다. 그림 16-5(a)는 사람이 책상 위에 세워 놓은 연필을 보고 있을 때 망막에 비친 상을 나타내고 있으며, 그림 16-5(b)는 한 쌍의 사진을 두 위치에서 찍을 때의 상태를 나타내고 있다.

그림 16-5(c)와 같이 두 사진 사이에 종이로 벽을 만들어 세우면 우측 사진은 우측 눈만으로, 좌측 사진은 좌측 눈만으로 보면 망막상에는 사물을 보는 것과 같은 상이 맺히게 되므로 입체적인 상을 볼 수 있다.

이와 같은 사진상을 입체사진(stereo pair)이라 하며, 육안으로 이 입체사진을 관찰해서 입체상을 얻는 것을 육안입체시라고 한다.

항공사진을 입체시하려면 그림 16-6에서 보는 바와 같이 반사입체경을 이용한다.

항공사진의 촬영간격은 사람의 두 눈 간격보다 크므로 그림 16-6의 반사입체경을 사용하면 사람이 볼 수 있는 범위 내로 유지할 수 있을 뿐만 아니라 수렴각의 차, 즉 시차차는

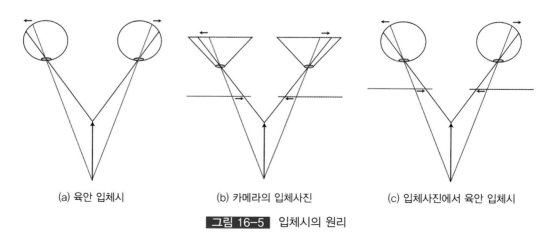

(a) 육안 입체시   (b) 카메라의 입체사진   (c) 입체사진에서 육안 입체시

그림 16-5 입체시의 원리

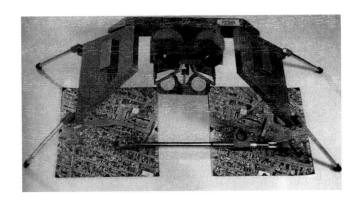

그림 16-6 반사입체경과 시차측정봉

상대적으로 커져서 고저감이 과장된다. 이를 과고감이라 하며, 실제로는 지형의 기복 등이 과장되어 보이게 되므로 높이의 측정 정확도를 높일 수 있다.

(1) 시차차에 의한 높이 측정

그림 16-7은 정확히 수직인 두 장의 사진이 한 비행코스를 따라 같은 높이에서 촬영된 때의 관계를 나타내고 있다. 여기서 O_1, O_2는 각각 좌 사진 1 및 우 사진 2의 투영중심이며, $\overline{O_1 O_2}$는 촬영지점 간의 거리, 즉, 촬영기선장이라 한다. 수평한 지상에 있는 굴뚝 AB는 각 사진에 $a_1 b_1$, $a_2 b_2$로 찍힌다.

이 선분의 비행 방향(x방향)의 성분 $b_1 c_1$, $b_2 c_2$는 x시차, 비행 방향에 직각인 방향(y방

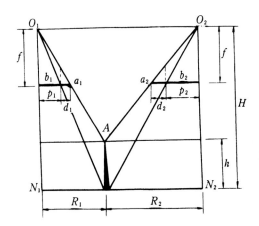

그림 16-7 연직사진쌍의 기하학적 관계단면

향)의 성분 a_1c_1, a_2c_2는 y시차(종시차)라 한다. 그림 16-7에서 식 (16.2)로부터 $d_1 + d_2$ $= \Delta p$를 시차차라 하면, 굴뚝의 높이 h는 Δp를 측정하여 다음과 같이 구할 수 있다.

$$h = \frac{\Delta p}{p + \Delta p} H \tag{16.5}$$

그림 16-6의 시차측정봉(parallax bar)으로 시차차 Δp를 측정하면 식 (16.5)로부터 두 점 간의 높이의 차를 구할 수 있다.

예제 16.5

다음 조건으로 B, C 두 점의 표고를 계산하라. A점의 표고 = 400 m, 촬영고도 = 2,400 m(A점으로부터), p = 91.0 mm(A점에 대해서), 시차측정값(3회 평균) A = 27.48 mm, B = 19.36 mm, C = 31.54 mm임.

풀이 B점의 표고계산

시차차 Δp mm $= p_B - p_A = 19.36 - 27.48 = -8.12$ m

$H_B = 400 - 235 = 165$ m

C점의 표고계산

시차차 Δp mm $= p_C - p_A = 31.54 - 27.48 = 4.06$ mm

$h(\text{m}) = \dfrac{\Delta p}{p + \Delta p} H = \dfrac{4.06}{91.0 + 4.06} \times 2400 = 102.5$ m

$H_C = 400 + 102.5 = 502.5$ m

Δp mm 부호는 (미지점의 측정값) − (기지점의 측정값)으로 결정 ■

16.2.2 수직사진에 의한 위치결정

(1) 사진좌표로부터 입체좌표 계산

중복된 수직사진상에서 시차차를 재면 높이를 구할 수 있다는 것을 설명하였다. 여기서는 사진면상에서 사진상의 평면좌표를 측정하면 그 피사체의 입체좌표가 얻어진다는 것을 설명해 보자.

그림 16-8에서와 같이 각 사진상에 각각의 주점을 원점으로 하고 비행 방향을 x축으로

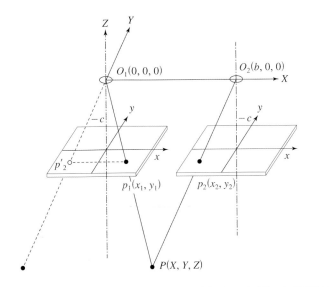

$$\begin{cases} \dfrac{x_1}{-c} = \dfrac{X}{Z} \\ \dfrac{y_1}{-c} = \dfrac{Y}{Z} \end{cases} \quad \begin{cases} \dfrac{x_2}{-c} = \dfrac{X-b}{Z} \\ \dfrac{y_2}{-c} = \dfrac{Y}{Z} \end{cases}$$

$$\therefore \ X = \frac{x_1}{x_1 - x_2} b$$

$$Y = \frac{y_1}{x_1 - x_2} b$$

$$Z = \frac{-c}{x_1 - x_2} b$$

c : 초점거리
$(x_1, y_1), (x_2, y_2)$: 사진좌표
(X, Y, Z) : 피사체좌표
b : 기선거리

그림 16-8 간단한 사진측량의 기본식

하는 사진좌표계(x_1, y_1), (x_2, y_2)를 취한다. 또한 사진 1의 투영중심 O_1을 원점으로 하여 O_2 방향을 X축, 수직방향을 Z축, 그것과 직교하여 Y축을 가지는 입체좌표계 X, Y, Z를 만든다. 이때 지상의 임의의 점 $P(X, Y, Z)$는 두 장의 사진상에 각각 $p_1(x_1, y_1)$, $p_2(x_2, y_2)$에 찍혀 있다.

여기서 $O_2 p_2$를 O_1의 위치까지 평행으로 이동시켜 $O_1 p_2{}'$을 만들어 보면 $\triangle O_1 p_1 p_2$와 $\triangle O_1 O_2 P$는 닮은꼴이므로 다음 시차방정식(parallax equation)이 성립됨을 알 수 있다.

$$X = \frac{x_1}{x_1 - x_2} b \tag{16.6}$$

$$Y = \frac{y_1}{x_1 - x_2} b = \frac{y_2}{x_1 - x_2} b \tag{16.7}$$

$$Z = \frac{f}{x_1 - x_2} b \tag{16.8}$$

따라서 f와 b의 값을 알고 있으면 p_1, p_2의 사진좌표를 측정함으로써 이들 식으로부터 P의 입체좌표 X, Y, Z(모델좌표)를 구할 수 있다. 실제로 f는 이미 알고 있는 것이며, b의 크기도 측정할 수 있으므로 입체좌표를 쉽게 얻을 수 있다.

사진좌표의 측정에는 컴퍼레이터(comparator)라고 하는 정확도가 높은 평면좌표측정장치가 사용된다. 스테레오 컴퍼레이터는 두 장의 사진상에 있는 대응하는 상의 사진좌표

(x_1, y_1), (x_2, y_2)를 입체관측으로 동시에 측정하여 기록하는 구조로 되어 있다.

식 (16.8)은 식 (16.5)의 관계를 사진좌표 x, y를 사용하여 표시한 것에 불과하다.

(2) 사진측량의 정확도

사진측량에서는 Z값(높이)의 정확도가 가장 중요하다. Z의 식을 보면 c와 B는 정수이므로 $(x_1 - x_2)$ 값에 의존한다. $(x_1 - x_2)$는 그림 16-8에 표시하는 바와 같이 공간직선(빛묶음, 번들이라고 함) $O_2 p_2 P$를 평행이동하여 좌측 사진에 전개한 때 얻어지는 p_2'과 p_1 간의 거리로서 사진측량에서는 시차(parallax)라고 한다.

$$p = x_1 - x_2 \tag{16.9}$$

Z의 식은 시차 p를 사용하여 다음과 같이 쓸 수 있다.

$$Z = \frac{-c}{p} b \tag{16.10}$$

따라서 Z의 정확도는 식 (16.10)을 p로 미분하고 다시 p를 대치하면 다음과 같이 된다.

$$\Delta Z = \frac{\partial Z}{\partial p} \Delta p = \frac{c}{p^2} b \Delta p = \frac{Z}{c} \cdot \frac{Z}{b} \Delta p \tag{16.11}$$

이 식에서 Z/c는 사진축척(c/Z)의 역수이고 Z/b는 기선고도비(b/Z)의 역수이다.

시차 p의 정확도는 사진좌표의 측정정확도이므로 사진측량에서 얻어지는 높이의 정확도는 사진축척의 역수, 기선고도비의 역수 및 사진좌표의 측정정확도에 의존한다. 또한 평면위치 X 또는 Y의 정확도는 사진축척의 역수와 사진좌표의 측정정확도에 의존한다.

이 밖에 사진측량의 정확도는 지상기준점 좌표의 정확도로부터 큰 영향을 받는다.

16.2.3 사진의 표정

(1) 재현의 원리

촬영 시 사진의 기하학적 상태란 그 위치와 경사를 의미하며, 사진의 위치는 X, Y, Z의 세 좌표로 표시되고 사진의 경사는 비행 방향을 x축으로 하고 그것에 직교하는 수직 방향을 z축, 수평 방향을 y축으로 취하면 이들 경사각은 ω가 x축 둘레의 회전각, φ가 ω회전

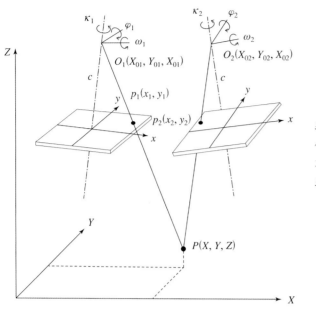

초점거리: c

사진좌표: $(x_1, y_1), (x_2, y_2)$

지상좌표: (X, Y, Z)

표정요소
- 카메라 위치: (X_{oi}, Y_{oi}, Z_{oi}), $i = 1, 2$
- 카메라 경사: $(\omega_i, \varphi_i, \kappa_i)$, $i = 1, 2$

그림 16-9 일반화된 사진측량 문제

후의 y축 둘레의 회전각, κ가 다시 이들 회전 후의 z축 둘레의 회전각이라 생각할 수 있다. 그림 16-9는 일반화된 사진측량의 문제를 나타낸 것이다.

표정요소인 카메라의 위치(X_0, Y_0, Z_0) 및 카메라의 경사(ω, φ, κ: roll, pitch, yaw각)은 미지변수이다. 표정요소는 좌표를 알고 있는 기준점(3점 이상)의 지상좌표와 측정된 사진좌표를 사용하여 해석적으로 산출된다.

따라서 좌우 각각의 사진에 대해서 이 6개의 양을 알아야 하며, 이 6개의 양을 결정하는 것을 표정(orientation)이라 한다. 이 표정요소는 사진촬영에서 구해지는 것이 아니므로 찍힌 사진상에서 역으로 구해야 하며 표정이 완료되면 촬영 당시와 동일한 상태가 되는데 이를 재현의 원리(principle of reconstruction)라고 한다.

(2) 표정

상호표정이란 한 쌍의 사진 사이의 상대적인 경사관계를 정하는 것을 말한다. 촬영 시의 상대적인 경사관계가 재현되면 대응하는 광선은 모두 교점을 가지므로 피사체와 닮은꼴인 입체모델이 만들어진다. 투영기하학의 정리에 따르면 공간을 결정하려면 5개의 점을 결정해야 한다. 이에 따라 상호표정에서는 5개의 대응하는 광선이 각기 교점을 가지면 공간이 결정되어 그 밖의 모든 대응하는 광선도 교차하게 되므로 입체모델을 만들게 된다.

따라서 두 장의 사진상에 대응하는 5개의 표정점을 선점하여 이 5점에서의 광선이 모두 교회하여 입체상을 만들도록 사진의 경사 및 투영위치의 이동을 조정하거나 계산식에 의해 구할 수 있다.

대지표정을 하려면 지상에서 좌표를 알고 그 점의 상이 사진에 찍혀 있는 점, 즉 표정기준점(control point)이 필요하게 된다. 대지표정에 필요한 최소한의 표정기준점의 수는 모델의 수준면에 대한 경사 Φ, Ω를 결정하기 위하여 높이 Z를 알고 있는 3점과 모델의 평면에서의 회전 L과 축척 λ을 결정하기 위하여 평면위치 X, Y를 알고 있는 2점이다.

대지표정은 λ, Ω, Φ, K, X_0, Y_0, Z_0의 7개의 값을 구하는 것이다.

(3) 3차원 좌표의 성과

2차원 사진영상으로부터 피사체의 3차원 좌표를 구하기 위해서는 한 쌍의 입체사진을 이용하여 2줄의 광선의 교점으로서 피사체의 3차원 좌표를 구한다. 피사체에 대한 전방교회 또는 표정은 아날로그 광학기계인 사진측량도화기(Photogrammetric Stereo Plotter)로 수작업으로 이루어지거나, 디지털 사진(또는 사진을 디지털 영상으로 변환)으로부터 컴퓨터로 스테레오 매칭 소프트웨어를 사용하여 자동적으로 실시한다. 3차원 좌표의 성과는 등고선도, 격자 표고데이터(DEM: 수치표고모델). 정사사진(Ortho-photo)의 형태로 얻어진다.

예제 16.6

대지표정에 있어 축척결정을 위해 ① 표정점 4, 5 간의 모델상 길이 410.00 mm, ② 도화기의 bx값 180.00 mm, ③ 표정점 4, 5 간의 실거리 4,380 m의 결과를 얻었다. 도화기의 모델축척을 1/10,000으로 하기 위한 bx의 값을 구하라.

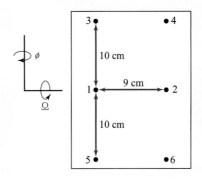

풀이 대지표정에서 올바른 기선장 bx는

$$bx = bx' \times \frac{l}{l'}$$

여기서

$$l' = 410 \text{ mm}, \quad l = 4380 \text{ m} \times 1/10,000 = 438 \text{ mm}$$

$$bx' = 180 \text{ mm}$$

이므로

$$bx = 180 \times \frac{438}{410} = 192.29 \text{ mm}$$

■

예제 16.7

예제 16.6의 대지표정에서 표고위치 결정을 위하여 모델상의 1, 2, 3, 5점을 측정하고 다음 결과를 얻었다. Φ와 Ω값을 구하라. 단, 모델축척은 사진축척의 2배이고, 1 rad = 6366 cgrad이다.

측정점	도화기에서 측정한 표고	표정기준점표고
1	28.4 m	35.4 m
2	43.3 m	41.5 m
3	39.5 m	36.2 m
5	28.4 m	45.7 m

풀이 사진축척 = 모델축척 $\times \dfrac{1}{2} = 1/10,000 \times \dfrac{1}{2} = 1/20,000$

$$\Omega = \frac{(28.4 - 45.7) - (39.5 - 36.2)}{20 \text{ cm} \times 20,000 \div 100} \times 6,366 = -32.8 \text{ cgr.} \,(5점과 \; 3점의 \; 관계)$$

$$\Phi = \frac{(43.3 - 41.5) - (28.4 - 35.4)}{9 \text{ cm} \times 20,000 \div 100} \times 6,366 = 31.1 \text{ cgr.} \,(2점과 \; 1점과의 \; 관계)$$

■

16.3 지형도 제작을 위한 공정

16.3.1 촬영계획

지형도(topographic map)를 제작할 때 정해야 할 중요한 사항은 축척과 정확도이다. 지도상의 평면위치의 정확도는 일반적으로 도상의 오차한계에 따라 표시되고, 높이의 정확도는 선택된 등고선 간격에 의하여 규정된다.

평면위치의 최대오차는 일반의 지형도에서는 도상 0.5 mm 정도로 정해지고 높이의 정확도는 등고선도에서 측정한 단면도에 있어서 등고선 간격의 0.5배의 오차 내에 전체의 90%가 포함되고 있는 것으로 규정되는 것이 보통이다.[4]

지형도의 축척, 정확도가 정해지면 이에 따라 항공사진의 촬영계획이 수립된다. 촬영고도는 요구되는 지도의 정확도 및 등고선 간격에 의존하며, 도화기 종류에도 관계된다. 촬영고도가 결정되면 어떤 카메라를 사용하는가에 따라 사진축척이 정해지고 한 장의 사진에 촬영되는 범위가 정해진다. 즉, 사진축척의 개략치는 촬영고도 H와 사용하는 카메라의 화면거리에 의하여 $\dfrac{1}{M} = \dfrac{f}{H}$로 구해지므로 사진의 크기가 $a \times a$ cm이면 한 장의 사진에 찍히는 범위는 다음과 같다.

$$A = (aM/100) \times (aM/100)\,\text{m}^2 \tag{16.12}$$

또한 촬영간격을 결정함에 있어서 중요한 사항은 두 장 이상의 중복으로 촬영되도록 하는 것이다. 일반적으로 이 종중복도(overlap)는 60% 정도를 취하면 되지만 지형이 급경사진 곳에서는 한 장의 사진만 찍히는 것도 나올 가능성이 있으므로 중복도를 더욱 증가시킬 필요가 있다.

코스가 두 개 이상일 때에는 인접코스 간에는 횡중복도(side lap) 30% 정도로 중복촬영되도록 한다. 사진 1매의 중복사진에 대한 촬영유효면적은 다음과 같다.

$$A_0 = (1 - 0.6)(aM/100) \times (1 - 0.3)(aM/100)\,\text{m}^2 \tag{16.13}$$

따라서 전체 대상면적을 A_0로 나누면 사진매수가 계산되며 안전율(예: 30%)을 고려하게 된다(그림 16-10 참조).

표정점(지상기준점)은 한 모델에 대하여 평면좌표를 알고 있는 점 2개의 점(삼각점 또는 트래버스점)과 높이를 알고 있는 1개의 점(삼각점, 수준점 등)의 최소 3점이 필요하다. 일반적으로 모델은 하나가 아니라 수 모델 이상으로 블록을 이루고 있다(그림 16-11 참조).

지상의 표정기준점에는 사진에 그 위치가 명료하게 찍힐 수 있는 표지를 설치해야 한

---

4 대축척지도에서 표고 정확도(표준편차)는 등고선 간격의 1/2 이내, 표고점의 1/4 이내로 정하고 있다. 최근 신기술의 도입에 따라 위치정확도의 기준을 95% 신뢰수준으로 새로 정할 필요가 있다.

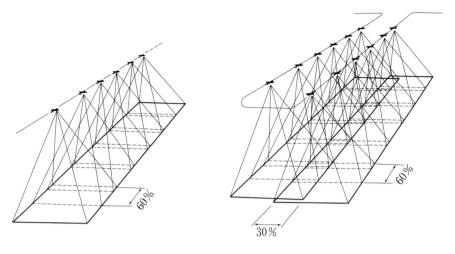

그림 16-10 촬영코스(횡중복도와 종중복도)

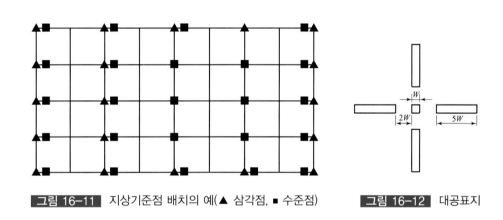

그림 16-11 지상기준점 배치의 예(▲ 삼각점, ■ 수준점)   **그림 16-12** 대공표지

다. 표지는 그림 16-12에 표시한 것과 같은 판을 사용하고, 최소한의 크기는 정사각형의 표지일 때 다음과 같다(M_b는 사진축척).

$$d = \frac{1}{40,000M_b} \ (\mathrm{m}) \tag{16.14}$$

예제 16.8

초점거리가 150 mm, 사진크기가 230 mm인 항공카메라를 이용하여 촬영축척 1/5,000로 2,000 m×2,000 m인 정사각형 지역을 항공촬영하고자 한다. 종중복도 60%, 횡중복도 30%일 때 촬영유효면적과 사진매수(안전율 20%를 고려함)를 계산하라.

풀이 촬영유효면적＝0.4(0.23×5,000)×0.7(0.23×5,000)＝460×805＝0.3703 km²

사진매수＝(2×2)/0.3703＝10.802

안전율을 고려하면 10.802×1.20＝12.962≒13매이다.

16.3.2 항공촬영

GNSS/IMU는 항공사진의 노출위치(촬영점)를 구하기 위한 GPS, 그리고 노출 시 카메라 경사를 검출하기 위한 자이로와 가속도계가 조합된 IMU(Inertial Measuring Unit, 관성계측장치)로 구성된다. GPS/IMU에 의한 촬영의 경우에는 촬영구역과 GNSS기준국 간의 거리가 30 km 이내, 촬영 시 위성배치가 양호한 5개 이상의 GPS신호의 수신이 필요하다. 그림 16-13은 항공사진 촬영의 개념도이다.

GPS/IMU에 의해 항공기의 비행위치와 경사의 데이터를 촬영 중에 연속적으로 획득하여 후처리에 의해 외부표정 요소를 구할 수 있고, 누적오차가 있으므로 1코스의 촬영길이에는 제약이 있다.

촬영은 구름 없는 청명한 날 10～14시가 최적이라고 하나 대축척의 항공사진측량에서는 약간 흐린 날에도 촬영이 가능하다. 지도제작의 목적에는 낙엽기를 택하는 것이 좋다.

디지털 항공카메라는 흑백(판크로), 적녹청(RGB) 및 근적외선 영상소자(CCD)를 장착하고 획득한 고해상도의 디지털영상(판크로영상, 컬러영상)을 수치사진으로 출력할 수 있다. 모든 디지털 항공카메라에는 GPS/IMU가 탑재, 장착되어(일부 필름카메라의 경우에도

그림 16-13 항공사진촬영 개념도

그림 16-14 Leica Geosystems ADS40

표 16-1 항공카메라의 성능

종류	명칭	회사	렌즈	화면거리 (mm)	화면 크기 (cm)	셔터 간격
광각 카메라	RMK A15/23	Zeiss	프레오곤	153	23×23	1/100~1/1000
	RC 10	Wild	U-Aviogon	152	23×23	1/100~1/700
디지털 카메라	ADS40	Leica	라인센서	62	12,000 × 12,000픽셀(흑백)	
	DMC	Z/I Imaging	면형센서	25(컬러)/120	13,824 × 7,680픽셀(흑백)	
	Vexel	UltraCam	면형센서	28(컬러)/100	11,500 × 7,500픽셀(흑백)	

표 16-2 도화축척, 항공사진축척, 지상표본거리와의 관계

도화축척	항공사진축척	지상표본거리
1/500~1/600	1/3,000~1/4,000	8 cm 이내
1/1,000~1/1,200	1/5,000~1/8,000	12 cm 이내
1/2,500~1/3,000	1/10,000~1/15,000	25 cm 이내
1/5,000	1/18,000~1/20,000	42 cm 이내
1/10,000	1/25,000~1/30,000	65 cm 이내
1/25,000	1/37,500	80 cm 이내

출처: 항공사진측량 작업규정[별표3]

장착됨) 있다. 그림 16-14는 그 예이다.

디지털 항공카메라로 촬영하는 수치사진은 촬영축척 대신에 지상표본거리(Ground Sample Distance, GSD)를 사용한다. '지상표본거리'란 디지털 항공카메라의 촬영소자(CCD)의 크기, 화소(pixel)에 대응하는 지상거리를 말하며 공간분해능(spatial resolution)과 같다.

표 16-1은 항공카메라의 성능을 비교한 것이며, 표 16-2는 필름카메라의 경우와 디지털 항공카메라의 지상표본거리를 비교한 것이다.

16.3.3 사진삼각측량(동시조정)

'동시조정'이란 디지털 영상도화기(수치사진측량시스템)를 이용하여 표정점 등(접합점, 검증점 포함)의 사진좌표를 측정하고, 촬영 시 GPS/IMU로 획득한 외부표정 요소(카메라 위치와 경사)를 통합하여 조정계산하고, 표정요소와 표정점 등의 좌표(수평위치와 표고)를 정하는 작업이다.

사진측량에서는 대지표정을 위하여 평면좌표(X, Y)를 알고 있는 점이 2점 이상, 표고를 알고 있는 점이 3점 이상 필요하게 된다. 이러한 점은 기존 삼각점이나 수준점을 활용하거나 기존점이 없을 경우는 현지에서 새로운 표정점(지상기준점)을 설치해야 한다.

그러나 현지에서 시행하는 지상측량은 많은 시간과 노력이 필요하므로, 소수의 지상기준점으로부터 각 모델마다 필요한 표정점을 구하는 사진삼각측량을 이용하고, 지상기준점 측량을 최소화할 수 있다.

사진삼각측량은 정밀좌표측정기에 의하여 표정점의 사진좌표를 측정하고, 수학적인 모델을 만들고 상호표정, 모델연결 및 대지표정을 하여 임의의 표정점 좌표를 구할 수 있다. 이 방법을 해석사진삼각측량(analytical aerial triangulation)이라고 한다. 하나의 스트립이 아니고 여러 개의 스트립이 연결되어 있을 경우 이를 블록(block)이라 하고, 블록 내의 표정점을 구하는 작업을 블록조정(block adjustment)이라고 한다.

16.3.4 도화/영상도화

디지털 영상도화기(수치사진측량시스템)를 이용한 영상도화에서는 동시조정 계산이 수행된 성과를 기초로 하여 직접 대지표정을 하는 기법(상호표정은 생략된다)을 많이 이용하고 있다. 표정은 거의 컴퓨터로 계산처리되어 자동적으로 이루어지므로 입체시에 의해 결과를 확인하는 것으로 완료된다.

사진에서 지형도를 만드는 데는 수치도화기(digital stereo plotter)를 사용하며, 도화사는 입체모델 중에서 부점(floating mark)이라고 하는 작은 측점을 관측한다. 동시조정 작업이 끝나면 도화기에는 피사체와 닮은꼴로 축소된 광학적 모델이 형성되며, 이 모델을 관측하여 지형도를 도화할 수 있다. 소프트웨어에 의해 일부 자동화 또는 반자동화되고 있다.

도화작업은 크게 지물(도로, 철도, 건물 등 인공물과 토지이용, 지류분류 등 자연물)을 도화하는 평면도화와 등고선도화로 구분한다. 즉, 도화기에서 부점을 도화하려고 하는 지물에 항상 접하도록(on the ground) 하고, 지물의 윤곽을 따라 수평과 수직 방향으로 동시에 움직여 평면도화가 이루어지며, 도화기의 높이눈금(height counter)을 일정하게 유지하면서 지표면에 부점이 접하도록 평면적으로 움직여 등고선을 도화한다. 수목이 울창한 지역의 도화에는 부점을 지표면에 접촉시키기가 어려워서, 상당한 오차를 포함하게 될 우려가 있으므로 후일 현지조사 과정에서 보완하여야 한다.

그림 16-15 DPW 수치도화기

그림 16-15에서 두 개의 핸들을 돌리면 교점의 위치가 X 및 Y방향으로 이동하고, 기계 바닥에 있는 원반을 발로 돌리면 스페이스 로드의 교점은 상하로 움직이면서 관찰된다. 역의 과정으로, 측정하려고 하는 모델 중의 지점에 부점이 합치되도록 하면 입체좌표는 교점의 좌표로부터 읽을 수 있다.

16.3.5 수치정사영상

"정사영상"이란 중심투영에 의하여 취득된 영상의 지형·지물 등에 대한 정사편위수정을 실시한 영상을 말하며, "정사편위수정"이란 사진촬영 시 중심투영에 의한 대상물의 왜곡과 지형의 기복에 따라 발생하는 기복변위를 제거하여 영상 전체의 축척이 일정하도록 하는 작업을 말한다.

다시 말하면 디지털 항공사진으로부터 엄밀한 미분정사편위수정에 의해 기복변위를 제거한 영상을 디지털 정사영상(digital ortho-image)이라고 할 수 있다.

모든 사진은 중심투영으로 촬영되므로 단사진에서는 그림 16-16과 같이 투영중심점으로부터 시야각 θ와 지형의 표고 h에 의해 방사선 방향으로 바깥쪽으로 밀려나는 현상이 발생한다. 원래 표고가 h인 지형점 A의 영상점 a는 연직방향 기준면의 A'점의 영상점 a'에 찍혀 있게 된다면 영상의 변위(image displacement)가 보정될 수 있다. 점 A는 $h \tan \theta$만큼 떨어진 기준면상의 점으로 찍힌 것이 된다. 기준면상의 거리 $h \tan \theta$를 사진상의 축척

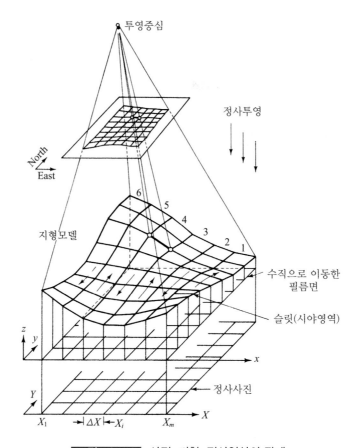

투영중심

정사투영

North
East

지형모델

6
5
4
3
2
1

수직으로 이동한
필름면

슬릿(시야영역)

z
y

x

Y

정사사진

X_1 ΔX X_i X_m X

그림 16-16 사진, 지형, 정사영상의 관계

(s)으로 계산한 양 Δd만큼을 사진상의 투영중심 쪽으로 영상점을 이동시키면 정사사진 (ortho-photo)이 얻어진다.

만일 정규격자 형태로 수치표고모델(DEM)이 주어져 있다면 단사진의 디지털영상으로부터 정사사진을 구하는 절차는 다음과 같다.

① (1단계) 기준점을 이용하여 표정을 실시하고 외부표정 요소(X_o, Y_o, Z_o, Ω, Φ, K)를 구한다.

② (2단계) 사진필름을 스캐너로 디지털영상으로 변환하고 영상좌표계와 사진좌표계 간의 변환식을 구해 둔다.

③ (3단계) 정규격자로 주어진 지형점의 사진좌표를 구하고, 동시에 영상좌표계의 좌표(영상소번호, 라인번호)로 변환한다.

④ (4단계) 사진평면에서 구한 격자점군은 지형기복의 영향으로 인해 정규격자가 아니

고 부정형의 격자가 된다. 이 부정형 격자를 보간법과 재배열의 기법을 이용하여 정규 격자가 되도록 영상처리한다.

16.4 항공레이저측량

16.4.1 LIDAR

LIDAR(Light Detection And Ranging)란 레이저 광선을 이용하여 지표면을 고밀도로 샘플링하여 높은 정밀도로 X, Y, Z 계측값을 생성하는 방법을 말한다. LIDAR의 시스템 구성은 계측 기기를 탑재하는 레이저 스캐너 시스템, GNSS, 그리고 INS(Inertial Navigation System)이다. INS는 LIDAR 시스템의 기기 자체의 위치나 각도를 계측하는 시스템이다.

LIDAR 시스템에서 레이저가 발사되고 발사된 레이저는 식물이나 건물에 맞고 되돌아오는데 발사된 하나의 레이저에 대해 되돌아오는 것은 하나가 아닐 수 있다. 그중에서도 처음으로 돌아오는 레이저가 가장 중요한데, 그 지형의 가장 표면에 있는 물체와 관련되기 때문이다. 마지막에 되돌아오는 레이저가 지표를 나타낸다고 할 수는 없는데 이는 장애물에 의해 지표에 도달하지 않는 경우가 있기 때문이다.

발사한 레이저가 돌아오면, 그 정보로부터 LIDAR와 반사점의 공간적인 위치관계를 알 수 있게 되고, 이러한 반사점을 무수히 모은 것이 "점군(point cloud)"이다. 고밀도로 샘플링된 점군을 재현하면 지형이나 지물 2점 간의 거리는 물론이고 더 상세한 형태를 알 수 있다.

또한 LIDAR 측량과 동시에 사진촬영을 하면 그 영상으로부터 점군에 색정보(RGB)를 부여할 수 있으므로 점군을 컬러로 표시할 수 있다. 이 색정보는 동영상이나 사진 데이터 응용이 가능하다.

LIDAR데이터의 크기가 방대하게 됨에 따라, LIDAR 데이터를 배포하고 표준화하기 위해서 LAS(LASer)라고 불리는 바이너리 형식이 넓게 채용되고 있다. LAS란 ASPRS (American Society for Photogrammetry and Remote Sensing)에 의해서 작성되어 관리되고 있는 표준 형식이다.

16.4.2 항공레이저측량

GNSS/IMU 장치와 레이저 스캐너(laser scanner)를 탑재한 항공기로부터 지표면을 향해 펄스레이저를 연속주사하여 지표면으로부터 반사펄스를 수신함으로써 레이저의 왕복시간(시간차)을 측정하고, 항공기의 위치와 경사로부터 지표면상 주사점의 3차원 좌표를 획득하여 수치표고모델(DEM)과 등고선 데이터 등의 수치지형도 데이터파일을 작성하는 기술을 항공레이저측량(Airbone Laser Scanning, ALS)이라고 한다.

지상의 항공레이저계측에서는 근적외선 펄스레이저를 사용하며, 매초마다 1,000~10,000펄스를 발사한다. 그림 16-17은 항공레이저측량의 개념도를 보여주고 있으며, 이 기술은 항공사진측량방법에 비해 대공표지가 불필요하여 기준점의 설치 수를 줄일 수 있는 등의 장점이 있다.

국토지리정보원의 「항공레이저 측량작업규정」에서 정한 시스템과 자료에 대한 용어의 정의는 다음과 같다. 여기서 수치표면자료, 수치지면자료, 수치표고모델은 측량성과이다.

① 항공레이저측량: 항공레이저계측시스템을 항공기에 탑재하여 레이저를 주사하고, 그 지점에 대한 3차원 위치좌표를 취득하는 측량방법을 말한다.

② 항공레이저계측시스템: 레이저 거리측정기, GNSS 안테나와 수신기, INS(관성항법장치) 등으로 구성된 시스템을 말한다.

③ 원시자료(mass points): 항공레이저측량에 의하여 취득한 최초의 점자료를 말한다.

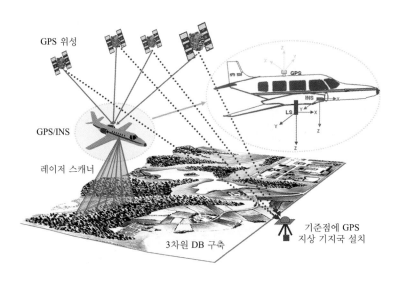

그림 16-17 항공레이저측량의 개념도(Topographic LiDAR)

④ 수치표면자료(digital surface data): 원시자료를 기준점을 이용하여 기준좌표계에 의한 3차원 좌표로 조정한 자료로서, 지면 및 지표 피복물에 대한 점자료를 말한다(구조물과 식생 등 높이 정보를 포함한다).

⑤ 수치지면자료(digital terrain data): 수치표면자료에서 인공지물 및 식생 등과 같이 표면의 높이가 지면의 높이와 다른 지표 피복물에 해당하는 점자료를 제거(이하 '필터링'이라고 한다)한 점자료를 말한다(구조물과 식생 등 높이 정보를 제외한다).

⑥ 불규칙삼각망자료(triangular irregular data): 수치지면자료를 이용하여 불규칙삼각망을 구성하여 제작한 3차원 자료를 말한다.

⑦ 수치표고모델(digital elevation model): 수치지면자료(또는 불규칙삼각망자료)를 이용하여 격자형태로 제작한 지표모형을 말한다.

16.4.3 작업공정

(1) 작업공정

수치표고모델 제작을 위한 작업순서는 다음과 같다.

① 작업계획 및 준비
② 항공레이저계측
③ 기준점측량
④ 수치표면자료(DSD) 제작
⑤ 수치지면자료(DTD) 제작
⑥ 불규칙 삼각망자료 제작
⑦ 수치표고모델(DEM) 제작
⑧ 정리점검 및 성과품 제작

(2) 항공레이저계측 작업계획

작업계획에서는 계측 제원, 비행코스, GNSS기준국의 설치장소 등을 검토한다. 항공레이저계측은 GNSS/IMU를 사용하기 때문에 이에 관련된 GNSS기준국을 설치해야 하며, 대상구역 내의 기선거리를 30 km 이내에 선정한다. 아울러 항공레이저측량 성과의 점검 및 보완을 위한 지형지물의 식별, 분류 등에 참고하기 위하여 항공레이저측량과 같은 시기에 수치항공영상자료를 취득한다.

수치영상자료의 해상도는 지형지물의 식별이 가능해야 하며 지상표본거리(GSD) 1 m 이상을 표준으로 한다. 항공레이저계측은 제작하고자 하는 수치표고모델 격자규격에 따른 점밀도는 표 16-3과 같으며, 항공기용 GNSS 자료 수신간격은 1초 이하(0.1~1.0초), 항공

표 16-3 항공레이저계측 점밀도

격자 간격	1 m	2 m	5 m	비고
점밀도(m²당)	2.5점	1.0점	0.5점	

표 16-4 수치표고모델 수직위치 정확도

격자규격	1 m × 1 m	2 m × 2 m	5 m × 5 m	비고
수치지도 축척	1/1,000	1/2,500	1/5,000	
RMSE	0.5 m 이내	0.7 m 이내	1.0 m 이내	
최대 오차	0.75 m 이내	1 m 이내	1.5 m 이내	

레이저측량 시 개별 펄스에 대한 반사파의 수는 4개 이상을 표준으로 한다.

수치표고모델의 격자 규격에 따른 평면위치 정확도의 한계는 H(비행고도)/1,000이며 수직위치 정확도의 한계는 표 16-4와 같다.

(3) 원시자료

항공레이저측량 원시자료에 대하여 대기 중의 입자나 다른 원인에 의해 발생한 잡음을 제거하는 전처리가 완료된 후, 항공레이저계측 원시자료는 코스검사점과 실측된 기준점을 이용하여 점검 및 조정을 해야 한다.

그림 16-18 항공레이저측량의 DSM 성과

코스검사점은 인접한 비행코스마다 중복되는 부분에 대하여 4~5 km 간격으로 최소 5점 이상을 배치해야 하며, 기준점을 중심으로 제작하고자 하는 수치표고모델의 격자간격과 동일한 반경 내에 있는 항공레이저측량 원시자료의 표고 평균과 기준점 표고와의 차이를 계산한다. 또한 표고 차이의 최댓값, 최솟값, 평균값, 표준편차 및 기준점 표고의 RMSE를 구하며, RMSE의 한계는 25 cm 이내로 한다.

이 밖에 작업에 필요한 사항은 「항공레이저측량 작업규정」을 참고하기 바란다.

연습문제

16.1 사진축척이 1/20,000 카메라의 초점거리 153 mm, 평균표고 180 m인 사진에 대하여 촬영높이와 촬영고도를 구하라.

16.2 1/50,000 지형도상에서 두 점 A, B 간의 거리가 4.75 cm이고 사진상에서 동일 점 간의 거리가 23.07 cm일 때의 사진축척을 구하라.

16.3 반사입체경을 사용하여 정확히 사진을 표정하고, 시차측정봉으로 점 A(표고 65.5 m)와 점 B(표고 122.4 m)의 간격(시차)을 측정했을 경우, 각각 13.80 mm, 17.24 mm를 얻었다. 표고 100 m인 등고선을 기입하려면 시차측정봉의 눈금을 얼마로 하면 좋겠는가?

16.4 항공사진측량방법으로 100 km×50 km인 장방형의 지역을 지도제작하려고 한다. 필름 크기가 230 mm×230 mm이고, 초점거리 152 mm인 카메라를 사용할 때 각 물음에 답하라. 단, 종중복도 60%, 횡중복도 30%이며, 그 지역 비행고도를 3,040 m로 한다.

(a) 각 스트립의 양쪽에 각각 2매의 사진을 추가로 촬영한다고 할 때 필요한 사진 매수를 구하라.

(b) 지상에 대한 비행기의 속도가 180 km/h라면 노출 간의 시간차를 구하라.

16.5 그림과 같이 경사를 주어 촬영한 사진에서 다음 물음에 답하라.

(a) 촬영점의 연직 하향점을 지적하라.

(b) 건물 A의 지표면이 어떤 형상으로 찍혔는지 그려라.

(c) 도로 B의 노선폭을 $\overline{bc}$에서 $\overline{bd}$로 확장할 때, d를 통과하는 도로경계선을 나타내라.

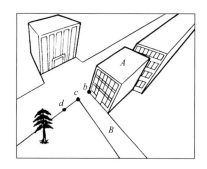

16.6 항공사진측량에 의해 지형도가 나오기까지의 작업공정을 설명하라.

16.7 디지털 정사영상 및 수치표고모델(DEM)의 구축공정을 자세히 설명하라.

16.8 항공레이저측량 작업공정과 성과에 대하여 설명하라.

참고문헌

1. 국립지리원, 항공사진측량, 1980.
2. 국토교통부 국토지리정보원, 공공측량작업규정(제3편 지형측량): 제3장 항공사진측량, 2018.
3. 국토교통부 국토지리정보원, 항공사진측량 작업규정, 2016.
4. 백은기 외, 측량학(2판), 청문각, 1993.
5. 유복모, 사진측정학개론, 희중당, 1996.
6. 이준혁, 이영진, ADS40영상에 의한 수치정사영상 생성, 한국GIS학회지, 2008.
7. American Society of Photogrammetry, Manual of Photogrammetry(4th. ed.), 1984.
8. ITC, photogrammetry, lecture note.
9. Kavanagh, B. F. and S. J. Glenn Bird, Surveying, Reston, 1984.
10. Wolf, P. R. and B. A. Dewitt, Elements of Photogrammetry; with applications in GIS(3rd. ed.), Mcgraw-Hill, 2000.

Chapter 17

지형 데이터베이스

17.1 개설

17.1.1 지도의 종류

(1) 지도제작

지도제작(cartography)이란 지표면과 그 형상에 대하여 지도나 차트(charts)로서 도해적으로 표현하는 기술을 말한다. 그러므로 지도제작측량은 지형도나 해도(nautical charts)를 제작하는 일련의 과정을 말하며, 지형측량과 수로측량을 합하여 지도제작측량이라 한다.

지형도는 지형의 기복뿐만 아니라 인공지물과 수계까지도 포괄하고 있으며, 여러 기호와 색을 활용하고 있다. 지형도란 지구 표면의 전부 또는 일부를 일정한 축척과 도식(지물) 및 등고선(지형) 등을 사용하여 평면상에 나타낸 것이다. 또한 해도는 해저의 지형을 수심곡선으로 나타내며, 연안뿐만 아니라 다른 중요한 해저지물도 표현한다. 해도라는 용어는 보통 물과 관계되는 넓은 지역에 대해 사용되고 있다. 이에 반하여 하천·항만·저수지 및 비교적 작은 호수의 지도는 수로도(hydrographic map)로 알려져 있다.

지도를 제작하는 방법에 의하여 분류하는 경우에는 실제로 지상에서 측량하거나 또는 항공사진을 사용하여 도화기 등에 의하여(사진측량) 작성한 원도를 측량원도라 하고 이로 부터 제도, 인쇄한 것을 실측도라 한다. 이에 대하여 실측도를 주된 자료로 하고 그 밖의 자료 및 현지조사에 따라 편집에 의하여 제작한 원도를 편집원도라 하고 이로부터 제도, 인쇄한 것을 편집도라 한다. 1/5,000 지형도와 지적도 등은 실측도이고, 1/50,000 지형도와 1/250,000 지세도 등은 편집도이다.

(2) 지도의 구분

지도는 사용목적에 따라 일반도, 주제도 및 특수도의 3종류로 구분할 수 있다. 표 17-1 은 일반도와 특수도의 이용현황을 보여주고 있다.

① 일반도(general maps)는 다목적으로 사용할 수 있도록 제작된 것으로서 어떤 지역의 지형, 수계, 촌락, 교통 및 토지이용 등의 양상을 특정 내용에 치우치는 일이 없이 표현 한 지도이다. 국토지리정보원에서 제작하고 있는 축척 1/5,000, 1/25,000 및 1/50,000 지 형도, 축척 1/250,000 지세도, 1/1,000,000 대한민국전도 등이 대표적인 일반도이다. 국토

표 17-1 축척별 지도이용현황

축척	일반도의 이용현황	특수도의 이용현황
1/250		토지확정
1/500	토지계획, 농지정리·간척계획, 도시계획, 댐건설, 도로건설	철도구내, 하천·지적·도로대장 작성
1/1,000	철도·도로계획, 하천개수계획, 토지개량	철도·도로, 항만계획, 지적
1/2,500	도시·철도·도로·하천·사방, 댐계획용, 수사업 계획, 농지계획, 수도수로, 농업수리계획	전신전화, 지적, 철도노선, 통신, 항만 계획, 해안보전, 해안조사
1/5,000	토지개량종합계획, 하천종합개발, 농지개간간척, 댐계획, 전신전화, 초지조사개량·산림·임야·도 시계획, 농업용수계획, 도로·철도·수도·하천계 획, 경제조사, 종합개발	임상, 항만계획, 해안보전, 광산계획, 지적, 통신, 산림계획, 임야면적
1/10,000	종합계획, 도시계획, 농지개간간척, 철도계획, 광 상조사, 댐·하천계획, 광산개발, 임해공업지조성, 간척조사, 토지개량	
1/25,000	농지개간간척계획, 철도·도로계획, 댐계획, 종합 개발	통신지도, 전신전화, 산림계획, 경영계 획사업
1/50,000	종합개발계획	지질, 토지이용, 수해예방

432

지리정보원에서 발행[1]한 1/5,000 지형도는 우리나라 기본도이다. 기본도라 함은 모든 지도의 기초가 되는 지도로서 국토의 전역에 걸쳐 일정한 정확도와 일정한 축척으로 엄밀하게 제작되고, 또한 일정한 기준에 의하여 유지관리되는 지도를 말한다.

② 주제도(thematic maps)는 해도, 지질도, 지적도, 토지이용현황도, 인구분포도, 교통도 등과 같이 어떤 특정한 주제를 선정하여 특별히 그 주제를 잘 알 수 있도록 제작한 지도이다. 예를 들면, 국토지리정보원, 각 부처 또는 지방자치단체 등에서 제작하고 있는 연안해역기본도,[2] 토양도, 임상도, 식생도, 각종 통계지도, 분포도, 계획도 등이다. 그리고 민간기업에서 제작하고 있는 관광도, 도로지도 등도 주제도이며, 일반도에 비하여 그 종류도 매우 많고 다양하다.

③ 특수도(special maps)는 일반도, 주제도 중의 어느 것에도 해당되지 않는 것으로, 예를 들면 맹인용지도, 사진지도, 입체지도 등이다.

17.1.2 수치지도(데이터베이스)

디지털 형식의 지도인 수치지도는 수치지형도와 수치주제도를 말하며 정사영상과 수치표고모형 등을 포함한다. 따라서 전산시스템에서 처리할 수 있도록 구성된 지도DB 또는 지형데이터베이스이다.

「수치지도작성 작업규칙」[3]에 따르면 "수치지도란 지표면·지하·수중 및 공간의 위치와 지형·지물 및 지명 등의 각종 지형공간정보를 전산시스템을 이용하여 일정한 축척에 따라 디지털 형태로 나타낸 것을 말한다."로 정의하고 있으며, "수치지도 작성이란 각종 지형공간정보를 취득하여 전산시스템에서 처리할 수 있는 형태로 제작하거나 변환하는 일련의 과정을 말한다."로 정의하고 있다.

이에 따라 수지지형도 작업규정[4]에서는 "수치지형도란 측량 결과에 따라 지표면 상의

---

1 측량법령 제15조 제1항에 따라 국토지리정보원장이 간행하는 지도나 그 밖에 필요한 간행물(이하 "지도등"이라 한다)의 종류를 정하고 있다. 지도(축척 1/500, 1/1,000, 1/2,500, 1/5,000, 1/10,000, 1/25,000, 1/50,000, 1/100,000, 1/250,000, 1/500,000 및 1/1,000,000), 기본공간정보(철도, 도로, 하천, 해안선, 건물, 수치표고(數値標高) 모형, 공간정보 입체모형(3차원 공간정보), 실내공간정보, 정사영상(正射映像) 등), 연속수치지형도 및 축척 1/25,000 영문판 수치지형도, 국가인터넷지도, 점자지도, 대한민국전도, 대한민국주변도 및 세계지도, 국가격자좌표정보 및 국가관심지점정보

2 연안해역 기본도는 지형도를 연안해역까지 연결한 지도를 말하며, 건설공사 등을 목적으로 작성하는 것으로서 항해목적인 해도와 다르다.

3 법제처 법령정보센터, 수치지도작성 작업규칙, 국토교통부령 제302호(2010. 10. 28. 개정).

4 국토지리정보원, 수지지형도 작업규정(국토지리정보원 고시 제2010-981호, 2010.12.31.)

위치와 지형 및 지명 등 여러 공간정보를 일정한 축척에 따라 기호나 문자, 속성 등으로 표시하여 정보시스템에서 분석, 편집 및 입력·출력할 수 있도록 제작된 것(정사영상 지도는 제외한다)을 말한다."로 정의하고 있다. 정사영상과 수치표고모델은 항공사진측량규정 등에 따로 정하고 있다.

따라서 각종 지형데이터를 취득하여 전산시스템에서 처리할 수 있는 형태로 제작하거나 변환하는 일련의 과정을 "수치지형도 작성"이라고 한다. 따라서 수치지형도는 데이터베이스(database)이며 이를 관리하는 전산시스템을 지형정보시스템이라고 말할 수 있다. 즉, 입력, 편집, 출력, 수정(관리)된 수치지도 데이터는 그대로 이용하거나 변환과 검색이 가능하며, 다른 종류의 데이터와 조합시켜 각종 형식의 지도를 만들 수 있다. 이는 건물, 도로, 하천, 지형 등으로 구조화(structured data)된 데이터베이스의 구축이 가능하기 때문이다. 메타데이터(metadata)는 작성된 수치지도의 체계적인 관리와 편리한 검색·활용을 위하여 수치지도의 이력 및 특징 등을 기록한 자료를 말한다.

지적전산자료는 지적법령에 의한 지적공부이며 수치지도에서 제외된다.

17.1.3 기본공간정보

기본공간정보는 위치를 기반으로 하는 공간정보에서 골격 또는 핵심이 되는 기초정보(framework data, core data, basic data)라는 의미를 갖고 있다. GIS의 도입배경에 따라 국가마다 기본공간정보 용어[5]를 사용함에 차이가 있으므로 주의가 필요하다.

우리나라는 국가공간정보 기본법 제19조(기본공간정보의 취득및 관리)에서 국토교통부장관은 주요 공간정보를 기본공간정보로 선정하고, 이를 통합하여 하나의 데이터베이스로 구축하여 관리하도록 규정하고 있으며, 다음은 규정된 기본공간정보의 내용이다.

① 지형·해안선·행정경계·도로 또는 철도의 경계·하천경계·지적, 건물 등 인공구조물의 공간정보
② 그 밖에 대통령령으로 정하는 주요 공간정보
　1. 기준점: 측량기준점표지
　2. 지명

5　기본공간정보(base data 또는 fundamental data)에는 기준점, 표고, 주소, 행정경계, 위성데이터, 도로망 및 건축물 데이터 등 핵심데이터(core data 또는 reference data) 및 (영역)공통데이터(multi-sector data)가 해당된다.

3. 정사영상: 항공사진 또는 인공위성의 영상을 지도와 같은 정사투영법(正射投影 法)으로 제작한 영상

4. 수치표고모형: 지표면의 표고(標高)를 일정간격 격자마다 수치로 기록한 표고모형

5. 공간정보 입체모형: 지상에 존재하는 인공적인 객체의 외형에 관한 위치정보를 현실과 유사하게 입체적으로 표현한 정보

6. 실내공간정보: 지상 또는 지하에 존재하는 건물 등 인공구조물의 내부에 관한 공 간정보

7. 그 밖에 위원회의 심의를 거쳐 국토교통부장관이 정하는 공간정보

표 17-2는 국토교통부장관이 정하여 고시한 기본공간정보 23종의 현황이다. 개별 관리

표 17-2 기본공간정보 지정현황

구축기관	공간정보 종류	비고(관리시스템)
국토교통부 국토지리정보원	1. 철도경계 2. 철도중심 3. 도로경계 4. 도로중심 5. 하천경계 6. 하천중심 7. 호수 등 8. 건물	수치지도관리시스템
	9. 측량기준점	국가기준점발급시스템
	10. 지명	국가지명관리시스템
	11. 수치표고모델 12. 정사영상	국토공간영상정보시스템
국토교통부 국토정보정책관	13. 법정동 14. 지적	한국토지정보시스템(KLIS)
환경부 한강홍수통제소	15. 유역경계	국가수자원관리종합정보시스템(WAMIS)
해양수산부 국립해양조사원	16. 해안선 17. 해저지형 18. 해양경계	종합해양정보시스템(TOIS)
행정자치부	19. 도로명주소 20. 행정동	주소정보시스템(KAIS)
통계청	21. 통계구	센서스공간통계DB
국토교통부	22. 공간정보 입체모형 23. 실내공간정보	(2013년 추가)

기관(공공기관 등)에서는 이 기본공간정보를 토대로 공간데이터베이스와 공간정보체계를 구축하고 있다.

현재 189개 공공기관에서 54,256건의 목록정보를 제공하고 있으며(2019년 7월 발표), 세계측지계 기반이 아닌 자료가 DB에 포함되어 있으므로 활용에 주의가 필요하다.

현재 법령(관리기관)에 따라 운영되고 있는 모든 도면(map)과 공부(rigister)는 수치지도를 기반으로 통합, 연계하고 현행화가 필요하다. 이를 위해서는 새로운 관점에서 기본공간데이터(base data)는 공공·민간데이터의 공유를 위한 공유데이터(common data), 수치지도의 연결을 위한 골격데이터(reference data) 그리고 도로, 건물, 지명 등 핵심데이터(core data)로 구분하여 관리할 필요가 있다.

17.2 수치지도

17.2.1 수치지형도

디지털 형식의 지도인 수치지도는 수치지형도와 수치주제도를 말하며 정사영상과 수치표고모델 등을 포함한다.

수치지도의 작성은 작업계획의 수립, 자료의 취득(수치도화, 지상현황측량, 현지조사, 지도입력 등), 지형정보의 표현(표준코드 또는 유일식별자), 품질검사의 순으로 한다. 수치지형도 자료취득을 위한 지형측량 작업내용은 다음과 같다.

① 수치도화

측량용 항공사진 또는 위성영상의 지형·지물을 해석도화기 등에 의하여 수치데이터로 측정하여, 이를 컴퓨터로 수록하거나 수록된 데이터를 이용하여 정위치편집, 구조화편집 또는 도면제작편집을 실시하는 것을 말한다. 드론으로 촬영한 영상처리도 포함된다.

② 지도입력

이미 제작된 지도 또는 측량도면을 디지타이저 또는 스캐너에 의하여 수치데이터로 측정하여 이를 컴퓨터로 수록하거나, 수록된 데이터를 이용하여 정위치편집, 구조화편집 또는 도면제작편집을 실시하는 것을 말한다.

③ 정위치편집

지리조사 및 현지측량에서 얻어진 자료를 이용하여 도화 데이터 또는 지도입력 데이터를 수정·보완하는 작업을 말한다.

④ 도면제작편집

지도형식의 도면으로 출력하기 위하여 정위치편집된 성과를 지도도식규정과 표준도식에 의하여 편집하는 작업이다.

⑤ 구조화 편집

데이터 간의 지리적 상관관계를 파악하기 위하여 지형·지물을 기하학적 형태로 구성하는 작업을 말한다.

17.2.2 표준코드 및 품질검사

(1) 표준코드

수치지도의 작성에 필요한 표준코드에는 도엽코드, 레이어코드, 지형코드의 세 가지가 있으며, 데이터베이스 구축의 체계화 및 호환성을 확보하는 데 목적이 있다.

① 도엽코드

도엽코드는 수치지도의 도엽별 관리를 편리하게 할 수 있도록 도엽번호(색인도)를 구분하는 것으로서 도곽의 크기를 함께 정하고 있다. 「수치지도작성 작업규칙」에서는 "도엽코드란 수치지도의 검색·관리 등을 위하여 축척별로 일정한 크기에 따라 분할된 지도에 부여한 일련번호를 말한다."고 정의하고 있다.

예로서, 1/50,000 도엽은 경위도 1° 간격의 분할지역을 가로와 세로를 각각 15′씩으로 등분하여 하단 위도 두 자리 숫자와 좌측 경도의 끝자리 숫자를 합성한 뒤 해당코드를 추가하여 구성한다. 또한 1/25,000도엽은 1/50,000도엽을 4도엽으로, 1/10,000도엽은 25도엽, 1/5,000도엽은 100등분한 것이다.

② 레이어코드

레이어코드는 도엽코드로 분류된 파일의 부속코드로서 「수치지도작성 작업규칙」에서는 "수치지도에 표현되는 지형·지물은 다른 수치지도와의 연계 및 활용 등을 위하여 분류체계에 따라 분류해야 한다."고 규정하고 있다.

표 17-3 지형코드(중분류)

코드	내용	코드	내용	코드	내용
A	**교통**	C015	해수욕장	D	**식생**
A001	도로경계	C016	등대	D001	경지계
A002	도로중심선	C017	저장조	D002	지류계
A003	인도(보도)	C018	탱크	D003	독립수
A004	횡단보도	C019	광산	D004	목장
A005	안전지대	C020	적치장	E	**수계**
A006	육교	C021	채취장	E001	하천경계
A007	교량	C022	조명	E002	하천중심선
A008	교차로	C023	전력주/통신주	E003	실폭하천
A009	입체교차부	C024	맨홀	E004	유수방향
A010	인터체인지	C025	소화전	E005	호수/저수지
A011	터널	C026	관측소	E006	용수로
A012	터널입구	C027	야영지	E007	폭포
A013	정거장	C028	묘지	E008	해안선
A014	정류장	C029	묘지계	E008	등심선
A015	철도	C030	유적지	F	**지형**
A016	철도경계	C031	문화재	F001	등고선
A017	철도중심선	C032	성	F002	표고점
A018	철도전차대	C033	비석/기념비	F003	성/절토
A019	승강장	C034	탑	F004	옹벽
A020	승강장의 지붕	C035	동상	F005	동굴입구
A021	나루	C036	공중전화	G	**경계**
A022	나루노선	C037	우체통	G001	행정경계
B	**건물**	C038	놀이시설	G002	수부지형경계
B001	건물	C039	계단	G003	기타경계
B002	담장	C040	게시판	H	**주기**
C	**시설**	C041	표지	H001	도곽선
C001	댐	C042	주유소	H002	기준점
C002	부두	C043	주차장	H003	격자
C003	선착장	C044	휴게소	H004	지명
C004	선거(dock)	C045	지하도	H005	산/산맥이름
C005	제방	C046	지하도입구		
C006	수문	C047	지하환기구		
C007	암거	C048	굴뚝		
C008	잔교	C049	신호등		
C009	우물/약수터	C050	차단기		
C010	관정	C051	도로반사경		
C011	분수	C052	도로분리대		
C012	온천	C053	방지책		
C013	양식장	C054	요금징수소		
C014	낚시터	C055	헬기장		

출처: 국토지리정보원, 수치지형도 작성 작업규정, 2013.

③ 지형코드

지형코드(feature code)는 레이어코드의 부속코드로서 수치지도에서 가장 중요한 구성요소이며, 대·중·소 세 분류의 4가지 계층구조를 갖고 있다. 대분류는 레이어코드와 같은 수치로 부여된다. 수치지도작성 작업규칙에서는 "유일식별자(Unique Feature IDentifier, UFID)란 지형·지물의 체계적인 관리와 효과적인 검색 및 활용을 위하여 다른 데이터베이스와의 연계 또는 지형·지물 간의 상호 참조가 가능하도록 수치지도의 지형·지물에 유일하게 부여되는 코드를 말한다."고 지형코드를 분류하고 있다.

표 17-3은 "수치지형도작성 작업규정"에서 정한 중분류의 내용을 보여주고 있다.

(2) 품질검사

규칙에서는 "품질검사란 수치지도가 수치지도의 작성 기준 및 목적에 부합하는지를 판단하는 것을 말한다."고 정의하고 있다. 또한 수치지도를 작성하는 기관은 작성된 수치지도가 본래의 작성 기준 및 목적에 부합하게 작성되어 있는지를 판정하기 위하여, 다음 품질요소를 기초로 하여 정량적인 품질기준을 마련하고 이를 검사해야 한다.

① 정보의 완전성: 수치지도상의 지형·지물 또는 그에 대한 각각의 정보가 빠지지 아니하여야 한다.

② 논리의 일관성: 수치지도의 형식 및 수치지도상의 지형·지물의 표현이 작성기준에 따라 일관되어야 한다.

③ 위치정확도: 수치지도상의 지형·지물의 위치가 원시자료 또는 실제 지형·지물과 대비하여 정확히 일치해야 한다.

④ 시간정확도: 수치지도 작성의 기준시점은 원시자료 또는 조사자료의 취득시점과 일치해야 한다.

⑤ 주제정확도: 지형·지물과 속성의 연계 및 지형·지물의 분류가 정확해야 한다.

17.2.3 수치주제도

수치주제도는 수치지형도를 기반으로 특정한 주제에 관하여 항공사진 판독 또는 위성영상 분류기법에 의해 제작된 토지이용현황도, 토지피복지도, 임상도, 산림입지토양도 등을 말한다.

(1) 토지피복지도 등 주제도

측량법 시행령 제4조에서 정한 수치주제도의 종류는 표 17-4와 같다. 여기에는 개별 법령에 따른 중축척지도와 대축척지도를 모두 포함하고 있다.

인공위성이 촬영한 영상을 이용하여 지표면의 상태를 표현한 지도를 만들 수 있는데, 이를 토지피복지도(Land Cover Map)라 한다. 토지피복분류(Land Cover Classification)는 원격탐사 자료의 가장 대표적이고 전형적인 응용방법의 하나로서 숲, 초지, 콘크리트 포장과 같은 지표면의 물리적 상황을 분류한 것이다.[6]

토지피복분류도의 분류항목은 지표면의 상태를 7개 항목(시가화 건조지역, 농업지역, 산림지역, 초지, 습지, 나지, 수역)으로 나누는 대분류, 22개 항목으로 나누는 중분류, 41항목으로 나누는 세분류의 3단계로 나뉜다.

분류 절차로서 준비단계에서는 분류에 필요한 위성영상자료와 영상만으로는 분류하기 어려운 지역의 정확도를 높이기 위해 각 분류별 필요한 위성영상자료 및 참조자료를 수집한다. 그리고 제작방법단계는 다음과 같다.

① GCP 선정 및 기하보정: 위성영상의 위치를 맞춰주기 위해서는 정확하고 신뢰도 높은 기준을 정해주어야 한다. 이때의 기준은 영상과 지표면에서 동일한 형태를 나타내는 GCP(Ground Control Point: 지상기준점) 선정 및 기하보정을 실시한다.

표 17-4 수치주제도의 종류

구분	수치주제도의 종류(측량법 시행령 제4조)	
법령	1. 지하시설물도	12. **임상도**
	2. **토지이용현황도**	13. 지질도
	3. 토지적성도	14. 토양도
	4. 국토이용계획도	15. 식생도
	5. 도시계획도	16. 생태·자연도
	6. 도로망도	17. 자연공원현황도
	7. 수계도	18. **토지피복지도**
	8. 하천현황도	19. 관광지도
	9. 지하수맥도	20. 풍수해보험관리지도
	10. 행정구역도	21. **재해지도**
	11. 산림이용기본도	22. 국토교통부장관이 고시하는 수치주제도

---

6 국토환경정보센터, http://neins.go.kr/gis/mnu01/doc03a.asp

② 색상 보정: 대분류는 무감독 분류로 실시되기 때문에 분류의 정확도를 높이기 위해 색상 보정을 실시한다.

③ 토지피복분류 실시: 대분류 토지피복지도는 감독/무감독 분류의 장점만을 합친 Hybrid 분류방법을 적용한다. 감독 분류란 영상에서의 피복특성을 사람이 육안으로 판독·분류하는 방법이고, 무감독 분류란 원격탐사 프로그램을 사용하여 영상의 색상 차이에 따라 자동으로 분류하는 방법이며, Hybrid 방법은 감독 분류에서 미분류된 지역을 무감독분류 결과와 합치는 것이다. 중·세분류 토지피복지도에서는 영상을 분류 항목에 따라 분류하고, 분류 코드(속성)를 입력한다. 그리고 색상 코드에 따라 색상을 입힌다.

④ 현장조사: 남한지역은 필요시 현장조사를 실시한다.

(2) 임상도/산림입지토양도

임상도는 산림자원의 조성 및 관리에 관한 법률 제8조의2(임상도의 작성)에 따라 작성한다.

임상도는 우리나라 국토의 산림이 어떻게 분포하고 있는가를 보여주는 대표적인 산림지도로 임종·임상·수종·경급·영급·수관밀도 등 다양한 속성정보를 포함하고 있으며 지형도, 토양도, 지질도 등과 더불어 국가기관에서 전국적 규모로 제작하는 주요 주제도 중 하나이다. 또한 1:5,000 산림입지토양도는 산림경영, 산지관리, 환경영향평가 등에 필요한 입지·토양환경에 대해 작도단위인 토양형을 구획단위로 조사 및 분석한 정보를 대축척화하여 수치지도로 나타낸 산림주제도이다.

임상도는 "산림자원의 조성 및 관리에 관한 법률"에 따라 제작되고 있으며, 1:25000 임상도와 더불어 1:5000 대축척 임상도 및 산림입지토양도를 서비스하고 있다. 임상도 제작 공정은 다음과 같다.

① 기초자료 수집 및 분석
② 임상판독 및 구획
③ 임상 및 표준지 조사
④ 임상구획 수정편집
⑤ 임상도제작

441

표 17-5 재해지도 작성 의무자

구분		행정안전부장관/ 환경부장관/해양수산부장관	광역자치단체장	기초자치단체장
침수흔적도	풍수해		△	○
	지진해일		○	○
침수예상도		○	○	○
재해정보지도			○	○

(3) 재해지도

자연재해대책법에서 "재해지도"란 풍수해로 인한 침수 흔적, 침수 예상 및 재해정보 등을 표시한 도면을 말하며,「자연재해대책법」제21조와「지진·화산재해대책법」제10조에 따라 하천 범람 등 자연재해를 경감하고 신속한 주민 대피 등의 조치를 하기 위하여 관계 중앙행정기관의 장 및 지방자치단체의 장이 작성한다. 재해지도의 종류는 다음과 같으며, 재해지도 작성 의무자는 표 17-5와 같다.

① 침수흔적도: 태풍, 호우, 해일 등으로 인한 침수흔적을 조사하여 표시한 지도

② 침수예상도: 현 지형을 기준으로 예상 강우 및 태풍, 호우, 해일 등에 의한 침수범위를 예측하여 표시한 지도로서, 홍수범람위험도(홍수범람예상도, 내수침수예상도), 홍수위험지도, 해안침수예상도

③ 재해정보지도: 침수흔적도와 침수예상도 등을 바탕으로 재해 발생 시 대피 요령, 대피소 및 대피 경로 등의 정보를 표시한 지도

- 피난활용형 재해정보지도
- 방재정보형 재해정보지도
- 방재교육형 재해정보지도

재해지도의 작성·보급·활용함에 있어서는「재해지도 작성기준[7] 등에 관한 세부규정」에 따라야 한다. 재해지도는 침수흔적도와 침수예상도를 먼저 작성하고 이를 토대로 재해정보지도를 작성하는 것을 원칙으로 하며, 관할 행정구역 전체를 대상으로 작성한다.

침수흔적도 작성 시에는 연속지적도 및 수치지형도를 기본지도로 하며, 필요시 임야도, 항공사진 등을 보조적으로 활용할 수 있다. 침수흔적도는 국토지리정보원에서 작성·배포

---

[7] 재해지도 작성기준 등에 관한 지침, 행정안전부 고시 제2019-52호(2019.6.18.)

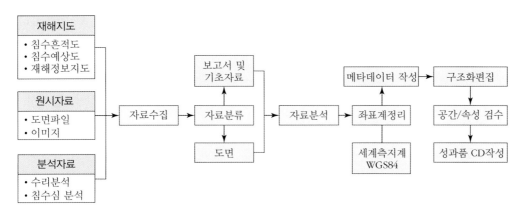

그림 17-1 재해지도 등 전산화 흐름도

하고 있는 수치지도 2.0버전과 호환 가능한 "디지털 형태의 지도"로 작성하여 전산관리하여야 하고, 행정안전부의 "침수가뭄급경사지 정보시스템"에 업로드가 가능한 형태여야 한다.

침수흔적도의 주요자료는 기본도형자료와 침수상황 속성자료이다. 기본도형 자료는 연속지적도 자료(지적선, 지목, 지번 등), 수치지형도 자료(표고점, 등고선, 도로, 하천 등 주요 지형지물 현황 등), 정사영상, 기타자료(방재시설물 등)를 수집하여야 한다. 또한 침수상황 속성자료는 재해명, 위치, 침수일자, 침수시간, 침수위, 침수심, 침수구역, 침수면적, 침수원인, 침수피해내용, 피해액 등이다.

재해정보지도는 국토지리정보원에서 발행하는 1/5,000 수치지형도를 기본지도로 사용하여 작성한다. 재해지도(침수흔적도, 침수예상도, 재해정보지도), 원시자료(재해지도 도면파일, 이미지), 분석자료 등의 자료는 그림 17-1에 따라 전산화한다.

(4) 국토환경성평가지도

국토환경성평가지도[8]는 「환경정책기본법」 제23조(환경친화적 계획기법 등의 작성·보급) 2항 및 같은 법 시행령 제11조의 2(환경성 평가지도의 작성)에 따라, 각 관련 부처에서 수집된 환경공간정보를 활용하여 57개의 법제적 평가항목과 8개의 환경·생태적 평가항목에 의해 국토를 5개 등급(보전가치가 높은 경우 1등급)으로 평가하여 나타낸 지도이다.

법제적 평가항목은 자연환경보전법, 습지보전법, 토양환경보전법, 자연공원법 등 23가

---

8 국토환경정책·평가연구원 국토환경정보센터, 환경공간정보, http://www.neins.go.kr/

지 법률에 의한 57개의 보전지역(생태경관보전지역, 자연유보지역, 습지보호지역, 자연공원 등)으로 구성되어 있으며 각각의 보전 가치에 따라 1~5등급으로 평가되어 있다. 환경·생태적 평가 기준은 보전, 보호와 관련된 각종 정보를 추출하여 국토환경성평가와의 연계성 및 가용성을 감안하여 다양성, 자연성, 풍부도, 희귀성, 허약성, 안정성, 연계성, 잠재적 가치 등 8개 부문으로 구성하였다.

2005년에 전국 1:25,000 국토환경성평가지도 구축이 완료되었고, 2014년부터 1:5,000 국토환경성평가지도를 구축하여 2017년부터 일부 지자체를 대상으로 서비스하고 있으며, 사용자 편의를 위하여 11개 환경관리 항목을 별도로 서비스하고 있다.

국토환경성평가지도는 전략환경영향평가 등에서 중요한 자료로 사용되고 있다.

(5) 국토통계지도

국토조사는 국토기본법 제25조에 따라, 국토에 관한 계획 또는 정책의 수립, 공간정보의 제작, 연차보고서의 작성 등을 위하여 인구, 경제, 사회, 문화, 교통, 환경, 토지이용, 그리고 지형·지물 등 지리정보에 관한 사항, 농림·해양·수산에 관한 사항, 방재 및 안전에 관한 사항 등을 조사한다. 국토조사는 매년 실시하는 정기조사와 특정지역 또는 부문에 대해서 실시하는 수시조사로 구분한다.

국토조사는 행정구역 또는 일정한 격자(格子) 형태의 구역 단위로 할 수 있고, 국토교통부장관은 국토조사자료로부터 "국토통계지도"를 구축하고 유지·관리 및 활용해야 한다. 이에 따라 국토통계지도 서비스 통계구역단위는 표 17-6과 같다.

격자기반 국토 통계지도를 생산하기 위한 위치기준은 세계측지계 기반의 UTM-K이며, 격자원점(0 m, 0 m)은 UTM-K 투영원점(38도, 127.5도)으로부터 서쪽 300 km, 남쪽 700 km 지점이다.

격자는 "행정정보의 격자체계 설정 및 공간정보화 기준(국토지리정보원 예규 제114호)"을 적용하여 가로와 세로를 각각 100 km×100 km 단위부터 10 km×10 km, 1 km×1 km, 100 m×100 m, 10 m×10 m 단위까지 문자와 아라비아숫자를 조합한 10자리로 번호 표시한다. 그리고 2017년에는 소지역 실생활 정보 반영을 위해 50 m×50 m 격자(민간 유동인구 데이터 연계), 250 m×250 m 격자와 500 m×500 m 격자(대도시에서 법정동/국가기초구역/면적을 지원)를 추가하였다.

법정경계는 행정안전부 도로명주소에서의 법정 경계로 시도, 시군구, 읍면동, 리로 구성

표 17-6 국토통계지도 서비스 통계구역 단위

격자	100 km	10 km	1 km	500 m	250 m	100 m
법정경계	시도		시군구		읍면동	리
국가기초구역	국가기초구역					
용도지역	도시지역		관리지역		농림지역	자연보전

※10 m, 50 m 격자는 통계 서비스 제외

된다. 국가기초구역은 우체국, 경찰서, 소방서 등 일반에 공표하는 각종 구역의 기본 단위로 하나의 시·군·구내의 도로, 하천, 철도와 같이 자주 변하지 않는 지형지물을 기준으로 행정구역(읍면동)보다 작은 규모의 동일 생활권으로 하며, 구획 기초구역번호는 총 5자리로 구성(2자리 시·도, 1자리 시·군·구, 2자리 일련번호)되고 우편번호로 사용된다.

용도지역은 도시지역·관리지역·농림지역·자연환경보전으로 구분하며 용도지역지구는 국토교통부 국가공간정보포털에 의한다.

수집된 기반DB(인구, 건물, 토지), 기준DB(도로명주소 건물, 연속지적도), 각종구역(격자, 법정경계, 국가기초구역, 용도지역지구도)에 대한 원천자료를 분석 및 가공을 통해 각 데이터 간 융·복합 과정을 거쳐 국토통계지도 통계정보를 구축한다. 그리고 가공된 기반DB, 기준DB, 각종구역, 매칭테이블을 조합하여 인구(51종), 건물(23종), 토지(3종) 총77종의 국토통계지도[9](1,155개)를 국토지리정보원에서 서비스하고 있다.

17.3 지형도의 제작

17.3.1 1/5,000 지형도

1/5,000 지형도는 ① 기준점, ② 육부의 지형, ③ 수부의 지형, ④ 도로, ⑤ 철도, ⑥ 하천·해안시설물, ⑦ 기타의 토목시설물, ⑧ 건조물, ⑨ 토지의 이용현황, ⑩ 사적·명승지 등, ⑪ 경계, ⑫ 주기 등 지표면 전체의 양상을 측량·조사하여 이를 정확히 지도상에 표시한 것이다.

---

9 국토지리정보원, 국토통계지도, http://map.ngii.go.kr/ms/map/NlipMap.do

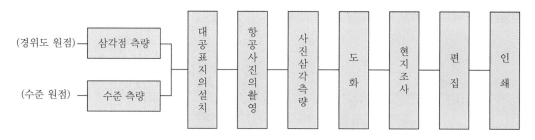

그림 17-2 1/5,000 지형도의 작업공정

그림 17-2의 흐름도는 현재의 1/5,000 지형도의 작업공정의 개요를 보여주고 있다. 이하에서는 도화 이후의 단계부터 설명한다(그 이전의 단계는 16장 항공사진측량 참조).

(1) 현지조사

항공사진에는 지명이나 시·군계 등은 찍혀 있지 않음은 물론, 찍혀 있는 지물이라도 식별할 수 없는 경우가 있다. 이러한 사항을 확인 또는 식별하기 위하여 현지에 나가 현지조사를 한다. 지명조서의 작성도 현지조사에 포함된다. 지형도의 지명이나 경계는 지명조서를 기초로 표시되기 때문에 지명조서의 작성에는 신중을 기해야 한다.

(2) 편집

도화작업에 의하여 만들어진 도화원도를 도식 및 도식규정에 따라 정리하는 작업을 편집이라 한다(수치지도의 경우에는 정위치편집과 도면제작편집에 해당한다). 편집작업에 의하여 만들어진 편집원도는 주기를 빼면 간행된 지도와 거의 같다. 편집작업에서는 현지조사 등 이제까지 수집한 자료를 최종적으로 정리하게 되며, 이 단계에서 만들어지는 자료에는 도로자료도, 주기색인표, 기준점자료도, 식자자료표 등이 있다.

(3) 제도·인쇄

1/5,000 지형도와 같은 실측도나 1/25,000 지형도 또는 1/50,000 지형도와 같은 편집도는 귀중한 한 장의 원도이다. 원도의 지형이나 지물은 연필, 색잉크, 색연필 등으로 그린 것이며 문자도 손으로 쓴 것이다(수치지도의 경우에는 도면제작편집에 의한 출력파일이 원도에 해당된다). 지도를 수많은 사람이 이용하도록 하기 위해서는 이 한 장의 원도를 정해진

도식에 의하여 깨끗하게 제도하고, 알루미늄판 등으로 제판하여 이를 옵셋 인쇄한다.

17.3.2 지형도의 도식

지형도에 나타내는 각종 기호, 용어, 표시방법 등을 지형도 도식이라고 말한다. 도식은 사용목적, 축척 및 지형 등에 따라 정해지지만 전국적으로 통일된 규정을 갖고 있는 것이 보통이다. 지물을 축척에 따라 정확히 그려야 하지만, 해당 축척만으로 나타내기에는 너무 작은 경우가 있으므로 이때는 도형을 다소 수정하여 나타내거나, 특정한 기호를 이용하기도 한다. 삼각점이나 도로, 철도 등이 좋은 예이다. 지도는 일반적으로 북방향을 위로 하고 있으며, 도명, 축척, 도폭, 투영법, 위치의 기준 등 목적에 합치될 수 있는 효과적인 표현법이 필요하다.

(1) 도식기호

도식은 지도의 종류에 따라 다소 다르며 지도축척별 도식은 국토지리정보원에서 정한 "지형도 도식 적용규정"을 적용하면 좋다.

(2) 주기

지형도에는 앞에서 설명한 많은 기호 외에 여러 가지 많은 글자나 숫자도 기재되어 있다. 이러한 글자나 숫자를 주기라 한다. 지형도에 표시하는 고유명의 주기는 내무부 행정지명편람에 있는 공식적인 명칭을 사용함을 원칙으로 하고 있다.

지형도의 주기는 행정명 이외에 촌락, 산, 하천, 노선명 등이 있으며, 이들 지명은 지명위원회에서 심의 결정된 지명에 의하고 있다. 주기는 표시하고자 하는 대상물의 종류, 형태, 크기 등에 따라 선별하여 사용하고 있다.

(3) 난외주기

난외주기란 도곽을 표시하고 독도상 필요한 사항을 도엽의 주변에 기재하여, 지형도의 체재와 내용을 정리해 놓은 것을 말한다. 그림 17-3은 난외사항을 보여주고 있다(축척 1/25,000). 이 중에서 지형도의 번호(도엽번호)에 대해서만 설명해 보자.

지형도의 번호는 흔히 도엽번호라 한다. 예를 들면, 도명의 우측에 「NJ52-13-17-3 대천」
과 같이 표시되어 있다. NJ52는 UTM투영법에 의한 1/100만의 국제도 번호로서 N은 지구
의 북반구, J는 적도로부터 매 4°의 위도차를 취하여 A, B, C …와 같이 부호를 붙여 그
J번째(10번째)에 해당하는 것을 표시한 것이다. 52는 경도 180°의 경선(동경, 서경이 겹치
는 경선)을 기준으로 하여 동쪽 방향으로 6°씩 나누어 각각 1, 2, … 60의 번호를 붙여
52번째에 해당함을 표시한 것이다.

그 다음 숫자 13은 기본적으로 경도 1°45′, 위도 1°로 구획되어 있는 1/250,000 지세도
구획이며, 17은 1/250,000 지세도의 가로세로를 각각 7등분과 4등분하여 28구획(한 구획
은 15′×15′)으로 나누어 좌상으로부터 번호를 붙인 1/50,000 지형도의 위치를 표시하는
번호이다. 그리고 1/25,000 지형도의 위치를 표시하는 맨 끝의 번호 3은 1/50,000 지형도

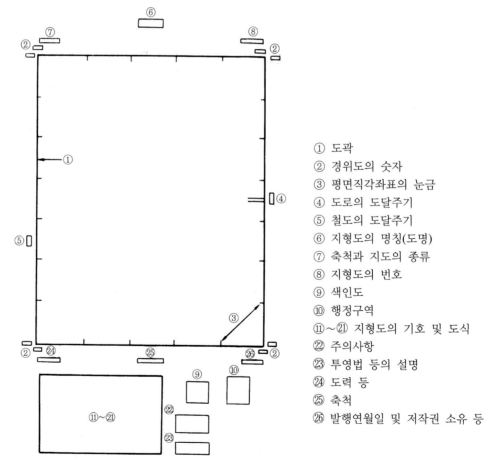

① 도곽
② 경위도의 숫자
③ 평면직각좌표의 눈금
④ 도로의 도달주기
⑤ 철도의 도달주기
⑥ 지형도의 명칭(도명)
⑦ 축척과 지도의 종류
⑧ 지형도의 번호
⑨ 색인도
⑩ 행정구역
⑪~㉑ 지형도의 기호 및 도식
㉒ 주의사항
㉓ 투영법 등의 설명
㉔ 도력 등
㉕ 축척
㉖ 발행연월일 및 저작권 소유 등

그림 17-3 난외사항

도곽의 가로세로를 2등분하여 4구획(1구획은 $7.5' \times 7.5'$)으로 하고 좌상부터 번호를 붙인 것이다. 이러한 도엽번호는 지형도를 구입하거나 정리할 때에 이용하면 매우 편리하다.

(4) 표현의 약속

지표의 상태를 축척에 따라 축소하여 지형도를 제작하는 경우에 모든 사항들을 표현할 수는 없으므로 축척에 따라 취사선택하여 표현한다. 그 표시방법으로는 과장표시, 종합표시, 생략 등의 방법이 있으며, 축척이 작을수록 그 경향이 두드러진다.

① 형상

지형도에 표현하는 각종 표현사항의 형상은 각각 바로 위에서 바라본 상태의 정사영상을 표시하는 것이 대부분이나, 표현사항이 상하로 중복되어 있는 경우에는 터널이나 수로 등과 같이 특별한 경우를 제외하고는 아래에 있는 것으로 표시하지 않는다. 그러나 갈색의 등고선이나 흑색의 도로, 가옥 등 색을 다르게 표시할 때는 중복하여 표시한다.

② 기호의 진위치

철도나 도로, 하천, 삼각점, 고탑 등의 평면도형은 기호의 중심점 또는 중심선이 그 물체의 진위치에 해당하도록 표시한다. 그리고 기념비나 굴뚝 등의 측면도형의 경우에는 기호의 밑면 중앙이 그 물체의 진위치에 해당하도록 표시한다.

③ 진위치의 이동

지형도에 표시하는 각종 표현사항의 위치는 부득이한 경우에 한하여 최소한의 이동(전위)을 인정하고 있으나 그 범위는 도상에서 최대 1.2 mm이다. 이동을 할 때 하천, 호소 등의 자연물과 철도, 도로, 제방 등의 인공물에 접할 때는 자연물은 되도록 진위치에 표시하고 인공물을 이동한다.

④ 과장표시

정사영으로 표시되는 기호는 각각 도시할 때의 극소치를 정하고 있다. 예로서 1/25,000 지형도의 도로에서는 실제의 폭이 11.0 m 이상인 때에는 1/25,000 지형도에서는 바깥쪽이 1.2 mm인 쌍선으로 그리게 되어 있으나 이것은 실제보다 약 2.7배 확대 표시한 것이 된다. 이와 같이 지형도에 표시하는 대상물 중 중요한 것은 과장하여 표시함으로써 찾아보기 쉽도록 하고 있다.

⑤ 취사선택과 종합표시

지형도에 표시하는 사항의 취사선택 및 종합표시에 관하여는 지도 이용상의 중요도와 그 형태를 잘 고찰하여 중요도가 높은 사항을 생략하거나, 지나치게 종합함으로써 실제와 차이가 나서 너무 크게 표현되지 않아야 한다.

종합표시라 함은 개개의 작은 것, 복잡한 형태의 것 등을 그대로 축척에 따라 축소하면 알아보기 어려운 때가 있으므로, 특징이나 형태를 손상하는 일이 없도록 적당히 종합하여 표시하는 것을 말한다. 축척이 작아질수록 종합표시가 많아진다.

17.3.3 지도투영법

곡면인 가상의 지구 표면을 평면상에 표현하는 것을 투영(projection)한다고 하고, 그 방법을 투영법(projection)이라고 한다. 투영한다는 것은 근본적으로 지구상의 경위도선을 지도평면상에 표현하는가의 문제이다. 곡면을 아무런 왜곡이나 단절 없이 평면에 재현할 수는 없기 때문에 각, 거리, 면적 등 어느 하나를 유지하면서 투영하는 방법이 사용되고 있다.

① 등각투영(conformal or orthomorphic projection): 지도상의 어느 곳에서도 각의 크기가 동일하게 표현되는 투영법으로서, 형상(shape)을 유지한다. 두 점 간의 거리는 다르게 나타나고 지역이 커질수록 형상이 부정확하다. 지형도에 사용된다.

② 등적투영(equal-area projection): 이 투영법은 면적을 같도록 하고 있으며, 형상이 달라지는 단점을 가지고 있다. 통계지도나 지도첩 등에 사용된다.

③ 등거투영(equidistant projection): 한 중앙점으로부터 다른 한 지점까지의 거리를 같게 나타내는 투영법으로서, 원점으로부터의 동심원의 길이가 같게 표현된다.

그리고 투영면에 따라 방위투영법(azimuthal projection), 원추투영법(conical projection), 원통투영법(cylindrical projection)으로 구분할 수 있다. 방위투영법은 한 원점으로부터의 방위각(방향)이 같도록 나타내는 방법이다. 원통투영법은 등각원통투영법이 해도에 이용되고 있으며 우리나라의 경우에는 지형도에 횡원통투영법을 적용하고 있다.

원추투영법은 지구에 원추를 접하게 하거나 지구와 원추를 교차시켜 지구의 경위도선을 원추면에 투영하는 방법이다. 지구의 지축과 원추의 주축이 일치하는 경우에 지구와 원추가 접하는 선은 적도 이외의 위도선이 되며 이 위도선을 표준위도선(standard parallel)

이라고 한다. 단원추의 경우에는 접원추(1표준위도선)와 할원추(2표준위도선)로 구분된다. 이 투영법은 중위도 지방의 지도에 흔히 이용되며, 우리나라의 경우에는 축척 1/3,000,000 지도에 2표준위도선법을 적용하고 있다.

17.4 위성원격탐사

17.4.1 원격탐사의 기본원리

원격탐사는 항공기나 인공위성에 탑재된 센서(sensor)를 통해서 지표면의 대상물이나 현상에 관한 전자파 정보를 수집해 이를 분류, 판독 및 분석하는 학문체계로서, 지구의 물리적 성질과 기하학적 특성에 관한 제반 정보를 제공할 뿐만 아니라 지구상에 존재하는 모든 대상물의 측정과 해석을 통해 주제도[10] 작성을 가능하게 해 준다.

전자파의 파장별 특징은 그림 17-4 및 표 17-7과 같다. 원격탐사에 사용되는 파장은 임의로 선택할 수 없으며 기권이 충분한 전자파 방사를 통과시키는 파장을 많이 사용하고 있다.

사진상에서 육안으로 구분하기 어려운 물체들의 분석을 보다 효율적으로 실시하기 위하여 다중분광영역(multi-spectral band)의 개념이 도입되었으며, 원격탐사라 함은 "각 물체가 보유하는 이 분광반사특성을 이용하여 간접적으로 물체의 특성을 조사연구하는 기법의 총칭"이라고 할 수 있다.

다중분광영역에 의한 색조분석은 자외선 영역에서도 사용되나 0.3 μm 이하의 파장은 대기권에 의한 감쇠현상이 심하므로 잘 사용되지 않는다. 적외선 영역은 눈으로 볼 수 없는 완전히 다른 열복사의 세계를 보여주며, 낮이나 밤, 안개, 연기 등에 관계없이 관측이 가능하다. 25 μm보다 큰 파장영역에서는 대기권에 의한 흡수가 심하여 적외선 탐사기술을 이용하는 데 상당한 제한이 따른다.

레이더를 이용한 마이크로파 영역에서의 탐사기술은 대상물체에 반사된 성분을 탐지하여 분석하는 것으로 낮이나 밤, 파장의 제한 등이 없으며, 극심한 강우나 구름을 제외하고 전천후로 탐사가 가능하다. 또한 마이크로파를 이용한 탐사는 지표면 위의 식물층을 통과

---

[10] 측량성과로서 지도의 한 종류임.

451

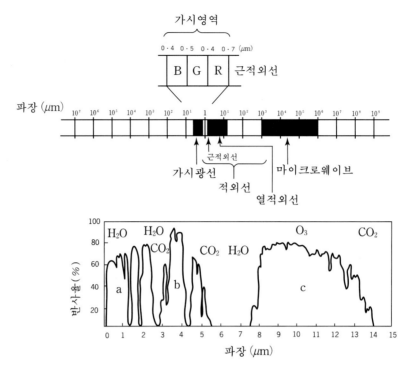

그림 17-4 전자파 스펙트럼 영역

표 17-7 전자파의 파장별 특징

밴드	파장	비고
감마선	0.03 nm 이하	방사성 물질의 감마방사는 저고도 항공기에 의해 탐측된다(태양으로부터의 입사광은 공기에 흡수).
X선	0.03~3 nm	입사광은 공기에 의해 흡수되어 원격탐사에 이용되지 않는다.
자외선(UV)	3 nm~0.4 μm	입사되는 0.3 μm보다 작은 파장의 자외선은 공기 상층부 오존에 흡수된다.
사진자외선	0.3~0.4 μm	필름의 광전변환기에 탐지되나 공기산란이 심하다.
가시광선	0.4~0.7 μm	필름과 광전변환기에 탐지된다.
적외선(IR)	0.7~1000 μm	물질의 상호작용으로 파장이 변화된다.
반사적외선	0.7~2 μm	이것은 주로 태양광반사이다. 물질의 열적 특성은 포함되지 않는다.
열적외선 (Thermal IR)	3~5 μm 8~15 μm	이 파장대의 영상은 광학적인 탐측기를 이용하여 얻어진다.
극초단파	0.01~1000 cm	구름이나 안개를 투과하여 영상은 수동이나 능동적 형태로 얻어진다.
레이더	0.1~100 cm	극초단파 원격탐측기의 능동적 형태이다.

표 17-8 원격탐사의 일반적인 구분

구분	주요 특성
대상분야에 의한 분류	• 식물의 분광특성을 이용하는 농업, 산림 등을 위한 원격탐사 • 지하자료 조사에 이용되는 지질판독을 위한 원격탐사 • 해양의 수온, 해류분포, 어족조사 및 수질오염 조사 등을 위한 원격탐사 • 대기오염, 도시환경 변화 등에 따른 환경 원격탐사 • 군사정보 수집을 위한 군사목적의 원격탐사 • 지도제작 및 수치지형 모델링을 위한 원격탐사
데이터 취득방법에 의한 분류	• 수동적(passive)센서 • 능동적(active)센서
탑재기에 의한 분류	• 정지 위성(35,800 km), 중고도 위성(350~1,500 km), 저고도 위성(150~200 km) • 고고도 항공기(20~40 km), 중고도 항공기(5~10 km), 저고도 항공기(0.2~2 km) • 헬리콥터 • 지상관측기

할 수 있어서 지하 얕은 곳의 정보를 얻는 데 사용되며, 투과 깊이는 진동수가 낮아질수록 증가하며 지형조건에 따라 차이는 있으나 1 m 이하의 지하 관측도 가능하다.

원격탐사 데이터를 획득하기 위해 가시광선과 적외선뿐만 아니라 극초단파와 초음파, 음파, 레이저 등도 이용하고 있다. 일반적 구분은 표 17-8과 같다.

17.4.2 원격탐사 데이터의 획득

(1) LANDSAT

LANDSAT 위성은 지구자원탐사위성으로서 LANDSAT 4, 5에는 다중분광스캐너(Multi-Spectral Scanner, MSS센서)와 TM(Thematic Mapper)센서가 있다. MSS는 4개의 밴드영역을 포착하고 지상의 해상력이 80 m×80 m에 이른다. 또한 TM은 7개의 밴드영역을 포착하며 지상의 해상력이 30 m×30 m로서 MSS보다 2배 이상이다. LANDSAT위성은 고도 705 km로서 16일 주기를 갖고 있으며 185 km의 촬영스트립을 형성하고 있는데, 센서로 탐지된 정보들은 지구국에 보내져 데이터를 분석할 수 있도록 하고 있다.

2013년 2월 11일부터 운용되고 있는 LANDSAT 8호 위성의 경우에는 총 11개의 밴드로 구성되어 있고 2종의 열선(thermal) 밴드를 포함하고 있다. 공식 해상력은 30 m로 보고되고 있으며 판크로 밴드의 경우에는 15 m이다.

대표적인 원격탐사를 위한 LANDSAT 위성에 대해서 비교한 것이 표 17-9이다.

표 17-9 LANDSAT 위성의 비교

구분	LANDSAT 4, 5		LANDSAT 7	LANDSAT 8
센서	MSS	TM	ETM+	OLI/TIRS
운용	Landsat 4(1982.7.~1993.12.) Landsat 5(1984.3.~2013.1.)		2003.5.31.~	2013.2.11.~
해상력(m) 분광영역(μm) 밴드 수	80 0.5~12.6 5	30 0.45~12.5 7	30 0.45~12.50 8	30(phanchro 15) 0.43~12.51 11
고도 주기 촬영폭 시야각 용도	705 km 16일 185 km 11.56° 자원탐사, 주제도 작성			

(2) 다목적실용위성(아리랑위성)

다목적실용위성 2호(KOMSAT-2)인 아리랑 2호는 한국항공우주연구원(KARI)에서 2006년 7월 28일 발사한 지구관측위성이며, 눈에 보이는 가시광선을 촬영하는 광학관측위성이다. 이 위성은 고도 685 km, 궤도주기 100분으로 다중대역카메라(MSC)는 흑백 1 m, 컬러 4 m 급의 해상도를 자랑한다. 아리랑 2호의 MSC는 4개의 밴드를 이용해 한 번에 가로, 세로 15 km 지역을 촬영할 수 있고 무게는 800 kg이다. 아리랑 2호의 영상자료는 국토모니터링, 영상지도제작, 농작물 작황분석, 재해 모니터링 분야에도 활용된다.

다목적실용위성 3호(KOMSAT-3)인 아리랑 3호는 한국 KARI에서 2012년 5월 18일에 발사된 지구관측위성이다. 이 위성은 독자개발한 광학카메라(Advanced Earth Imaging Sensor System, AEISS)를 탑재하고 있으며 70 cm 해상도를 가진다.

다목적실용위성 5호(KOMSAT-5)인 아리랑 5호는 한국 KARI에서 2013년 8월 22일 발사된 지구관측위성이다. 이 위성은 고도 550 km, 궤도주기 96분으로 영상레이더(Synthetic Aperture Radar, SAR)를 탑재해 전천후 지구관측이 가능하며 해상도는 1 m이다. 해양 유류사고, 화산폭발 같은 재난감시와 지리정보시스템(GIS) 구축 등에 활용된다.

다목적실용위성 3A호(KOMPSAT-3A)인 아리랑 3A호는 2015년 3월 26일 발사된 지구관측위성이다. 이 위성은 고도 528 km, 궤도주기 95분으로 55 cm급 해상도의 전자광학카메라(AEISS-A)와 적외선 센서를 탑재한 고성능/고해상도 지구관측위성이다. 아리랑 3A호는 아리랑 3호 설계를 기반으로 적외선 센서를 탑재하고 있어 야간촬영과 열감시(산불감

표 17-10 다목적실용위성(아리랑위성)의 비교

구분	KOMSAT 2	KOMSAT 3	KOMSAT 5	KOMSAT 3A
센서	MSC	AEISS	SAR	AEISS-A, IR
운용	2006.7.28.~	2012.5.18.~	2013.8.22.~	2015.3.26.~
해상력(m)	1(color 4)	0.7(color 2.8)	1/3/20	0.55(color 2.2), IR5.5
분광영역(μm)	0.45~0.90	0.45~0.90	9.66 GHz(X-band) 또는 3.2 cm	0.45~0.90
밴드 수	4	4		4
고도(km) 주기(분) 촬영폭(km)	685 100 15	685 100 15	550 95.78 5/30/100	528 95.2 12
용도	자원탐사, 주제도 작성	국토모니터링, 영상지도제작, 농작물분석, 재해모니터링	자원조사, 재난감시, 지리정보시스템 구축	KOMSAT3 용도, 야간촬영 및 열감지(산불감지, 화산폭발 감시)

출처: ESA eoPortal, directory.eportal.org

지, 화산폭발 감시)에 적외선 영상 활용이 가능하다.

현재는 항공우주연구원에서 영상레이더 성능을 향상시킨 다목적실용위성 6호와 초정밀 광학 및 적외선 센서를 탑재하는 다목적실용위성 7호를 개발하고 있다.

(3) 차세대중형위성(국토관측위성)

국토교통부와 과학기술정보통신부는 위성산업 발전과 공공분야 수요 충족을 위하여 2015년부터 2019년 상용화를 목표로 500 kg급 차세대중형위성(국토관측전용위성)을 한국항공우주연구원을 중심으로 개발하고 있으며, 그 성능은 표 17-11과 같다. 국토위성활용센터는 국토교통부 국토지리정보원에 두고 서비스할 예정이다.

차세대중형위성 개발사업에서는 한국항공우주연구원에서 500 kg급 중형위성용 표준플랫폼을 개발하고 해상도 50 cm급 고해상도 중형위성 2기를 국내 독자 개발하며, 차세대중형위성 2호는 산업체가 종합적인 개발을 담당한다.

차세대중형위성 2단계 개발사업에서는 표준플랫폼 기술을 활용해 우주과학/기술검증, 농림/산림 관측, 수자원/재난관리 위성 등 총 3기의 위성을 국내 개발할 예정이다.

표 17-11 차세대중형위성(국토관측위성)의 성능

구분	국토관측위성 1호, 2호	비고(2단계)
센서	정밀광학 카메라	중형위성용 표준플랫폼
운용	2020.3, 2020.12(예정)	
해상력 분광영역 밴드 수	0.5 m (color 2.0 m) 0.45~0.90 μm 4	
고도 주기 촬영폭	497.8 km 12 km	
용도	−국토·자원관리(지상관측 및 변화탐지, 농작물 작황조사, 도시계획 수립, 지도제작 등) −재해재난 대응(해안/태풍/폭설/홍수/산불 피해 관측 및 대응 등) −국가공간정보 활용서비스(3차원 공간정보 구축, 극지역/접근불능지역 지도제작, 국토통계, 국토모니터링 등)	−우주과학/기술검증 −농림/산림 관측 −수자원/재난관리 위성 등

출처: 국토교통부 국토지리정보원, 한국항공우주연구원 홈페이지.

17.4.3 원격탐사 데이터의 처리

원격탐사 분야는 데이터의 수집, 처리의 단계에서 종래의 컴퓨터 그래픽스의 분야에서 취급된 영상처리의 경우와는 상당히 많은 차이점이 있다. 원격탐사된 데이터는 탑재기 및 센서의 차이, 기상조건, 항행조건에 따라 많은 오차와 왜곡(distortion)을 포함하는 경우가 많다.

영상해석을 수행하는 경우에는 데이터형식이나 왜곡문제를 해결하는 것이 필요불가결한 요소이며, 또한 지리정보시스템과의 데이터 통합처리 및 해석을 위해서는 측지학에서 다루는 좌표계, 컴퓨터의 저장구조, 데이터 해석 방법 등 전자, 전산, 물리 및 측지학의 전반적인 지식이 요구된다.

2차원의 수치정보로 입력되는 원격탐사 데이터에 대하여 영상의 처리, 해석을 용이하게 하기 위해서는 기본적인 기능이 있어야 하며 처리단계별로 표현하면 그림 17-5와 같다.

(1) 데이터의 질의 검사

원격탐사 해석 결과의 질에 대해서는 사용한 해석방법의 적정성 여부에 좌우되는 경우

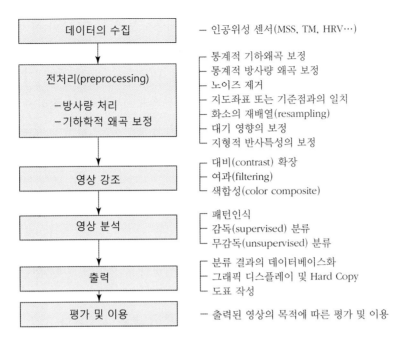

그림 17-5 원격탐사 데이터의 처리과정

가 많으나, 이와 유사하게 중요한 부분이 사용하려는 데이터의 질이라고 볼 수 있다. 전처리에서도 많은 영향을 미치게 되는 데이터의 질에 대해서는 다음과 같은 항목을 고려해야 한다.

- 원 데이터의 관측범위
- 구름이나 대기의 영향범위와 영향
- 기하왜곡의 유무와 그 정도
- 데이터 수집에 사용된 센서의 감도
- 각 파장대의 CCT Count(DN치)의 분포

(2) 전처리

일반적으로 항공기나 인공위성으로부터 얻어지는 원격심사 데이터는 여러 가지 왜곡을 포함하고 있다. 영상해석의 목적에 맞게 이들 왜곡을 보정한 뒤에 해석영역의 선정과 데이터를 추출해내는 작업까지가 전처리(preprocessing) 작업에 해당된다.

방사량 왜곡보정에는 영상 중의 위치에 관계하지 않는 보정과 영상 중의 위치에 의존하는 보정의 두 가지가 있다. 전자를 Shift Invariant 보정, 후자를 Shift Variant 보정이라 한다.

기하학적 왜곡보정은 대상물 O(X, Y)와 이에 대응하는 영상 R(x, y) 사이에는 왜곡이 존재하며, 투사방식, 투영면, 센서 등 여러 요인에 의해 영상의 기하형상이 달라지게 되므로 이를 바로잡는 것이다. 여기에는 시스템 보정에 대한 것으로서 기하학적 왜곡을 일으키는 원인 및 성질에 관한 정보를 이용하거나, 계통적으로 왜곡을 보정하는 것으로서 렌즈 및 초점거리 등에 대한 내부적 왜곡과 플랫폼의 자세와 같은 외부적 왜곡이 해당된다. 또한 지상기준점을 이용한 영상보정 기법은 항공사진측량의 대지표정과 유사한 개념이 적용된다.

(3) 영상강조

수치영상의 영상강조는 선명하지 않은 영상을 선명하게 보이기 위한 변환 처리과정으로서, 많이 이용되는 방법으로는 농도영상의 대비영상(contrast stretching)을 만드는 방법과 여과(filtering) 및 색 합성법(color composite) 등이 주로 사용된다.

(4) 영상분석

원하는 정보를 수치영상에서 추출하고자 할 경우 이에 따른 영상분류가 있어야만 통계량의 산출이 가능하며 도해적 표현도 가능하다. 여기서 언급되는 **분류(classification)**란 분광반사특성에 근거하여 각 픽셀을 분류항목별로 할당하는 과정 및 통계기법을 뜻한다. 이를 통해 위성원격탐사의 최종 목적인 **주제도**를 작성할 수 있는 성과가 얻어진다.

17.4.4 국토위성센터

차세대중형위성(국토관측전용위성)의 주 활용부처인 국토교통부와 전담운영기관으로 지정된 국토지리정보원에서는 국토관측전용위성의 발사 시점에 맞추어 수신한 자료의 수집, 처리, 저장, 분석, 공급, 지원 기능을 위한 **국토위성센터**[11]를 두고 있다.

국토위성센터는 국토관측위성에서 수신한 관측자료를 이용하여 사용자가 보다 쉽고 빠르게 이용할 수 있도록 고품질의 공간정보로 가공하여 제공하는 역할을 수행하게 된다.

---

11 국토위성센터는 위성영상을 활용하여 수치지형도(항공기나 인공위성 등을 통하여 얻은 영상정보를 이용하여 제작하는 정사영상지도(正射映像地圖)를 포함한다)와 수치주제도를 작성하며, 우주개발진흥법 제17조(위성정보의 보급 및 활용)에 의한 전담기구에 상당한다.

위성영상의 생산 및 서비스 절차는 다음과 같다.

① (원시자료 수집) 항공우주연구원이 위성에서 직수신 받은 자료를 전용망을 통하여 국토위성센터에 전송한다.

② (표준영상 생산) 원시자료를 전처리 과정을 거쳐 사용자가 활용할 수 있는 표준영상으로 전처리한다.

- 원시영상: 수신된 위성영상이 스트립 형태로 저장된 상태인 것
- Level 1A: 스트립 형태의 원시영상이 정사각형 형태의 여러 신(scene)으로 편집된 것
- Level 1R: Level 1A 영상으로부터 방사보정(밝기값 변환) 처리된 영상
- Level 1G: Level 1R 영상으로부터 기하보정 처리된 표준영상

③ (정사영상 생산) 표준영상을 국토지리정보원이 보유한 지상기준점(GCP)과 수치표고모델(DEM) 등을 이용하여 고정밀 정사영상을 생산한다.

④ (고부가 영상 생산) 위성영상과 다른 공간정보의 합성·융합을 통해 인구분포도, 토지피복도, 하천유역도 등 다양한 고부가가치 산출물을 생산한다.

⑤ (업무 맞춤형 서비스) 표준영상, 정사영상, 고부가가치 산출물 등을 사용자가 원하는 방식과 맞춤형 형태로 제공한다.

연습문제

17.1 수치지형도와 수치주제도에 대하여 설명하라.

17.2 수치지도의 품질검사와 정확도에 대하여 설명하라.

17.3 1/5,000 수치지형도를 작성할 때 작업공정에 대하여 설명하라.

17.4 A, B, C, D로 둘러싸인 구역을 1/5,000 지형도로 제작하는 경우 몇 도엽을 제작하면 되는가를 도곽선을 그어 산출하라. 다만 A, B, C, D의 좌표는 다음과 같으며 1도엽의 내도곽 크기는 45 cm×55 cm로 한다.

$A.$ $\begin{cases} X = +147.00 \text{ km} \\ Y = -76.00 \text{ km} \end{cases}$ $\qquad$ $B.$ $\begin{cases} X = +134.00 \text{ km} \\ Y = -75.00 \text{ km} \end{cases}$

$C.$ $\begin{cases} X = +134.00 \text{ km} \\ Y = -62.00 \text{ km} \end{cases}$ $\qquad$ $D.$ $\begin{cases} X = +146.00 \text{ km} \\ Y = -62.00 \text{ km} \end{cases}$

17.5 일반도를 편집하는 경우 다음 지도 중에서 일반적으로 지도로 이용할 수 있는 것은 어느 것인가? 그 해당번호를 써라.

1. 1/5,000 지형도
2. 1/50,000 지방도
3. 1/50,000 지질도
4. 1/50,000 하천도
5. 1/25,000 토지이용현황도
6. 1/250,000 지세도
7. 1/600,000 인구도
8. 1/50,000 지형도
9. 1/600,000 도로망도
10. 1/5,000 도시계획도

17.6 등거, 등각, 등적 투영법의 특징과 대표적인 적용사례를 설명하라.

17.7 위성원격탐사 데이터의 획득원리를 단계별로 설명하라.

17.8 우리나라 지구관측위성을 분류하고, 위성영상 기반의 주제도 작성에 대해 조사하라.

참고문헌

1. 이영진, 측량정보학(2판), 청문각, 2016.
2. Kennie, T.J.M., Engineering Surveying Technology, Chapman Hall. 1993.
3. ITC, photogrammetry, lecture note
4. ESA eoPortal Directory, Satellite Missions-K, 2019, directory.eportal.org.
5. USGS, Landsat-Earth Observation Satellites, Tact Sheet, 2016.
6. 법제처, 국가공간정보기본법, 법률 제12736호(2014.6.3.).
7. 법제처, 수치지도작성 작업규칙, 국토교통부령 제302호(2010.10.28.)
8. 법제처, 지도도식규칙, 국토교통부령 제191호(2009.12.14.)
9. 국토지리정보원, 수치지도작성 작업규정, 수치지형도작성 작업규정 등
10. 국토지리정보원, 국토통계지도 활용가이드, http://map.ngii.go.kr/ms/map/NlipMap.do
11. 국토교통부, 국토위성센터 보도참고자료, 2018.12.
12. 국토환경정보센터, http://neins.go.kr/gis/mnu01/doc03a.asp
13. 산림청, http://www.forest.go.kr/
14. 행정안전부, 재해지도 작성기준 등에 관한 지침, 행정안전부 고시 제2019-52호(2019.6.18.).
15. 한국항공우주연구원, 연구개발-인공위성, 2019, https://www.kari.re.kr/kor/sub03_02.do
16. 환경부, 토지피복지도 작성지침(제1317호, 2018.3.29.), 2018, 환경부.

■ 찾아보기

저자 소개

李榮鎭(Young-Jin Lee, Ph.D, P.E.)

경일대학교 건설공학부 교수, 지구관측센터장
국제측량사연맹(FIG) 한국 대표
GGIM-Korea포럼 공동간사
호주 뉴사우스웨일즈대학교 방문교수
한국산업인력공단 시험위원
행정안전부 국가고시센터 시험위원
국토교통부(국토지리정보원) 전문가위원
중소벤처기업부 지역특구위원회 위원
대구 국제 미래자동차엑스포 자율차분과위원
대한토목학회 정회원
한국측량학회 정회원
한국지적학회 정회원
공간정보산업협회 정회원
대한공간정보학회 정회원
한국위성항법시스템학회 정회원

저서 ≪측량정보학≫, ≪정밀측량 · 계측≫, ≪위성측위시스템≫ 외 다수

전면개정 3판
측량정보학
Surveying and Geoinformatics

2020년 2월 5일 3판 1쇄 펴냄
지은이 이영진
펴낸이 류원식 | 펴낸곳 (주)교문사(청문각)

편집부장 김경수 | 책임진행 김보마 | 본문편집 홍익 m&b | 표지디자인 유선영
제작 김선형 | 홍보 김은주 | 영업 함승형 · 박현수 · 이훈섭
주소 (10881) 경기도 파주시 문발로 116(문발동 536-2) | 전화 1644-0965(대표)
팩스 070-8650-0965 | 등록 1968. 10. 28. 제406-2006-000035호
홈페이지 www.cheongmoon.com | E-mail genie@cheongmoon.com
ISBN 978-89-363-1915-1 (93530) | 값 28,500원